全国中等职业学校机械类专业通用教材
全国技工院校机械类专业通用教材（中级技能层级）

机 械 基 础

（第 七 版）

人力资源社会保障部教材办公室组织编写

中国劳动社会保障出版社

简介

本书主要内容包括：带传动，链传动，螺纹连接和螺旋传动，齿轮传动，蜗杆传动，轮系，平面连杆机构，凸轮机构，其他常见机构，轴，键、销及其连接，轴承，联轴器、离合器和制动器，液压传动，气压传动等。

本书由王希波任主编，孙喜兵任副主编，孟娟、祝平蕾、王雪、吴致远参加编写；杜峰任主审，米光明参加审稿。

图书在版编目（CIP）数据

机械基础 / 人力资源社会保障部教材办公室组织编写．-- 7 版．-- 北京：中国劳动社会保障出版社，2023

全国中等职业学校机械类专业通用教材　全国技工院校机械类专业通用教材．中级技能层级

ISBN 978-7-5167-5835-9

Ⅰ．①机…　Ⅱ．①人…　Ⅲ．①机械学 - 中等专业学校 - 教材　Ⅳ．①TH11

中国国家版本馆 CIP 数据核字（2023）第 077446 号

中国劳动社会保障出版社出版发行

（北京市惠新东街 1 号　邮政编码：100029）

*

北京市艺辉印刷有限公司印刷装订　新华书店经销

787 毫米 ×1092 毫米　16 开本　20 印张　471 千字

2023 年 6 月第 7 版　2025 年 5 月第 6 次印刷

定价：44.00 元

营销中心电话：400-606-6496

出版社网址：http://www.class.com.cn

http://jg.class.com.cn

前言

为了更好地适应全国技工院校机械类专业的教学要求，全面提升教学质量，人力资源社会保障部教材办公室组织有关学校的一线教师和行业、企业专家，在充分调研企业生产和学校教学情况、广泛听取教师对教材使用反馈意见的基础上，对全国技工院校机械类专业通用教材进行了修订和补充开发。本次修订（新编）的教材包括:《机械制图（第八版）》《机械基础（第七版）》《极限配合与技术测量基础（第六版）》《金属材料与热处理（第八版）》《机械制造工艺基础（第八版）》《电工学（第七版）》《工程力学（第七版）》《数控加工基础（第五版）》《计算机制图——AutoCAD 2023》《计算机制图——CAXA 电子图板 2023》《计算机制图——中望 CAD 2023》等。

本次教材修订（新编）工作的重点主要体现在以下三个方面:

第一，更新教材内容，提升表现形式。

根据机械类专业毕业生所从事岗位的实际需要和教学实际情况的变化，合理确定学生应具备的能力与知识结构，对部分教材内容及其深度、难度做了适当调整；根据相关专业领域的最新发展，在教材中充实新知识、新技术、新设备、新材料等方面的内容，体现教材的先进性；采用最新国家技术标准，使教材更加科学和规范；在教材插图的制作中全面采用立体造型技术，并采用四色印刷，提升教材的表现力。

第二，打造新形态教材，体现时代发展。

《机械制图（第八版）》《机械基础（第七版）》《机械制图（第八版）习题册》为 AR（增强现实）教材。学生在移动终端上安装 App，扫描教材中带有 AR 图标的页面，可以对呈现的立体模型进行缩放、旋转、剖切等操作，以及观察模型的运动和拆分动画，便于更直观、细致地探究机构的内部结构和工作原理，还可以浏览相关视频、图片、文本等拓展资料。其他教材为融媒体教材。针对教材中的教学重点和难点制作了动画、视频、微课等多媒体资源，学生使用移动终端扫描二维码即可在线观看相应内容。

第三，开发配套资源，提供教学服务。

本套教材配有习题册、教学参考书、多媒体电子课件和电子教案，可以通过技工教育网（http://jg.class.com.cn）下载电子课件、电子教案等教学资源。

本次教材的修订（新编）工作得到了河北、辽宁、江苏、山东、广东、广西、陕西等省、自治区人力资源社会保障厅及有关学校的大力支持，在此我们表示诚挚的谢意。

人力资源社会保障部教材办公室

2023 年 4 月

目　录

绪论 …… (1)

第一章　带传动 …… (10)

§ 1-1　带传动的组成、工作原理和类型 …… (10)
§ 1-2　V 带传动 …… (13)
§ 1-3　同步带传动 …… (25)
§ 1-4　实训——调节台式钻床转速 …… (28)

第二章　链传动 …… (35)

§ 2-1　链传动概述 …… (35)
§ 2-2　滚子链传动 …… (37)

第三章　螺纹连接和螺旋传动 …… (42)

§ 3-1　螺纹的基本知识 …… (43)
§ 3-2　螺纹标记 …… (48)
§ 3-3　螺纹连接 …… (52)
§ 3-4　螺旋传动 …… (59)

第四章　齿轮传动 …… (69)

§ 4-1　齿轮传动概述 …… (69)
§ 4-2　直齿圆柱齿轮传动 …… (71)
§ 4-3　其他齿轮传动简介 …… (78)
§ 4-4　齿轮的失效、材料与热处理 …… (82)
§ 4-5　齿轮的结构与齿轮传动的润滑 …… (85)

第五章　蜗杆传动 …… (90)

§ 5-1　蜗杆传动概述 …… (90)

§ 5-2　蜗杆传动的主要参数、啮合条件与旋转方向判别 …………………（92）
§ 5-3　蜗杆和蜗轮的结构、材料及润滑 …………………（96）

第六章　轮系 …………………（99）

§ 6-1　轮系分类及其应用特点 …………………（99）
§ 6-2　定轴轮系的传动分析及相关计算 …………………（104）
§ 6-3　实训——拆装单级齿轮减速器 …………………（110）

第七章　平面连杆机构 …………………（115）

§ 7-1　平面连杆机构概述 …………………（115）
§ 7-2　铰链四杆机构的组成及分类 …………………（116）
§ 7-3　铰链四杆机构的演化机构 …………………（119）
§ 7-4　平面四杆机构的基本性质 …………………（123）

第八章　凸轮机构 …………………（127）

§ 8-1　凸轮机构概述 …………………（127）
§ 8-2　凸轮机构的类型及从动件端部形状 …………………（129）
§ 8-3　凸轮机构工作过程及从动件常用运动规律 …………………（131）

第九章　其他常见机构 …………………（135）

§ 9-1　变速机构 …………………（135）
§ 9-2　换向机构 …………………（140）
§ 9-3　间歇运动机构 …………………（143）
§ 9-4　实训——参观生产现场 …………………（150）

第十章　轴 …………………（155）

§ 10-1　轴的用途和分类 …………………（156）
§ 10-2　轴的结构和材料 …………………（158）
§ 10-3　轴上零件的固定 …………………（160）

第十一章　键、销及其连接 …………………（164）

§ 11-1　键连接 …………………（164）
§ 11-2　销连接 …………………（171）

第十二章　轴承……（174）

§ 12-1　滚动轴承……（174）
§ 12-2　滑动轴承……（187）
§ 12-3　实训——拆装输出轴组件……（194）

第十三章　联轴器、离合器和制动器……（199）

§ 13-1　联轴器……（199）
§ 13-2　离合器……（204）
§ 13-3　制动器……（207）
§ 13-4　实训——拆装凸缘联轴器……（209）

第十四章　液压传动……（211）

§ 14-1　液压传动概述……（211）
§ 14-2　液压动力元件……（216）
§ 14-3　液压执行元件……（223）
§ 14-4　液压控制元件……（234）
§ 14-5　液压辅助元件……（261）
§ 14-6　液压传动系统基本回路……（268）
§ 14-7　液压传动系统应用实例……（279）
§ 14-8　实训——搭建液压回路……（283）

第十五章　气压传动……（287）

§ 15-1　气压传动概述……（287）
§ 15-2　气源装置、辅助元件和执行元件……（291）
§ 15-3　气动控制元件与基本回路……（299）
§ 15-4　实训——搭建气动回路……（308）

绪　论

一、机械

机械是指利用力学原理组成的各种装置，可以说，机械在生活和生产中几乎无处不在，从小小的剪刀、钳子、扳手，到计算机控制的机械设备、机器人、无人机等都属于机械，机械在现代生活和生产中起着非常重要的作用。图 0–1 所示数控机床、挖掘机、3D 打印机、自行车、扳手等都是常用机械。

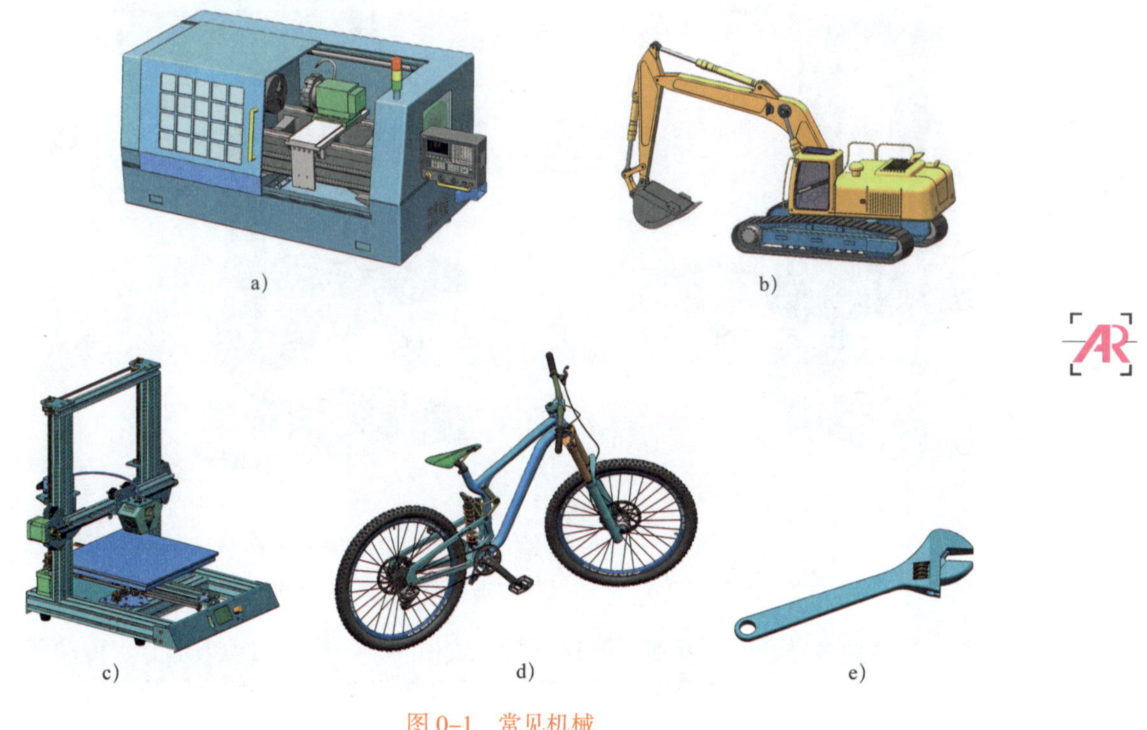

图 0–1　常见机械

a）数控机床　b）挖掘机　c）3D 打印机　d）自行车　e）扳手

1. 机器与机构

（1）机器

机器是人们根据某种使用要求而设计制造的能执行机械运动的装置，用来完成特定的功能，如变换或传递能量、变换与传递运动和力，以及传递物料或信息等，其类型及应用见表 0–1。

表 0–1　常见机器的类型及应用

类型	应用举例
变换或传递能量的机器	发电机、电动机、空气压缩机和电动汽车等
变换与传递运动和力的机器	车床、铣床和冲床等
传递物料的机器	铲车、机械手和起重机等
传递信息的机器	3D 打印机、扫描仪和激光打印机等

图 0–2 所示台式钻床（简称台钻）是一种常用的孔加工机器。它由电动机 7、带传动机构 6、进给机构 4、钻夹头 3、可调工作台 2、底座 1、主轴箱 8、立柱 9 等组成，如图 0–3 所示。

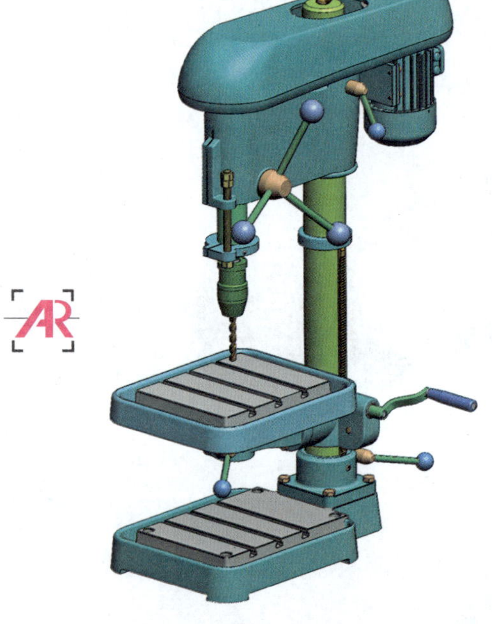

图 0–2　台式钻床

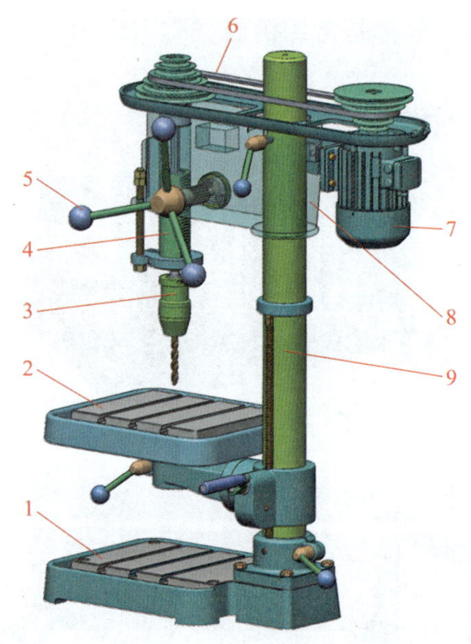

图 0–3　台式钻床的组成

1—底座　2—可调工作台　3—钻夹头　4—进给机构　5—进给手柄　6—带传动机构　7—电动机　8—主轴箱　9—立柱

机器尽管多种多样、千差万别，但其组成大致相同，一般都由动力部分、传动部分、执行部分、控制部分、支承部分及辅助部分等组成。机器各组成部分的作用及应用见表 0–2。

表 0–2　机器各组成部分的作用及应用

组成部分	作用	应用
动力部分	把其他形式的能量转换为机械能，以驱动机器各运动部件运动	电动机、内燃机和蒸汽机等
传动部分	将原动机的运动和动力传递给执行部分	金属切削机床中的带传动、螺旋传动、齿轮传动和连杆机构等

续表

组成部分	作用	应用
执行部分	完成机器的工作任务，处于整个传动装置的终端，其结构形式取决于机器的用途	金属切削机床的主轴、滑板等
控制部分	显示和反映机器的运行位置和状态，控制机器正常运行和工作	机电一体化设备（如数控机床、机器人）中的控制装置等
支承部分	支承动力、传动、执行、控制部分，并将它们连为一体	机床的床身、汽车的车身等
辅助部分	改善机器的运行环境，延长机器的使用寿命	金属切削机床的冷却装置、润滑装置、安全防护装置、照明装置和显示装置等

图 0–3 所示台式钻床的动力部分为电动机，传动部分为带传动机构和齿轮齿条进给机构，执行部分为钻夹头及其上的钻头，控制部分为电源开关和进给手柄，支承部分为底座、立柱、主轴箱的箱体等。电动机通过带传动带动钻夹头及钻头做旋转运动，转动进给手柄，通过齿轮齿条传动带动钻夹头升降，从而完成钻孔。

（2）机构

机构是具有确定相对运动的实物组合，是机械的重要组成部分。图 0–4 所示为台式钻床的带传动机构，它由主动塔式 V 带轮、从动塔式 V 带轮和 V 带组成，该机构将电动机的动力和旋转运动传递给主轴，从而带动钻头旋转，实现钻头的主运动。在传递运动和动力时，可通过变换 V 带在塔式 V 带轮上的位置使钻夹头产生五种不同的转速。

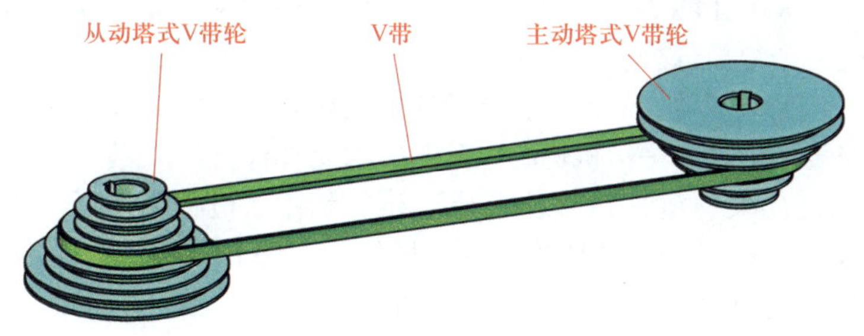

图 0–4　台式钻床的带传动机构

图 0–5 所示为台式钻床的进给机构，转动进给手柄 1，带动齿轮 7 旋转，通过齿轮齿条传动将旋转运动转换为套筒 5 的上下移动，从而带动钻夹头 8 上下运动，实现钻头 9 的进给运动。

一部机器可以有多种机构，也可以只包含一种机构。从结构和运动的观点来看，机器和机构并无区别，因此，人们习惯于用机械一词作为机器与机构的总称。有些简单的机械装置没有动力部分，如自行车、活扳手等，它们不是机器，只能称为机械。

2. 零件、部件与构件

组成机械的每一个单独加工的单元称为零件，零件也是用于装配产品的基本单元，机器

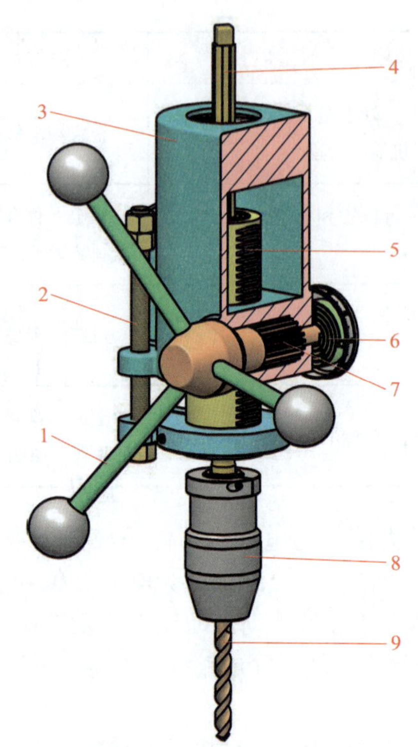

图 0–5　台式钻床的进给机构

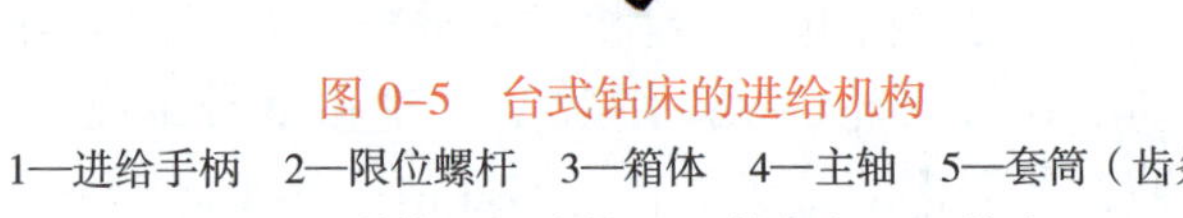

1—进给手柄　2—限位螺杆　3—箱体　4—主轴　5—套筒（齿条）
6—涡卷弹簧　7—齿轮　8—钻夹头　9—钻头

由若干个零件装配而成。在图 0–3 所示的台式钻床中，塔式 V 带轮、立柱等都是零件。

部件是机械的一个组成部分，由若干装配在一起的零件所组成。在机械产品的装配过程中，往往将零件先装配成部件，然后再将部件装配成机器。在图 0–3 所示的台式钻床中，电动机、钻夹头、安装了主轴和进给机构的主轴箱等都是部件。

从运动学的角度出发，机械包含若干个运动单元体，机构中的运动单元体称为构件。构件可以是一个零件，也可以是几个零件的刚性组合。图 0–6 所示为两爪顶拔器。它主要由旋柄 1、压紧螺杆 3、压紧垫 8、横梁 5、销轴 6 和拉爪 7 等零件组成，用于拆卸轴上紧配合的零件，如套、轴承、齿轮等。转动旋柄，通过螺旋传动，使压紧螺杆及压紧垫与拉爪之间产生相对运动，从而将套从轴上拆卸下来。在两爪顶拔器中，压紧螺杆、拉爪、压紧垫是单个零件的构件，而旋柄、挡圈和沉头螺钉组成一个构件，横梁和销轴组成一个构件。

二、运动副

两个构件直接接触组成的可动连接称为运动副，它限制了两个构件之间的某些相对运动。在机械中，各构件必须以运动副的形式连接起来。在图 0–6 所示的两爪顶拔器中，拉爪与销轴之间、横梁与压紧螺杆之间、压紧螺杆与旋柄之间、压紧螺杆与压紧垫之间的连接都是运动副。运动副是通过点、线、面接触的，根据两构件之间的接触形式，运动副可分为低副和高副两大类。

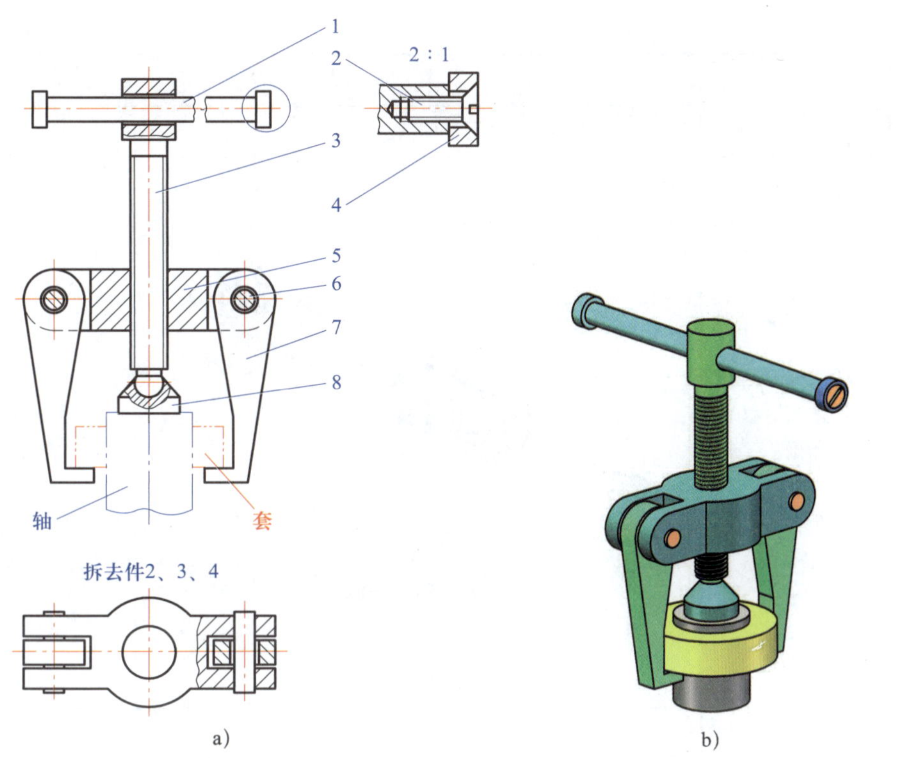

图 0–6　两爪顶拔器

1—旋柄　2—沉头螺钉　3—压紧螺杆　4—挡圈　5—横梁　6—销轴　7—拉爪　8—压紧垫

1. 低副

两构件之间为面接触的运动副称为低副。常用的低副有转动副、移动副（棱柱副）和螺旋副等。常用低副的类型及应用见表 0–3。

表 0–3　常用低副的类型及应用

类型	定义	应用	
		图例	说明
转动副	两构件之间只允许做相对转动的运动副	1 2 3 4 5 订书机 1、2—销轴　3—上盖　4—钉道　5—底座	上盖与钉道、钉道与底座之间用销轴连接，上盖可以相对于钉道转动，钉道可以相对于底座转动

续表

类型	定义	应用	
		图例	说明
移动副	两构件之间只允许做相对移动的运动副，又称为棱柱副	液压缸 1—活塞杆　2—缸体	活塞杆可以在缸体中进行轴向往复移动
螺旋副	两构件只能沿轴线做相对螺旋运动的运动副	螺旋千斤顶 1—绞杠　2—螺套　3—底座　4—螺杆	螺套用紧定螺钉固定在底座中。转动绞杠，螺杆在螺套中做螺旋运动

低副的特点是：承受载荷时因单位面积压力较小，故传力性能好，较耐用；低副是滑动摩擦，摩擦损失大，因而效率低；不能传递较为复杂的运动。

2. 高副

两构件之间为点或线接触的运动副称为高副，常用的高副有凸轮副和齿轮副等。常用高副的类型及应用见表 0–4。

表 0-4　　常用高副的类型及应用

类型	定义	应用	
		图例	说明
凸轮副	由凸轮和凸轮从动件直接接触形成的运动副	内燃机配气机构的气门组件 1—缸盖　2—气门　3—弹簧　4—压板　5—凸轮轴	当凸轮匀速转动时，其外轮廓面迫使气门按照预期的运动规律往复运动，适时地开启或关闭气道
齿轮副	由两齿轮的齿面直接接触形成的运动副	单级圆柱齿轮减速器 1—齿轮轴（小圆柱齿轮）　2—大圆柱齿轮	减速机构由一对圆柱齿轮组成，动力由齿轮轴（小圆柱齿轮）输入，从安装大圆柱齿轮的轴输出

高副的特点是：承受载荷时的单位面积压力较大，两构件接触处容易磨损；制造和维修困难；能传递较复杂的运动。

三、机构运动简图

在实际的机构中，构件和运动副的结构通常都很复杂，而构件和运动副的结构及尺寸与构件的运动方式、运动规律无关。因此，在对机构进行运动分析和动力分析时，可以只考虑那些与运动有关的因素，并用最为简洁的方式把构件和运动副所形成的机构图形绘制出来。这种仅用简单的线条和符号来代表构件和运动副，并按一定比例表示各构件、运动副的相对位置和运动关系的图形称为机构运动简图。如图 0–7 所示为两爪顶拔器的机构运动简图。在该机构运动简图中，线段表示构件，小圆表示转动副，两段平行线表示移动副，波浪线和两边的小圆弧表示螺旋副。国家标准规定，图形符号中表示轴、杆符号的图线用两倍粗实线表示，其他符号用粗实线绘制。

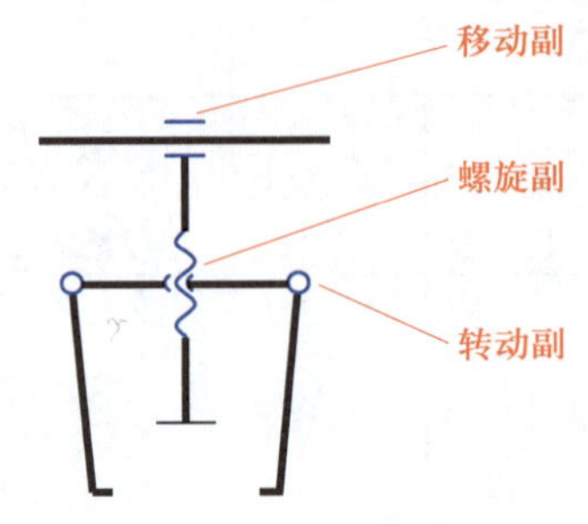

图 0–7　两爪顶拔器的机构运动简图

机构运动简图与实际机构应具有完全相同的运动特性，即它们的所有构件的运动形式是完全相同的，因此机构运动简图必须根据机构的实际尺寸按比例绘制。国家标准《机械制图　机构运动简图用图形符号》（GB/T 4460—2013）规定了机构运动简图中使用的图形符号。常用构件的机构运动简图用图形符号见表 0–5，常用运动副的机构运动简图用图形符号见表 0–6。

表 0–5　　常用构件的机构运动简图用图形符号（摘自 GB/T 4460—2013）

名称	图形符号	名称	图形符号
机架		构件是转动副的一部分	说明：细实线为相邻构件
杆、轴		机架是转动副的一部分	说明：细实线为相邻构件
构件组成部分的永久连接		构件是移动副的一部分	说明：细实线为相邻构件
组成部分与轴（杆）的固定连接		连接转动副的滑块	说明：细实线为相邻构件

表 0–6　　常用运动副的机构运动简图用图形符号（摘自 GB/T 4460—2013）

名称		图形符号	结构图
转动副	固定铰链		

续表

<table>
<tr><th colspan="2">名称</th><th>图形符号</th><th>结构图</th></tr>
<tr><td>转动副</td><td>活动铰链</td><td> </td><td> 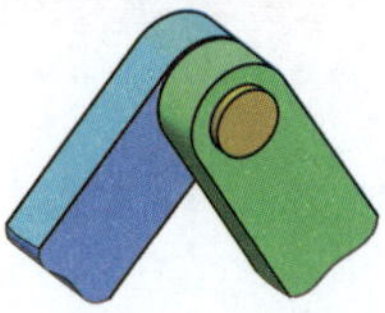</td></tr>
<tr><td rowspan="2">移动副</td><td>滑块固定</td><td></td><td></td></tr>
<tr><td>滑块
不固定</td><td> 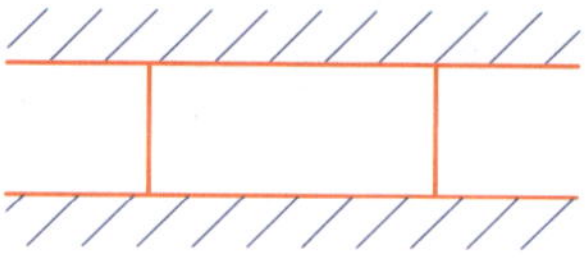</td><td> 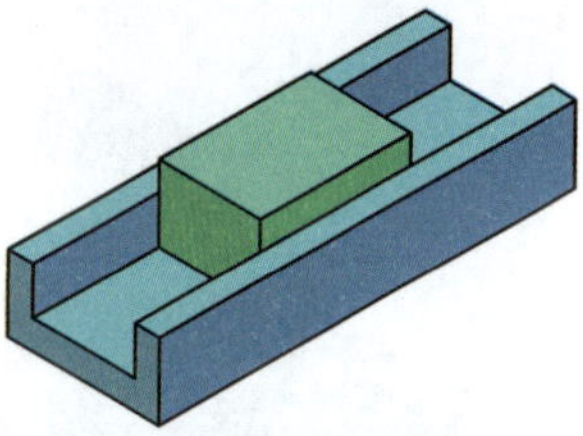</td></tr>
<tr><td colspan="2">螺旋副</td><td></td><td></td></tr>
</table>

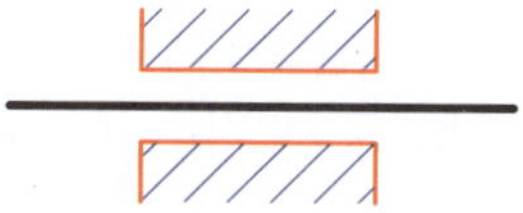

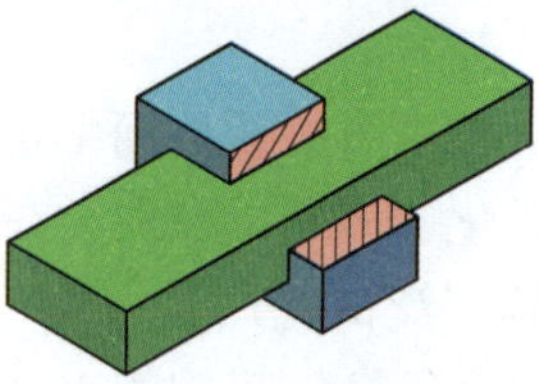

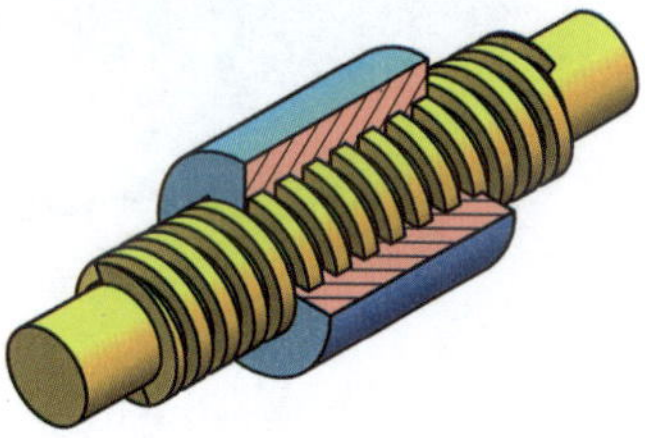

第一章 带传动

带传动是机械传动中重要的传动形式之一。随着工业技术水平的不断提高，带传动正向着多样化、多领域发展，在金属切削机床、汽车、家用电器、办公设备、工程机械中得到了越来越广泛的应用。图 1–1 所示为带传动在空气压缩机中的应用，电动机的动力通过 V 带传递给空气压缩机构的主轴。

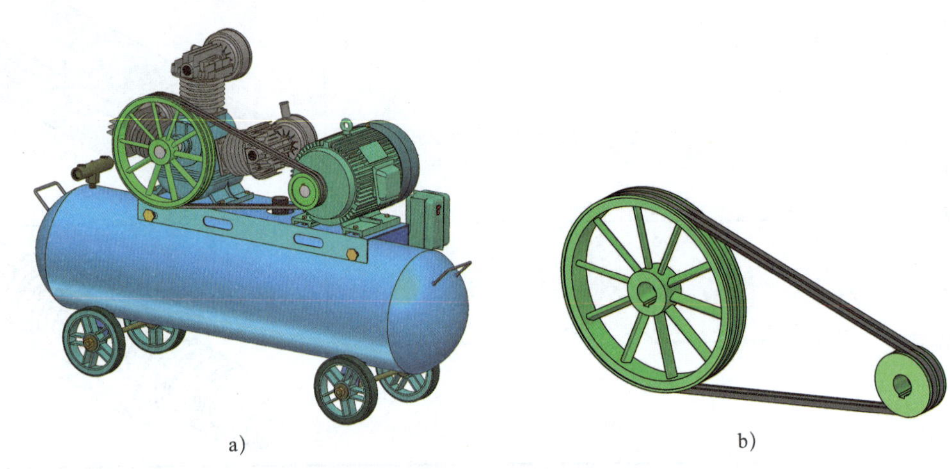

图 1–1 空气压缩机中的带传动

a）空气压缩机 b）带传动

§1–1 带传动的组成、工作原理和类型

一、带传动的组成

由带和带轮组成传递运动和动力的传动称为带传动。如图 1–2 所示，带传动一般由固定在主动轴 3 上的主动带轮 4、固定在从动轴 1 上的从动带轮 5 和紧套在两轮上的挠性带 2 组成。

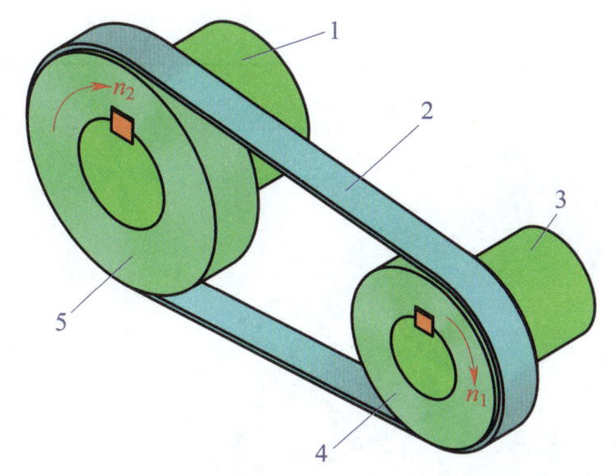

图 1-2 带传动的组成

1—从动轴 2—挠性带 3—主动轴 4—主动带轮 5—从动带轮

二、带传动的工作原理

带传动是依靠带与带轮接触面间的摩擦力（或啮合力）来传递运动和动力的。静止时，带轮两边带上的拉力相等。传动时，由于传递载荷的关系，两边带上的拉力会有一定的差值，拉力大的一边称为紧边（主动边），拉力小的一边称为松边（从动边）。如图 1-3 所示，当主动轮 1 按图示方向转动时，上边是紧边，下边是松边。

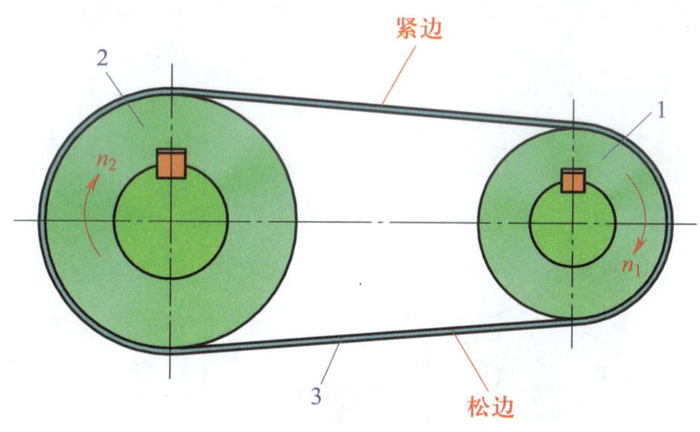

图 1-3 带传动的工作原理

1—主动带轮 2—从动带轮 3—挠性带

三、带传动的传动比

在机械传动系统中，始端主动轮与末端从动轮的角速度或转速的比值称为传动比，又称速比。带传动的传动比就是主动轮转速 n_1 与从动轮转速 n_2 之比，用 i_{12} 表示：

$$i_{12}=\frac{n_1}{n_2}$$

式中 n_1——主动轮转速，r/min；

n_2——从动轮转速，r/min。

四、带传动的类型、特点与应用

带传动可分为摩擦型带传动和啮合型带传动两类。摩擦型带传动按带的剖面形状又可分为平带传动、V 带传动和多楔带传动等。啮合型带传动主要是指同步带传动。常用带传动的类型、特点及应用见表 1-1。

表 1-1　常用带传动的类型、特点及应用

<table>
<tr><th colspan="2">类型</th><th>带简图</th><th colspan="2">特点及应用</th></tr>
<tr><td rowspan="3">摩擦型带传动</td><td>平带传动</td><td></td><td>平带横截面系扁平矩形，具有较好的柔性，传递功率及速度范围较广。平带传动具有结构简单、带长及带宽均无严格限制和便于选用等特点。主要用于中心距较大的场合</td><td rowspan="3">过载时存在打滑现象，传动比不准确，但具有过载保护作用</td></tr>
<tr><td>V 带传动</td><td></td><td>V 带的横截面呈等腰梯形。V 带只与轮槽的两个侧面接触。在同样大小的张紧力作用下，V 带传动较平带传动能产生更大的摩擦力，传递动力的能力强，传动比较大，结构紧凑。应用最广泛，一般机械传动中常用 V 带传动</td></tr>
<tr><td>多楔带传动</td><td></td><td>多楔带兼有平带和 V 带的优点，其柔性好，摩擦力大，传递功率大，并解决了由于多根 V 带因长度误差而使各带受力不均匀的问题。主要用于传递较大功率且结构要求紧凑的场合</td></tr>
<tr><td>啮合型带传动</td><td>同步带传动</td><td></td><td colspan="2">靠齿的啮合传递动力，传动比准确，传动效率高，张紧力小，轴承承受压力小，传动平稳，传动精度高，传递功率大。常用于汽车、数控机床、扫描仪、打印机等传动精度要求较高的场合</td></tr>
</table>

传动效率

传动效率是指传动机构的输出功率与输入功率之比。

§1-2 V带传动

V带传动是由一条或数条V带和V带轮组成的摩擦传动。V带安装在相应的轮槽内，仅与轮槽的两侧接触，而不与槽底接触。工作时，V带张紧在轮槽中，依靠V带两侧面与轮槽侧面之间产生的摩擦力传递动力，如图1–4所示。V带传动主要有普通V带传动和窄V带传动两种形式。一般情况多使用普通V带传动，窄V带传动适用于传递动力大而又要求传动装置结构紧凑的场合。

图1–4　V带传动

一、V带、V带轮的组成和主要参数

1. V带的组成和横截面主要参数

（1）V带的组成

V带是横截面为等腰梯形或近似等腰梯形的传动带，其工作面为两侧面，带与轮槽底面不接触。V带横截面的形状有四种，如图1–5所示。

V带根据其结构分为包边V带和切边V带两种，切边V带又有普通切边V带、压缩层夹布切边 V 带和有齿切边 V 带等形式。包边 V 带是指带体用布包覆的 V 带，其结构如图 1–6a 所示。切边 V 带是指侧面为切割面（即无包布）的 V 带，其中，普通切边 V 带是指无底布或只有一层底布的切边 V 带（见图 1–6b），压缩层夹布切边 V 带是指具有两层或两层以上底布的切边 V 带（见图 1–6c），有齿切边 V 带是指压缩层底部有波状突起的切边 V 带（见图 1–6d）。

（2）V 带横截面主要参数

V 带横截面主要参数有顶宽 W、节宽 W_p、高度 T、相对高度 T/W_p、楔角等，如图 1–7 所示。

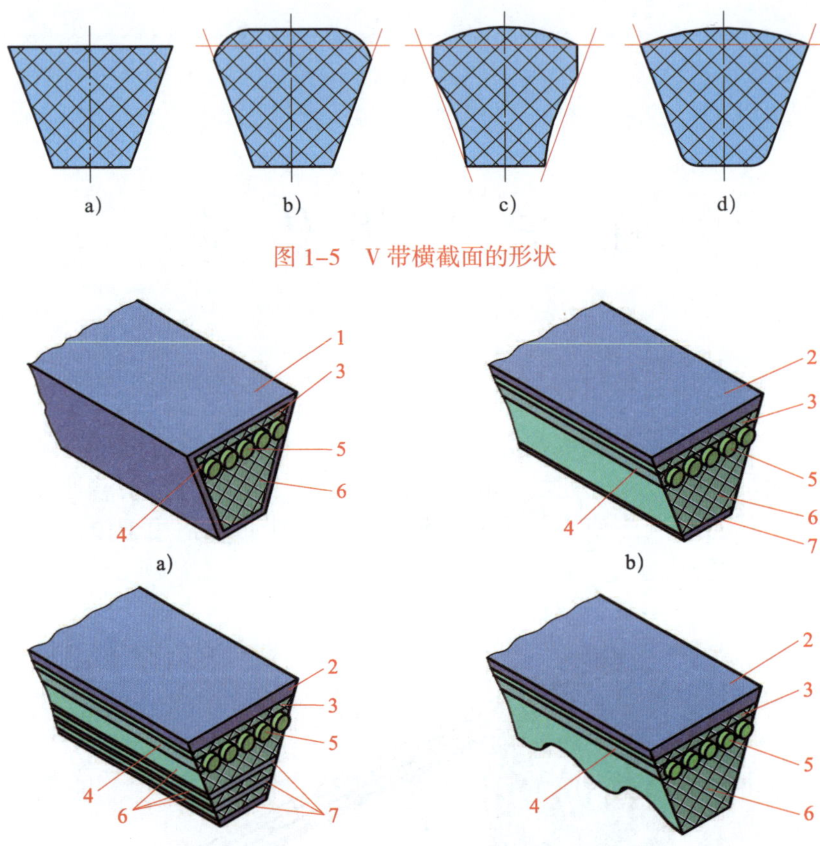

图 1–5　V 带横截面的形状

图 1–6　V 带的组成

a）包边 V 带　b）普通切边 V 带　c）压缩层夹布切边 V 带　d）有齿切边 V 带

1—包布　2—顶布　3—顶胶　4—缓冲胶　5—抗拉体　6—底胶　7—底布

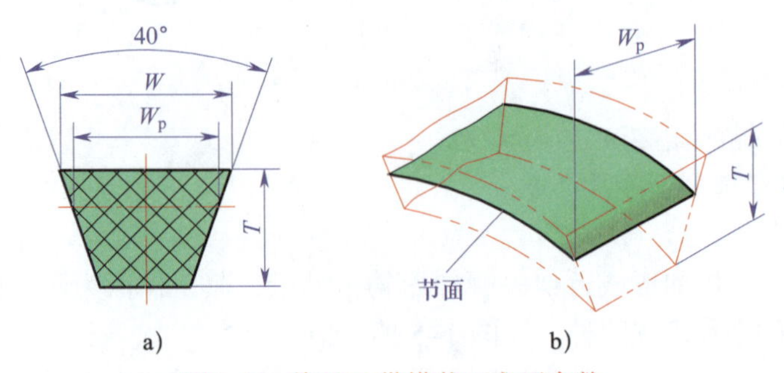

图 1–7　普通 V 带横截面主要参数

1）顶宽 W。V 带横截面中梯形轮廓的最大宽度称为顶宽 W。

2）节宽 W_p。V 带绕带轮弯曲时，外部受拉伸长，内部受压缩短，长度和宽度均保持不变的面层称为节面，节面的宽度称为节宽 W_p。

3）高度 T。高度 T 是指 V 带横截面梯形轮廓的高度。

4）相对高度 T/W_p。相对高度 T/W_p 是指 V 带的高度与其节宽之比，系无量纲的值。普通 V 带的相对高度近似为 0.7，窄 V 带的相对高度近似为 0.9。相同节宽的普通 V 带与窄 V 带横截面的比较如图 1–8 所示。

图 1–8　相同节宽的普通 V 带与窄 V 带横截面的比较

a）普通 V 带　b）窄 V 带

5）楔角。楔角是指 V 带两侧面所夹的锐角，普通 V 带和窄 V 带的楔角皆为 40°。

2. V 带轮的组成和主要几何参数

（1）V 带轮的组成

V 带轮从功能上分为轮缘、轮辐和轮毂三部分，轮槽制作在轮缘上，如图 1–9 所示。

（2）V 带轮的主要几何参数（见图 1–10）

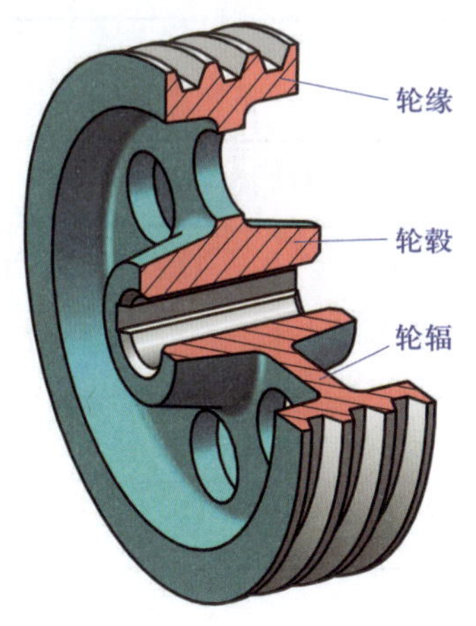

图 1–9　V 带轮的组成

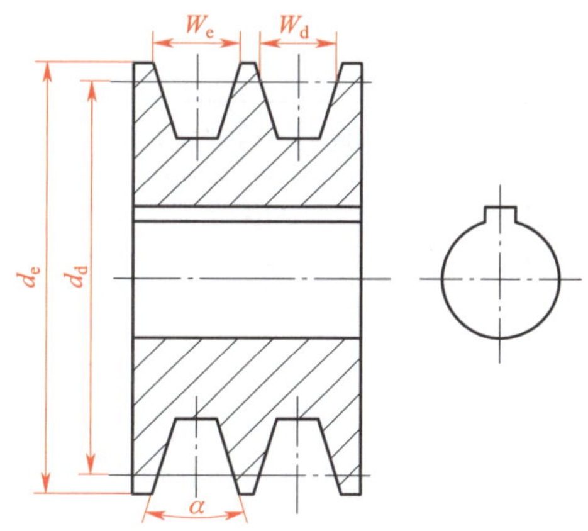

图 1–10　V 带轮的主要几何参数

1）基准宽度 W_d 和有效宽度 W_e。V 带轮的基准宽度 W_d 是槽形轮廓上与所配用 V 带的节面处于同一位置的宽度，与 V 带的节宽一致。

V 带轮的有效宽度 W_e 是指轮槽两直侧边的最外端的宽度，即轮槽的顶宽。

2）基准直径 d_d 和有效直径 d_e。V 带轮的基准直径 d_d 是指轮槽基准宽度处带轮的直径。V 带轮的有效直径 d_e 是指轮槽有效宽度处带轮的直径。

3）槽角 α。槽角 α 是指轮槽横截面两侧边的夹角。

二、V 带和 V 带轮的型号、尺寸及材料

普通 V 带是指相对高度约为 0.7 的 V 带。窄 V 带是指相对高度约为 0.9 的 V 带。

V 带传动的带和带轮有两种尺寸制，即基准宽度制和有效宽度制。基准宽度制是以 V 带轮的基准宽度定义 V 带轮的轮槽尺寸和 V 带的横截面尺寸，有效宽度制是以 V 带轮的有效宽度定义 V 带轮的轮槽尺寸和 V 带的横截面尺寸。普通 V 带传动只有基准宽度制，窄 V 带传动有基准宽度制和有效宽度制两种尺寸制。

1. V 带的型号、尺寸及标记

（1）V 带的型号和横截面尺寸

普通 V 带（基准宽度制）按横截面尺寸由小到大分为 Y、Z、A、B、C、D、E 七种型号，其横截面尺寸见表 1–2。基准宽度制窄 V 带按横截面尺寸由小到大分为 SPZ、SPA、SPB、SPC 四种，有效宽度制窄 V 带按横截面尺寸由小到大分为 9N、15N、25N 三种，窄 V 带的横截面尺寸见表 1–3。在相同条件下，横截面尺寸越大，则传递的功率越大。

表 1–2 普通 V 带的横截面尺寸（摘自 GB/T 13575.1—2022） mm

型号	Y	Z	A	B	C	D	E
节宽 W_p	5.3	8.5	11.0	14.0	19.0	27.0	32.0
顶宽 W	6.0	10.0	13.0	17.0	22.0	32.0	38.0
高度 T	4.0	6.0	8.0	11.0	14.0	19.0	23.0

表 1–3 窄 V 带的横截面尺寸 mm

型号	基准宽度制（摘自 GB/T 13575.1—2022）				有效宽度制（摘自 GB/T 13575.2—2022）		
	SPZ	SPA	SPB	SPC	9N	15N	25N
节宽 W_p	8.5	11.0	14.0	19.0	—	—	—
顶宽 W	10.0	13.0	17.0	22.0	9.5	16.0	25.5
高度 T	8.0	10.0	14.0	18.0	8.0	13.5	23.0

（2）V 带的基准长度 L_d 和有效长度 L_e

V 带受力后会变长。V 带的基准长度 L_d 是指 V 带在规定的张紧力下，位于测量带轮基准直径上的周线长度。V 带的有效长度 L_e 是指 V 带在规定的张紧力下，位于测量带轮有效直径上的周线长度。普通 V 带的基准长度系列见表 1–4，基准宽度制窄 V 带的基准长度系列见 GB/T 13575.1—2022，有效宽度制窄 V 带的有效长度系列见 GB/T 13575.2—2022。

表 1-4　　普通 V 带的基准长度系列（摘自 GB/T 13575.1—2022）　　mm

型号							型号			
Y	Z	A	B	C	D	E	A	B	C	D
200	405	630	930	1 565	2 740	4 660	1 940	2 700	5 380	10 700
224	475	700	1 000	1 760	3 100	5 040	2 050	2 870	6 100	12 200
250	530	790	1 100	1 950	3 330	5 420	2 200	3 200	6 815	13 700
280	625	890	1 210	2 195	3 730	6 100	2 300	3 600	7 600	15 200
315	700	990	1 370	2 420	4 080	6 850	2 480	4 060	9 100	—
355	780	1 100	1 560	2 715	4 620	7 650	2 700	4 430	10 700	—
400	920	1 250	1 760	2 880	5 400	9 150	—	4 820	—	—
450	1 080	1 430	1 950	3 080	6 100	12 230	—	5 370	—	—
500	1 330	1 550	2 180	3 520	6 840	13 750	—	6 070	—	—
—	1 420	1 640	2 330	4 060	7 620	15 280	—	—	—	—
—	1 540	1 750	2 500	4 600	9 140	16 800	—	—	—	—

（3）V 带的标记

国家标准规定，每条 V 带应有水洗不掉的明显标志，至少包含标记、制造商名或商标、制造年月。V 带的标记由型号、基准长度和标准编号三部分组成。

普通 V 带的标记示例如下：

基准宽度制窄 V 带的标记示例如下：

有效宽度制窄 V 带的标记示例如下：

2. V带轮的槽型、尺寸及结构

（1）V带轮的槽型及尺寸

V带轮的槽型及尺寸要与V带一致，如图1–11所示。普通V带轮槽型也分为Y、Z、A、B、C、D、E七种，其轮槽横截面尺寸见表1–5，基准宽度制窄V带轮的轮槽横截面尺寸见GB/T 13575.1—2022，有效宽度制窄V带轮的轮槽横截面尺寸见GB/T 13575.2—2022。

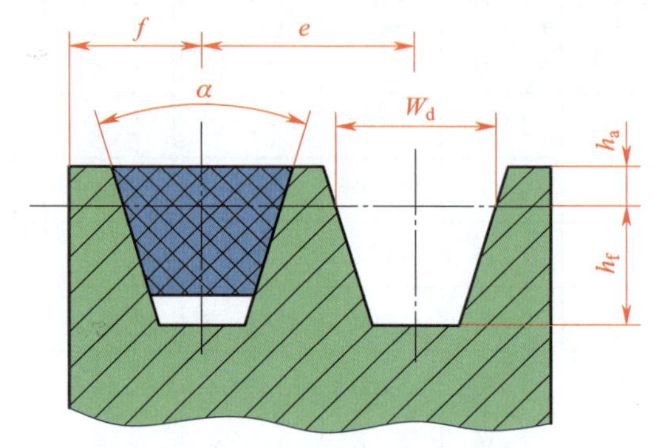

图1–11　V带轮的轮槽尺寸

表1–5　普通V带轮的轮槽横截面尺寸（摘自GB/T 13575.1—2022）　mm

槽型	W_d	h_{amin}	h_{fmin}	e	f_{min}	槽角 α			
						32°	34°	36°	38°
						与 α 对应的 d_d			
Y	5.3	1.6	4.7	8	6	≤60	—	>60	—
Z	8.5	2	7	12	7	—	≤80	—	>80
A	11	2.75	8.7	15	9.0	—	≤118	—	>118
B	14	3.5	10.8	19	11.5	—	≤190	—	>190
C	19	4.8	14.3	25.5	16	—	≤315	—	>315
D	27	8.1	19.9	37	23	—	—	≤475	>475
E	32	9.6	23.4	44.5	28	—	—	≤600	>600

（2）V带轮的基准直径 d_d 和有效直径 d_e

普通V带轮和基准宽度制窄V带轮以基准直径 d_d 作为设计带轮的公称直径，有效宽度制窄V带轮则以有效直径 d_e 作为设计带轮的公称直径，它们是设计V带轮的主要参数之一，数值已标准化，设计时应按国家标准规定的标准系列值选用。普通V带轮的基准直径见表1–6，基准宽度制窄V带轮的基准直径见GB/T 13575.1—2022，有效宽度制窄V带轮的基准直径见GB/T 13575.2—2022。在V带传动中，V带轮基准直径（或有效直径）越小，V带在V带轮上的弯曲变形越严重，V带的弯曲应力越大，从而缩短V带的使用寿命。为了保证V带的使用寿命，国家标准对各种槽型的V带轮都规定了最小基准直径 d_{dmin}（或最小有效直径 d_{emin}），普通V带轮的最小基准直径见表1–6中基准直径系列的最小数值。

表 1-6　　普通 V 带轮基准直径系列（摘自 GB/T 13575.1—2022）　　mm

槽型	基准直径 d_d
Y	20　22.4　25　28　31.5　35.5　40　45　50　56　80　90　100　112　125
Z	50　56　63　71　75　80　90　100　112　125　132　140　150　160　180　200　224　250　280　315　355　400　500　630
A	75　80　85　90　95　100　106　112　118　125　132　140　150　160　180　200　224　250　280　315　355　400　450　500　560　630　710　800
B	125　132　140　150　160　170　180　200　224　250　280　315　355　400　450　500　560　600　630　710　750　800　900　1 000　1 120
C	200　212　224　236　250　265　280　300　315　335　355　400　450　500　560　600　630　710　750　800　900　1 000　1 120　1 250　1 400　1 600　2 000
D	355　375　400　425　450　475　500　560　600　630　710　750　800　900　1 000　1 060　1 120　1 250　1 400　1 500　1 600　1 800　2 000
E	500　530　560　600　670　710　800　900　1 000　1 120　1 250　1 400　1 500　1 600　1 800　2 000　2 240　2 500

（3）普通 V 带轮的槽角 α

普通 V 带和窄 V 带的楔角皆为 40°，但安装在 V 带轮上后，V 带弯曲程度不同会使其楔角产生不同的变化。为了保证 V 带和 V 带轮的轮槽工作面接触良好，V 带轮的槽角 α 需要根据 V 带轮的槽型和基准直径（或有效直径）合理选择。V 带横截面尺寸小或 V 带轮基准直径 d_d 小的 V 带传动中，V 带变形严重，对应的 V 带轮的槽角应小，反之槽角应大。普通 V 带的槽角 α 见表 1–5，基准宽度制窄 V 带轮的槽角 α 见 GB/T 13575.1—2022，有效宽度制窄 V 带轮的槽角 α 见 GB/T 13575.2—2022。

（4）V 带轮的结构形式

V 带轮的结构形式分为实心式（见图 1–12）、腹板式（见图 1–13）、孔板式（见图 1–14）和轮辐式（见图 1–15）四种。一般而言，V 带轮的基准直径较小时可采用实心式 V 带轮，基准直径较大时可采用腹板式或孔板式 V 带轮，当带轮基准直径大于 300 mm 时可采用轮辐式 V 带轮。

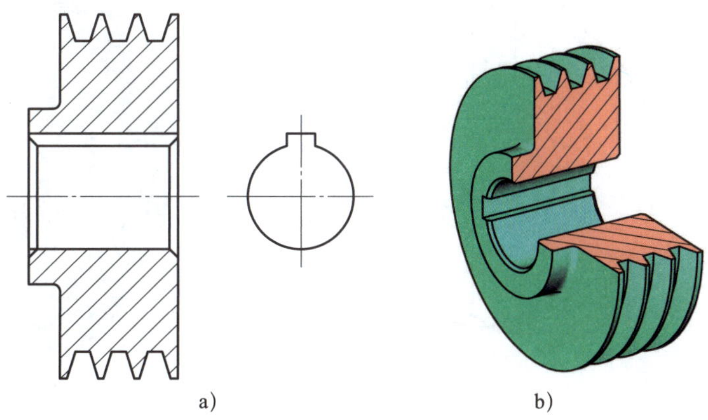

图 1–12　实心式 V 带轮

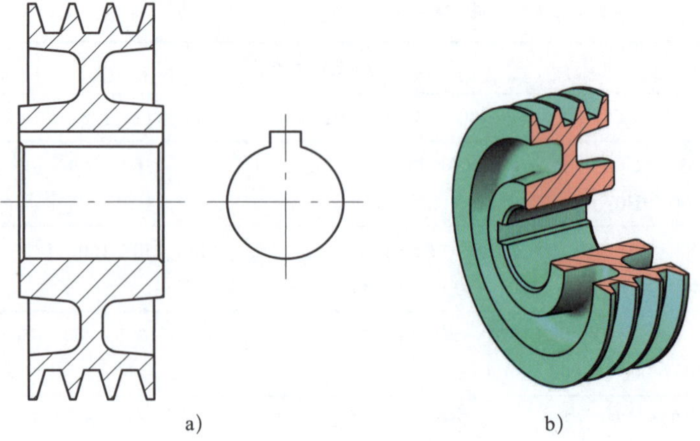

图 1–13　腹板式 V 带轮

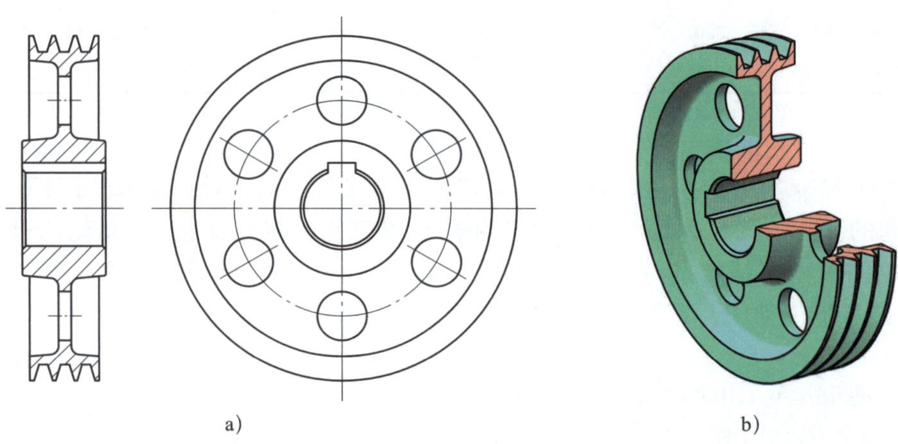

图 1–14　孔板式 V 带轮

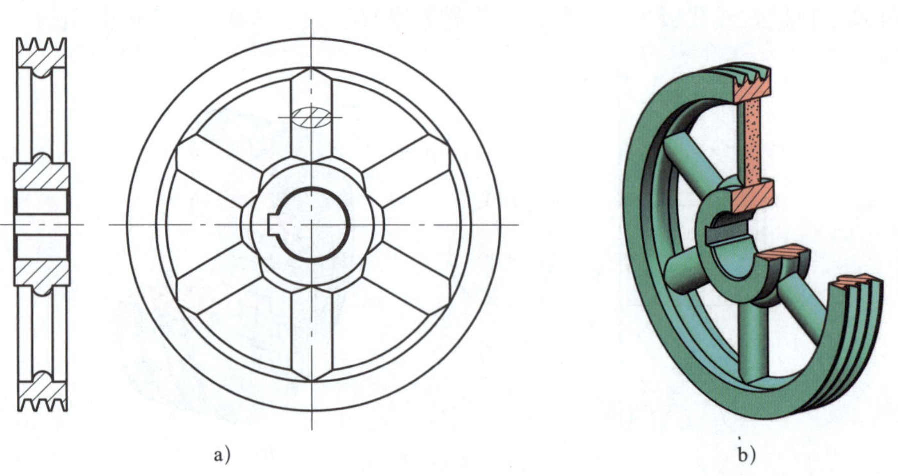

图 1–15　轮辐式 V 带轮

3. V 带和 V 带轮的材料

V 带的包布、顶布和底布一般采用含氯丁二烯的棉、聚酯纤维织物等材料；顶胶、底胶及缓冲胶可采用天然橡胶、丁苯橡胶、氯丁橡胶和丁腈橡胶等材料；抗拉体的材料要具有较小的断裂伸长率和较大的断裂强度，多为聚酯线绳，也有采用芳纶与钢丝等材料的。

普通 V 带轮通常用灰铸铁制造，带速较高时可采用铸钢，功率较小的传动可采用铸造铝合金或工程塑料等。

三、V 带传动的主要参数

1. V 带传动的传动比 i

根据带传动的传动比计算公式，对于 V 带传动，如果不考虑 V 带与 V 带轮间打滑因素的影响，其传动比计算公式可用主、从动轮的基准直径来表示：

$$i_{12}=\frac{n_1}{n_2}=\frac{d_{d2}}{d_{d1}}$$

式中 n_1——主动轮的转速，r/min；

n_2——从动轮的转速，r/min；

d_{d1}——主动轮的基准直径，mm；

d_{d2}——从动轮的基准直径，mm。

通常情况下，V 带传动的传动比 $i\leqslant7$，常用 2 ~ 7。

2. 小 V 带轮的包角 θ_1

带轮的包角是指带与带轮接触弧所对应的圆心角，如图 1–16 所示。包角的大小反映了带与带轮轮缘表面间接触弧的长短。两带轮中心距 C 越大，小带轮包角 θ_1 也越大，带与带轮接触弧也越长，带传递功率能力就越强；反之，带传递功率则越弱。为了使 V 带传动可靠，一般要求小 V 带轮的包角 $\theta_1\geqslant120°$。

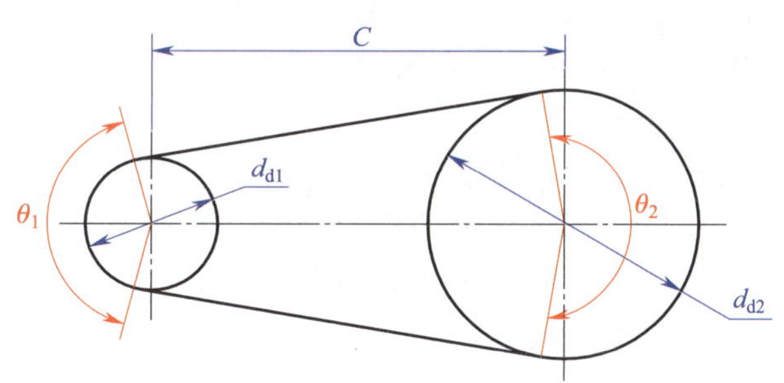

图 1–16 V 带轮的包角

θ_1—小带轮包角 θ_2—大带轮包角 C—中心距

d_{d1}—小带轮基准直径 d_{d2}—大带轮基准直径

小 V 带轮包角的计算公式为：

$$\theta_1\approx180°-\left(\frac{d_{d2}-d_{d1}}{C}\right)\times57.3°$$

式中 θ_1——小 V 带轮包角，(°)；

d_{d1}——小 V 带轮基准直径，mm；

d_{d2}——大 V 带轮基准直径，mm。

3. 中心距 C

中心距 C 是两带轮中心连线的长度（见图 1–16）。两带轮中心距越大，带的传动能力越强；但中心距过大，又会使整个装置不够紧凑，在高速传动时易使带产生振动，反而使带的传动能力下降。因此，两带轮中心距一般为两带轮基准直径之和（$d_{d1}+d_{d2}$）的 0.7 ~ 2 倍。

4. 带速 v

带速 v 一般取 5 ~ 25 m/s。带速 v 过高或过低都不利于带的传动。带速太低，在传递功率一定时所需圆周力增大，容易引起打滑；带速太高，离心力又会使带与带轮间的压紧程度减小，传动能力降低。

5. V 带的根数 Z

V 带的根数 Z 影响到带的传动能力。根数越多，传递功率越大，所以 V 带传动中所需 V 带的根数应按具体的传递功率大小而定。但为了使各 V 带受力比较均匀，V 带的根数不宜过多，一般取 2 ~ 5 根为宜，最多不能超过 10 根，否则应改选型号或加大带轮直径后重新设计。

四、普通 V 带传动的应用特点

1. 普通 V 带传动的优点

（1）结构简单，制造、安装精度要求不高，使用维护方便，适用于两轴中心距较大的场合。

（2）V 带具有良好的弹性和挠性，可吸收振动并缓和冲击，从而使传动平稳、噪声小。

（3）过载时 V 带会在带轮上打滑，可以防止零件损坏，起安全保护作用。

2. 普通 V 带传动的缺点

（1）由于有弹性滑动存在，故不能保证准确的传动比，传动效率较低（η=0.85 ~ 0.95）。

（2）带传动的外廓尺寸大，带的寿命较短。

（3）张紧力会产生较大的压轴力，使轴和轴承受力较大。

（4）不宜在高温、油污、易燃易爆及有腐蚀介质的场合下工作。

五、V 带传动的安装与维护

1. 套装 V 带时不得强行撬入，应将中心距缩小，待 V 带进入轮槽后再进行张紧。张紧时应在传动装置同一边上试一下每根带的松紧程度，如不均匀，可空转几圈使其均匀后再张紧到规定的位置。在生产实践中，往往根据经验来调整 V 带的张紧程度，在中等中心距的 V 带传动中，一般以拇指能将 V 带按下 15 mm 左右时的张紧程度为合适，如图 1–17 所示。

2. 安装 V 带轮时，两带轮的轴线应互相平行，两带轮轮槽的对称平面应重合，其偏角误差应小于 20′，如图 1–18 所示。

3. V 带的型号与 V 带轮要一致。V 带安装后，V 带顶面与带轮外缘表面平齐（新安装时略高出一些），底面与轮槽底面间有一定的间隙，这样 V 带的两侧面和轮槽的工作面之间可充分接触，如图 1–19a 所示。图 1–19b 和图 1–19c 所示为 V 带与 V 带轮型号不一致的情况。

4. V 带在使用过程中应定期检查并及时调整。若发现一组带中有疲劳撕裂（裂纹）等现象，应及时更换所有 V 带。不同类型、不同新旧的 V 带不能同组使用。

5. 为保证安全生产和 V 带的清洁，应给带传动装置加装防护罩。

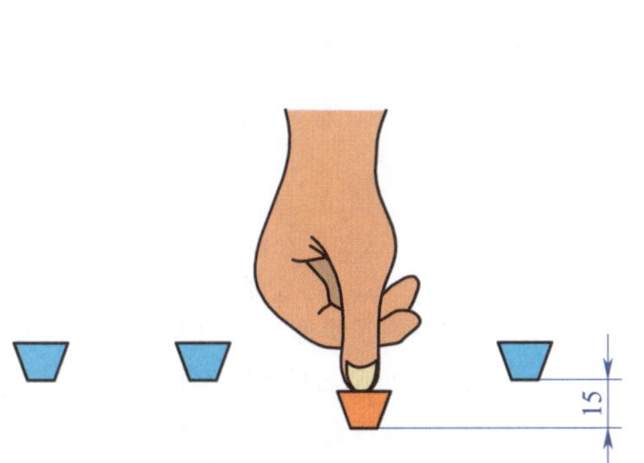

图 1-17　V 带的张紧程度

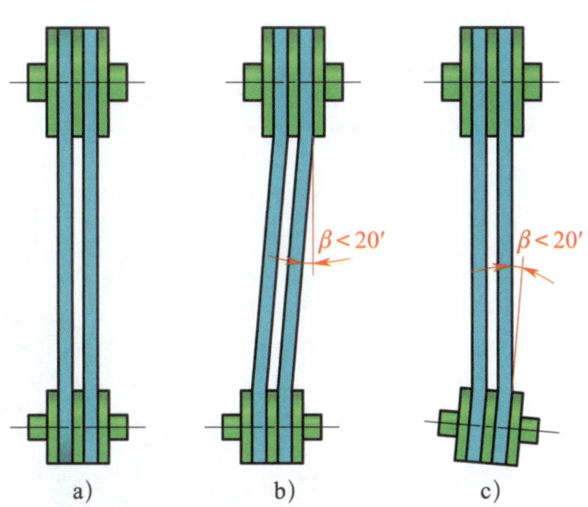

图 1-18　V 带轮的安装位置

a）理想位置　b）、c）允许位置

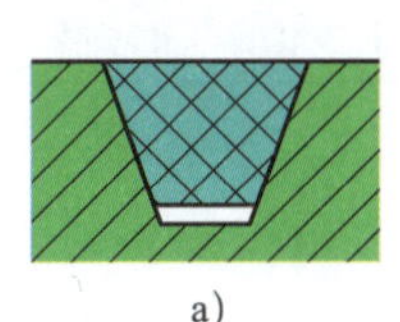

a)

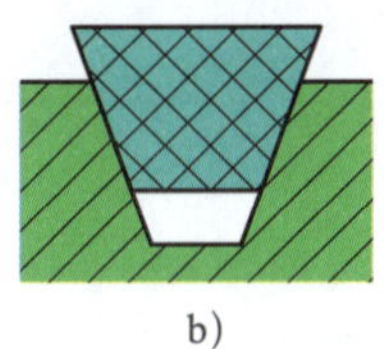

b)

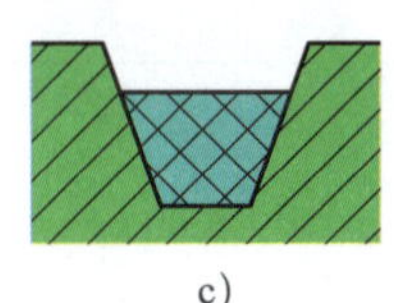

c)

图 1-19　V 带在 V 带轮中的安装情况

a）型号一致　b）、c）型号不一致

6. V 带不宜与酸、碱、油等介质接触，工作温度一般不应超过 60 ℃，以防带过快老化。

六、V 带传动的张紧方法

在安装 V 带传动装置时，V 带是以一定的拉力紧套在带轮上的，但经过一段时间运转后，V 带会因为塑性变形和磨损而松弛，影响正常工作。因此，需要定期检查与调整 V 带的张紧程度，以恢复和保持必需的张紧力，保证 V 带传动具有足够的传动能力。V 带传动常用的张紧方法见表 1-7。

表 1-7　　V 带传动常用的张紧方法

张紧方法	结构简图	原理及应用
调整 中心距	电动机 V带 调节螺钉 滑道	转动调节螺钉可使电动机沿垂直其转轴方向移动，从而实现 V 带的张紧。该方法适用于水平或接近水平的传动

续表

张紧方法	结构简图	原理及应用
调整中心距		转动调节螺母，可使摆架绕销轴转动，从而改变 V 带的张紧程度。该方法适用于竖直或接近竖直的传动
		靠电动机及摆架的重力使电动机绕销轴摆动，实现自动张紧。该方法多用于小功率传动
采用张紧轮		当两带轮的中心距不能调整（定中心距）时，可采用张紧轮将带张紧。张紧轮应置于松边内侧且靠近大带轮处，以减少张紧轮对小带轮包角的影响

§1-3　同步带传动

同步带传动是啮合型带传动。它通过传动带内表面上等距分布的横向齿与带轮上的相应齿槽啮合来传递运动和动力，如图 1-20 所示。与 V 带传动相比，同步带传动的带轮和传动带之间没有相对滑动，能保证准确的传动比。

一、同步带

1. 同步带的结构

同步带是具有等距横向齿的环形传动带，一般由齿布、带齿、芯绳和带背四部分组成，如图 1-21 所示。带背和带齿合称为带体，其材料一般多用聚氨酯或橡胶等。芯绳采用抗拉强度很高的钢丝绳或玻璃纤维绳等。采用高耐磨织物的齿布包裹在整个带齿的齿面上，起保护带齿的作用。

图 1-20　同步带传动

2. 同步带的类型

同步带的类型很多，常用的有梯形齿同步带和圆弧齿同步带，其齿形如图 1-22 所示，梯形齿同步带的齿廓为梯形，圆弧齿同步带的齿廓为圆弧。

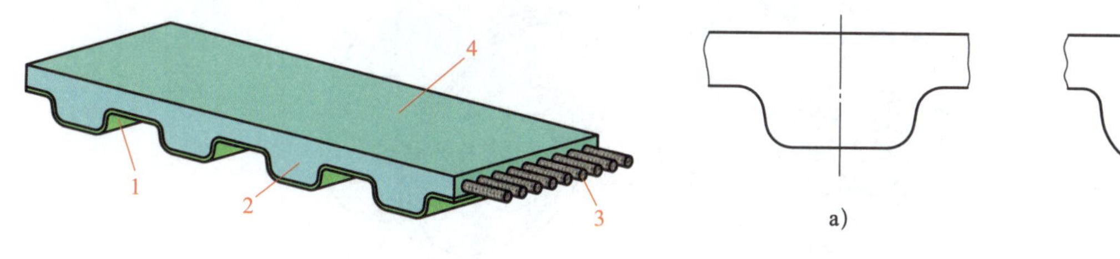

图 1-21　同步带的结构

1—齿布　2—带齿　3—芯绳　4—带背

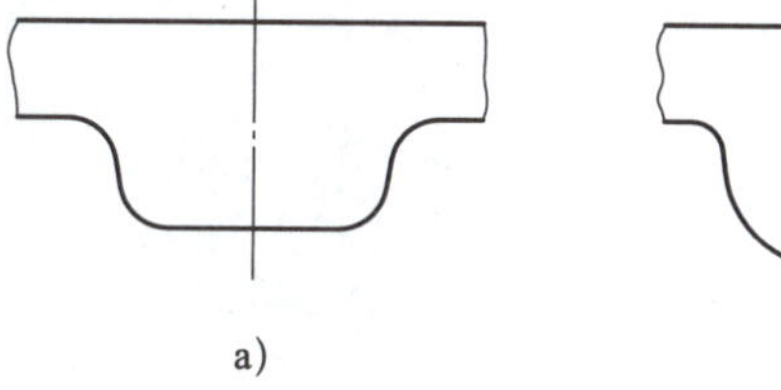

图 1-22　同步带齿形

a）梯形齿　b）圆弧齿

同步带按齿的分布情况分为单面齿同步带（单面有齿）和双面齿同步带（双面有齿）两种类型。双面齿同步带又分为对称双面齿同步带（型式代号为 DA）和交错双面齿同步带（型式代号为 DB）。图 1-23 所示为双面梯形齿同步带。

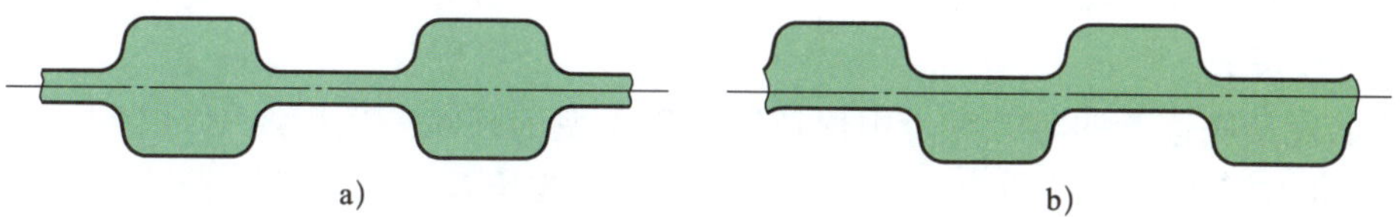

图 1-23　双面梯形齿同步带

a）对称双面梯形齿同步带（DA 型）　b）交错双面梯形齿同步带（DB 型）

梯形齿同步带分为周节制梯形齿同步带、T 型梯形齿同步带和 AT 型梯形齿同步带，周节制梯形齿同步带以英寸（in）制为标准，T 型和 AT 型梯形齿同步带以毫米（mm）制为标准。周节制梯形齿同步带最为常用，分为 MXL、XXL、XL、L、H、XH、XXH 七种型号，其承载能力由小到大逐渐递增。

二、同步带轮

每种类型和规格的同步带都有与之对应的同步带轮，梯形齿同步带轮和圆弧齿同步带轮的齿形如图 1–24 所示。同步带轮分为无挡圈同步带轮和有挡圈同步带轮两种，其结构如图 1–25 所示。同步带轮常用材料有铝合金、钢、铸铁、不锈钢、尼龙、铜、橡胶、POM 聚甲醛塑料（赛钢）等，其中以 45 钢、铝合金最为常见。

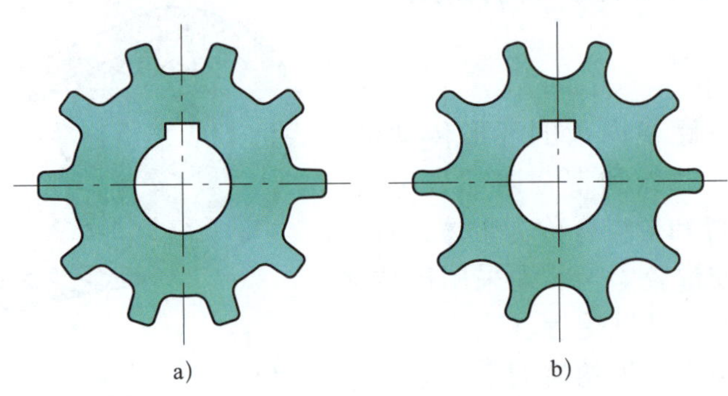

图 1–24　同步带轮的齿形

a）梯形齿　b）圆弧齿

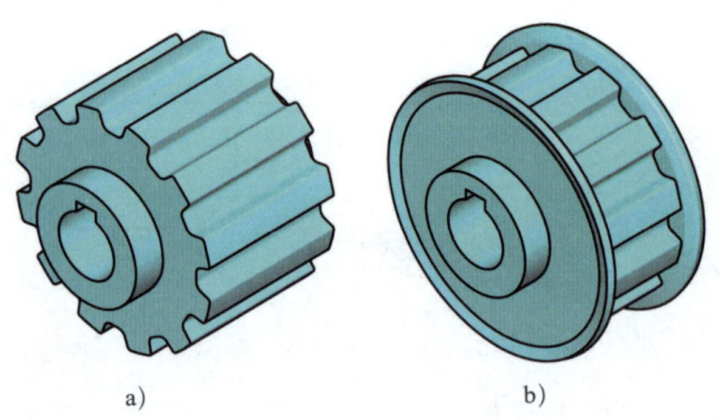

图 1–25　同步带轮的结构

a）无挡圈同步带轮　b）有挡圈同步带轮

三、同步带传动的主要参数

1. 同步带的主要参数

（1）节线长 L_p

当带垂直其底边弯曲时，在带中保持原长度不变的任意一条周线称为节线，如图 1–26 所示。芯绳的中心线与节线重合。节线的长度称为节线长 L_p，它是同步带的公称长度。

（2）带齿节距 P_b

在规定的张紧力下，带的纵截面上相邻两齿对称中心线的直线距离称为带齿节距 P_b，如图 1–27a 所示。

（3）带宽 b_s

带背面的横向尺寸称为带宽 b_s，如图 1–27b 所示。

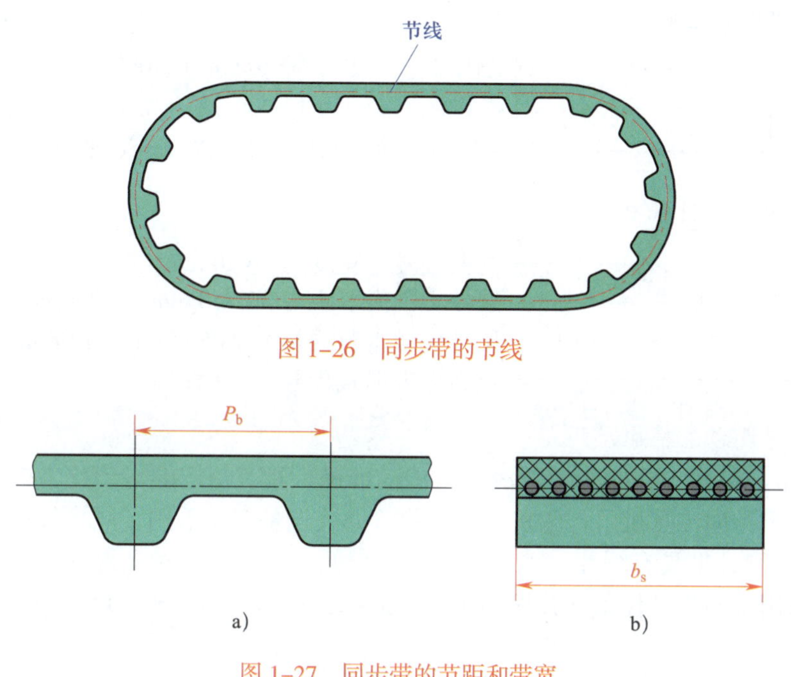

图 1–26　同步带的节线

图 1–27　同步带的节距和带宽

a）节距　b）带宽

2. 同步带轮的主要参数

（1）节径 d

节圆是指带轮上与带的节线重合的圆，其直径称为节径 d，如图 1–28 所示。

（2）节距 P_b

节圆上相邻两齿，同侧齿面间的弧长称为节距 P_b，如图 1–28 所示。

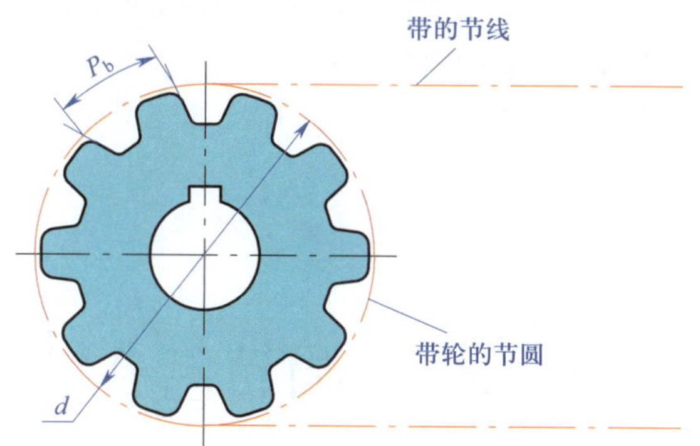

图 1–28　同步带轮的节径和节距

四、同步带的标记

不同类型的同步带，其标记方法有所不同。周节制梯形齿同步带的标记由长度代号、型号、宽度代号组成；对于双面齿同步带，还应在最前面表示出型式代号 DA 或 DB。周节制梯形齿同步带的标记示例如下：

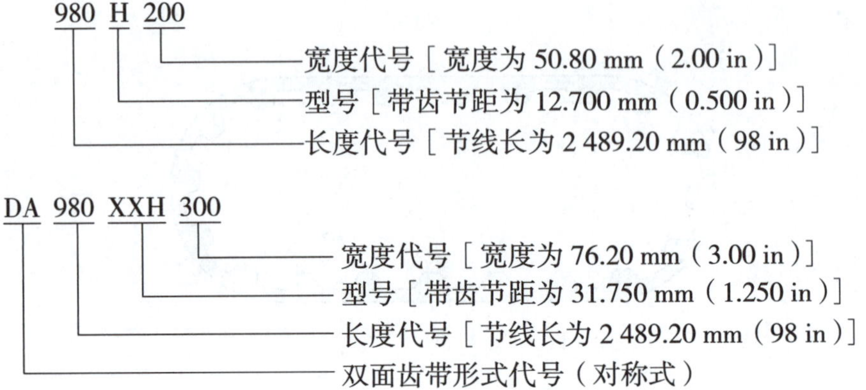

五、同步带传动的特点及应用

1. 同步带与带轮工作时无相对滑动，传动准确，具有恒定的传动比，广泛用于精密传动的各种设备中，如传真机、打印机、扫描仪等办公设备广泛采用了同步带传动。

2. 传动平稳，带具有缓冲、减振能力，噪声低，在轻工机械上得到广泛使用，如纺织机械中大量采用了同步带传动。其他如印刷、造纸、食品、烟草及医疗机械等也都广泛采用同步带传动。

3. 传动效率非常高（η=0.98 ~ 0.995），节能效果明显。

4. 传动比较大（一般情况下，$i \leqslant 10$），线速度可达 50 m/s，具有较大的功率传递范围，可从几瓦到几百千瓦。常用于可靠性、耐磨性和耐腐蚀性要求较高且传递功率较大的场合，如汽车、摩托车发动机上的传动系统广泛采用了同步带传动。

5. 传动机构比较简单，维护保养方便，维护费用低。

6. 结构紧凑，适宜于多轴传动。如数控机床、3D 打印机、工业机器人等设备广泛采用同步带传动。

7. 不需要润滑，无污染，因此可在不允许有污染及工作环境较为恶劣的场合下正常工作，可用于食品、矿山、石油等行业的机械设备中。

同步带传动的缺点是带与带轮价格较高，对制造、安装要求高。

§1-4 实训——调节台式钻床转速

一、实训目的

通过实训进一步了解 V 带传动的特点，学会 V 带的安装和张紧方法，掌握台式钻床转速的调节方法。

二、任务描述

台式钻床主轴的变速采用塔式带轮机构，通过改变 V 带的位置，可实现五种不同的转速，如图 1–29 所示。V 带在最高位置时主轴转速最高，在最低位置时主轴转速最低。V 带张紧力的调整依靠水平移动电动机实现。本任务的要求如下：

1．了解台式钻床的结构和工作原理。

2．规范调整 V 带的位置和调整主轴与电动机之间的中心距。

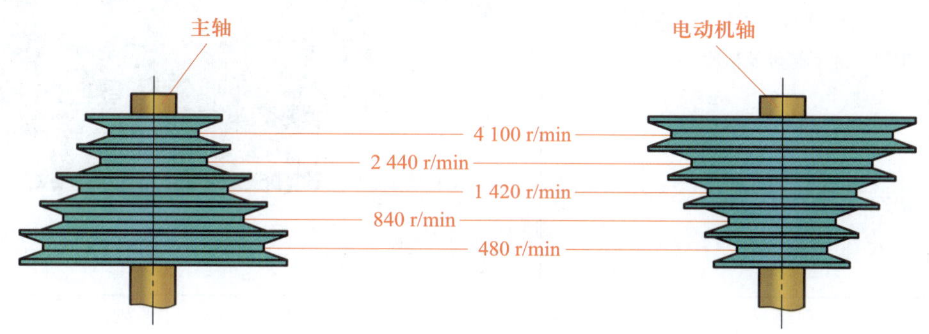

图 1–29　台式钻床主轴变速机构

三、实训设备及工具

台式钻床、旋具及其他钳工常用工具。

四、实训过程

1．调小 V 带轮中心距

在调节台式钻床转速时，首先要调小电动机轴与台式钻床主轴的中心距，具体步骤见表 1–8。

表 1–8　　调小 V 带轮中心距的步骤

步骤	操作要点	图示说明
1	拉下空气开关，切断台式钻床的电源，并在开关的操纵手柄上悬挂“禁止合闸”警示牌，确保操作安全	

续表

步骤	操作要点	图示说明
2	逆时针旋转台式钻床防护罩的固定螺母，卸下螺母及垫圈	
3	取下防护罩	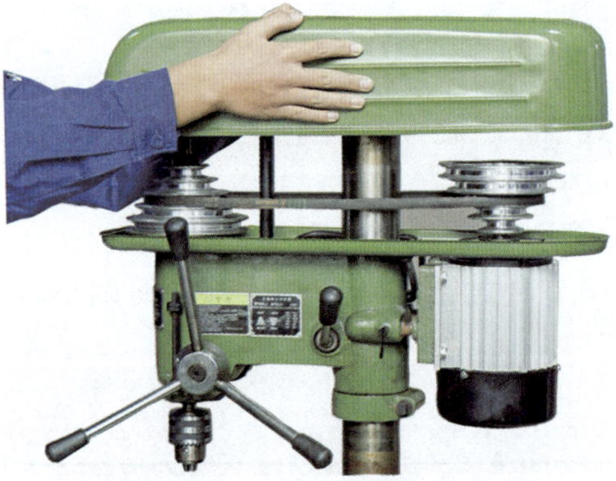
4	松开电动机安装座两边的紧固手柄	

续表

步骤	操作要点	图示说明
5	双手向内推动电动机，调小两 V 带轮的中心距。若导向柱因锈蚀等原因移动不灵活时，可将木块垫在电动机安装座上，用锤子轻轻敲击木块移动电动机	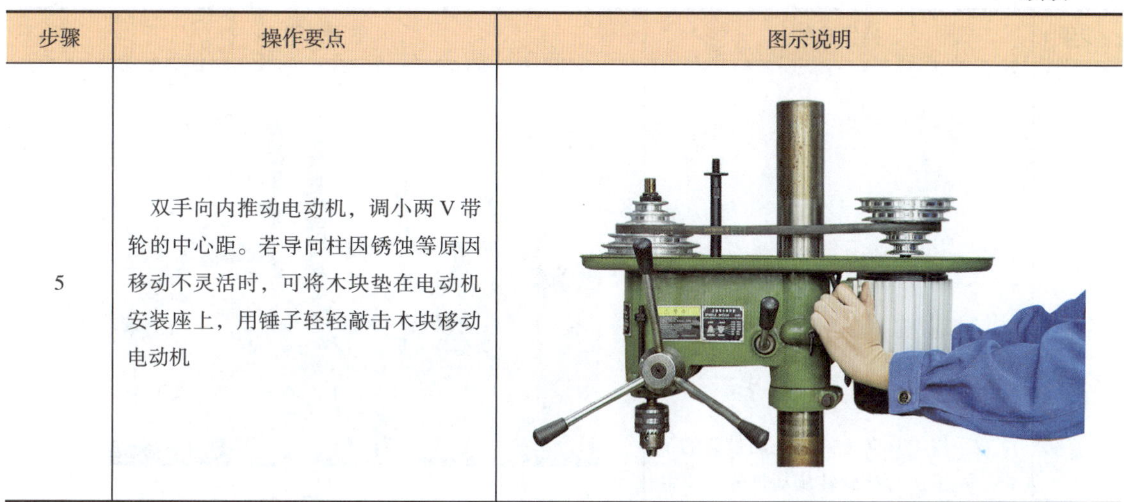

2. 调整 V 带位置

调整 V 带位置时，通常先调整小 V 带轮上的 V 带，然后再调整大 V 带轮上的 V 带。向上调整 V 带的步骤见表 1–9，向下调整 V 带的步骤与之相似，不再赘述。

表 1–9　　向上调整 V 带位置的步骤

步骤	操作要点	图示说明
1	左手用工具向上撬动从动带轮的 V 带，右手顺时针旋转主动带轮，使从动带轮上的 V 带自由滑入上一级轮槽 注意台式钻床的 V 带轮一般由铸造铝合金制成，硬度较低。在使用旋具撬动 V 带时，为防止撬坏带轮，应在旋具上套上塑料软管或缠绕胶带。严禁在未调小中心距前硬撬 V 带，以免损伤 V 带	

续表

步骤	操作要点	图示说明
2	右手用工具向上撬动主动带轮的V带，左手逆时针旋转从动带轮，使主动带轮上的V带自由滑入上一级轮槽	 

3. 张紧V带

V带位置调整好后需要调节两带轮中心距使V带张紧。台式钻床长期使用后V带会伸长松弛，也需要对V带进行张紧，张紧V带与安装防护罩的步骤见表1–10。

表1–10 张紧V带与安装防护罩的步骤

步骤	操作要点	图示说明
1	松开电动机安装座两边的紧固手柄	

续表

步骤	操作要点	图示说明
2	两手用力向外拉电动机，然后拧紧紧固手柄	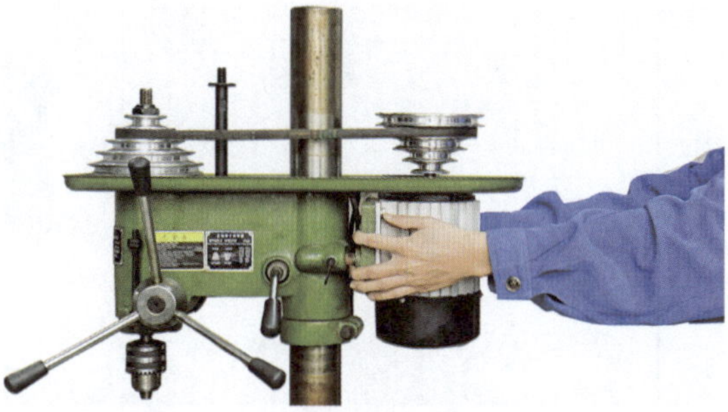
3	检查 V 带的张紧程度是否符合要求，若不符合要求，则需再次调整，直至符合要求	
4	装上防护罩	
5	装上垫圈	

续表

步骤	操作要点	图示说明
6	拧紧螺母	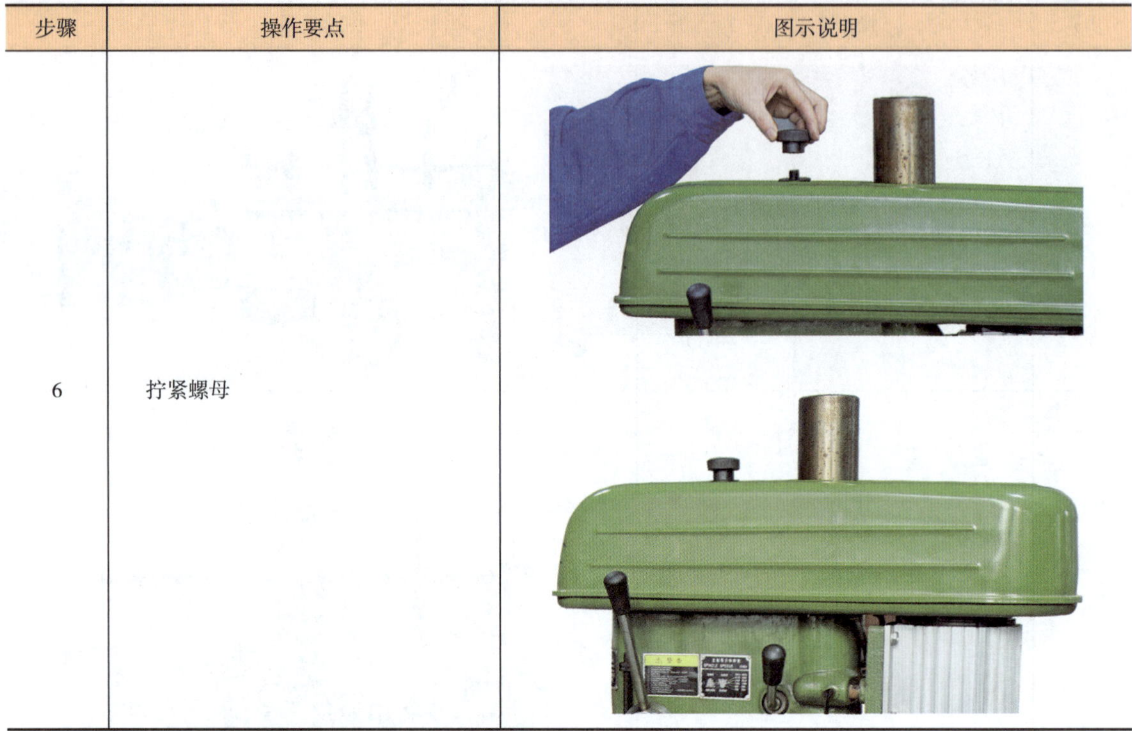

4. 试车

检查无误后接通电源，启动台式钻床进行试运转。

五、实训注意事项

1. 在调整 V 带前要确保已经切断电源。

2. 在调整 V 带时要选用合适的工具，操作要规范，防止损伤 V 带及带轮。

3. 在调整 V 带轮中心距时，如果用手无法推动电动机，切忌用锤子直接敲击电动机安装座，可垫上木块敲击。

4. 调整结束，要将防护罩安装好后再接通电源进行试车。

第二章 链传动

链传动是指通过链条将主动链轮的运动和动力传递到从动链轮的一种传动形式，它广泛应用于轻工、矿山、农业、运输、机床等机械的传动中，在日常生活中也极为常见，自行车、摩托车（见图 2–1）等运动和动力的传动都采用了链传动。链传动的种类有很多，最常见的是滚子链传动和齿形链传动，其中滚子链传动最常用。

图 2–1 摩托车

AR

§2–1 链传动概述

一、链传动的组成及工作原理

链传动由分装在两平行轴上的链轮和绕于两链轮上的链条所组成，如图 2–2 所示。它通过链轮轮齿与链节相啮合而传递运动和动力。

在链传动中，主动链轮每转过一个齿，链条移动一个链节，从动链轮被链条带动转过一个齿。如图 2–3 所示，设主动链轮的齿数为 z_1，从动链轮的齿数为 z_2，当主动链轮的转速为 n_1，从动链轮的转速为 n_2 时，单位时间内主动链轮转过的齿数 z_1n_1 与从动链轮转过的齿数 z_2n_2 相等，即：

$$z_1 n_1 = z_2 n_2 \quad 或 \quad \frac{n_1}{n_2} = \frac{z_2}{z_1}$$

主动链轮的转速 n_1 与从动链轮的转速 n_2 之比称为链传动的传动比，表达式为：

$$i_{12} = \frac{n_1}{n_2} = \frac{z_2}{z_1}$$

式中　i_{12}——传动比；

n_1、n_2——主、从动链轮的转速，r/min；

z_1、z_2——主、从动链轮的齿数。

图 2-2　链传动的组成

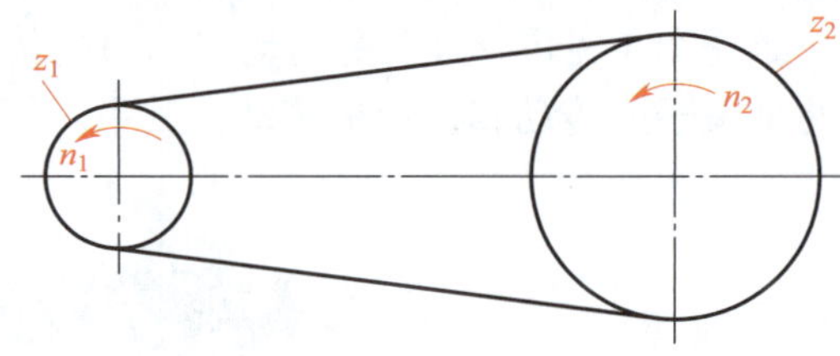

图 2-3　链传动的传动比

二、链传动的特点

链传动的平均传动比一般为 $i \leqslant 8$，低速传动时 i 可达 10；两轴中心距 a 可达 6 m；传动功率 $P \leqslant 100$ kW；链条速度 $v \leqslant 15$ m/s，高速时可达 20 ~ 40 m/s。

链传动具有挠性传动和啮合传动的双重性。因此，它在一定程度上兼有带传动和齿轮传动的特性。

1. 链传动的优点

（1）与摩擦型带传动相比较的优点

1）没有弹性滑动，平均传动比保持恒定。

2）承载能力较强，传动功率大，传动效率高（η=0.95 ~ 0.98），工作更为可靠。

3）适应工作环境条件宽，能在低速、重载和高温条件下，以及油污、酸污等不良环境中工作。

4）张紧力小，作用在轴上的载荷较小。

（2）与齿轮传动相比较的优点

1）可以发挥挠性传动的优势，非常方便地实现中心距较大和多轴传动。

2）制造、安装精度要求略低，便于制造和安装。

2. 链传动的缺点

（1）由于链节是多边形运动，所以瞬时传动比是变化的，链的瞬时速度不是常数，传动中的动载荷会产生振动、冲击和噪声，因此不宜用于要求精密传动的机械上。

（2）链条的铰链磨损后使链条节距变大，传动中链条容易脱落。

（3）链节与链轮进入啮合时造成冲击与噪声。

（4）为了减小链条的磨损，链传动对润滑条件要求严格，润滑油容易造成污染。

（5）无过载保护作用。

§2-2　滚子链传动

一、滚子链

常用的滚子链主要有单排链、双排链和三排链三种结构形式，如图 2–4 所示。链条中的零件由非合金钢或合金钢制造，并经表面淬火处理，强度和硬度高，耐磨性好。滚子链的承载能力与排数成正比，但排数越多各排受力越不均匀，所以排数不能过多，一般不超过四排。

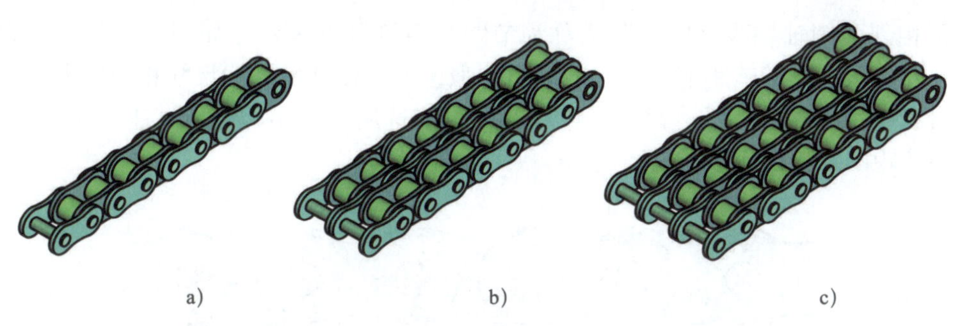

图 2–4　滚子链

a）单排链　b）双排链　c）三排链

1. 滚子链的结构

图 2–5 所示为单排滚子链的结构，它由内链板 4、外链板 2、销轴 1、套筒 3、滚子 5 等组成。销轴 1 与外链板 2、套筒 3 与内链板 4 之间采用过盈配合，而销轴 1 与套筒 3、滚子 5 与套筒 3 之间则采用间隙配合，以保证链节屈伸时，内链板 4 与外链板 2 之间能相对转动，滚子 5 与套筒 3、套筒 3 与销轴 1 之间可以自由转动。当链条与链轮啮合时，滚子与链轮轮齿相对滚动，两者之间主要是滚动摩擦，从而减少了链条和链轮轮齿的磨损。

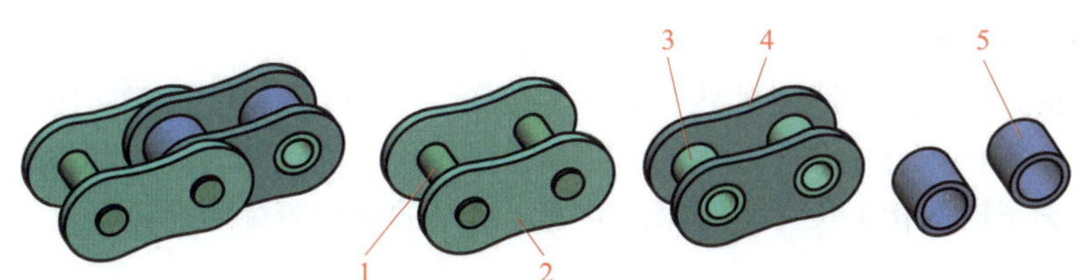

AR

图 2–5　单排滚子链的结构

1—销轴　2—外链板　3—套筒　4—内链板　5—滚子

滚子链接头处一般可用弹簧锁片（见图 2-6a）或开口销（见图 2-6b）锁定。当链节数为奇数时，链接头需采用过渡链节，如图 2-6c 所示。过渡链节不仅制造复杂，而且抗拉强度较低，因此尽量不采用。

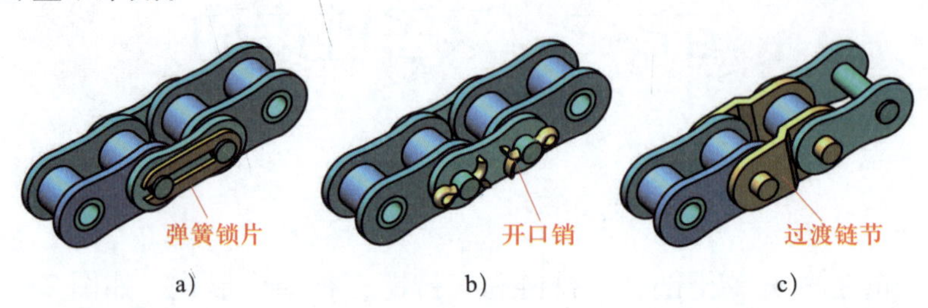

图 2-6　滚子链接头形式

a）弹簧锁片接头　b）开口销接头　c）过渡链节接头

2. 滚子链的主要参数及标示

（1）节距

链条相邻两销轴轴线之间的距离称为节距，用符号 P 表示，如图 2-7 所示。节距是滚子链的主要参数，链的节距越大，承载能力越强，但链传动的结构尺寸相应增大，传动的振动、冲击和噪声也相应严重。因此，应用时尽可能选用小节距的链。高速、大功率传动时，可选用小节距的双排链或多排链。

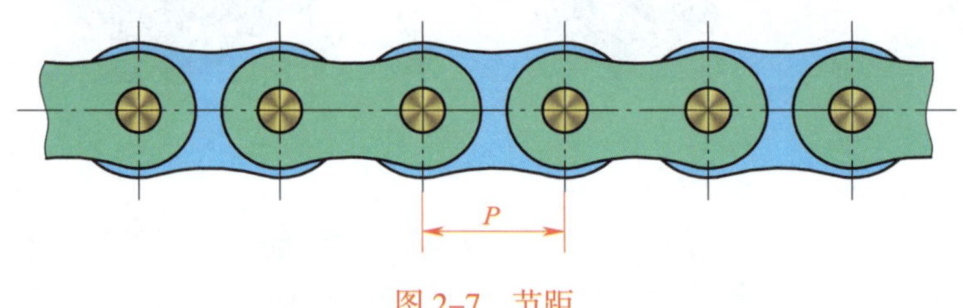

图 2-7　节距

（2）节数

链节是组成链条的最小单元，链条的节数是指每一根链条中链节的总数，滚子链的长度与节数有关。为了使链条两端便于连接，节数应尽量选取偶数，以便连接时正好使内链板和外链板相接。

（3）链条速度

链条速度不宜过大，链条速度越大，链条与链轮间的冲击力也越大，会使传动不平稳，同时加速链条和链轮的磨损。一般要求链条速度不大于 15 m/s。

（4）滚子链的标记

滚子链是标准件，其标记形式为：链号 – 排数。例如“16B-1”表示链号为 16B 的单排链。依据链号可查阅国家标准《传动用短节距精密滚子链、套筒链、附件和链轮》（GB/T 1243—2006）得到套筒滚子链的相关尺寸。国家标准规定链条的标记应标示在链条上。

二、滚子链链轮

滚子链链轮要与滚子链配套，其种类分为单排、双排和多排等，如图 2-8 所示。滚子链链轮的轮齿形状如图 2-9 所示。

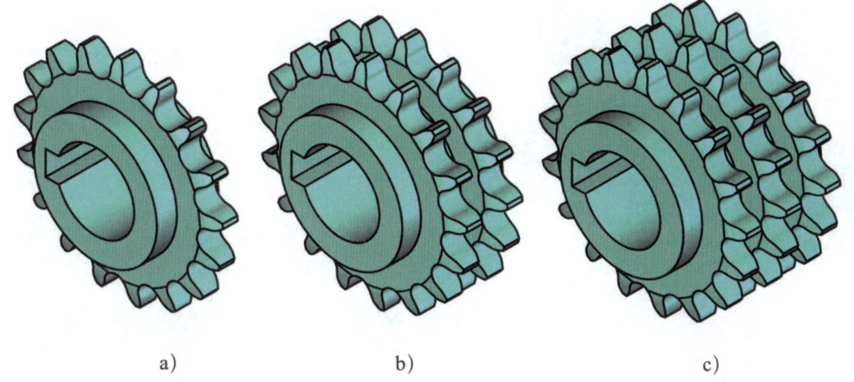

图 2-8　滚子链链轮的种类

a）单排　b）双排　c）多排

为保证传动平稳，减少冲击和动载荷，小链轮齿数不宜过少，一般应大于等于 17。大链轮齿数也不宜过多，齿数过多除了增大传动尺寸和质量外，还会出现跳齿和脱链等现象，通常大链轮齿数一般应小于 120。由于滚子链的节数常取偶数，为使链条与链轮轮齿磨损均匀，链轮齿数一般应取与链节数互为质数的奇数。

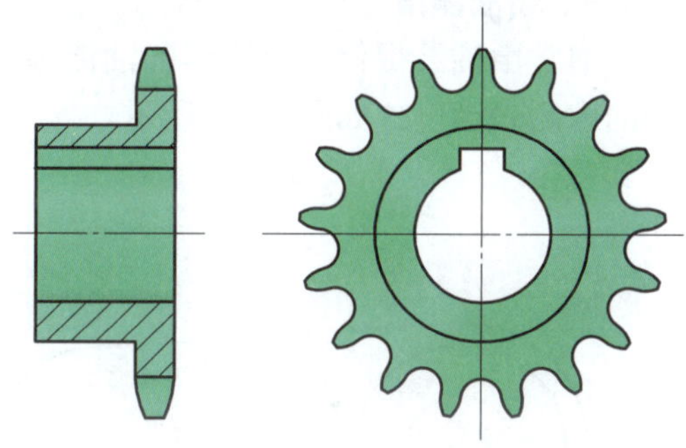

图 2-9　滚子链链轮的轮齿形状

链轮材料应保证轮齿有足够的强度和耐磨性，一般可采用灰铸铁、低碳钢、中碳钢、低碳合金钢、中碳合金钢等。链轮齿面一般都经过热处理，使之达到一定的硬度。

三、链传动的润滑

链传动的润滑十分重要，对高速重载的链传动更为重要。良好的润滑可缓和冲击、减轻磨损、延长链条的使用寿命。链传动的润滑方式主要有手工润滑、滴油润滑、浸油润滑、飞溅润滑和喷油润滑等。

1. 手工润滑

如图 2-10 所示，手工润滑是指用刷子向链条刷油或用油壶向链条上注油。加油量和频率应保证能有效防止链条过热或铰链部位因润滑不足出现氧化变色。

2. 滴油润滑

使用滴油润滑装置将润滑油施加在链条内表面上，如图 2-11 所示。滴油量和频率应以能有效防止链条铰链部位因润滑不足出现氧化变色为原则，同时滴油时必须注意不能让链条运动时产生的气流将油滴吹偏。

图 2-10　手工润滑

3. 浸油润滑

链条低边要浸入油池中运行，一般浸油深度为 6 ~ 12 mm，如图 2-12 所示。

图 2–11　滴油润滑

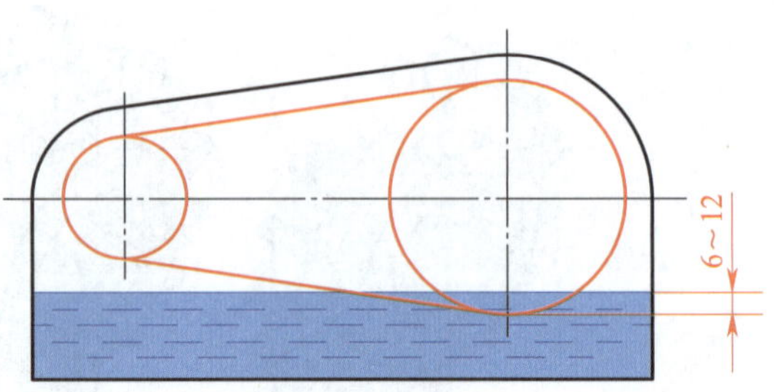

图 2–12　浸油润滑

4. 飞溅润滑

旋转甩油盘将油甩起并溅到链条上。通常在链箱上设置一个溅油润滑用的油池，如图 2–13 所示。甩油盘的直径应使油盘边缘处的线速度大于 3 m/s，链条在油位以上运转。

5. 喷油润滑

通常由油泵提供一个连续的油流施加到链条上。润滑油对准链条的松边，均匀地喷在链条的内侧表面上，如图 2–14 所示。

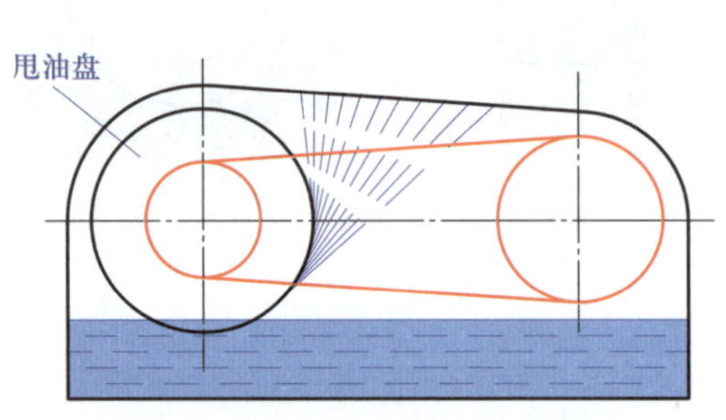

图 2–13　飞溅润滑

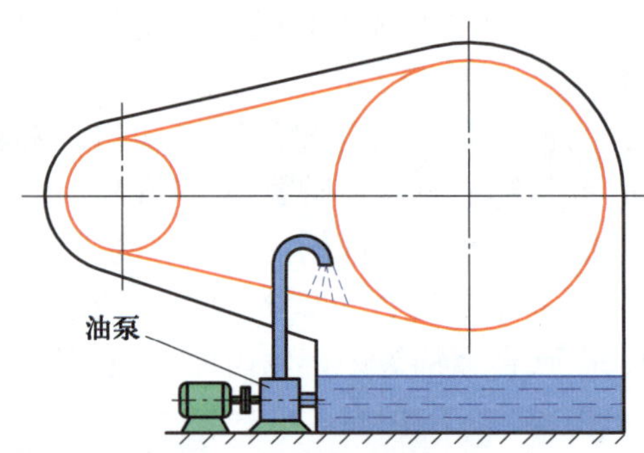

图 2–14　喷油润滑

四、链传动的维护与保养

1. 链的松紧度要适宜，太紧会增加功率消耗，轴承容易磨损；太松则容易使链跳动和脱链。一般应保证链提起或压下的距离为两链轮中心距的 2% ~ 3%。

2. 链轮装在轴上应没有摆动和歪斜。在同一传动组件中，两个链轮的对称平面应位于同一平面内，如果两轮偏移过大容易产生脱链及加速链与链轮的磨损。

3. 链轮齿面磨损到一定程度后应及时翻面使用（指可调面使用的链轮），以延长使用寿命。链轮磨损严重后，应同时更换新链和新链轮，以保证良好的啮合。

4. 当链条磨损造成链条伸长但并不严重时，可调整中心距（链轮中心距可调整时），以改善啮合状态，预防跳链和脱链。新链过长或经使用伸长后难以调整中心距时，可拆去部分链节，但必须为偶数。接头链节的销轴应从链轮背面穿过，弹簧锁片（或开口销）安装在外面，弹簧锁片的开口应朝着运动的相反方向。

5. 链传动机构在工作中应及时加注润滑油。润滑油必须进入滚子和套筒的间隙，以改善工作条件，减少磨损。

知识链接

齿形链传动

齿形链传动由齿形链及与之配套的齿形链链轮组成，如图 2–15 所示。齿形链又称无声链，属于传动链的一种形式。它由一系列的齿链板和导板交替叠加，用铰链连接而成。与滚子链传动相比，齿形链传动平稳性好、传动速度快、噪声较小、承受冲击性能较好，但结构较复杂、装拆困难、质量较大、易磨损、成本较高，主要用在高速、重载、低噪声、大中心距的场合，其传动性能优于同步带传动、齿轮传动和滚子链传动。近年来，齿形链在汽车、叉车、飞机、船舶、轧钢机械和机床中的应用越来越广泛。

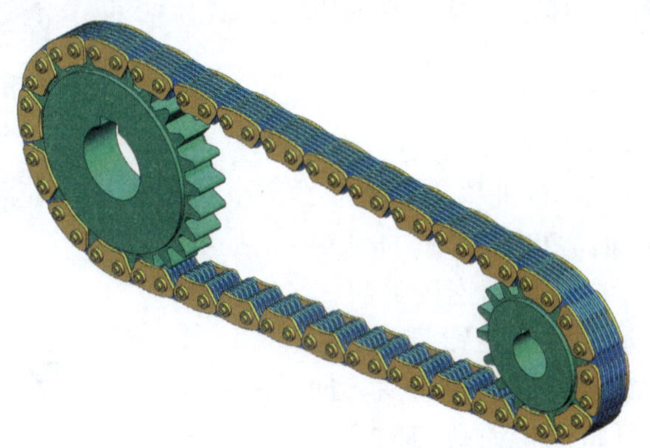

图 2–15　齿形链传动

第三章 螺纹连接和螺旋传动

螺纹的应用非常广泛，在机械设备及工、夹、量具上随处可见。如图 3–1 所示为桌虎钳，用于夹持小型工件。旋转固定手柄 9，通过固定螺杆 8 与固定座 7 之间的螺旋传动可使固定螺杆上移，将桌虎钳夹紧在桌面上。旋转夹紧手柄 1，使夹紧螺杆 2 旋转，通过活动钳身 5 与夹紧螺杆 2 之间的螺旋传动使活动钳身 5 向左移动，从而夹紧工件。

固定钳身和固定座通过偏心夹紧机构固定在一起，如图 3–2 所示。偏心机构由螺杆 3、螺母 5、连接手柄（偏心轴）2 组成，螺杆和螺母通过螺纹连接为一体。向上扳动连接手柄 2，螺杆 3 和螺母 5 向下移动，使固定钳身 1 与固定座 4 松开。旋转固定钳身到适当位置后，向下扳动连接手柄 2，即可将固定钳身与固定座固定在一起。

两块钳口板 3 用十字槽沉头螺钉 2 分别连接在固定钳身 1 和活动钳身 4 上，如图 3–3 所示。

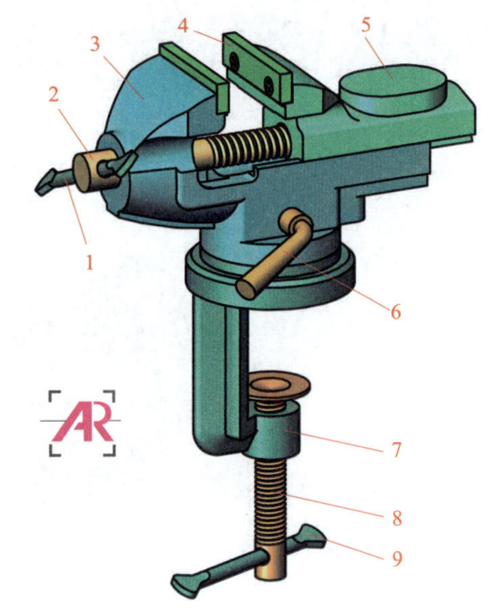

图 3–1 桌虎钳

1—夹紧手柄 2—夹紧螺杆 3—固定钳身 4—钳口板 5—活动钳身 6—连接手柄 7—固定座 8—固定螺杆 9—固定手柄

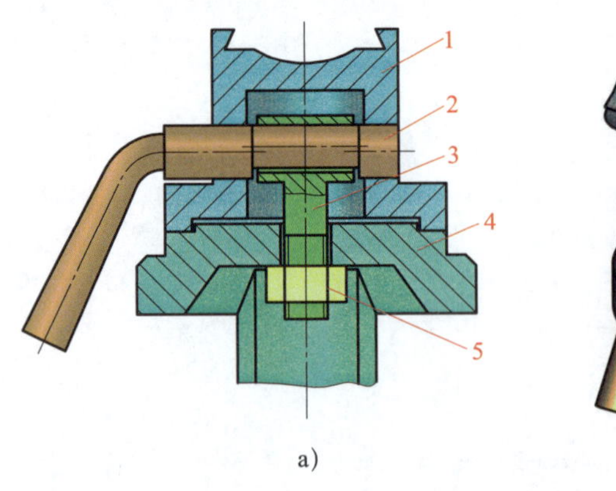

a)

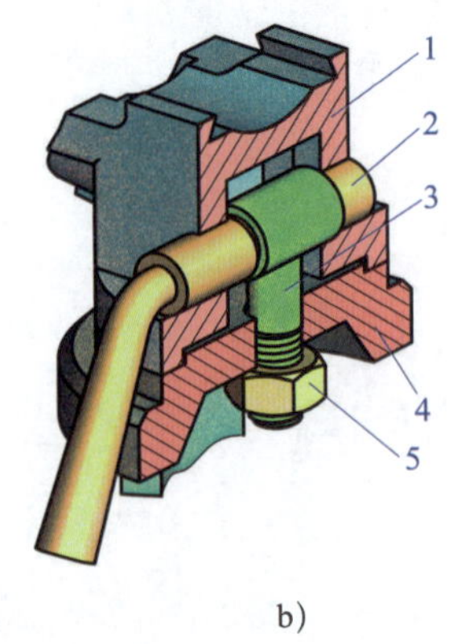

b)

图 3–2 偏心夹紧机构

1—固定钳身 2—连接手柄（偏心轴） 3—螺杆 4—固定座 5—螺母

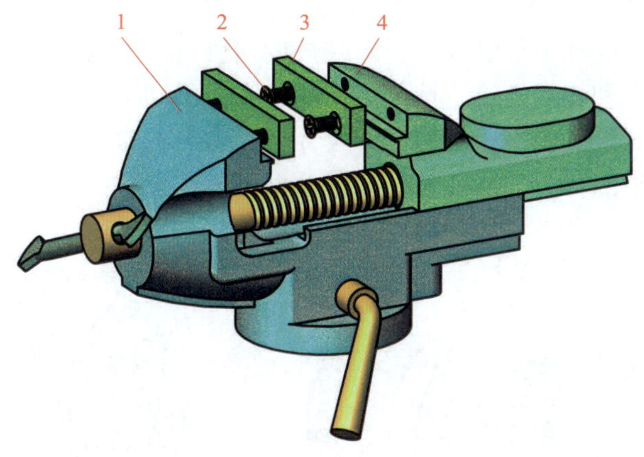

图 3-3　钳口板的连接

1—固定钳身　2—十字槽沉头螺钉　3—钳口板　4—活动钳身

§3-1　螺纹的基本知识

一、螺旋线的概念

螺旋线是指沿着圆柱（或圆锥）表面运动点的轨迹，该点的轴向位移与相应角位移成定比，如图 3-4 所示为在圆柱表面上形成的螺旋线。也可以认为螺旋线是圆柱（或圆锥）面上一动点绕圆柱（或圆锥）轴线做等速转动的同时，又沿圆柱（或圆锥）母线做等速直线运动而形成的复合运动轨迹。螺旋线有右旋和左旋之分，当圆柱轴线直立时，右旋螺旋线的可见部分自左向右升高（见图 3-4a），左旋螺旋线则自右向左升高（见图 3-4b）。

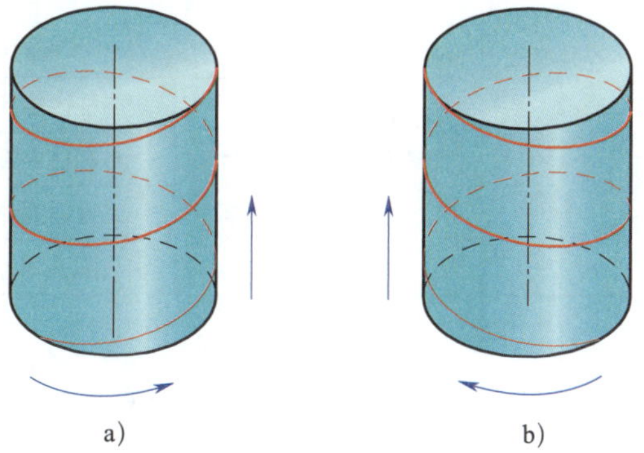

a)　　b)

图 3-4　螺旋线的形成

a）右旋螺旋线　b）左旋螺旋线

二、螺纹的形成

在圆柱或圆锥表面上，具有相同牙型（如三角形、梯形、锯齿形等）、沿螺旋线连续凸起的牙体称为螺纹。在圆柱（或圆锥）外表面上形成的螺纹称为外螺纹，在圆柱（或圆锥）内表面上形成的螺纹称为内螺纹。在圆柱面上形成的螺纹称为圆柱螺纹，在圆锥面上形成的螺纹称为圆锥螺纹。螺纹的结构如图 3-5 所示。

三、螺纹的种类

螺纹的类型很多，按用途可分为连接螺纹和传动螺纹两大类。连接螺纹主要用于连接，有普通螺纹和管螺纹等，其中普通螺纹也可用于微调机构的传动；传动螺纹主要用于传动，有梯形螺纹、锯齿形螺纹和矩形螺纹等。螺纹按旋向可分为右旋螺纹和左旋螺纹，按螺旋线的线数可分为单线螺纹和多线螺纹，按形成螺纹的表面不同可分为内螺纹和外螺纹。在通过螺纹轴线的断面上，螺纹的轮廓形状称为螺纹牙型，常见的螺纹牙型有三角形、梯形、锯齿形和矩形等。常见螺纹的种类、特征代号和牙型见表 3–1。

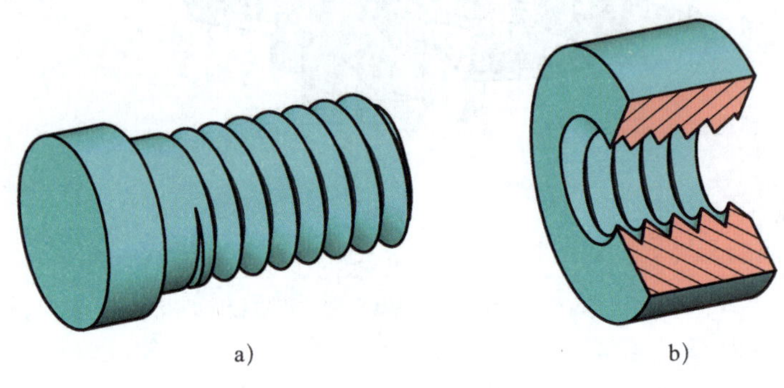

图 3–5　螺纹的结构

a）外螺纹　b）内螺纹

表 3–1　常见螺纹的种类、特征代号和牙型

<table>
<tr><th colspan="4">种类</th><th>特征代号</th><th>牙型及牙型角（或牙侧角）</th></tr>
<tr><td rowspan="7">连接螺纹</td><td rowspan="2">普通螺纹</td><td colspan="2">粗牙普通螺纹</td><td rowspan="2">M</td><td rowspan="2">60°</td></tr>
<tr><td colspan="2">细牙普通螺纹</td></tr>
<tr><td rowspan="5">管螺纹</td><td colspan="2">55° 非密封管螺纹</td><td>G</td><td rowspan="5">55°</td></tr>
<tr><td rowspan="4">55° 密封管螺纹</td><td>圆柱内螺纹</td><td>Rp</td></tr>
<tr><td>与圆柱内螺纹配合的圆锥外螺纹</td><td>R_1</td></tr>
<tr><td>圆锥内螺纹</td><td>Rc</td></tr>
<tr><td>与圆锥内螺纹配合的圆锥外螺纹</td><td>R_2</td></tr>
<tr><td rowspan="3">传动螺纹</td><td colspan="3">梯形螺纹</td><td>Tr</td><td>30°</td></tr>
<tr><td colspan="3">锯齿形螺纹</td><td>B</td><td>30°　3°</td></tr>
<tr><td colspan="3">矩形螺纹</td><td>—</td><td></td></tr>
</table>

四、螺纹的主要几何参数

螺纹的主要几何参数有大径、小径、中径、公称直径、线数、螺距、导程、旋向、升角与螺旋角、牙型角与牙侧角等。下面以圆柱螺纹为例介绍螺纹的几何参数。

1. 大径

螺纹的大径是指与外螺纹牙顶或内螺纹牙底相切的假想圆柱的直径，外螺纹大径用 d 表示，内螺纹大径用 D 表示，如图 3–6 所示。

2. 小径

螺纹的小径是指与外螺纹牙底或内螺纹牙顶相切的假想圆柱的直径，外螺纹小径用 d_1 表示，内螺纹小径用 D_1 表示，如图 3–6 所示。

外螺纹的大径和内螺纹的小径又称为顶径，外螺纹的小径和内螺纹的大径又称为底径。

3. 中径

螺纹的中径是指一个假想圆柱的直径，该圆柱的母线通过牙型上沟槽和凸起宽度相等的地方。外螺纹中径用 d_2 表示，内螺纹中径用 D_2 表示，如图 3–6 所示。

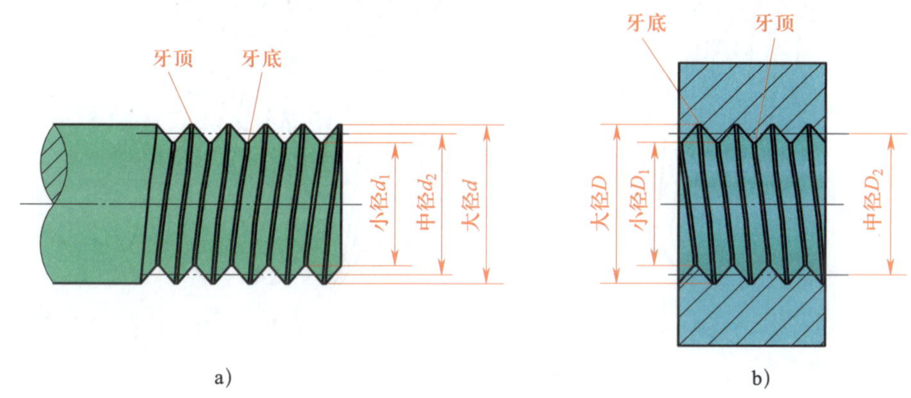

图 3–6　螺纹的大径、小径和中径

a）外螺纹　b）内螺纹

4. 公称直径

公称直径是指代表螺纹规格大小的直径。除管螺纹外，公称直径是指螺纹的大径。

5. 线数

螺纹的线数是指螺纹的螺旋线数量，用字母 n 表示。沿一条螺旋线形成的螺纹称为单线螺纹，如图 3–7a 所示；沿两条或两条以上螺旋线形成的螺纹称为多线螺纹，如图 3–7b 所示为双线螺纹。

6. 螺距

螺距是指相邻两牙体上的对应牙侧与中径线（中径圆柱的母线）相交两点间的轴向距离，用 P 表示，如图 3–8 所示。

7. 导程

导程是指最邻近的两同名牙侧（处在同一螺旋面上的牙侧）与中径线相交两点间的轴向距离，米制螺纹的导程用 P_h 表示，如图 3–8b 所示。导程也可认为是一个点沿着在中径圆柱上的螺旋线旋转一周所对应的轴向位移。

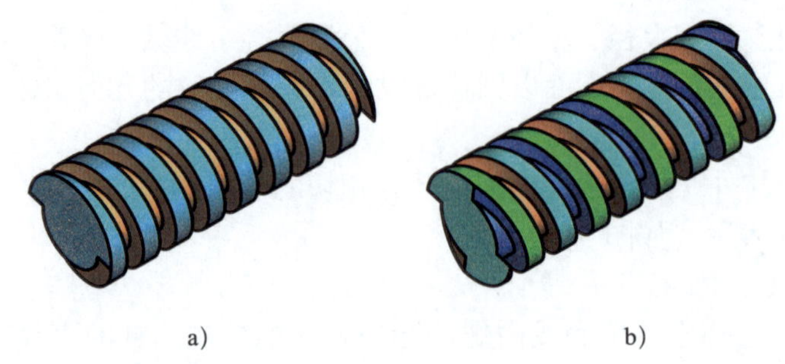

图 3-7　螺纹的线数

a）单线螺纹　b）双线螺纹

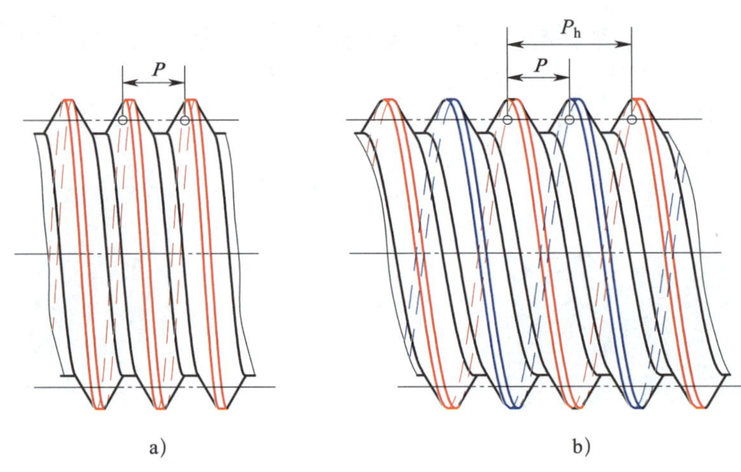

图 3-8　螺距与导程

a）单线螺纹　b）双线螺纹

导程、螺距、线数之间的关系是：

$$P_{\mathrm{h}}=P\times n$$

对于单线螺纹，导程与螺距之间的关系是：

$$P_{\mathrm{h}}=P$$

8. 旋向

螺纹旋向分右旋、左旋两种。沿右旋螺旋线形成的螺纹为右旋螺纹，沿左旋螺旋线形成的螺纹为左旋螺纹。右旋螺杆旋入螺孔时沿顺时针旋转，左旋螺杆旋入螺孔时沿逆时针旋转。当螺杆的轴线竖直放置时，右旋螺纹的可见部分自左向右升高，左旋螺纹的可见部分则自右向左升高，如图 3-9 所示。螺纹的旋向也可以用左右手法则判别，具体如下。

（1）伸出右手（或左手），手心对着自己，把螺杆放在手心上。

（2）四指的指向与螺纹轴线方向相同。

（3）右旋螺纹的旋向和右手拇指的指向相同，左旋螺纹的旋向和左手拇指的指向相同。

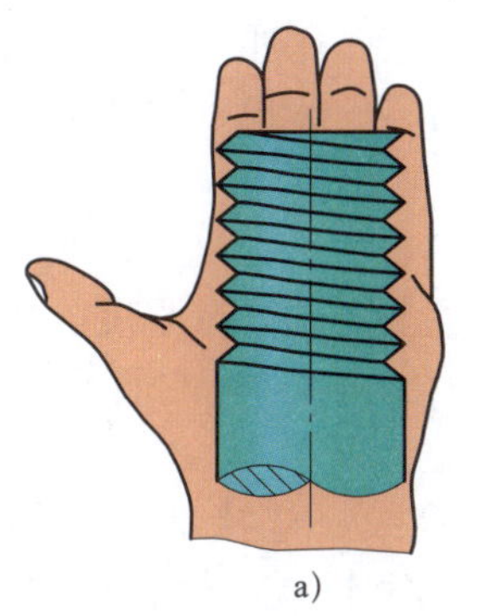

a)

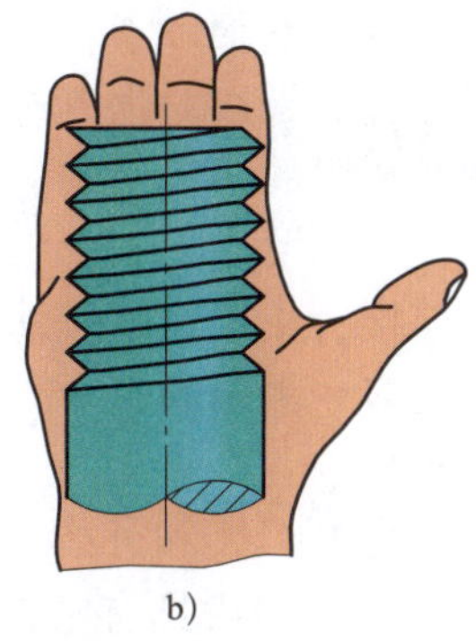

b)

图 3-9　螺纹的旋向及判别方法

a）左旋螺纹　b）右旋螺纹

9. 升角与螺旋角

螺纹的升角又称导程角，是指在螺纹中径圆柱上，螺旋线的切线与垂直于螺纹轴线的平面间的夹角，用 φ 表示。如图 3-10 所示，由几何关系可知：

$$\tan\varphi=\frac{P_{\mathrm{h}}}{\pi d_2}=\frac{nP}{\pi d_2}$$

圆柱螺旋线的螺旋角是指圆柱螺旋线的切线与通过切点的圆柱面的直母线之间所夹的锐角，用 β 表示，如图 3-10 所示。螺旋角与螺旋升角之和为 90°。

10. 牙型角与牙侧角

如图 3-11 所示，在螺纹牙型上，两相邻牙侧间的夹角称为牙型角，用 α 表示。在螺纹牙型上，一个牙侧与垂直于螺纹轴线的平面间的夹角称为牙侧角，用 β_1 或 β_2 表示。常见螺纹的牙型角与牙侧角见表 3-1。

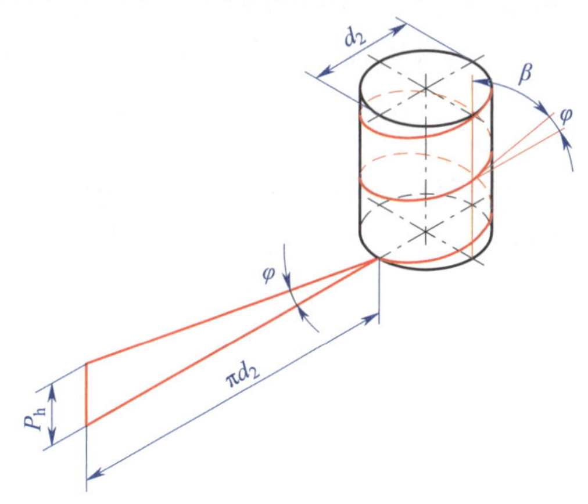

图 3-10　升角与螺旋角

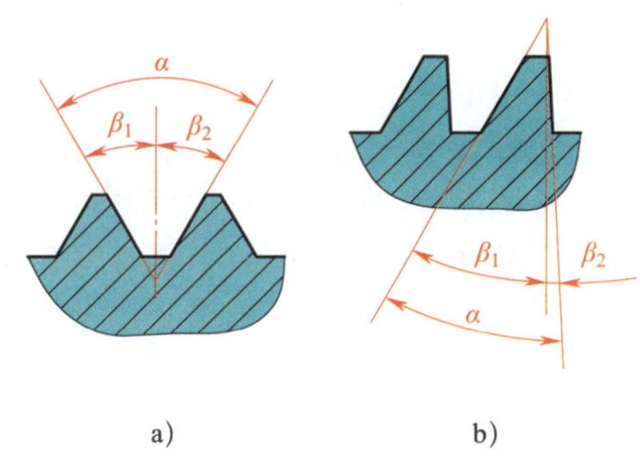

a)　　b)

图 3-11　牙型角与牙侧角

a）对称螺纹　b）非对称螺纹

五、常用螺纹的结构特点与应用

1. 普通螺纹

普通螺纹应用最广泛，其牙型为三角形，牙型角为 60°。普通螺纹按螺距大小分为粗牙普通螺纹和细牙普通螺纹两类。普通螺纹一般多用单线螺纹。普通螺纹的摩擦力大，强度高，自锁性能好。尤其是细牙普通螺纹，因为其小径大而螺距小，所以强度更高，自锁性更好。但是细牙普通螺纹容易磨损和滑扣，所以一般连接多用粗牙普通螺纹。细牙普通螺纹用于薄壁零件或使用粗牙普通螺纹对强度有较大影响的零件，也常用于受冲击、振动或交变载荷情况下的连接和微调装置的调整机构。

2. 管螺纹

管螺纹用于管路连接，由于管壁较薄，为防止过多削弱管壁强度，所以采用特殊的细牙螺纹。管螺纹的种类很多，常用的有 55° 非密封管螺纹和 55° 密封管螺纹两类。

（1）55° 非密封管螺纹

55° 非密封管螺纹的内螺纹和外螺纹都是圆柱螺纹，连接本身不具备密封性，所以称为非密封管螺纹。若要求连接后具有密封性，可采用密封圈密封。55° 非密封管螺纹多用于水、油、气的管路以及电气管路系统的连接。

（2）55° 密封管螺纹

55° 密封管螺纹包括圆锥内螺纹与圆锥外螺纹连接、圆柱内螺纹与圆锥外螺纹连接两种连接方式。这两种连接方式本身都具有一定的密封能力，所以称为密封管螺纹。必要时，可以在螺旋副内添加密封物（如缠绕生料带或涂抹铅油后缠绕麻丝等），以保证连接的密封性。55° 密封管螺纹适用于管子、管接头、旋塞、阀门和其他管路附件的螺纹连接。

3. 传动螺纹

传动螺纹有梯形螺纹、锯齿形螺纹和矩形螺纹。

（1）梯形螺纹

梯形螺纹的牙型为等腰梯形，牙型角为 30°。梯形螺纹是传动螺纹的主要形式，广泛应用于传递动力或运动的螺旋机构中。梯形螺纹牙根强度高，螺旋副对中性好，加工工艺性好，但与矩形螺纹相比传动效率略低。

（2）锯齿形螺纹

锯齿形螺纹工作面的牙侧角为 3°，非工作面的牙侧角为 30°。锯齿形螺纹综合了矩形螺纹传动效率高和梯形螺纹牙根强度高的特点。其外螺纹的牙根具有相当大的圆角，以减小应力集中。螺旋副大径处的最小间隙为零，便于对中。锯齿形螺纹广泛应用于单向受力的传动机构。

（3）矩形螺纹

矩形螺纹的牙型为正方形，牙厚等于螺距的 1/2。矩形螺纹没有标准化，公制矩形螺纹的直径与螺距可按梯形螺纹的直径与螺距选择。矩形螺纹传动效率高，但对中精度低，牙根强度低，精确制造较为困难，螺旋副磨损后的间隙难以补偿或修复。矩形螺纹主要用于传力机构中，如螺旋千斤顶、管钳、顶拔器等。

§3-2 螺纹标记

一、普通螺纹的标记

普通螺纹的完整标记由特征代号、尺寸代号、公差带代号及其他有必要做进一步说明的信息（如旋合长度代号、旋向等）组成。特征代号与尺寸代号之间不留空，其他各部分之间用“–”分开。普通螺纹完整标记的格式为：

特征代号 | 尺寸代号 – 公差带代号 – 旋合长度代号 – 旋向代号

一般情况下，螺纹的标记并不是把所有的项目都标注出来。普通螺纹标记的具体规定如下。

1. 特征代号

普通螺纹的特征代号用字母“M”表示。

2. 尺寸代号

（1）单线螺纹的尺寸代号

单线螺纹的尺寸代号为“公称直径 × 螺距”。因为一个公称直径所对应的粗牙螺纹只有一个，而一个公称直径所对应的细牙螺纹有可能不止一个，所以国家标准规定：粗牙普通螺纹不标螺距，细牙普通螺纹必须注出螺距。例如：

“M8×1”表示公称直径为 8 mm、螺距为 1 mm 的单线细牙螺纹。

“M8”表示公称直径为 8 mm、螺距为 1.25 mm（见 GB/T 193—2003）的单线粗牙螺纹。

（2）多线螺纹的尺寸代号

多线螺纹的尺寸代号为“公称直径 ×Ph 导程 P 螺距”。例如：“M16×Ph3P1.5”表示公称直径为 16 mm、螺距为 1.5 mm、导程为 3 mm 的双线螺纹。

3. 公差带代号

公差带代号包括中径公差带代号和顶径公差带代号两部分。中径公差带代号在前，顶径公差带代号在后。若中径公差带代号和顶径公差带代号相同，只需标注一个公差带代号。

公差带代号由表示公差等级的数值和表示公差带位置的字母（内螺纹用大写字母，外螺纹用小写字母）组成。尺寸代号与公差带代号之间用“–”分开。例如：

“M10–5g6g”表示中径公差带代号为 5g、顶径公差带代号为 6g 的单线粗牙外螺纹。

“M10–5H”表示中径和顶径公差带代号均为 5H 的单线粗牙内螺纹。

为简化标注，国家标准规定，普通螺纹符合表 3–2 所列的情况时，在螺纹标记中不标注公差带代号。

表 3–2　　普通螺纹不标注公差带代号的情况

种类	公称直径≤1.4 mm	公称直径≥1.6 mm
内螺纹公差带代号	5H	6H
外螺纹公差带代号	6h	6g

例如：外螺纹 M10 的中径公差带代号和顶径公差带代号均为 6 g，内螺纹 M10 的中径公差带代号和顶径公差带代号均为 6H。

表示螺纹副时，内螺纹的公差带代号在前，外螺纹的公差带代号在后，中间用斜线分开。例如：“M20×2–5H/7g6g”表示公差带为 5H 的内螺纹与公差带为 7g6g 的外螺纹配合。

4. 旋合长度代号

普通螺纹的旋合长度有短旋合长度（S）、长旋合长度（L）和中等旋合长度（N）三种。

中等旋合长度“N”不标注。短旋合长度和长旋合长度应在公差带代号之后分别标注“S”和“L”，并与公差带代号之间用“–”分开。例如：

“M20 × 2–5H–S”表示短旋合长度的内螺纹。

5. 旋向代号

右旋螺纹不标注旋向代号。对于左旋螺纹，应在旋合长度代号之后标注“LH”，并与旋合长度代号之间用“–”分开。例如：“M8 × 1–LH”表示左旋螺纹。

例 1 解释螺纹标记“M12–7g–L–LH”的含义。

解 特征代号“M”表示普通螺纹。

尺寸代号“12”表示螺纹公称直径为 12 mm，没标注导程和螺距说明是单线粗牙普通螺纹。

公差带代号“7g”表示外螺纹中径和顶径公差带代号皆为 7g。

旋合长度代号“L”表示长旋合长度。

旋向代号“LH”表示左旋。

例 2 解释螺纹标记“M20 × 2–5H/5h6h”的含义。

解 特征代号“M”表示普通螺纹。

尺寸代号“20 × 2”表示细牙普通螺纹，公称直径为 20 mm，螺距为 2 mm，单线。

公差带代号“5H/5h6h”表示内、外螺纹旋合，内螺纹中径公差带代号和顶径公差带代号均为 5H，外螺纹中径公差带代号为 5h、顶径公差带代号为 6h。

此外，该标记没有注写旋合长度代号和旋向代号，说明所标注的螺纹为中等旋合长度、右旋。

二、梯形螺纹和锯齿形螺纹的标记

梯形螺纹和锯齿形螺纹的标记相同，由特征代号、尺寸代号、公差带代号、旋合长度代号和旋向代号等组成，其格式如下：

特征代号	尺寸代号	–	公差带代号	–	旋合长度代号	–	旋向代号

1. 特征代号

梯形螺纹的特征代号用“Tr”表示，锯齿形螺纹的特征代号用“B”表示。

2. 尺寸代号

尺寸代号由“公称直径 × 导程（P 螺距）”组成。若为单线螺纹，可只标出螺距；若为多线螺纹，则应同时标注导程和螺距。

3. 公差带代号

梯形螺纹的公差带代号仅包含中径公差带代号。公差带代号由公差等级数字和公差带位置字母（内螺纹用大写字母，外螺纹用小写字母）组成。螺纹尺寸代号与公差带代号间用“–”分开。表示内、外螺纹配合时，内螺纹公差带代号在前，外螺纹公差带代号在后，中间用斜线分开。

4. 旋合长度代号

为确保传动的平稳性，旋合长度不宜太短，所以规定中没有短旋合长度。中等旋合长度的螺纹不标注旋合长度代号“N”。对于长旋合长度的螺纹，应在公差带代号后标注旋合长度代号“L”，旋合长度代号与公差带代号之间用“–”分开。

5. 旋向代号

右旋梯形螺纹不标注旋向代号。若为左旋梯形螺纹，应在旋合长度代号之后标注“LH”，并与旋合长度代号之间用“–”分开。

例如：

“Tr40×7–7H–LH”表示公称直径为40 mm、螺距为7 mm、单线、中径公差带代号为7H的左旋梯形内螺纹。

“B40×14（P7）–7e”表示公称直径为40 mm、导程为14 mm、螺距为7 mm、双线、中径公差带代号为7e的右旋锯齿形外螺纹。

例3 解释螺纹标记“Tr24×10（P5）–8e–L–LH”的含义。

解 特征代号“Tr”表示梯形螺纹。

尺寸代号“24×10（P5）”表示公称直径为24 mm、导程为10 mm、螺距为5 mm、双线螺纹。

公差带代号“8e”表示中径的公差带代号为8e的外螺纹。

旋合长度代号“L”表示长旋合长度。

旋向代号“LH”表示左旋。

例4 解释螺纹标记“B40×7–7H/7e”的含义。

解 特征代号“B”表示锯齿形螺纹。

尺寸代号“40×7”表示公称直径为40 mm、螺距为7 mm的单线螺纹。

公差带代号“7H/7e”表示内、外螺纹旋合，内螺纹中径公差带代号为7H，外螺纹中径公差带代号为7e。

此外，因为没有标注旋向代号和旋合长度代号，说明标记所表示的螺纹为中等旋合长度、右旋。

三、管螺纹的标记

1. 55°非密封管螺纹的标记

55°非密封管螺纹的标记由特征代号、尺寸代号、公差等级代号和旋向代号组成。

（1）特征代号

55°非密封管螺纹的特征代号用字母G表示。

（2）尺寸代号

55°非密封管螺纹的尺寸代号用国家标准规定的分数或整数表示，它只是一个表示螺纹尺寸特征的代号，不是管螺纹的任何尺寸，根据尺寸代号查阅国家标准《55°非密封管螺纹》（GB/T 7307—2001）可得到管螺纹的几何尺寸。

（3）公差等级代号

内螺纹的公差等级只有一级，所以不标注公差等级代号。外螺纹的公差等级分为A、B两级，需要标注公差等级代号。例如：

“G2”表示尺寸代号为2的右旋圆柱内螺纹。

“G3A”表示尺寸代号为3的A级右旋圆柱外螺纹。

“G4B”表示尺寸代号为4的B级右旋圆柱外螺纹。

（4）旋向代号

右旋55°非密封管螺纹不标注旋向代号。左旋内螺纹应在尺寸代号后面加注“LH”，中间没有其他符号。左旋外螺纹应在公差等级代号后面加注“LH”，并在公差等级代号与公差带代号之间用“-”分开。例如：

“G2LH”表示尺寸代号为 2 的左旋圆柱内螺纹。

“G3A-LH”表示尺寸代号为 3 的 A 级左旋圆柱外螺纹。

（5）螺纹副的标注

表示螺纹副时，仅需标注外螺纹的标记代号。

2. 55° 密封管螺纹的标记

55° 密封管螺纹的标记一般由特征代号、尺寸代号和旋向代号组成。55° 密封管螺纹不标注公差等级代号。

（1）特征代号

圆柱内螺纹的特征代号用“Rp”表示，与圆柱内螺纹配合的圆锥外螺纹的特征代号用字母“R_1”表示；圆锥内螺纹的特征代号用“Rc”表示，与圆锥内螺纹配合的圆锥外螺纹的特征代号用“R_2”表示。

（2）尺寸代号

与 55° 非密封管螺纹相同，55° 密封管螺纹的尺寸代号也只是一个表示螺纹尺寸特征的代号。例如：

“Rp3/4”表示尺寸代号为 3/4 的右旋圆柱内螺纹。

“$R_1$3”表示尺寸代号为 3 的与圆柱内螺纹配合的右旋圆锥外螺纹。

（3）旋向代号

右旋 55° 密封管螺纹也不标注旋向代号。当螺纹为左旋时，应在尺寸代号后面加注“LH”，中间没有其他符号。例如：

“Rc3/4LH”表示尺寸代号为 3/4 的左旋圆锥内螺纹。

（4）螺纹副的标注

表示螺纹副时，螺纹的特征代号为“Rp/R_1”或“Rc/R_2”，前面为内螺纹的特征代号，后面为外螺纹的特征代号，中间用斜线分开。例如：

“Rc/$R_2$3”表示尺寸代号为 3 的右旋圆锥内螺纹与圆锥外螺纹所组成的螺纹副。

§3-3 螺纹连接

螺纹连接是指通过螺纹构成的连接，多为可拆卸连接。螺纹连接具有结构简单、连接可靠、装拆方便等优点。

一、螺纹紧固件

螺纹紧固件大多已经标准化，常用的有螺栓、螺柱、螺钉、螺母和垫圈等，其结构与标记示例见表 3-3。

表 3-3　　常用螺纹紧固件

名称	结构	规格尺寸	标记示例
六角头螺栓	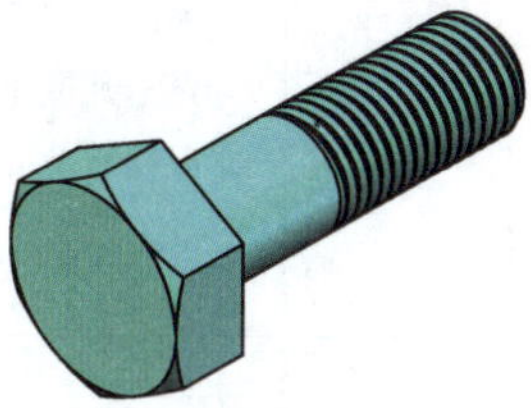	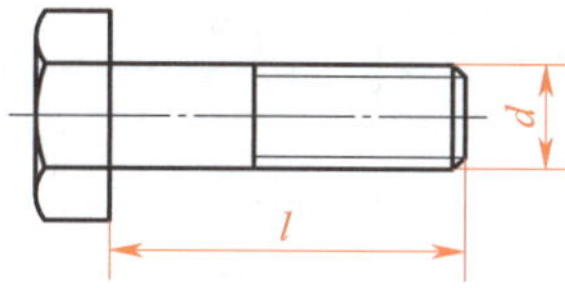	螺栓　GB/T 5780　M12 × 50 表示 C 级六角头螺栓，螺纹规格 d=12 mm，公称长度 l = 50 mm
双头螺柱	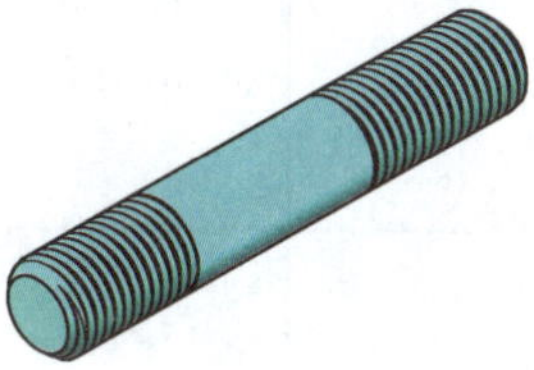	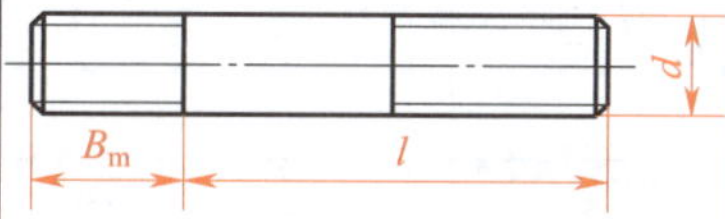	螺柱　GB/T 899　M12 × 50 表示两端皆为粗牙普通螺纹的双头螺柱，螺纹规格 d=12 mm，公称长度 l =50 mm，旋入机体一端的长度 B_m=1.5d
开槽圆柱头螺钉	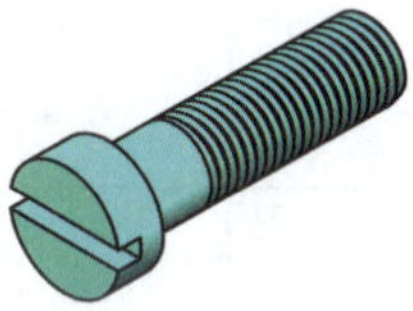	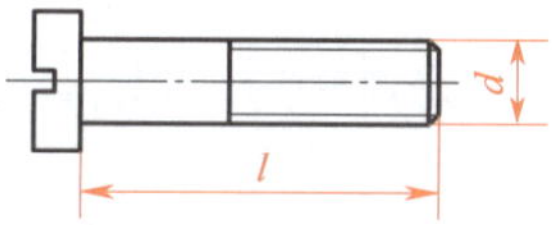	螺钉　GB/T 65　M6 × 30 表示开槽圆柱头螺钉，螺纹规格 d=6 mm，公称长度 l=30 mm
开槽沉头螺钉	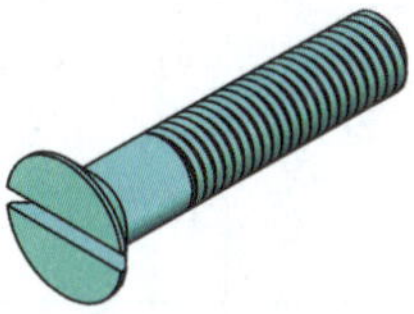	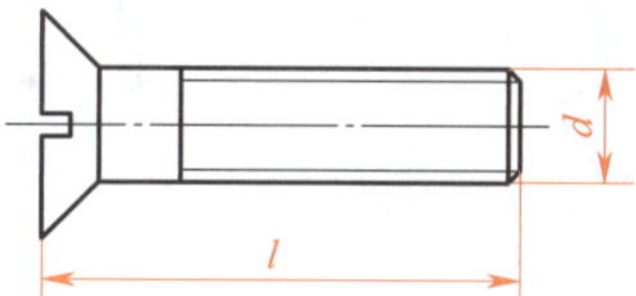	螺钉　GB/T 68　M5 × 20 表示开槽沉头螺钉，螺纹规格 d=5 mm，公称长度 l=20 mm
十字槽沉头螺钉	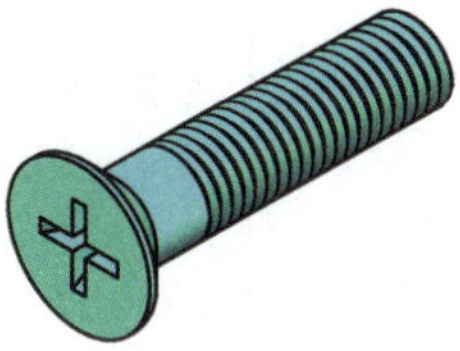	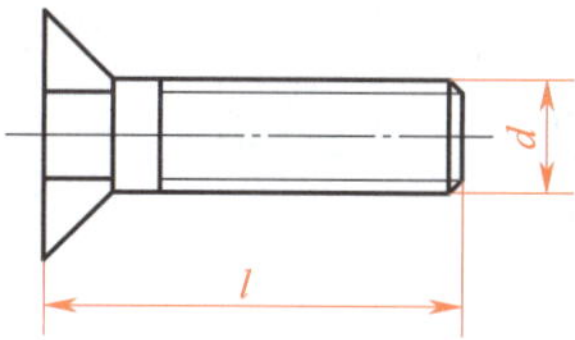	螺栓　GB/T 819.1　M6 × 20 表示十字槽沉头螺钉，螺纹规格 d=6 mm，公称长度 l=20 mm
内六角圆柱头螺钉	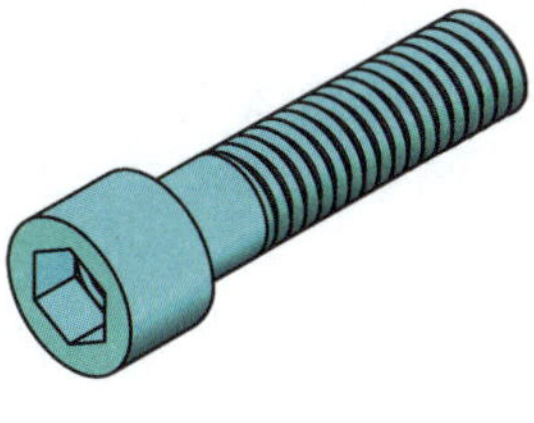	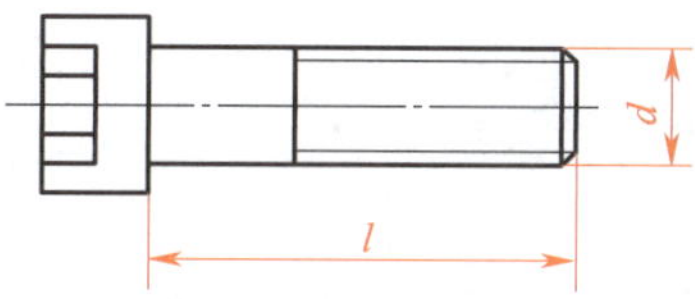	螺钉　GB/T 70.1　M10 × 35 表示内六角圆柱头螺钉，螺纹规格 d=10 mm，公称长度 l=35 mm

续表

名称	结构	规格尺寸	标记示例
开槽锥端紧定螺钉			螺钉　GB/T 71　M6×16 表示开槽锥端紧定螺钉，螺纹规格 d=6 mm，公称长度 l=16 mm
六角螺母			螺母　GB/T 6170　M12 表示 1 型六角螺母，螺纹规格 d=12 mm
六角开槽螺母			螺母　GB/T 6179　M16 表示 C 级 1 型六角开槽螺母，螺纹规格 d=16 mm
平垫圈			垫圈　GB/T 95　10 表示 C 级平垫圈，公称规格（与其配套使用的螺栓或螺母的螺纹大径）为 10 mm，左图中的 d_1 和 d_2 可从国家标准中查得
弹簧垫圈			垫圈　GB/T 93　10 表示标准型弹簧垫圈，公称规格（与其配套使用的螺栓或螺母的螺纹大径）为 10 mm，左图中的 d_1 和 d_2 可从国家标准中查得

螺纹紧固件的简化标记一般由“名称　标准号　螺纹规格或公称规格 × 公称长度（必要时）”组成。根据螺纹紧固件的标记可以查阅相关国家标准获得其类别、尺寸、公差、材料及热处理和表面处理要求等技术要求。

二、螺纹连接的类型和应用

螺纹连接在生产实践中应用很广，常见的螺纹连接有螺栓连接、双头螺柱连接、螺钉连接和紧定螺钉连接四种类型，其类型、特点及应用见表 3–4。

表 3-4　　螺纹连接的类型、特点及应用

类型	图示	特点	应用
螺栓连接		螺栓穿过两被连接件上的通孔并加螺母紧固。结构简单，装拆方便，成本低，应用广泛	用于两被连接件上均为通孔且有足够装配空间的场合
双头螺柱连接		螺柱的旋入端靠螺纹配合的过盈及螺纹尾部的台阶（或螺尾最后几圈较浅的螺纹）拧紧在被连接件之一的螺孔中，装上另一个被连接件后，加垫圈并用螺母紧固。拆卸上侧连接件时，只需拧下螺母，故被连接件上的螺纹不易损坏	用于受结构限制或被连接件之一为不通孔并需经常拆卸的场合
螺钉连接		螺钉（也可以是螺栓）穿过一个被连接件上的通孔而直接拧入另一个被连接件的螺孔内并紧固。若经常拆卸，则被连接件上的螺纹易损坏	用于被连接件之一较厚，不便加工通孔，且不必经常拆卸的连接
紧定螺钉连接		紧定螺钉拧入一个被连接件上的螺孔并用其端部顶紧另一个被连接件	用于固定两被连接件的相互位置，并可传递不大的力或转矩

三、螺纹连接的预紧与防松

1. 螺纹连接的预紧

螺纹连接在装配时一般都需要拧紧螺栓、螺母、双头螺柱或螺钉等，即对螺纹连接进行预紧。预紧的目的，一方面是防止螺纹连接松动；另一方面是可以使被连接件接合面之间摩擦力增大，以提高传递载荷的能力。但预紧力不能过大，过大则会损伤螺杆。控制螺纹连接预紧力的方法见表 3–5。

表 3–5　　控制螺纹连接预紧力的方法

方法	特点及应用
感觉法	靠操作者在拧紧时的感觉和经验。方法简单，经济实用，常用于普通的螺纹连接
力矩法	用测力矩扳手或定力矩扳手控制预紧力。费用较低，误差较小，应用广泛
测量螺栓伸长法	通过测量螺栓的伸长来控制预紧力，其应用条件是螺栓预紧力引起的螺栓伸长必须在弹性变形范围内。误差非常小，但使用麻烦，费用高，用于特殊需要的场合
螺母转角法	首先把螺母拧紧到“密贴”的位置，再转过一定角度。在汽车工业和钢结构中应用广泛

2. 螺纹连接的防松

螺纹连接的防松即防止螺旋副的相对转动。螺纹连接一般采用牙型为三角形的单线普通螺纹，其螺纹升角 φ 为 1.5° ~ 3.5°，具有自锁性能；同时螺纹零件端面与支承面之间还存在摩擦力，因此在静载荷下螺纹连接不会自行松开。但在冲击、振动和交变载荷作用下，摩擦力会瞬时减小或消失，连接有可能松动，因此必须考虑防松措施。

螺纹连接常用的防松方法有摩擦防松、机械防松和破坏螺纹防松三种。

（1）摩擦防松

摩擦防松是指使螺旋副中有不随连接载荷而变的压力，始终有摩擦力防止其相对转动，常用的方法有双螺母防松和弹簧垫圈防松等，见表 3–6。

表 3–6　　摩擦防松

形式	结构	特点及应用
双螺母防松		先用 80% 的规定力矩拧紧下面的螺母，再用 100% 的规定力矩拧紧上面的螺母，使螺栓在旋合段内受拉而螺母受压 结构简单、成本低，但质量增大。多用于低速重载或载荷平稳的场合

续表

形式	结构	特点及应用
弹簧垫圈防松		依靠弹簧垫圈在压平后产生的弹力及其切口尖角嵌入被连接件及紧固件支承面，起防松作用 结构简单、成本低、使用方便，但由于弹力不均匀，也不十分可靠，多用于不太重要的连接。采用鞍形或波形垫圈可明显提高防松效果

（2）机械防松

机械防松是用金属元件锁住螺旋副，使其不能做相对转动，常用的方法有开口销防松、止动垫圈防松、串联钢丝防松等，见表 3–7。

表 3–7　　机械防松

形式	结构	特点及应用
开口销防松		开口销穿过螺母的槽口并插入螺栓上的径向销孔中，使螺母、螺栓不能相对转动 防松可靠，但不便装配，不适用于双头螺柱的防松。多用于交变载荷、振动场合的重要部位连接的防松，如飞行器、汽车等
止动垫圈防松		首先将单耳止动垫圈套在螺栓上，拧好六角螺母（未拧紧），将单耳止动垫圈的单耳紧靠被压紧件的边沿弯折，然后拧紧六角螺母，再将止动垫圈另一侧的圆形边缘竖立起来，贴在六角螺母的侧平面上，以实现防松 防松可靠，但需要被连接件具有一定的安装结构

续表

形式	结构	特点及应用
串联钢丝防松	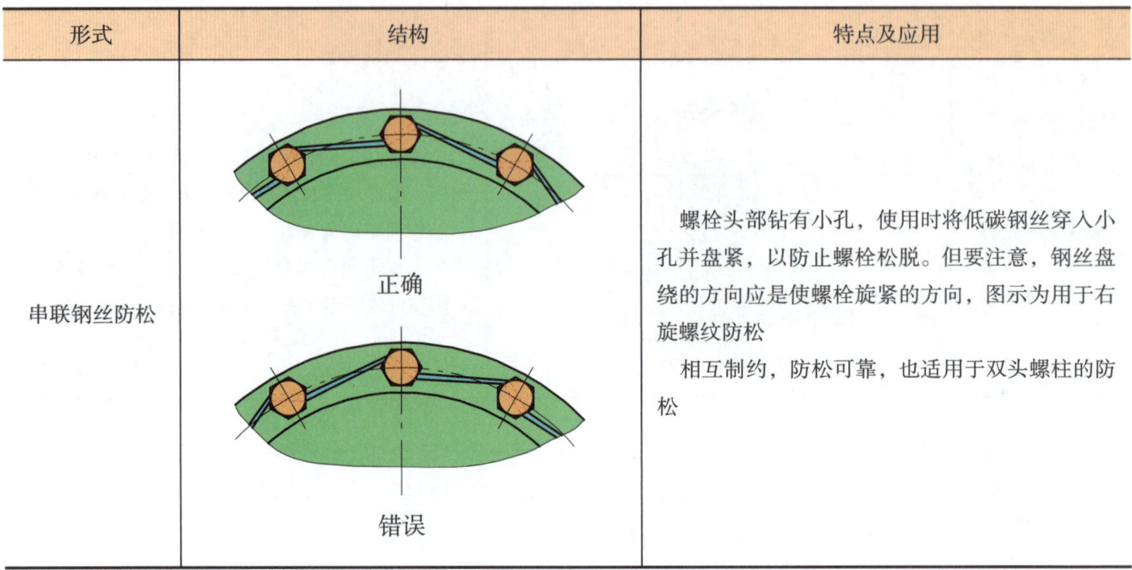	螺栓头部钻有小孔，使用时将低碳钢丝穿入小孔并盘紧，以防止螺栓松脱。但要注意，钢丝盘绕的方向应是使螺栓旋紧的方向，图示为用于右旋螺纹防松 相互制约，防松可靠，也适用于双头螺柱的防松

（3）破坏螺纹防松

破坏螺纹防松是指将螺栓和螺母上的螺纹通过焊接、铆接、冲点或用黏结剂粘接等方法使螺栓和螺母连为一体，具体见表 3–8。

表 3–8　破坏螺纹防松

形式	结构	特点及应用
焊接防松		拧紧螺母后，将螺母和螺栓焊接在一起。防松可靠，但拆卸困难，且拆后螺纹连接件不能再使用。用于不拆卸场合
铆接防松		螺栓杆末端外露（1.0 ~ 1.5）*P* 长度，拧紧螺母后将螺栓铆死。用于低强度螺栓、不拆卸的场合

续表

形式	结构	特点及应用
冲点防松		在螺杆靠近螺母处通过冲点将螺杆上的螺纹破坏，以防止螺纹连接松动。可冲单点或多点，防松性能一般，只适用于低强度紧固件
粘接防松	涂黏结剂	在旋合螺纹间涂黏结剂，使螺旋副旋紧后粘接在一起。防松可靠，且有密封作用。应根据使用场合选用适当的黏结剂。用于不拆卸场合

§3-4 螺旋传动

螺旋传动是利用螺杆（丝杠）和螺母组成的螺旋副来实现传动。螺旋传动具有结构简单，工作连续、平稳，承载能力强，传动精度高等优点，广泛应用于各种机械和仪器中。按螺旋副之间的摩擦状态，可将螺旋传动分为滑动螺旋传动和滚动螺旋传动。滑动螺旋传动又分为普通螺旋传动和差动螺旋传动两种类型。

一、普通螺旋传动

由一个螺杆和一个螺母组成的简单螺旋副实现的传动称为普通螺旋传动。

1. 普通螺旋传动的形式

普通螺旋传动的形式可以分为单动螺旋传动和双动螺旋传动两类。

（1）单动螺旋传动

单动螺旋传动是指螺杆或螺母有一件不动，另一件既旋转又移动的普通螺旋传动。单动螺旋传动有两种运动形式，其中一种形式是螺母不动，螺杆旋转并做直线运动；另一种形式是螺杆不动，螺母旋转并做直线运动。单动螺旋传动的运动形式见表 3–9。

表 3–9　　单动螺旋传动的运动形式

运动形式	应用实例	工作过程
螺母固定不动，螺杆旋转并做直线运动	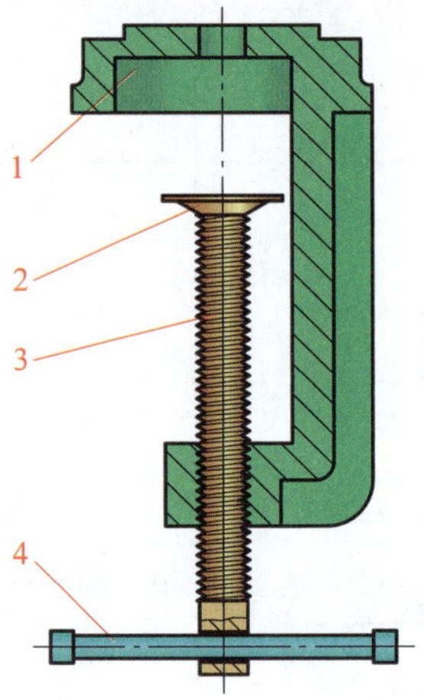 1 2 3 4 桌虎钳底座夹紧装置 1—固定座　2—压紧盘　3—螺杆　4—手柄	当螺杆做旋转运动时，螺杆连同其上的压紧盘向上运动，将桌虎钳固定在桌面上；或向下运动，以便将桌虎钳从桌面上拆下
螺杆固定不动，螺母旋转并做直线运动	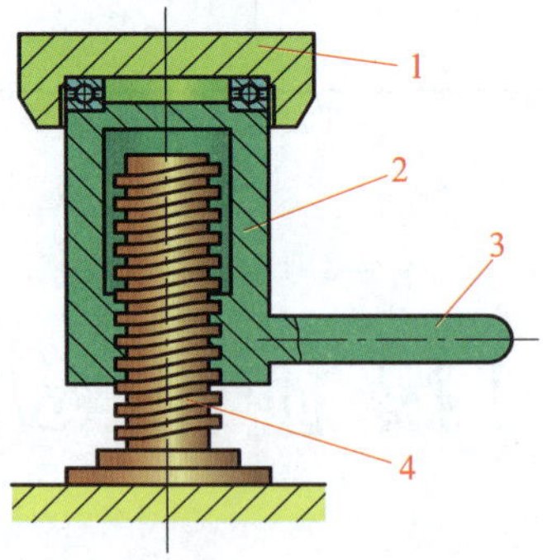 1 2 3 4 螺旋千斤顶 1—托盘　2—螺母　3—手柄　4—螺杆	螺杆连接在底座上固定不动，转动手柄使螺母旋转，并做上升或下降的直线移动，从而举起或放下托盘

（2）双动螺旋传动

双动螺旋传动是指螺杆和螺母都做运动的普通螺旋传动。双动螺旋传动有两种运动形式，其中一种形式是螺杆原位旋转，螺母做直线运动；另一种形式是螺母原位旋转，螺杆做直线运动。双动螺旋传动的运动形式见表 3–10。

表 3-10　双动螺旋传动的运动形式

运动形式	应用实例	工作过程
螺杆原位旋转，螺母做直线运动	桌虎钳夹紧工件机构 1—手柄　2—固定钳身　3—螺杆　4—活动钳身（螺母）	转动手柄时，螺杆与手柄一起旋转，使活动钳身（螺母）左右移动，从而实现对工件的夹紧和松开
螺母原位旋转，螺杆做直线运动	观察镜螺旋调整装置 1—观察镜　2—螺母　3—螺杆　4—机架　5—定位螺钉	螺母做旋转运动时，螺杆带动观察镜向上或向下移动，从而实现对观察镜的上下调整

2. 普通螺旋传动运动方向的判定

（1）普通螺旋传动运动方向的判定方法

在普通螺旋传动中，螺杆或螺母的移动方向可用左、右手法则判断。具体方法如下：

1）左旋螺纹用左手判断，右旋螺纹用右手判断。

2）弯曲四指，其指向与螺杆（或螺母）旋转方向相同。

3）拇指指向与螺杆轴线方向一致。

4）若为单动，拇指的指向即为螺杆（或螺母）的移动方向；若为双动，与拇指指向相反的方向即为螺杆（或螺母）的移动方向。

（2）普通螺旋传动运动方向的判定示例

1）单动螺旋传动运动方向的判定。图 3-12 所示为管钳，螺杆相对钳座旋转并做直线运动。该机构属于螺杆既做旋转运动又做直线运动的单动螺旋传动。根据图示可判断螺纹的旋向为右旋，所以用右手法则判别。当螺杆按箭头所示方向旋转时，螺杆向下运动，带动活动钳口夹紧管件。

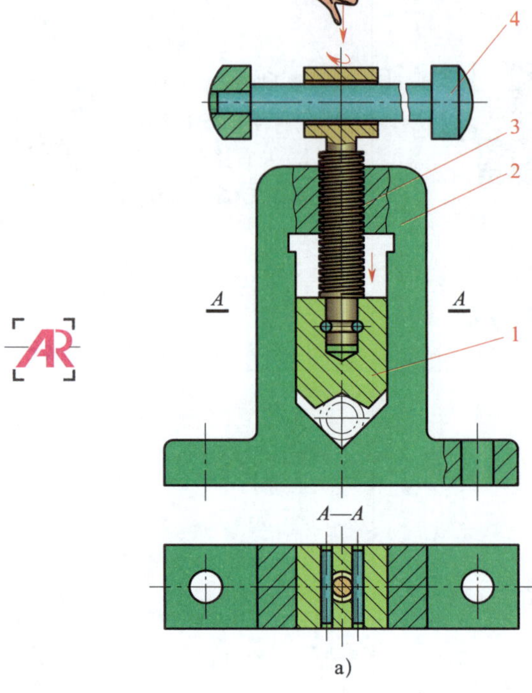

a)

b)

图 3–12　管钳

1—活动钳口　2—钳座　3—螺杆　4—手柄

2）双动螺旋传动运动方向的判定。图 3–13 所示为机用虎钳，螺杆只能做旋转运动，螺母带动活动钳身做直线运动。该机构属于螺杆旋转、螺母做直线运动的双动螺旋传动，根据图示可判断螺纹的旋向为右旋，所以用右手法则判别。当螺杆按箭头所示方向旋转时，螺母向拇指指向的反方向运动，即向左移动。

3. 普通螺旋传动直线移动距离的计算

普通螺旋传动中，螺杆（螺母）相对于螺母（螺杆）每旋转一周，螺杆（螺母）就移动一个导程的距离。因此，螺杆（螺母）移动距离 L 等于旋转周数 N 与导程 P_h 的乘积：

$$L=NP_h$$

式中　L——螺杆（螺母）移动距离，mm；

N——旋转周数；

P_h——螺纹的导程，mm。

例 5　图 3–14 所示为普通螺旋传动，已知左旋双线螺杆的螺距为 8 mm，若螺杆按图示方向旋转两周，螺母移动的距离为多少？方向如何？

解　普通螺旋传动螺母移动距离为：

$$L=NP_h=NPn=2\times 8\ \text{mm}\times 2=32\ \text{mm}$$

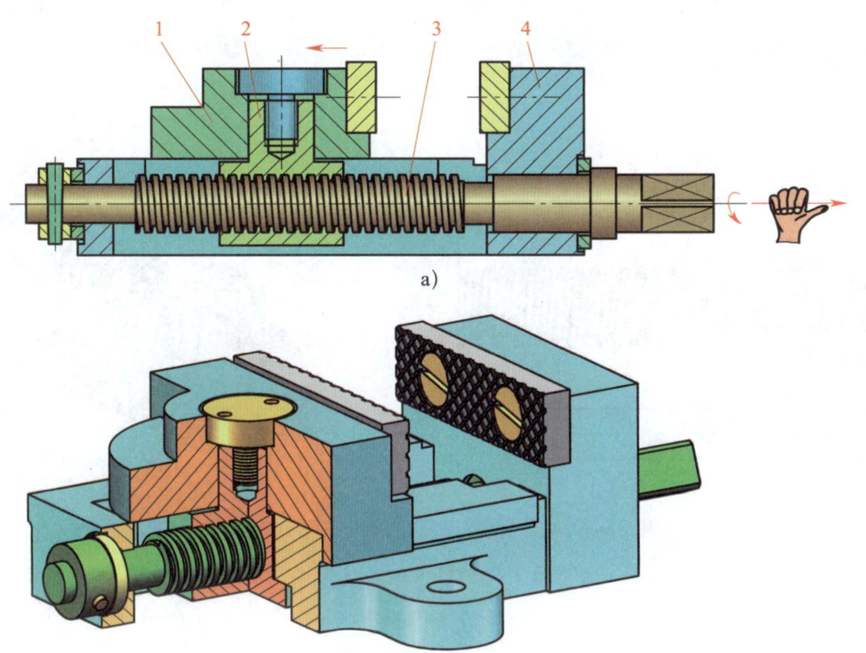

图 3-13 机用虎钳

1—活动钳身 2—螺母 3—螺杆 4—固定钳身

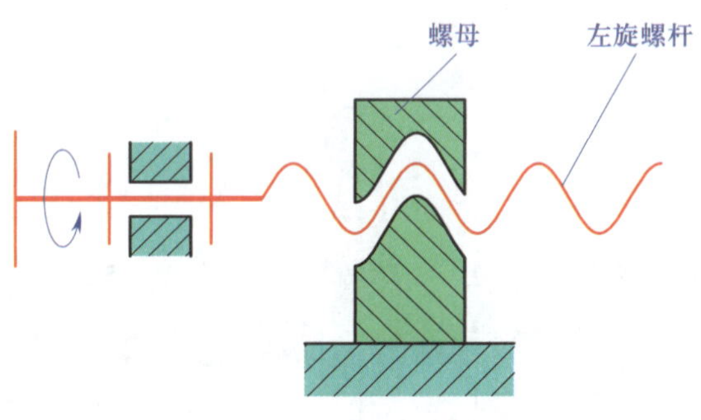

图 3-14 普通螺旋传动

螺母移动方向判定：左旋螺纹用左手法则确定方向，四指指向与螺杆旋转方向相同。由于螺杆旋转、螺母移动，属于双动螺旋传动，所以拇指指向的反方向为螺母的移动方向。因此，螺母移动的方向向右。

二、差动螺旋传动

差动螺旋传动是指由两个导程或（和）旋向不同的螺旋副组成的传动。

1. 差动螺旋传动的种类

根据传动中两螺旋副的旋向，差动螺旋传动可分为旋向相同的差动螺旋传动和旋向相反的差动螺旋传动两种形式。

（1）旋向相同的差动螺旋传动

旋向相同的差动螺旋传动是指螺杆上两段螺纹旋向相同而螺距不同的差动螺旋传动。如

图 3-15 所示，螺杆上有两段螺纹（导程分别为 P_{h1} 和 P_{h2}），分别与固定螺母（机架）、活动螺母组成两个螺旋副，这两个螺旋副组成的传动，使活动螺母与螺杆产生不一致的轴向运动。

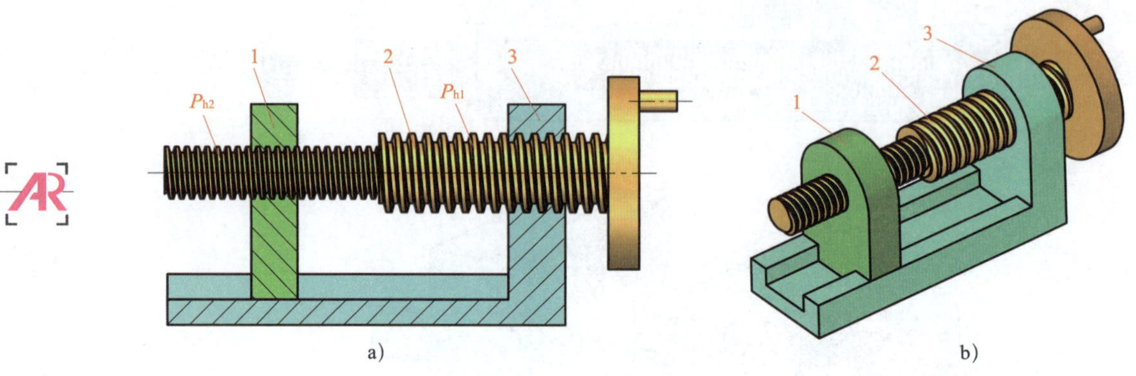

图 3-15 旋向相同的差动螺旋传动

1—活动螺母 2—螺杆 3—固定螺母（机架）

（2）旋向相反的差动螺旋传动

旋向相反的差动螺旋传动是指螺杆（或螺母）上两螺纹旋向相反的传动。图 3-16 所示为紧绳器，其螺杆两侧的螺纹旋向相反。图 3-17 所示的紧绳器是在一个零件上加工了两个不同旋向的内螺纹，与相应旋向的螺杆配合，也能起到与图 3-16 所示紧绳器相同的作用。

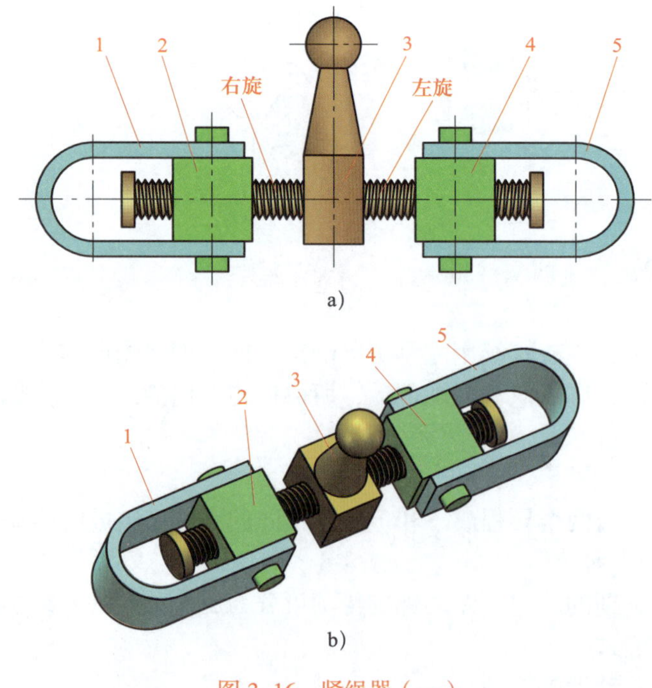

图 3-16 紧绳器（一）

1、5—拉环 2、4—带销轴的螺母块 3—带手柄的螺杆

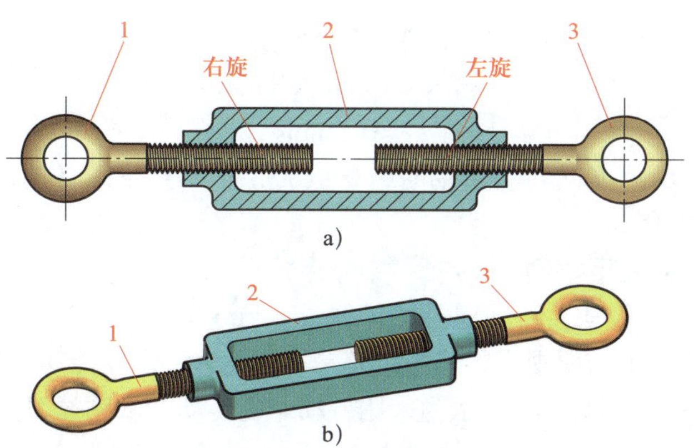

图 3-17　紧绳器（二）

1、3—拉环　2—螺母连接环

2. 差动螺旋传动螺母移动距离计算及方向判断

旋向相同的差动螺旋传动的螺纹旋向相同，所以螺杆相对于固定螺母（机架）的移动方向与活动螺母相对螺杆的移动方向相反，这样，活动螺母的移动距离可用下式表示：

$$L=N(P_{h1}-P_{h2})$$

式中　L——活动螺母移动距离，mm；

N——旋转周数；

P_{h1}——固定螺母导程，mm；

P_{h2}——活动螺母导程，mm。

若 L 的计算结果为正值，则活动螺母的实际移动方向与螺杆的移动方向相同；若计算结果为负值，则活动螺母实际移动方向与螺杆移动方向相反。

当两段螺纹旋向相反时，活动螺母的移动距离为：

$$L=N(P_{h1}+P_{h2})$$

例　图 3-18 所示为微调螺旋传动机构，通过螺杆的转动可使活动螺母产生左、右微量调节。螺旋副 A 的导程 P_{hA} 为 1 mm，右旋；螺旋副 B 的导程 P_{hB} 为 0.8 mm，右旋。若螺杆按图示方向转动一周，试判断活动螺母的移动方向并求其移动距离。

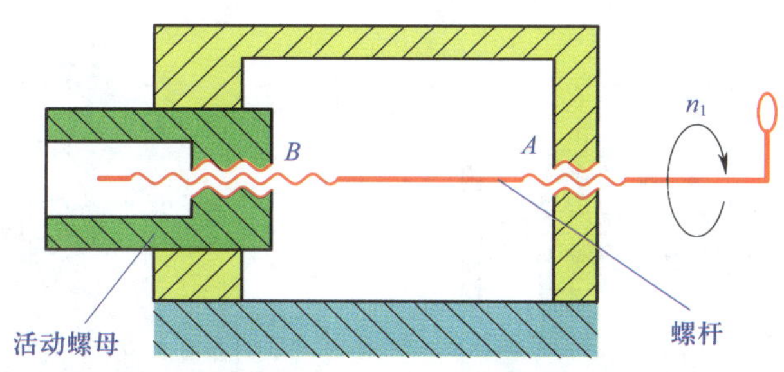

图 3-18　微调螺旋传动机构

解　因螺旋副 A 和螺旋副 B 皆为右旋，可以判定该机构属于旋向相同的差动螺旋传动。则螺杆转动一周活动螺母的移动距离为：

$$L=N(P_{hA}-P_{hB})$$
$$L=1\times(1\ \text{mm}-0.8\ \text{mm})$$
$$L=0.2\ \text{mm}$$

当螺杆按图 3-18 所示方向转动转动时，根据右手法则判定螺杆向左移动。因 L 为正值，可判定活动螺母也向左移动。

3. 差动螺旋传动的应用举例

旋向相同的差动螺旋传动，活动螺母的位移量 L 与导程差（$P_{h1}-P_{h2}$）成正比，可产生极小的位移，而螺纹的导程并不需要很小，加工较容易，因此这种螺旋传动常用于测微器、分度器、精密机床、仪表及工具等。图 3-19 所示为采用差动螺旋传动的微调镗刀头，螺杆上的两段螺纹均为右旋螺纹，左侧螺纹的导程大于右侧螺纹的导程，通过旋转螺杆实现镗刀的微调。

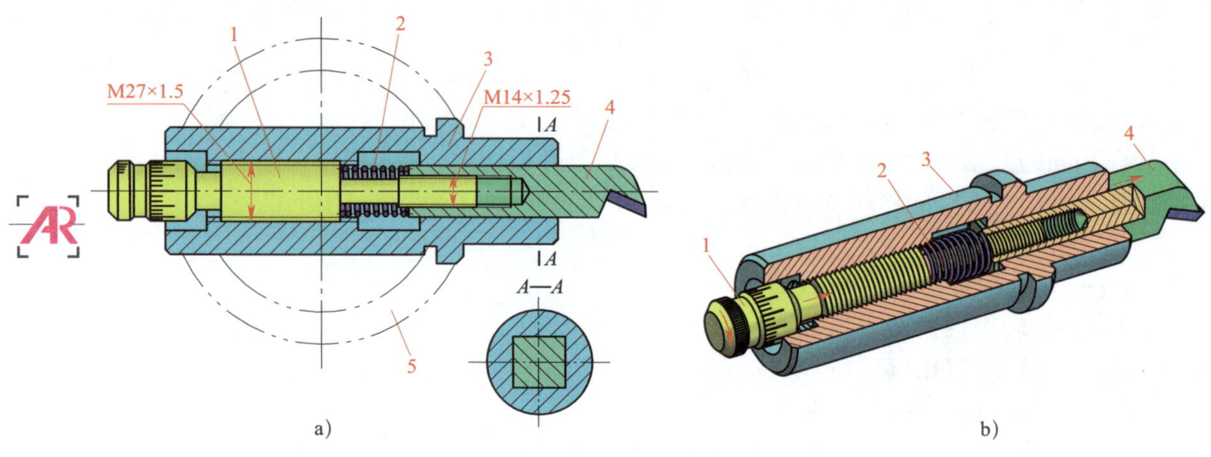

图 3-19 微调镗刀头

1—螺杆 2—弹簧 3—刀套 4—镗刀 5—镗刀杆

旋向相反的差动螺旋传动中，两活动螺母之间可以产生很大的相对位移，因此，可以用于需快速移动或需要同时调整两对称构件相对位置的装置中。图 3-20 所示为铣床快速夹紧装置，它采用了螺距相同、旋向相反的差动螺旋传动，可以保证左、右两侧钳身的移动距离相等，保证工件的准确定位。

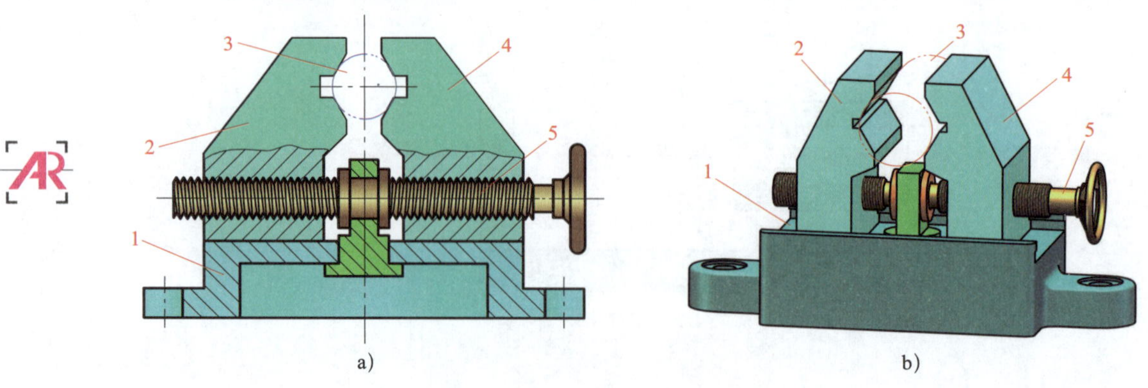

图 3-20 铣床快速夹紧装置

1—底座 2、4—钳身 3—工件 5—螺杆

三、滑动螺旋副的材料及热处理

螺杆材料应具有较高的强度和良好的可加工性。不经热处理的螺杆可选 Q235、Q275 等碳素结构钢，或选 45、50 等优质碳素结构钢。对于重要传动，要求耐磨性高的螺杆，可选 40Cr、65Mn 等合金钢并进行淬火热处理，或选合金渗碳钢 20CrMnTi 进行渗碳后淬火热处理以提高耐磨性。对于精密的螺旋传动，要求螺杆热处理后要有较好的尺寸稳定性，可选用合金工具钢 CrWMn 并进行淬火热处理，或选用高级优质合金调质钢 38CrMoAlA 并进行渗氮热处理。

螺母材料除了要有足够的强度外，和螺杆配合后还应具有较低的摩擦因数和较高的耐磨性。要求较高时，可选用铸造锡青铜 ZCuSn10P1 和 ZCuSn5Pb5Zn5；低速重载时，可选用铸造铝青铜 ZCuAl9Mn2、ZCuAl10Fe3 或铸造黄铜 ZCuZn38；轻载低速时可选用球墨铸铁。

四、滑动螺旋传动的润滑

对小型轻载的滑动螺旋传动，可采用低黏度的 L-AN 全损耗系统用油；中型或载荷较重的滑动螺旋传动应采用一般黏度的 L-AN 全损耗系统用油或涡轮机油；大型、重载的滑动螺旋传动应采用大黏度（黏度等级在 100 以上）的齿轮油。对加油方便的小型机械的滑动螺旋传动，可采用手浇或滴油润滑；对有外露部分的滑动螺旋传动，则直接向螺杆（或螺母）加油润滑；对不能靠自然流入进行润滑的滑动螺旋传动，则需采用加压给油的方式进行润滑。

不同类型机床的滑动螺旋传动，其润滑的要求也不同。如立式车床中的滑动螺旋传动，其表面压力高达 10 MPa，所以必须选用黏度大、抗磨性好的导轨油；精密机床中的滑动螺旋传动要求长期保持其精度、较小的温升和较大的摩擦因数，宜选用黏度小及抗磨性好的轴承油或液压油。

黏　　度

黏度是指流体受外力作用而流动时，分子间所呈现的内摩擦力或流动内阻力，分为动力黏度、运动黏度和相对黏度三种。润滑油的牌号大部分是以一定温度（通常是 40 ℃或 100 ℃）下的运动黏度范围的中间值来定义的，是选用润滑油的主要依据。

五、滚动螺旋传动

1. 滚动螺旋传动的工作原理

在螺旋传动的螺杆和螺母间的螺旋滚道中置入滚动体（一般为钢球），就构成了滚动螺旋传动，这种螺旋副又称为滚珠丝杠副。如图 3-21 所示，在丝杠和螺母上均制有圆弧形螺旋槽，将它们装配在一起便形成了螺旋滚道，滚珠安装在滚道中。当丝杠或螺母转动时，滚珠在螺旋滚道内滚动，变滑动摩擦为滚动摩擦。滚动螺旋副的螺母上有滚动体的循环通道，与螺旋滚道形成循环回路，使滚动体在螺旋滚道内循环。

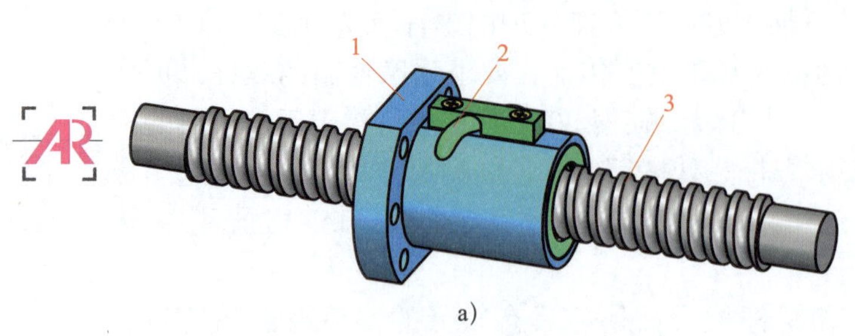

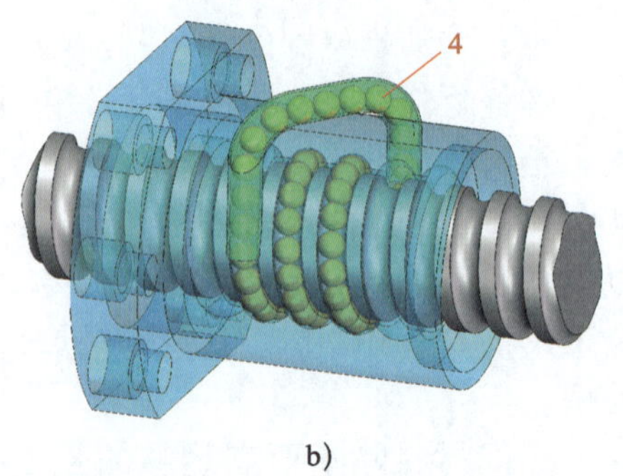

图 3–21 滚动螺旋传动

1—螺母 2—导套 3—丝杠 4—滚珠

2. 滚动螺旋传动的防护与润滑

（1）滚动螺旋传动的防护

滚动螺旋传动应避免硬质灰尘或切屑等污物进入，因此必须装有防护装置。如果滚珠丝杠副在机床上外露，则应采用封闭的防护罩，如采用螺旋弹簧钢带套管、伸缩套管以及折叠式套管等。安装时将防护罩的一端连接在滚珠螺母的侧面，另一端固定在滚珠丝杠的支承座上。如果滚珠丝杠副处于隐蔽位置，则可采用密封圈防护，密封圈装在螺母的两端。密封圈分为接触式弹性密封圈和非接触式密封圈两种。接触式弹性密封圈采用耐油橡胶或尼龙制成，其内孔做成与丝杠螺旋滚道相配的形状，防尘效果好，但由于存在接触压力，使摩擦力矩略有增加。非接触式密封圈又称迷宫式密封圈，它采用硬质塑料制成，其内孔与丝杠螺旋滚道的形状相反，并稍有间隙，这样可避免摩擦力矩，但是防尘效果差。工作中应安装避免碰击防护装置，防护装置损坏后应及时更换。

（2）滚动螺旋传动的润滑

使用润滑剂可提高滚动螺旋传动的耐磨性及传动效率。润滑剂可分为润滑油和润滑脂两大类。润滑油一般为全损耗系统用油，润滑脂可采用锂基润滑脂。润滑脂一般加在螺旋滚道和安装螺母的壳体空间内，而润滑油则经过壳体上的油孔注入螺母的空间内。滚珠丝杠上的润滑脂应每半年更换一次。更换时，首先清洗丝杠上的旧润滑脂，然后涂上新的润滑脂。用润滑油润滑的滚珠丝杠副，可在机床每次工作前加油一次。

3. 滚动螺旋传动的特点及应用

与普通螺旋传动相比，滚动螺旋传动具有摩擦阻力小、摩擦损失小、传动效率高、传递运动平稳、运动灵敏等优点。但其结构复杂，外形尺寸较大，制造技术要求高，因此成本也较高。滚动螺旋传动目前主要应用于精密传动的数控机床，以及自动控制装置、升降机构、精密测量仪器、车辆转向机构等对传动精度要求较高的场合。

第四章 齿轮传动

齿轮是一个有齿构件，它与另一个有齿构件通过其共轭齿面的相继啮合，从而传递运动和动力。齿轮传动是利用齿轮副来传递运动和动力的一种机械传动，可以用来传递空间任意两轴间的运动，且传动准确可靠，效率高。

图 4–1 所示为机械上最常用的齿轮减速器（拆除了箱盖等零件），动力由安装了小锥齿轮的轴输入，通过一对锥齿轮和一对圆柱齿轮啮合降低轴的转速后，从安装大圆柱齿轮的轴输出。齿轮传动是机器中所占比例最大的传动形式。齿轮传动机构已成为许多机械设备中不可缺少的传动机构，在金属切削机床、工程机械、冶金机械，以及汽车、机械式钟表中都有齿轮传动机构。

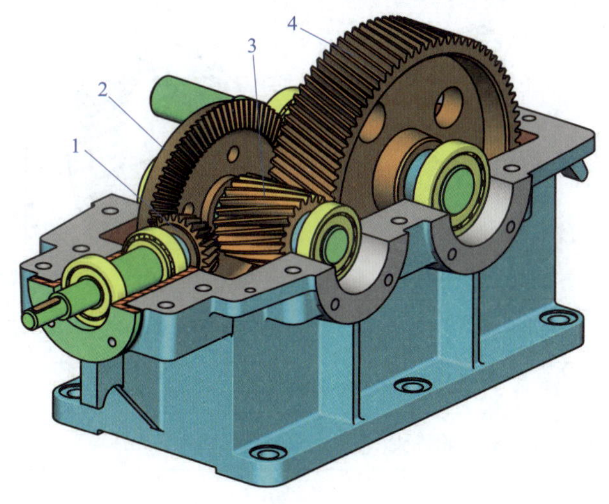

图 4–1　齿轮减速器

1—小锥齿轮　2—大锥齿轮　3—小圆柱齿轮　4—大圆柱齿轮

§4–1　齿轮传动概述

一、齿轮传动的常用类型

齿轮传动的常用类型见表 4–1。

表 4-1　　齿轮传动的常用类型

分类方法			类型和图例		
两轴平行	按轮齿方向	类型	直齿圆柱齿轮传动	斜齿圆柱齿轮传动	人字齿圆柱齿轮传动
两轴平行	按轮齿方向	图例			
两轴平行	按啮合情况	类型	外啮合齿轮传动	内啮合齿轮传动	齿轮齿条传动
两轴平行	按啮合情况	图例			
两轴不平行		类型	相交轴齿轮传动		交错轴斜齿圆柱齿轮传动
两轴不平行		类型	直齿锥齿轮传动	曲线齿锥齿轮传动	交错轴斜齿圆柱齿轮传动
两轴不平行		图例	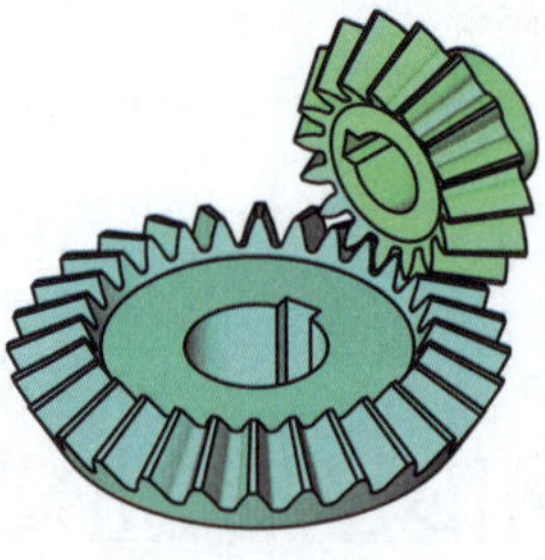		

二、齿轮传动的传动比

齿轮传动由主动齿轮和从动齿轮组成，如图 4–2 所示。当齿轮互相啮合时，主动齿轮 1 的轮齿逐个推动从动齿轮 2 的轮齿使从动齿轮转动，从而将主动齿轮的运动和动力传递给从动齿轮。当主动齿轮转过一个齿时，从动齿轮也转过一个齿，且单位时间内主动齿轮转过的齿数与从动齿轮转过的齿数应相等，即：

$$n_1z_1=n_2z_2$$

得到齿轮传动的传动比 i_{12}：

$$i_{12}=\frac{n_1}{n_2}=\frac{z_2}{z_1}$$

式中 n_1、n_2——主、从动齿轮的转速，r/min；

z_1、z_2——主、从动齿轮的齿数。

上式说明：齿轮传动的传动比是主动齿轮转速与从动齿轮转速之比，也等于两齿轮齿数之反比。

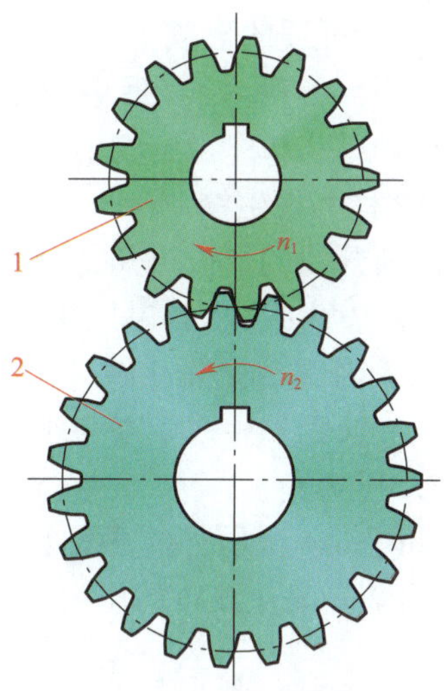

图 4–2 齿轮传动的组成

1—主动齿轮 2—从动齿轮

三、齿轮传动的应用特点

1. 优点

（1）能保证瞬时传动比恒定，工作可靠性高，传递运动准确，这是齿轮传动被广泛应用的最主要原因之一。

（2）传递功率和圆周速度范围较宽，传递功率可高达 5×10^4 kW，圆周速度可达 200 m/s。

（3）结构紧凑，可实现较大的传动比。单级齿轮传动的传动比一般为 $i\leqslant8$。

（4）传动效率高（η=0.98 ~ 0.995），使用寿命长，维护简便。

2. 缺点

（1）运转过程中有振动、冲击和噪声。

（2）对齿轮的安装精度要求较高。

（3）不能实现无级变速。

（4）不适用于中心距较大的场合。

齿轮是机械产品的重要基础零件，广泛应用于汽车、机床及其他各种机械设备中。

§4–2 直齿圆柱齿轮传动

一、渐开线齿廓

1. 齿轮传动对齿廓曲线的基本要求

为保证机械设备正常运行，齿轮传动应满足以下两个基本要求。

（1）传动要平稳。齿廓应保证齿轮传动过程中有较高的平稳性，尽量减小冲击和振动，并保证瞬时传动比恒定。

（2）承载能力要强。为使齿轮传动能传递较大的功率，轮齿应具备高强度、高耐磨性。

渐开线齿廓能较好地满足以上要求。

2. 渐开线的形成

如图 4–3 所示，在平面上，一条直线 AB 沿着一固定圆的外侧做纯滚动时，此直线上一点 K 的轨迹 CD 称为圆的渐开线；形成渐开线的“基本圆”称为基圆，它的半径用 r_b 表示；直线 AB 称为发生线。

由渐开线的形成可知，渐开线具有以下性质。

（1）发生线 AB 沿基圆滚过的长度等于基圆上被滚过的弧长，即 $NK=\widehat{NC}$。

（2）因 N 点是发生线 AB 沿基圆滚动时的瞬时速度中心，故发生线 KN 是渐开线在 K 点的法线。又因发生线始终与基圆相切，所以渐开线上任一点的法线必与基圆相切。

3. 压力角

如图 4–4 所示，渐开线上某点的法线（正压力方向线）与该点的速度方向线所夹的锐角 α_K 称为渐开线在该点的压力角。

$$\cos\alpha_K=\frac{ON}{OK}=\frac{r_b}{OK}$$

式中 α_K——K 点的压力角，（°）；

r_b——基圆半径，mm。

由压力角的计算公式不难看出，渐开线上各点的压力角是不相等的，渐开线在基圆上的压力角为 0°，K 点离基圆越远压力角越大。

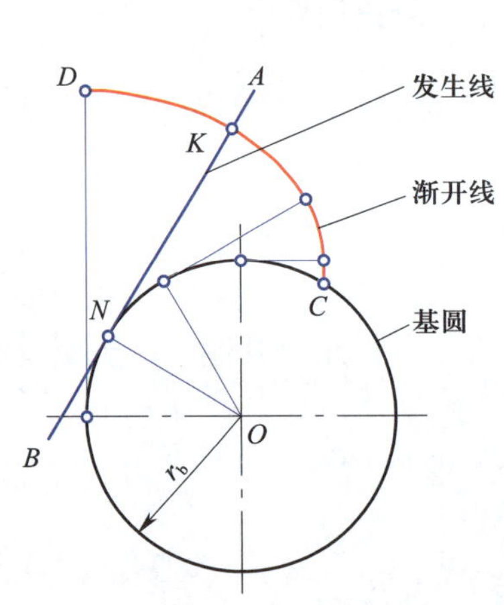

图 4–3 渐开线的形成

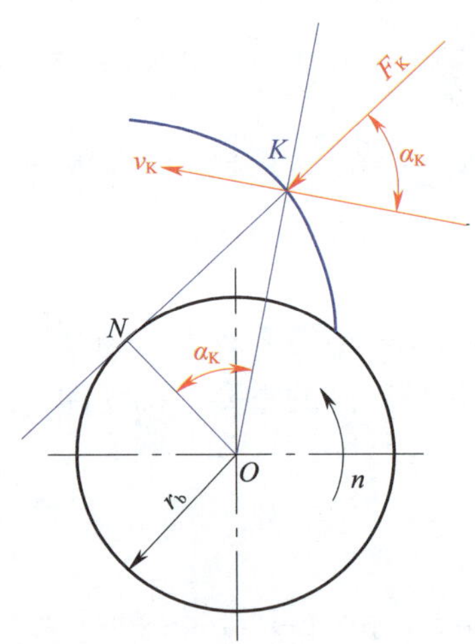

图 4–4 渐开线的压力角

4. 渐开线齿廓的啮合特性

以同一个基圆上产生的两条反向渐开线为齿廓（见图 4–5）的齿轮就是渐开线齿轮。渐开线齿廓啮合时具有以下特性。

（1）能保证瞬时传动比恒定，保证传动的平稳性，振动和冲击较小。

（2）齿轮在啮合过程中，即使两齿轮的实际中心距与设计的中心距稍有改变，其瞬时传动比仍能保持不变，从而保证齿轮在实际工作中，因制造、

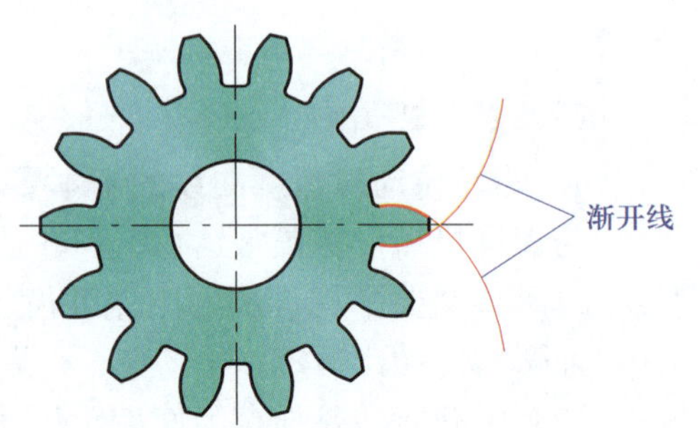

图 4–5 渐开线齿廓

安装误差或轴承磨损而导致齿轮的中心距产生微小改变时，仍能保持良好的传动性能。

二、渐开线直齿圆柱齿轮各部分名称

齿顶曲面位于齿根曲面之外的齿轮称为外齿轮，如图 4-6a 所示为外渐开线直齿圆柱齿轮；齿顶曲面位于齿根曲面之内的齿轮称为内齿轮，如图 4-6b 所示为内渐开线直齿圆柱齿轮。渐开线直齿圆柱齿轮各部分的名称和表示符号如下。

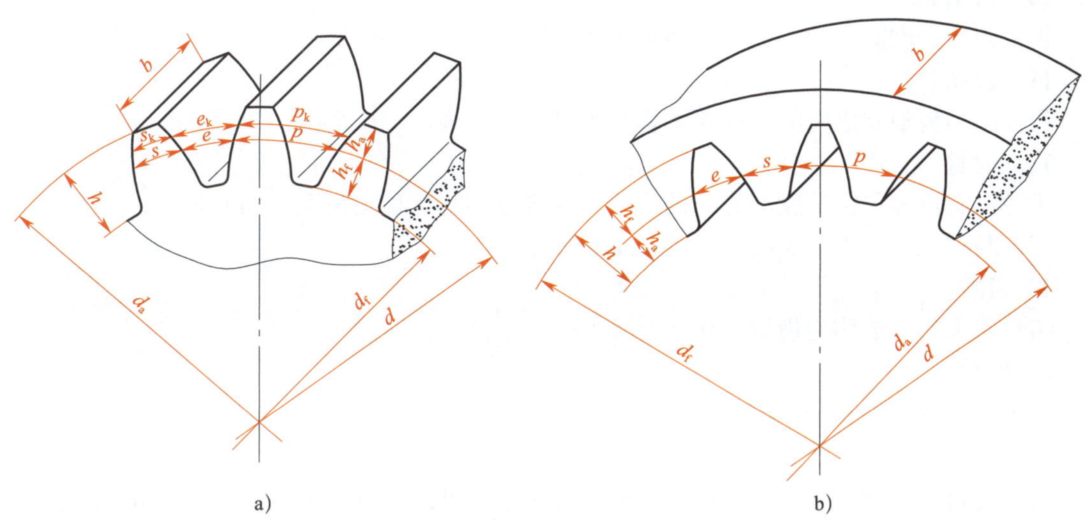

图 4-6　外齿轮和内齿轮

a）外渐开线直齿圆柱齿轮　b）内渐开线直齿圆柱齿轮

1. 轮齿

齿轮上凸起的部分称为轮齿。

2. 齿廓

轮齿两侧形状相同而方向相反的渐开线轮廓称为齿廓。虽然外齿轮和内齿轮的齿廓都是渐开线，但是外齿轮轮齿的齿廓是外凸的，内齿轮轮齿的齿廓是内凹的。

3. 齿槽与齿槽宽

齿轮上相邻两轮齿之间的空间称为齿槽。在端平面的任意圆周上，同一齿槽的两侧齿廓之间的弧长称为齿槽宽，用 e_k 表示。

4. 齿厚

在端平面的任意圆周上，同一个轮齿的两侧齿廓之间的弧长称为齿厚，用 s_k 表示。

5. 齿顶圆

各轮齿顶部所连成的圆称为齿顶圆，其直径用 d_a 表示。

6. 齿根圆

各齿槽底部所连成的圆称为齿根圆，其直径用 d_f 表示。

外齿轮的齿顶圆直径大于齿根圆直径，内齿轮的齿顶圆直径小于齿根圆直径。

7. 分度圆

为了设计、制造方便，在齿顶圆与齿根圆之间规定了一个圆，作为计算齿轮各部分尺寸的基准，该圆称为分度圆，其直径用 d 表示。在标准齿轮上，分度圆上的齿厚 s 与齿槽宽 e 相等。

8. 齿距

在端平面的任意圆周上，两个相邻的同侧齿廓之间的弧长称为齿距，用 p_k 表示，$p_k=s_k+e_k$。分度圆上的齿距用 p 表示，$p=s+e$。

9. 齿顶高

齿顶圆与分度圆之间的径向距离称为齿顶高，用 h_a 表示。

10. 齿根高

齿根圆与分度圆之间的径向距离称为齿根高，用 h_f 表示。

11. 齿高

齿顶圆与齿根圆之间的径向距离称为齿高，用 h 表示，$h=h_a+h_f$。

12. 齿宽

齿轮的有齿部位沿分度圆柱面的母线方向度量的宽度称为齿宽，用 b 表示。

三、渐开线标准直齿圆柱齿轮的基本参数

1. 齿数

齿轮轮齿的总数称为齿数，用 z 表示。

2. 模数

因为分度圆的周长 $\pi d=zp$，所以分度圆的直径为：

$$d=\frac{p}{\pi}z$$

由上式可知，当已知一直齿轮的齿距 p 和齿数 z 时，就可求出分度圆直径 d。但式中 π 为无理数，这样求得的 d 也是无理数，将使计算烦琐而又不精确，而且也给齿轮制造和检验带来不便。工程上为了设计、制造和检验方便，将齿距 p 除以圆周率 π 所得的商称为模数，用 m 表示，单位是 mm，即：

$$m=\frac{p}{\pi}$$

所以：

$$d=mz$$

为了便于齿轮的设计和制造，模数已经标准化，国家标准规定的标准模数值见表 4–2。

表 4–2　渐开线圆柱齿轮模数（摘自 GB/T 1357—2008）　mm

第 I 系列	1	1.25	1.5	2	2.5	3	4	5	6
	8	10	12	16	20	25	32	40	50
第 II 系列	1.125	1.375	1.75	2.25	2.75	3.5	4.5	5.5	（6.5）
	7	9	11	14	18	22	28	36	45

注：优先采用第 I 系列的模数。应尽量避免采用第 II 系列中的模数 6.5。

模数是齿轮的重要基本参数，它是齿轮几何尺寸计算的基础。齿轮的模数越大，轮齿就越大，轮齿的抗弯曲能力也越强，承载能力也越强。模数与轮齿大小的关系如图 4–7 所示。当齿数相同时，模数越大，分度圆直径越大，轮齿也越大；当分度圆直径相同时，模数越大，齿数越少，轮齿越大。

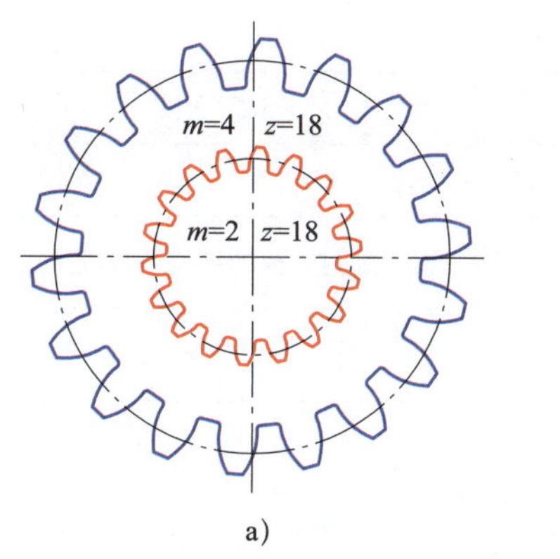

a）

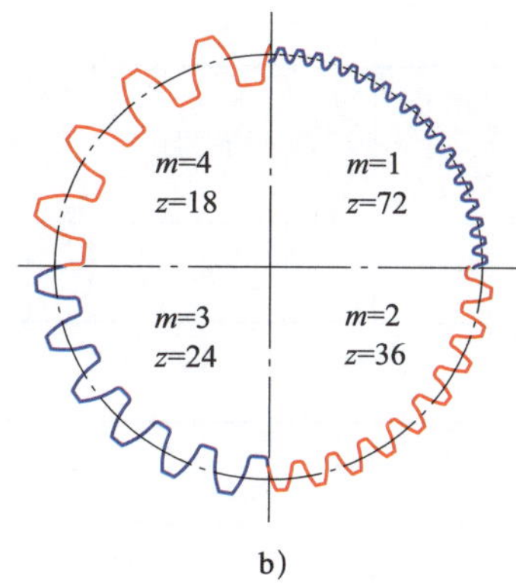

b）

图 4–7　模数与轮齿大小的关系

a）齿数相等　b）分度圆直径相等

3. 压力角

齿轮的压力角一般是指分度圆上的压力角，用 α 表示。分度圆压力角的计算公式为：

$$\cos\alpha=\frac{r_b}{r}$$

式中　α——分度圆上的压力角，（°）；

r_b——基圆半径，mm；

r——分度圆半径，mm。

由上式可知，当齿轮的分度圆半径一定时，如压力角不同，则基圆半径也不同，由此而得到的齿廓形状也就不同，即齿廓形状与压力角密切相关，故分度圆上的压力角也称为齿形角。标准齿轮的压力角为 20°，在某些特殊场合也允许采用其他值。

4. 齿顶高系数 h_a^* 和顶隙系数 c^*

齿顶高 $h_a=h_a^*m$，h_a^* 称为齿顶高系数，标准齿轮的 $h_a^*=1$。

一对齿轮啮合时，为了避免一齿轮齿顶与另一齿轮齿根相撞，并储存一定量的润滑油，齿顶高要略小于齿根高，即相互啮合的两齿轮的齿顶与齿根之间应留有一定的径向间隙 c（称为顶隙，见图 4–8），$c=c^*m$，c^* 称为顶隙系数，标准齿轮的 $c^*=0.25$。

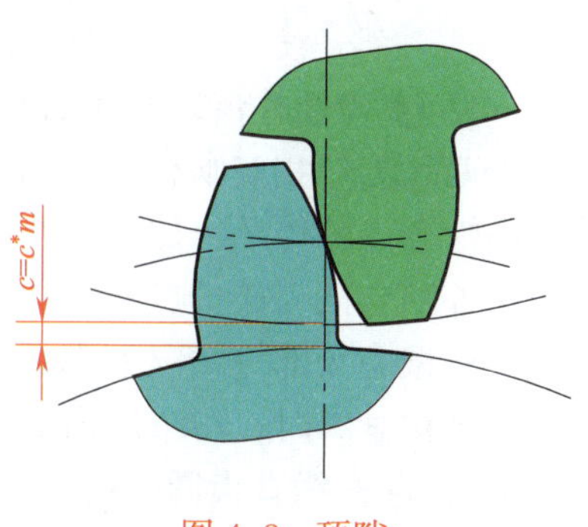

图 4–8　顶隙

四、渐开线标准直齿圆柱齿轮的几何尺寸计算

标准直齿圆柱齿轮是指模数 m、压力角 α、齿顶高系数 h_a^*、顶隙系数 c^* 都取标准值的直齿圆柱齿轮。渐开线标准直齿圆柱齿轮各部分的几何尺寸计算公式见表 4–3。

表 4–3　　渐开线标准直齿圆柱齿轮各部分的几何尺寸计算公式

名称	代号	计算公式	
		外齿轮	内齿轮
压力角	α	标准齿轮为 20°	
齿数	z	通过传动比计算确定	

续表

名称	代号	计算公式	
		外齿轮	内齿轮
模数	m	通过计算或结构设计确定	
齿厚	s	$s=p/2=\pi m/2$	
齿槽宽	e	$e=p/2=\pi m/2$	
齿距	p	$p=\pi m$	
齿顶高	h_a	$h_a=h_a^* m=m$	
齿根高	h_f	$h_f=(h_a^*+c^*)m=1.25m$	
齿高	h	$h=h_a+h_f=2.25m$	
分度圆直径	d	$d=mz$	
齿顶圆直径	d_a	$d_a=d+2h_a=m(z+2)$	$d_a=d-2h_a=m(z-2)$
齿根圆直径	d_f	$d_f=d-2h_f=m(z-2.5)$	$d_f=d+2h_f=m(z+2.5)$
标准中心距	a	$a=\dfrac{d_1+d_2}{2}=\dfrac{m(z_1+z_2)}{2}$	$a=\dfrac{d_1-d_2}{2}=\dfrac{m(z_1-z_2)}{2}$

注：内啮合齿轮传动标准中心距计算公式中，z_1 表示内齿轮的齿数，z_2 表示外齿轮的齿数。

五、渐开线直齿圆柱齿轮的啮合传动

1. 直齿圆柱齿轮传动的类型及应用

两外齿轮相互啮合的传动称为外啮合齿轮传动，一个内齿轮与一个外齿轮啮合的传动称为内啮合齿轮传动，如图 4–9 所示。

外啮合两齿轮的旋转方向相反，内啮合两齿轮的旋转方向相同。由于外齿轮加工较为方便，机械中大部分情况下都采用外啮合齿轮传动；当要求齿轮传动的两轴平行、旋转方向相同且结构紧凑时，可采用内啮合齿轮传动。

2. 渐开线直齿圆柱齿轮正确啮合的条件

（1）两齿轮的模数必须相等，即 $m_1=m_2$。

（2）两齿轮分度圆上的压力角必须相等，即 $\alpha_1=\alpha_2$。

3. 齿侧间隙

齿轮啮合传动时，为了在啮合齿廓之间形成润滑油膜，避免因轮齿摩擦发热膨胀而卡死，齿廓之间必须留有间隙，此间隙称为齿侧间隙，简称侧隙。在机械设计中，齿轮都是按照无齿侧间隙的理想情况计算其公称尺寸。但是在实际中，考虑到齿轮加工和安装误差，以及齿面滑动摩擦会导致热膨胀等因素，齿轮必须具有一定的侧隙。侧隙的大小与齿轮的大小、精度、安装和应用情况有关。获得侧隙的方法有两种：一种是在齿厚不变的情况下，通

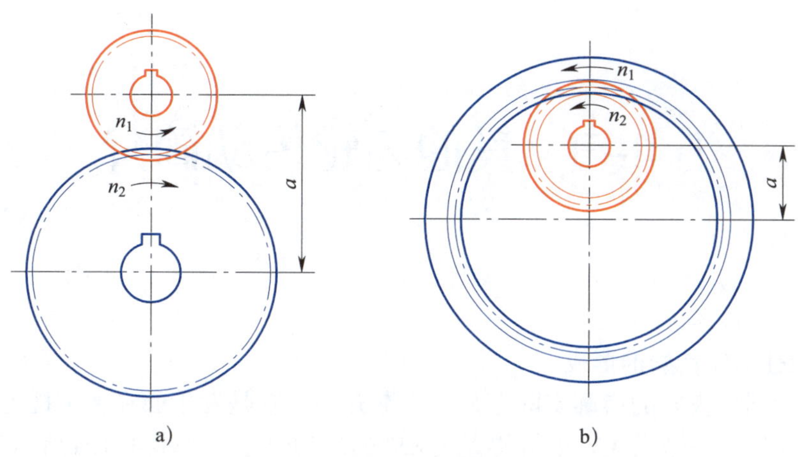

图 4-9　直齿圆柱齿轮啮合传动
a）外啮合　b）内啮合

过改变中心距的基本偏差来获得不同的侧隙；另一种是在中心距不变的情况下，通过改变齿厚的上极限偏差来得到不同的最小侧隙。

4. 直齿圆柱齿轮传动的特点

（1）相比斜齿圆柱齿轮，直齿圆柱齿轮制造工艺简单，生产成本低。

（2）传动时不会产生轴向力，对轴承的要求相对简单。

（3）直齿圆柱齿轮用于平行轴间的传动，齿轮进入与退出啮合时沿着齿宽同时进行，容易产生冲击、振动和噪声，传动平稳性较差，不适用于高速传动的场合。

例　有一对外啮合标准直齿圆柱齿轮，齿数 z_1=20，z_2=32，模数 m=10 mm。试计算其分度圆直径 d、齿顶圆直径 d_a、齿根圆直径 d_f、齿厚 s 和中心距 a。

解　外啮合标准直齿圆柱齿轮尺寸计算结果见表 4-4。

表 4-4　外啮合标准直齿圆柱齿轮尺寸计算结果

名称	代号	应用公式	小齿轮 /mm	大齿轮 /mm
分度圆直径	d	$d=mz$	$d_1=10\times20=200$	$d_2=10\times32=320$
齿顶圆直径	d_a	$d_a=m(z+2)$	$d_{a1}=10\times(20+2)=220$	$d_{a2}=10\times(32+2)=340$
齿根圆直径	d_f	$d_f=m(z-2.5)$	$d_{f1}=10\times(20-2.5)=175$	$d_{f2}=10\times(32-2.5)=295$
齿厚	s	$s=\pi m/2$	$s_1=3.14\times10/2=15.7$	$s_2=3.14\times10/2=15.7$
中心距	a	$a=m(z_1+z_2)/2$	$a=10\times(20+32)/2=260$	

§4-3 其他齿轮传动简介

一、斜齿圆柱齿轮传动

1. 斜齿圆柱齿轮齿廓的形成

渐开线直齿圆柱齿轮的齿廓实际上是一个渐开面，它是发生面在基圆柱上做纯滚动时，其上任意一条与基圆柱母线 NN' 平行的直线 KK' 的运动轨迹，如图 4-10a 所示。当一对直齿圆柱齿轮相互啮合时，两轮齿面的接触线是平行于轴线的直线，如图 4-10b 所示。

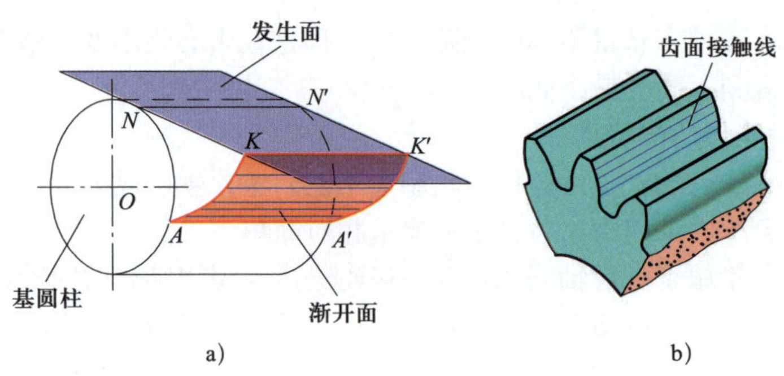

图 4-10 直齿圆柱齿轮齿廓的形成

a）齿廓形成 b）齿面接触线

斜齿圆柱齿轮的齿廓在形成时，发生面上的直线 KK' 不是与基圆柱母线 NN' 平行，而是成一个夹角 β_b，如图 4-11a 所示。直线 KK' 的运动轨迹形成了一个螺旋形的空间曲面（称为渐开线螺旋面），β_b 称为基圆柱上的螺旋角。因此斜齿圆柱齿轮的端面齿廓仍然是渐开线，一对相互啮合的斜齿圆柱齿轮仍然符合渐开线齿廓的啮合特性。

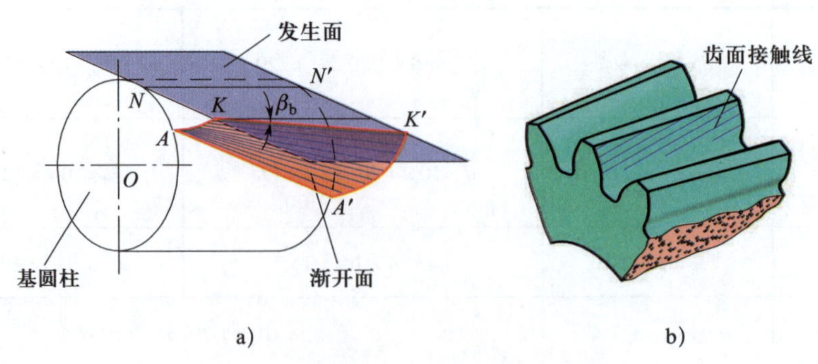

图 4-11 斜齿圆柱齿轮齿廓的形成

a）齿廓形成 b）齿面接触线

当一对斜齿圆柱齿轮啮合时，两齿轮齿面的接触线是一条与轴线倾斜的直线，且其接触线的长度是变化的，如图 4–11b 所示。

2. 斜齿圆柱齿轮的主要参数

由于斜齿圆柱齿轮的齿面是螺旋形的，轮齿在垂直于螺旋方向的法向齿形与端面渐开线齿形不同，所以它有法向几何参数（以下标 n 表示）和端面几何参数（以下标 t 表示）。加工斜齿轮时，刀具沿着轮齿的螺旋线方向进行切削，斜齿轮传动时的受力方向是轮齿接触处的法向，故规定斜齿圆柱齿轮的法向参数为标准值。而斜齿圆柱齿轮的端面齿廓是标准的渐开线，其啮合原理、几何尺寸计算方法与直齿圆柱齿轮完全相同，因此，斜齿圆柱齿轮的许多几何尺寸需按端面参数计算。

（1）螺旋角

斜齿圆柱齿轮与直齿圆柱齿轮一样，也有齿顶圆柱面、齿根圆柱面、分度圆柱面等，它们与齿廓相交的螺旋线的螺旋角是不同的，平时所说的螺旋角是指分度圆柱面上的螺旋角。如图 4–12 所示为斜齿圆柱齿轮分度圆柱面展开图，其螺旋线展开后成为一直线，该直线与轴线的夹角即斜齿圆柱齿轮的螺旋角，用 β 表示。β 值越大，轮齿倾斜程度越大，因而传动平稳性越好，但轴向力也越大，所以一般取 $\beta=8° \sim 30°$，常用 $\beta=8° \sim 15°$。

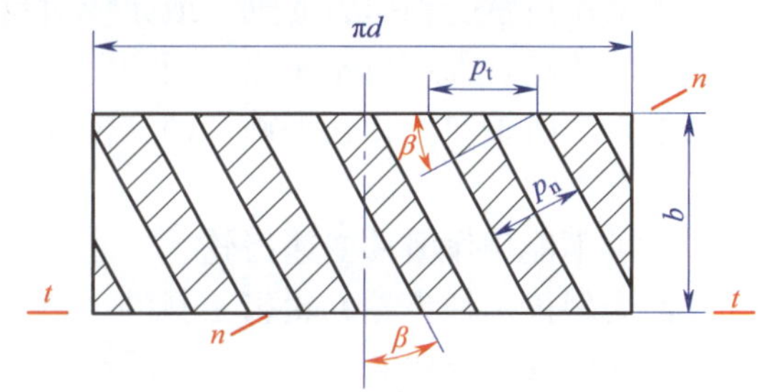

图 4–12　斜齿圆柱齿轮分度圆柱面展开图

（2）模数

根据图 4–12 所示的几何关系，可知：

$$P_n=P_t\cos\beta$$

式中　P_n——法向齿距，mm；

P_t——端面齿距，mm。

由于 $P_n=\pi m_n$，$P_t=\pi m_t$，故斜齿圆柱齿轮法向模数与端面模数的关系为：

$$m_n=m_t\cos\beta$$

国家标准规定斜齿圆柱齿轮的法向模数为标准值。

（3）压力角

在斜齿圆柱齿轮上，法向压力角 α_n 和端面压力角 α_t 也是不同的，国家标准规定法向压力角取标准值，即 $\alpha_n=20°$。

（4）旋向

斜齿圆柱齿轮轮齿的旋向分为左旋和右旋。其判定方法为：将齿轮轴线竖直放置，轮齿自左至右上升者为右旋，反之为左旋，如图 4–13 所示。

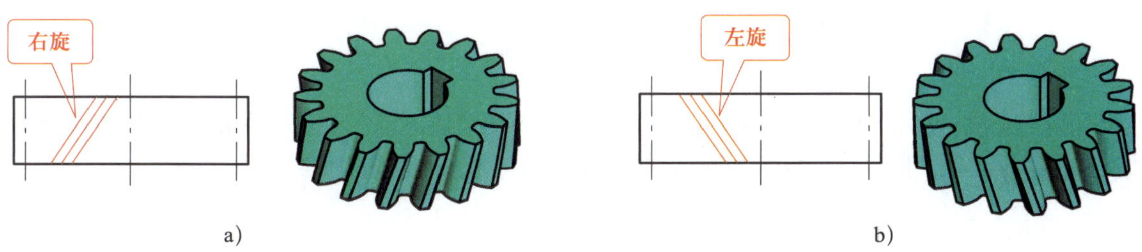

图 4–13　斜齿圆柱齿轮轮齿的旋向判定

a）右旋　b）左旋

3. 斜齿圆柱齿轮的正确啮合条件

一对外啮合斜齿圆柱齿轮用于平行轴传动时的正确啮合条件如下：

（1）两齿轮法向模数相等，即 $m_{n1}=m_{n2}=m$。

（2）两齿轮法向压力角相等，即 $\alpha_{n1}=\alpha_{n2}=\alpha$。

（3）两齿轮螺旋角相等、旋向相反，即 $\beta_1=-\beta_2$。

4. 斜齿圆柱齿轮传动的特点

与直齿圆柱齿轮传动相比较，斜齿圆柱齿轮传动具有以下特点。

（1）传动平稳，承载能力强

由于斜齿圆柱齿轮在啮合时，齿面的接触线是逐渐变化的，且同时啮合的轮齿对数比直齿轮多，因此传动比较平稳且连续性好，冲击和振动也小，承载能力高，适用于高速、大功率传动的场合。

（2）传动时产生轴向力

斜齿圆柱齿轮由于轮齿倾斜，所以在传动中将产生轴向力。为了克服轴向力对传动的影响，须采用可承受轴向力的轴承或是成对反向使用斜齿圆柱齿轮；当载荷很大时，也可使用人字齿轮传动。人字齿轮相当于两个螺旋角大小相等、旋向相反的斜齿圆柱齿轮并起来，以使两边产生的轴向力相互平衡抵消，但人字齿轮加工困难、精度不高，主要用于重型机械传动的场合。

（3）不能用作滑移变速齿轮

因为斜齿圆柱齿轮的轮齿是斜的，齿轮在轴向移动过程中会产生自转，容易造成轮齿脱离，给轴向移动机构的设计增加了困难，所以斜齿圆柱齿轮不能用作滑移变速齿轮。

二、齿轮齿条传动

齿条是指在一个面上具有一系列相同等距离齿的平板或直杆，可以看作直径无穷大的外圆柱齿轮。当外圆柱齿轮的圆心位于无穷远处时，其上各圆的直径趋向于无穷大，齿轮上的分度圆、齿顶圆和齿根圆等成为互相平行的直线，渐开线齿廓也变成直线齿廓（对齿面而言则为平面），齿轮即演化成为齿条。如图 4–14 所示，齿条分为直齿条和斜齿条。

a）　　　　b）

图 4–14　齿条

a）直齿条　b）斜齿条

齿轮齿条传动可以将齿轮的旋转运动转换为齿条的直线运动，或将齿条的直线运动转换为齿轮的旋转运动，图 4–15 所示为直齿圆柱齿轮和直齿条配对的齿轮齿条传动机构。

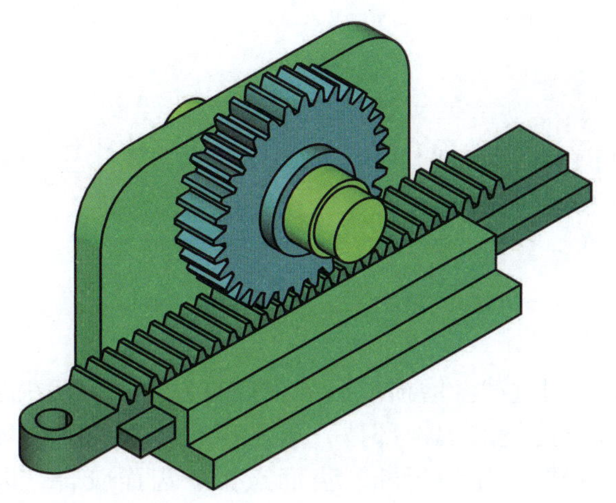

图 4–15　齿轮齿条传动机构

三、直齿锥齿轮传动

锥齿轮是指分度曲面为圆锥面的齿轮，其类型有直齿锥齿轮、曲线齿锥齿轮和斜齿锥齿轮等，其中直齿锥齿轮应用最广，如图 4–16 所示。直齿锥齿轮用于两轴相交时的传动，两轴间的交角可以任意，在实际应用中多采用两轴互相垂直的传动形式。

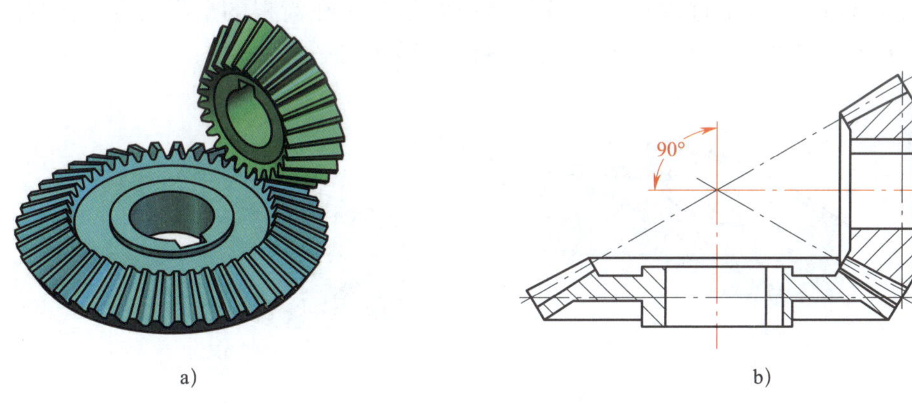

图 4–16　直齿锥齿轮传动

由于锥齿轮的轮齿分布在圆锥面上，所以轮齿的尺寸沿着齿宽方向变化，大端轮齿的尺寸大，小端轮齿的尺寸小。为了便于测量，并使测量时的相对误差尽量小，规定以大端参数作为标准参数。

为保证正确啮合，直齿锥齿轮传动应满足以下条件：

1．两齿轮的大端模数相等，即 $m_1=m_2=m$。

2．两齿轮的压力角相等，即 $\alpha_1=\alpha_2=\alpha$。

§4-4　齿轮的失效、材料与热处理

一、齿轮的失效

在齿轮工作过程中，因过载、磨损或疲劳损伤等发生破坏而失去正常工作能力的现象称为齿轮的失效。轮齿是齿轮的关键部位，也是齿轮传动的薄弱环节，齿轮失效主要发生在轮齿上，轮齿失效主要有轮齿折断、齿面点蚀、齿面胶合、齿面磨损、齿面塑性变形等。

1. 轮齿折断

轮齿折断有两种情况。一种是疲劳折断，这是弯曲交变应力作用的结果。在载荷反复作用下，轮齿根部产生循环变化的弯曲应力，当循环次数达到一定数量时，应力达到极限，齿根受拉一侧便出现裂纹，随着循环次数继续增加，裂纹逐渐加大，并最终导致轮齿折断。另一种是过载折断，这是由于冲击载荷过大、短时间严重过载，或轮齿磨损严重变薄导致强度不足而引起的轮齿折断。对于斜齿轮，其裂纹往往沿接触线方向扩展，容易发生轮齿的局部折断（见图 4-17a）；对于直齿轮，轮齿折断一般是发生在齿根的全齿折断（见图 4-17b）。轮齿折断是开式传动和硬齿面闭式传动的主要失效形式之一。

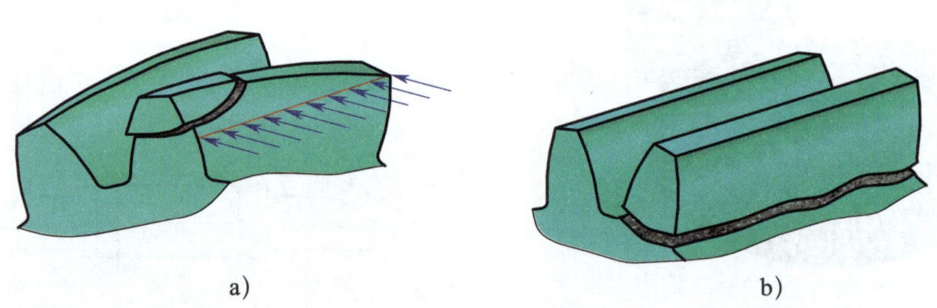

图 4-17　轮齿折断

a）斜齿轮的轮齿折断　b）直齿轮的轮齿折断

防止轮齿折断的措施有：选择适当的模数和齿宽；在使用中避免意外的严重过载和冲击；对齿根表面进行喷丸或碾压等强化处理，以提高齿根的强度；增大齿根过渡圆角半径和降低齿根表面粗糙度值，以降低齿根的应力集中。

2. 齿面点蚀

轮齿啮合过程中，接触面间产生脉动循环接触应力，当此应力超过轮齿表层材料的疲劳极限时，齿面就会产生细微的疲劳裂纹。封闭在裂纹中的润滑油，在压力作用下产生楔挤作用使裂纹不断扩大，最后导致表层金属小片状剥落，出现凹坑，形成麻点状剥伤，这种现象称为齿面点蚀，如图 4-18 所示。

在轮齿啮合过程中，齿面间的相对滑动能起到形成润滑油膜的作用，而且相对滑动速度越高，齿面间形成润滑油膜的作用越显著，润滑也就越好。轮齿分度圆附近的相对滑动速度低，形成油膜条件差，润滑不良，摩擦力较大，特别是直齿轮传动，通常这时只有一对齿啮合，轮齿受力最大，更容易发生齿面点蚀，实践证明齿面点蚀首先出现在分度圆柱面下侧，然后再向其他部位扩展。发生齿面点蚀后，轮齿工作面损坏，造成传动不平稳和产生噪声。

闭式齿轮传动常因齿面点蚀而失效。在开式齿轮传动中，因为齿面磨损较快，在形成点蚀之前部分齿面已经被磨掉，因此通常看不到点蚀现象。

防止齿面点蚀的措施有：提高润滑油的黏度或采用适宜的添加剂，使啮合齿面间形成较厚的、牢固的油膜，以增大其承载面积；降低齿面的表面粗糙度值，提高齿形精度和进行精跑合，以改善齿面的接触情况；提高齿面硬度以增大轮齿的疲劳极限等。

3. 齿面胶合

齿面胶合是指在重载传动中，相啮合齿面的金属在压力作用下直接接触而发生黏着，并随着齿面的相对运动，使金属从齿面上撕落而引起的一种破坏形式，如图 4–19 所示。

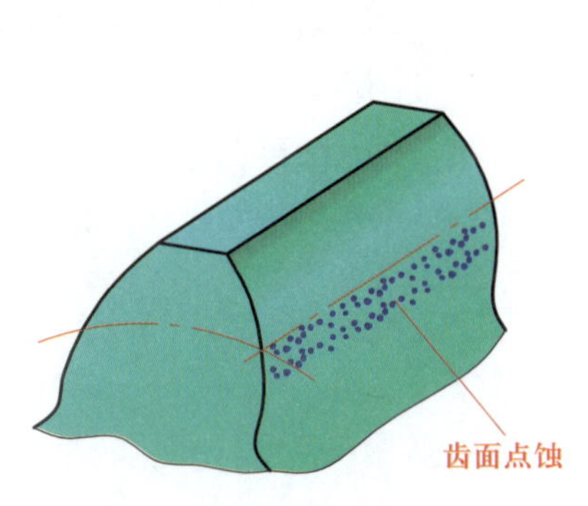

图 4–18　齿面点蚀

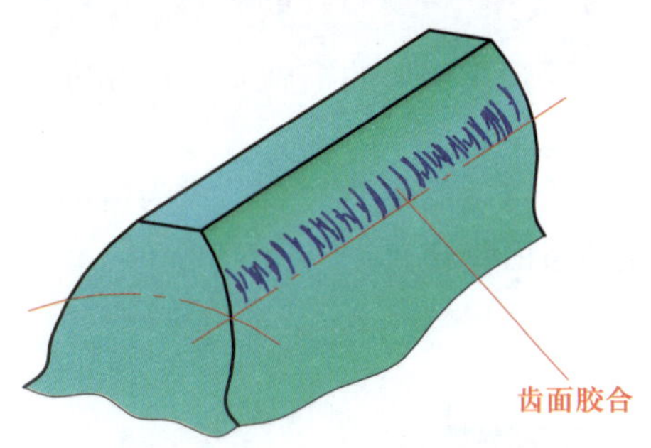

图 4–19　齿面胶合

齿面胶合有热胶合和冷胶合两种。在高速重载传动中，常因啮合区温度升高而引起润滑失效，致使两齿面金属直接接触并相互粘连，当两齿面相对滑动时，较软的齿面沿滑动方向被撕下而形成沟纹，这种现象称为齿面热胶合。在低速重载传动中，由于啮合处的局部压力很高，而速度又低，因而使两接触表面间不易形成油膜而产生黏着，从而出现齿面冷胶合，它常常发生在局部齿面上。齿面胶合常发生在靠近节线的齿顶部位。齿面胶合产生以后，齿廓被破坏，振动和噪声增大，会很快使齿轮报废。

防止齿面胶合的措施有：对低速齿轮传动应采用黏度较大的润滑油；对于高速齿轮传动，则应采用含抗胶合剂的润滑油；降低表面粗糙度值和提高齿面硬度也能增强抗胶合能力。

4. 齿面磨损

如图 4–20 所示，齿面磨损是指在齿轮啮合传动过程中，轮齿接触表面上的材料出现摩擦损耗的现象。由于灰尘、硬屑粒等进入齿面间而引起的磨粒磨损也是难以避免的。齿面过度磨损后，齿廓显著变形，常导致严重的振动和噪声，最终使齿轮失效。

减少齿面磨损的措施有：提高齿面硬度，减小表面粗糙度值，齿轮副采用合适的材料组合，改善润滑条件和工作条件（如采用闭式传动等）。

5. 齿面塑性变形

齿面塑性变形是指硬度较低的软齿面齿轮在低速重载时，由于齿面压力过大，在摩擦力作用下，齿面金属产生塑性流动而失去原来的齿形。塑性变形后，主动齿轮沿着分度线形成凹沟，而从动齿轮沿着分度线形成凸棱，如图 4–21 所示。这种损坏常在过载严重和启动频繁的传动中出现。

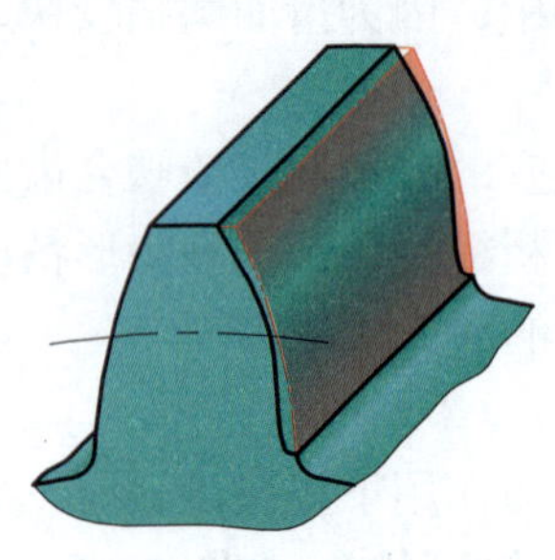
图 4–20　齿面磨损

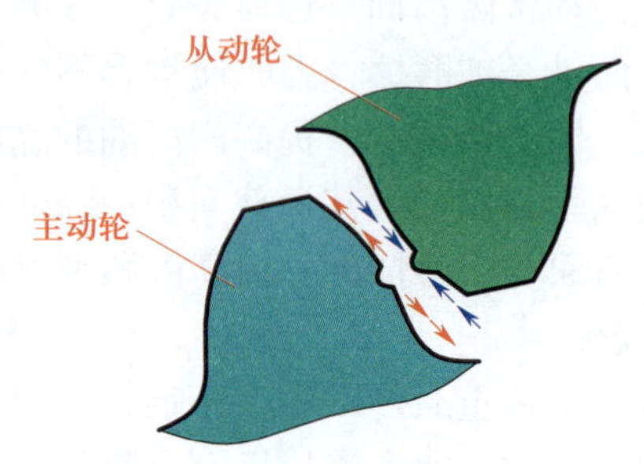

图 4–21　齿面塑性变形

防止齿面塑性变形的措施有选用黏度较大的润滑油，提高齿面硬度，避免频繁启动和过载等。

开式齿轮传动的主要失效形式为齿面磨损和轮齿折断，闭式齿轮传动的主要失效形式为齿面点蚀和齿面胶合。

开式齿轮传动与闭式齿轮传动

齿轮传动按照工作条件可分为开式齿轮传动和闭式齿轮传动。前者齿轮是外露的，粉尘容易落入啮合区，且不能保证良好的润滑，因此轮齿易磨损，开式齿轮传动多用于低速传动或低精度的场合，如水泥搅拌机齿轮、卷扬机齿轮等；闭式齿轮传动安装在箱体内，且易于保证良好的润滑，使用寿命长，用于较重要的场合，如机床主轴箱齿轮、汽车变速箱齿轮、减速器齿轮等。

二、齿轮常用材料

由轮齿的失效形式可知，应使齿面具有较高的抗磨损、抗点蚀、抗胶合及抗塑性变形能力。因此，理想的齿轮材料应保证齿面硬度高、齿心韧性好，同时还具有良好的力学性能和热处理性能。适用于制造齿轮的材料有很多，常用的有锻钢、铸钢和铸铁。

1. 锻钢

锻钢韧性好、耐冲击，还可通过热处理改善其力学性能，提高齿面的硬度，故最适于制造齿轮。除尺寸过大或结构形状复杂只宜铸造外，一般齿轮毛坯均由锻钢制成。常用锻钢是含碳量为 0.15% ~ 0.6% 的优质碳素结构钢和合金结构钢，如 45、40Cr、35SiMn、20Cr、

20CrMnTi、12Cr2Ni4A、35CrMo和38CrMoAlA等。合金结构钢根据所含金属的成分及性能，可分别使材料的韧性、耐冲击性、耐磨性及抗胶合能力等获得提高。

2. 铸钢

铸钢的耐磨性及强度均较好，用于制造齿轮的材料有ZG310–570和ZG340–640等，常用于尺寸较大、结构形状复杂不易锻造的齿轮。

3. 铸铁

铸铁的塑性、韧性、耐磨性和抗冲击性能都较差，但其抗胶合、抗点蚀的能力较好，用于制造齿轮的材料有QT500–7、QT600–3、HT200、HT300等。铸铁齿轮常用于对强度要求不高，但要求耐磨的场合。

三、齿轮的热处理

根据材料的不同，齿轮常用的热处理主要有表面淬火、渗碳后淬火、调质、正火、渗氮等。

1. 表面淬火

表面淬火一般用于中碳钢和中碳合金钢，如45、40Cr等，齿面硬度可达50～55 HRC。由于齿面接触强度高、耐磨性好，而轮齿心部未淬硬，齿轮仍有较高的韧性，故能承受一定的冲击载荷。表面淬火的方法有高频淬火和火焰淬火等。

2. 渗碳后淬火

渗碳后淬火用于含碳量为0.15%～0.25%的低碳钢和低碳合金钢，如20Cr、20CrMnTi等。渗碳后淬火可使齿面硬度达56～62 HRC，齿面接触强度高、耐磨性好，而轮齿心部仍保持较高的韧性，常用于受冲击载荷的重要齿轮传动。

3. 调质

调质一般用于中碳钢和中碳合金钢，如45、40Cr等。调质处理后齿面硬度一般为210～280 HBW，因硬度不高，故可在热处理后精切齿形，且在使用中易于跑合。

4. 正火

正火能消除内应力、细化晶粒、改善力学性能和切削性能。强度要求不高的齿轮可用中碳钢正火处理。大直径的齿轮可用铸钢正火处理。

5. 渗氮

渗氮是一种化学热处理。渗氮后不再进行其他热处理，齿面硬度可达60～62 HRC。因渗氮处理温度低，齿的变形小，因此适用于难以磨齿的场合，如内齿轮。常用的渗氮钢为38CrMnAlA。

§4–5 齿轮的结构与齿轮传动的润滑

一、齿轮的结构

按结构不同齿轮可分为齿轮轴、实心式齿轮、腹板式齿轮和轮辐式齿轮等。

1. 齿轮轴

对于直径较小的钢制齿轮，若其齿根圆直径与轴径相差不大时，应将齿轮与轴制成一体，称为齿轮轴，如图 4–22 所示。

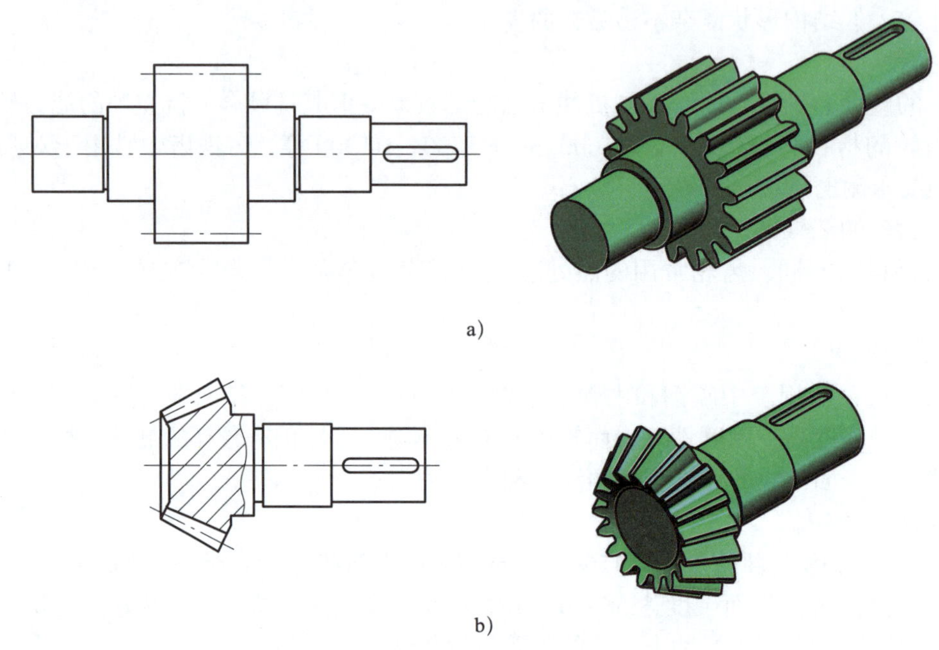

图 4–22　齿轮轴

a）圆柱齿轮　b）锥齿轮

2. 实心式齿轮

当齿轮的齿顶圆直径 d_a≤200 mm，且齿根圆到键槽底部的径向距离 e>2.5 mm，可采用实心式结构，如图 4–23 所示。

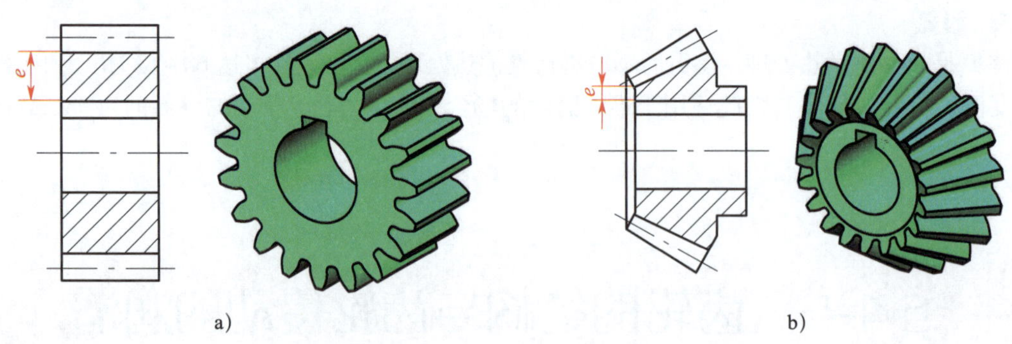

图 4–23　实心式齿轮

a）圆柱齿轮　b）锥齿轮

3. 腹板式齿轮

当齿轮的齿顶圆直径 d_a=200 ~ 500 mm 时，可采用腹板式结构，如图 4–24 所示。

4. 轮辐式齿轮

当齿轮的齿顶圆直径 d_a>500 mm 时，可采用轮辐式结构，如图 4–25 所示。

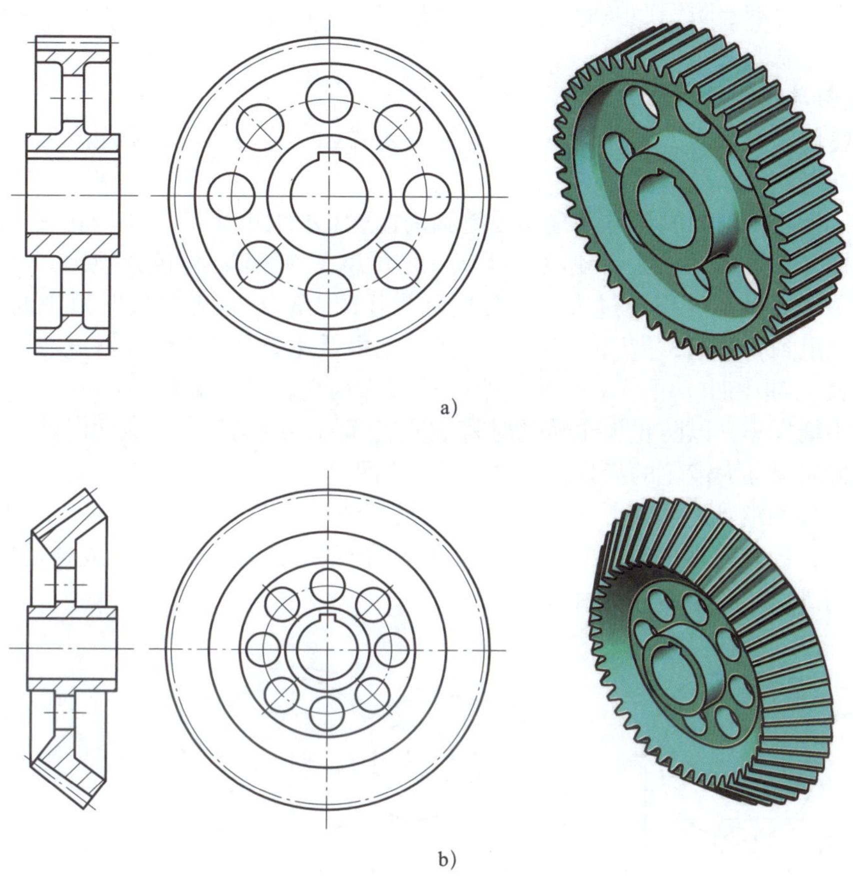

a)

b)

图 4–24　腹板式齿轮

a）圆柱齿轮　b）锥齿轮

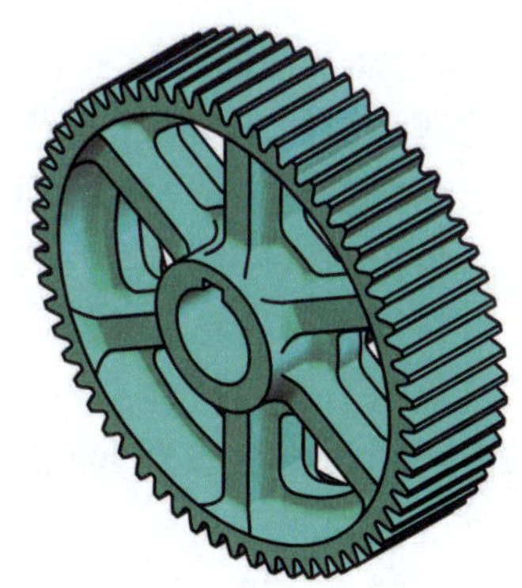

图 4–25　轮辐式齿轮

二、齿轮传动机构的润滑

齿轮在啮合时会产生摩擦和磨损，造成动力损耗，而使传动效率降低，因此齿轮的润滑十分重要。润滑不仅可以减少齿轮传动啮合时所产生的摩擦、磨损和动力损耗，提高传动效率，还可以起到冷却、防锈、降低噪声、改善齿轮工作状况、延缓轮齿失效、延长齿轮使用寿命等作用。

1. 齿轮传动机构的润滑方式

开式齿轮传动及低速、轻载、不是很重要的闭式齿轮传动，通常采用人工定期润滑，润滑剂可采用润滑油或润滑脂。

一般闭式齿轮传动的润滑方式根据齿轮圆周速度 v 的大小而定。当 $v<12$ m/s 时多采用油池润滑。如图 4–26a 所示，大齿轮浸入油池一定深度（对于圆柱齿轮，浸油深度以 1～2 个齿高为宜，最大浸油深度不超过大齿轮分度圆半径的 1/3），齿轮运转时就把润滑油带到啮合区，同时也甩到箱壁上，借以散热。当多级传动中低速级大齿轮浸油深度合适，而高速级大齿轮未能浸入油中时，可采用带油轮给高速级大齿轮供油，如图 4–26b 所示。油池中润滑油的深度不能太小，以防止齿轮转动时将油池底部的杂质搅起，造成润滑油不洁，加剧齿面磨损。一般应保证大齿轮的齿顶圆到油池底面的距离不小于 30 mm。当齿轮的线速度较大时，应适当增加润滑油的深度。油池中应有充足的油量，以保证散热。当 $v\geqslant 12$ m/s 时，由于圆周速度大，齿轮搅油剧烈，且黏附在齿面上的油易被甩掉，不能形成合适的润滑油膜，应采用喷油润滑，如图 4–26c 所示。

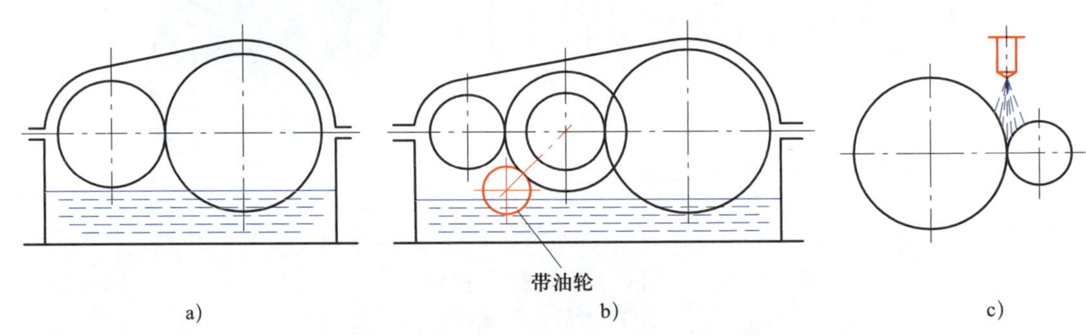

图 4–26 闭式齿轮传动的润滑方式

a）油池润滑 b）带油轮润滑 c）喷油润滑

2. 齿轮润滑油的选择

齿轮润滑油的选择应根据齿轮的工作情况、润滑方式以及与其配套使用的其他组件对润滑的要求综合考虑，通常有下列几项原则供选择时参考。

（1）齿轮的载荷是选择润滑油的主要依据。轻负荷的齿轮可选用抗氧防锈齿轮油，负荷较大、滑移较大的齿轮（如斜齿轮）可选用中负荷工业齿轮油，重负荷又有强烈冲击的齿轮应选用重负荷工业齿轮油。

（2）齿轮的速度是选择润滑油黏度的主要依据。速度高的选用黏度小的润滑油，速度低的选用黏度大的润滑油。

（3）润滑方式也是选择润滑油的重要条件。循环润滑要求润滑油的流动性好，宜选用黏度小的润滑油。对人工间歇加油的装置，则应采用黏度大一些的润滑油，以免迅速流失。

（4）与齿轮共用同一个润滑系统的其他对象对润滑油的要求也是要考虑的一个因素。所选择的润滑油要同时满足齿轮与其他润滑对象的润滑性能要求，且不得与其他润滑对象的材料发生化学反应。

在使用过程中，必须经常检查齿轮传动润滑系统的状况。采用油池润滑或带油轮润滑时，油面过低则润滑不良，油面过高则会增加搅油功率的损失。对于压力喷油润滑系统还需检查油压状况，油压过低会造成供油不足，应及时调整油压至正常值；油路不畅通可能会导致油压过高，应及时清理油路。

第五章

蜗杆传动

蜗杆传动主要用于传递空间垂直交错两轴间的运动和动力。蜗杆传动具有传动比大、结构紧凑等优点，广泛应用于机床、汽车、仪器、起重运输机械、冶金机械等。如图 5-1 所示为蜗杆减速器，由于采用了蜗杆传动，可以得到较大的传动比。

图 5-1　蜗杆减速器

§5-1　蜗杆传动概述

蜗杆传动是指由蜗杆与蜗轮互相啮合组成的交错轴间的齿轮传动，如图 5-2 所示。通常由蜗杆作为主动件带动蜗轮转动，并传递运动和动力，其两轴线在空间一般交错成 90°。

一、蜗杆

蜗杆传动相当于两轴交错成 90°的斜齿轮传动，只是小齿轮的螺旋角很大，而直径却很小，因而在圆柱面上形成了连续的螺旋齿，这种只有一个或几个螺旋齿的斜齿轮就是蜗杆。蜗杆的类型很多，如阿基米德圆柱蜗杆、法向直廓圆柱蜗杆、渐开线圆柱蜗杆、锥面包络圆柱蜗杆和圆弧圆柱蜗杆等。最常用的蜗杆为阿基米德圆柱蜗杆，其形状如图 5–3 所示。图中 *I—I* 剖切面通过蜗杆的轴线，称为轴向面；*n—n* 剖切面垂直于蜗杆齿廓，称为法面。阿基米德圆柱蜗杆的轴向齿廓为直线，法面齿廓为渐开线。

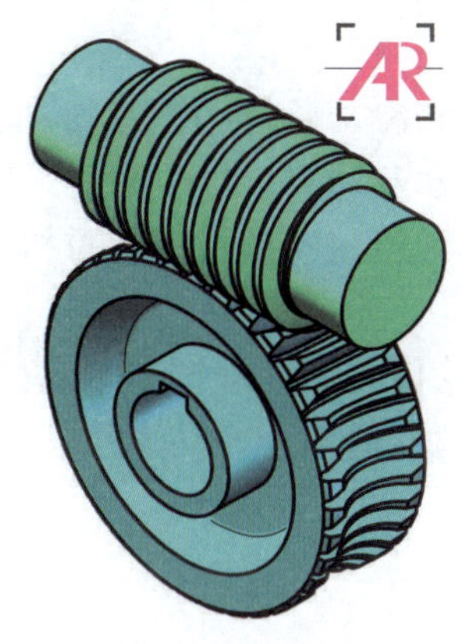

图 5–2　蜗杆传动

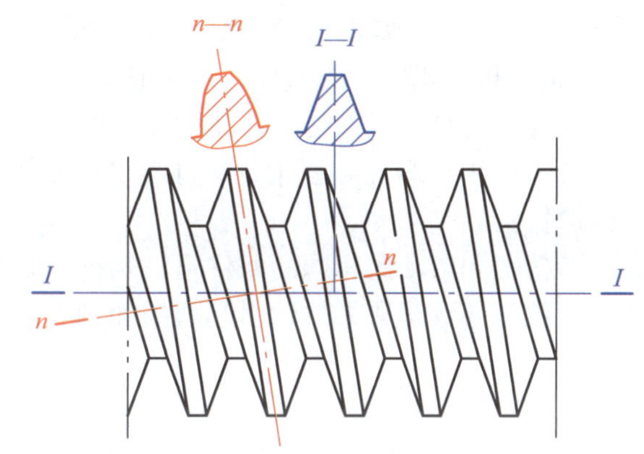

图 5–3　阿基米德圆柱蜗杆

二、蜗轮

与蜗杆组成交错轴齿轮副且轮齿沿着齿宽方向呈内凹弧形的斜齿轮称为蜗轮，如图 5–4 所示。蜗轮齿廓随蜗杆的齿廓而异。蜗轮一般在滚齿机上用与蜗杆形状和参数相同的滚刀或飞刀加工而成。

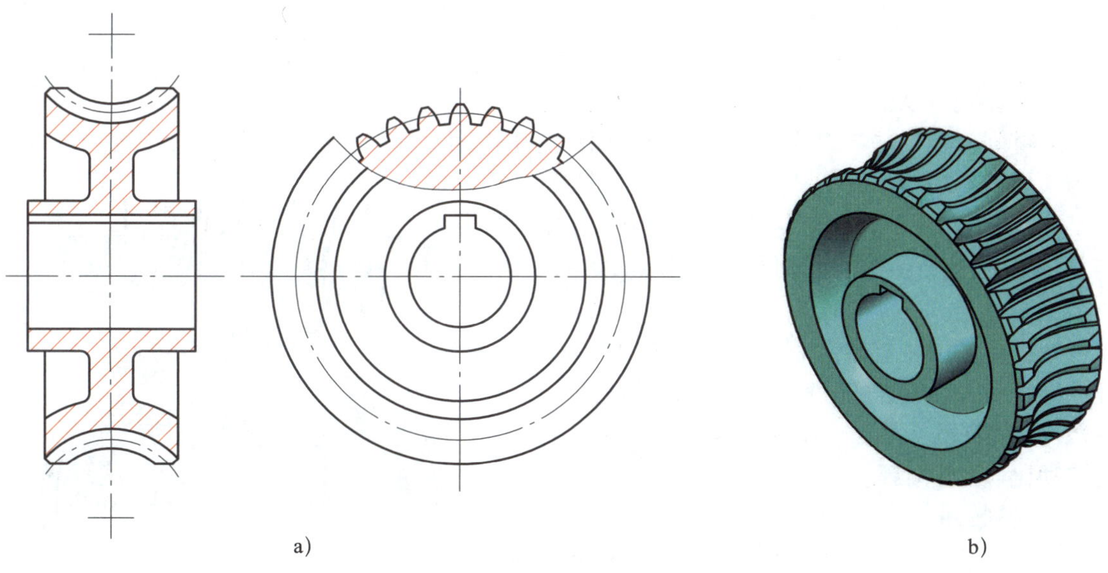

图 5–4　蜗轮

三、蜗杆传动的特点及应用

1．传动比大，结构紧凑。传动比 i 一般为 5 ~ 80，在分度机构中可达 1 000。

2．传动平稳、噪声小。蜗杆的轮齿是连续的螺旋齿，蜗轮与蜗杆的啮合是逐渐进入并逐渐退出的，同时啮合的齿数较多，所以传动平稳、噪声小。

3．在一定条件下可以实现自锁。

4．传动效率低，磨损严重，易发热。由于蜗轮和蜗杆在啮合处有较大的相对滑动，因而磨损严重，发热量大，效率较低。蜗杆传动的效率一般为 η=0.7 ~ 0.8，当其具有自锁性时效率小于 0.5。

5．蜗杆上的轴向力较大，轴承易磨损。蜗轮造价较高。

6．对制造和安装精度要求较高，一般安装在具有良好润滑和冷却条件的箱体内。

由于蜗杆传动具有以上特点，故常用于两轴交错，传动比较大，传递功率不太大或间歇工作的场合。由于当蜗杆导程角 γ 较小时传动具有自锁性，故常用在卷扬机等起重机械中，起安全保护作用。

在制造精度和传动比相同的条件下，蜗杆传动的效率比齿轮传动低。蜗杆和蜗轮齿间发热量较大，容易导致润滑失效，引起磨损加剧。因此，蜗杆传动不适用于大功率且长时间工作的场合。

§5-2　蜗杆传动的主要参数、啮合条件与旋转方向判别

一、蜗杆传动的主要参数

通过蜗杆轴线并与蜗轮轴线垂直的平面称为中平面，如图 5-5 所示。在此平面内，蜗杆相当于齿条，蜗轮相当于渐开线齿轮，蜗杆与蜗轮的啮合相当于渐开线齿轮与齿条的啮合。在蜗杆传动中，其主要参数及几何尺寸计算均以中平面为准。

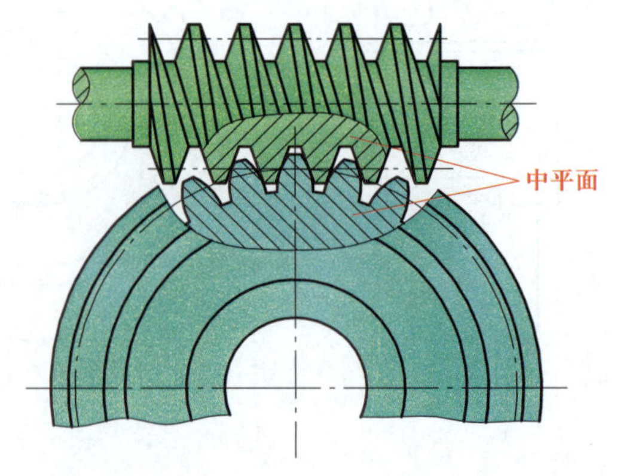

图 5-5　蜗杆传动的中平面

蜗杆传动的主要参数有模数 m、压力角 α、蜗杆的导程角 γ、蜗杆的分度圆直径 d_1、蜗杆的直径系数 q、蜗杆的头数 z_1、蜗轮的齿数 z_2、蜗杆传动的传动比 i 及旋向等。

1．模数 *m*

在中平面上，蜗杆的模数称为轴向模数，蜗轮的模数称为端面模数。一对相互啮合的蜗杆和蜗

轮，蜗杆的轴向模数 m_{x1} 和蜗轮的端面模数 m_{t2} 应相等，且为标准值，即：

$$m_{x1}=m_{t2}=m$$

蜗杆模数已标准化，常用蜗杆模数系列见表 5-1。

表 5-1　　常用蜗杆模数与直径系数（摘自 GB/T 10085—2018）

模数 m/mm	蜗杆直径系数 q	蜗杆分度圆直径 d_1/mm	模数 m/mm	蜗杆直径系数 q	蜗杆分度圆直径 d_1/mm
1.25	16.000	20	4	10.000	40
	17.920	22.4		17.750	71
1.6	12.500	20	5	10.000	50
	17.500	28		18.000	90
2	11.200	22.4	6.3	10.000	63
	17.750	35.5		17.778	112
2.5	11.200	28	8	10.000	80
	18.000	45		17.500	140
3.15	11.270	35.5	10	9.000	90
	17.778	56		16.000	160

2. 压力角 α

蜗杆的轴向压力角 α_{x1} 和蜗轮的端面压力角 α_{t2} 相等，且为标准值，即：

$$\alpha_{x1}=\alpha_{t2}=\alpha=20°$$

3. 蜗杆的导程角 γ

蜗杆导程角 γ 是指蜗杆分度圆柱螺旋线的切线与端平面（垂直于蜗杆轴线的平面）之间所夹的锐角。

如图 5-6 所示为右旋蜗杆分度圆柱面及展开图，其头数 $z_1=2$，z_1p_x 为螺旋线的导程，p_x 为轴向齿距，d_1 为蜗杆分度圆直径，则蜗杆分度圆导程角 γ 为：

$$\gamma=\arctan\frac{z_1p_x}{\pi d_1}=\arctan\frac{z_1m}{d_1}$$

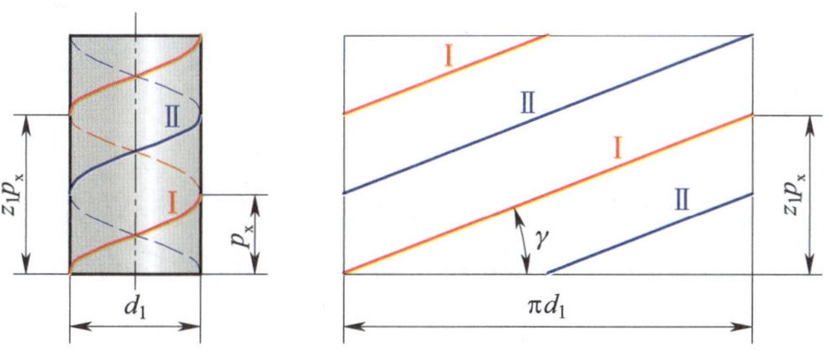

图 5-6　右旋蜗杆分度圆柱面及展开图

导程角的大小直接影响蜗杆的传动效率。导程角大则传动效率高，但自锁性差；导程角小则蜗杆传动自锁性强，但传动效率低。

4. 蜗杆的分度圆直径 d_1

为了保证蜗杆传动的准确性，加工蜗轮的滚刀的基本参数（模数、头数、分度圆直径、齿形角、螺旋角、旋向、导程等）必须与其配对的蜗杆一致。蜗杆分度圆直径 d_1 不仅与模数 m 有关，还与头数 z_1 和导程角 γ 有关。因此，在加工蜗轮时，即使所加工蜗轮的模数 m 相同，也需要根据不同的蜗杆直径配备相应的蜗轮滚刀。这无疑增加了蜗轮滚刀的数目，显然很不经济，也不便于标准化生产。为此，国家标准对一定模数 m 的蜗杆的分度圆直径 d_1 作了规定，即对 d_1 也进行了标准化，见表 5-1。

5. 蜗杆的直径系数 q

蜗杆直径系数是蜗杆分度圆直径 d_1 与轴向模数 m 的比值，用 q 表示，$q=d_1/m$。

6. 蜗杆的头数 z_1 与蜗轮的齿数 z_2

一般推荐选用蜗杆头数 z_1=1、2、4、6。蜗杆头数少，则蜗杆传动的传动比大，容易自锁，传动效率较低；蜗杆头数越多，传动效率越高，但加工也越困难。

蜗轮齿数 z_2 可根据蜗杆头数 z_1 和传动比 i 来确定，一般推荐 z_2=29 ~ 80。

7. 蜗杆传动的传动比 i

蜗杆传动的传动比 i_{12} 为：

$$i_{12}=\frac{n_1}{n_2}=\frac{z_2}{z_1}$$

式中 n_1——蜗杆转速，r/min；

n_2——蜗轮转速，r/min；

z_1——蜗杆头数；

z_2——蜗轮齿数。

8. 旋向

蜗杆的旋向有左旋和右旋两种，同样，蜗轮也有左旋和右旋之分。

二、蜗杆传动的正确啮合条件

要组成一对正确啮合的蜗杆与蜗轮，应满足一定的条件。蜗杆传动的正确啮合条件为：

1. 在中平面内，蜗杆的轴向模数 m_{x1} 和蜗轮的端面模数 m_{t2} 应相等，即 $m_{x1}=m_{t2}=m$。
2. 在中平面内，蜗杆的轴向压力角 α_{x1} 和蜗轮的端面压力角 α_{t2} 应相等，即 $\alpha_{x1}=\alpha_{t2}=\alpha$。
3. 蜗杆和蜗轮的旋向应一致。

三、蜗杆和蜗轮旋向的判别

判定螺杆和斜齿轮旋向的方法同样适用于蜗杆和蜗轮旋向的判定。如图 5-7 所示，手心对着自己，四指顺着蜗杆或蜗轮轴线方向摆正，若齿向与右手拇指指向一致，则该蜗杆或蜗轮为右旋，反之则为左旋。

四、蜗轮旋转方向的判别

蜗轮的旋转方向取决于蜗杆（蜗轮）的旋向和蜗杆的旋转方向，可用左右手定则来判别。左旋蜗杆用左手，右旋蜗杆用右手，四指弯曲与蜗杆的旋转方向相同，拇指伸直与蜗杆轴线重合，则拇指所指方向的相反方向即为蜗轮上啮合点的线速度方向，如图 5-8 所示。

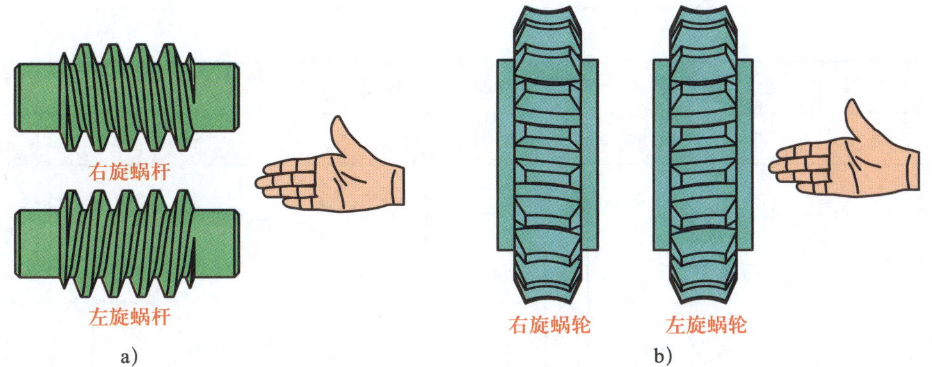

图 5–7　蜗杆和蜗轮旋向的判别

a）蜗杆旋向判别　b）蜗轮旋向判别

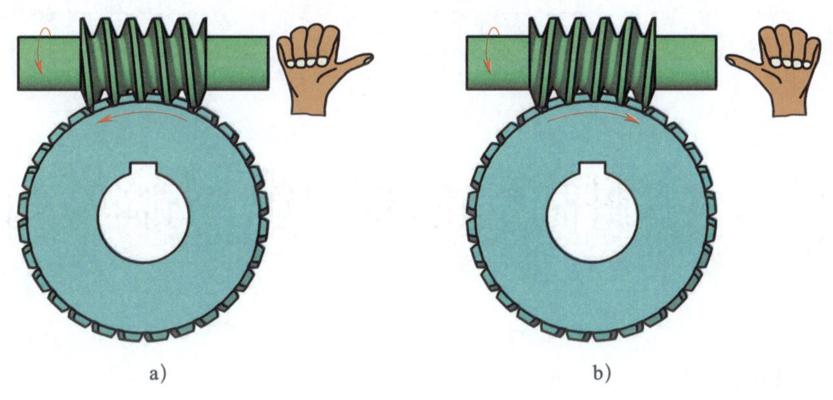

图 5–8　蜗轮旋转方向的判别

a）右旋蜗杆传动　b）左旋蜗杆传动

蜗杆和蜗轮机构运动简图用图形符号

蜗杆和蜗轮机构运动简图用图形符号见表 5–2。

表 5–2　　蜗杆和蜗轮机构运动简图用图形符号

名称	图形符号	
	右旋	左旋
圆柱蜗杆		

续表

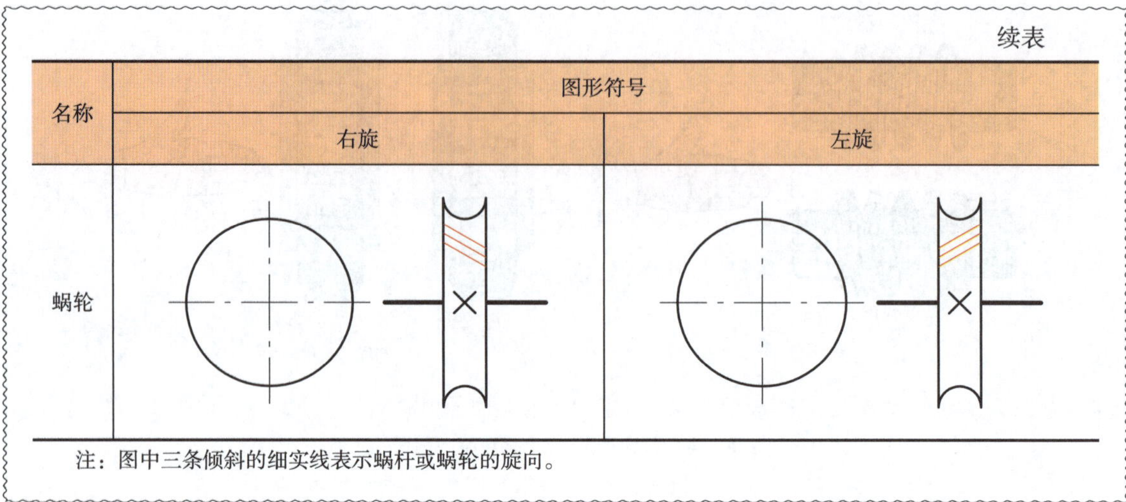

名称	图形符号	
	右旋	左旋
蜗轮		

注：图中三条倾斜的细实线表示蜗杆或蜗轮的旋向。

§5-3 蜗杆和蜗轮的结构、材料及润滑

一、蜗杆和蜗轮的结构

1. 蜗杆的结构

蜗杆通常与轴合为一体形成蜗杆轴，其结构如图 5-9 所示。

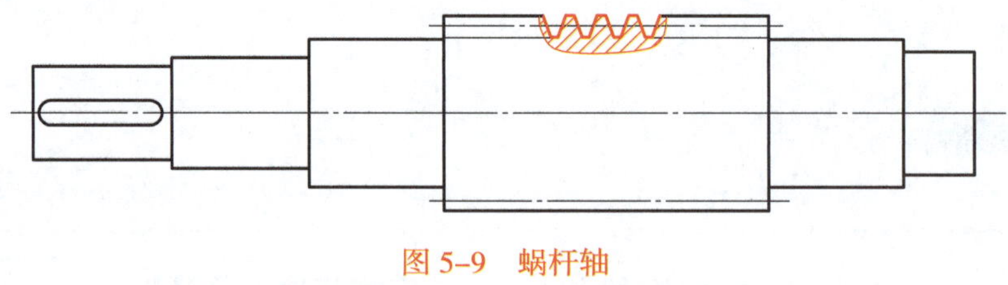

图 5-9 蜗杆轴

2. 蜗轮的结构

蜗轮的结构可分为整体式和组合式两种。当蜗轮采用铸铁制造或直径较小的青铜蜗轮，可铸造成整体式蜗轮，如图 5-10a 所示。直径较大的青铜蜗轮为节约贵金属，一般采用青铜齿圈与铸铁或铸钢轮芯组成组合式蜗轮。连接方式有铸造连接、过盈配合连接和螺栓连接，如图 5-10b、c、d 所示。

二、蜗杆和蜗轮的材料

蜗杆传动的相对滑动速度大，因摩擦引起的发热量大、效率低，故主要失效形式为胶合，其次是点蚀和磨损。因此，选用蜗杆、蜗轮材料时不仅要满足强度要求，还要具有良好的减摩性、耐磨性和抗胶合能力。

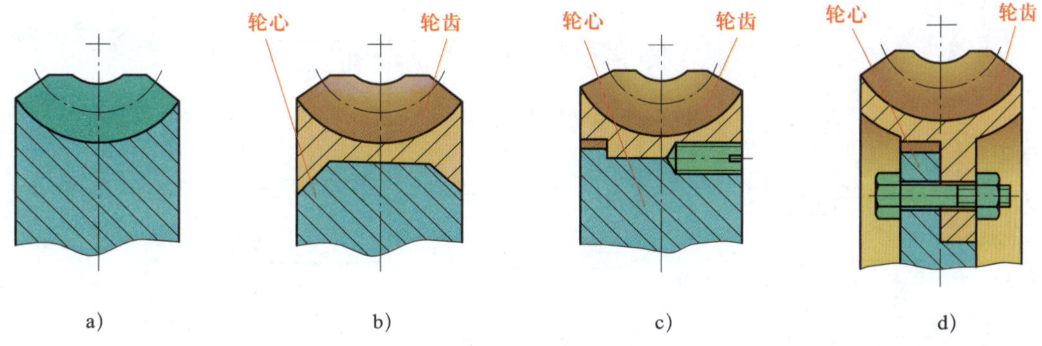

图 5-10　蜗轮的结构

a）整体式蜗轮　b）铸造连接蜗轮　c）过盈配合连接蜗轮　d）螺栓连接蜗轮

蜗杆一般用非合金钢或合金钢制造。对于高速重载的蜗杆，可用 15Cr、20Cr、20MnVB 和 20CrMnTi 等合金渗碳钢，经渗碳后淬火至硬度为 56 ~ 63 HRC；也可用 40、45 等优质碳素结构钢，40Cr、40CrNi 等合金调质钢，经表面淬火至硬度为 45 ~ 50 HRC。对于不太重要的传动及低速中载蜗杆，常用 40、45 钢经调质或正火处理，硬度为 220 ~ 230 HBW。

蜗轮轮齿常用锡青铜、铝青铜或铸铁制造。锡青铜用于相对滑动速度 v_s>3 m/s 的传动，常用牌号有 ZCuSn10Pb1 和 ZCuSn5Pb5Zn5；铝青铜一般用于相对滑动速度 v_s≤4 m/s 的传动，常用牌号为 ZCuAl9Mn2；铸铁用于相对滑动速度 v_s<2 m/s 的传动，常用牌号有 HT150 和 HT200 等。

三、蜗杆传动的润滑与散热

1. 蜗杆传动的润滑

由于蜗杆传动的传动效率低、发热量大，若润滑不当，容易发生失效。为保证蜗杆传动具有良好的润滑，必须合理选择润滑油和润滑方法。

（1）润滑油及添加剂

为提高蜗杆传动的抗胶合性能，常采用黏度较大的矿物油，或在润滑油中加入适量的添加剂，如抗氧化剂、抗磨剂、油性极压添加剂等。

（2）润滑方式

闭式蜗杆传动的润滑方式主要有浸油润滑和喷油润滑两种，可根据齿面相对滑动速度选择。喷油润滑时，应注意控制一定的油压。

采用油池浸油润滑时，蜗杆最好下置，浸油深度以蜗杆一个齿高为宜；若因结构限制蜗杆不得已上置时，浸油深度可取蜗轮半径的 1/6 ~ 1/3。为避免蜗杆工作时带起油池沉渣，并考虑散热问题，油池容量以及蜗杆（或蜗轮）与油池底面的距离应适当大一些。

2. 蜗杆传动的散热

由于蜗杆传动的效率较低，工作时会产生大量的热量。若散热不良，会使润滑油因温度过高而降低黏度，造成润滑不良，导致蜗轮齿面失效。散热的主要方法有以下几种。

（1）在箱体上加散热片以增大散热面积。

（2）在蜗杆轴上装风扇进行吹风散热，如图 5-11a 所示。

（3）在箱体油池内装设蛇形水管，用冷却水散热，如图 5-11b 所示。

（4）用循环油散热，如图 5-11c 所示。

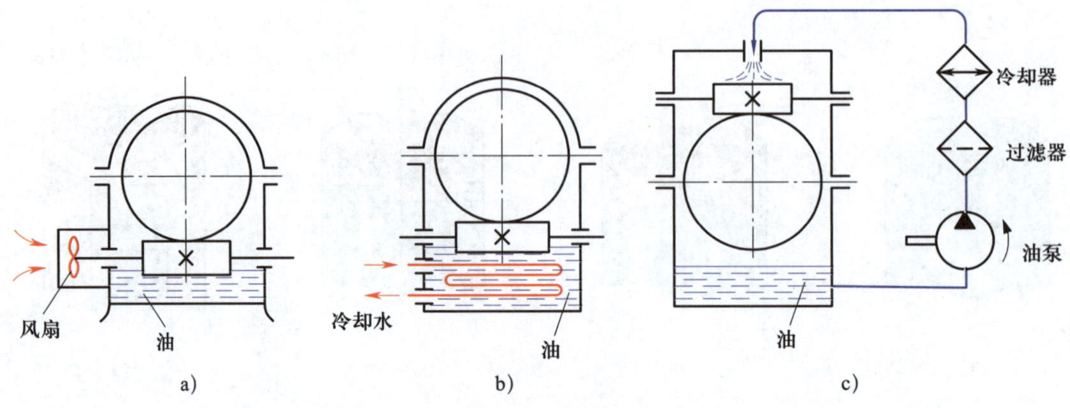

图 5-11　蜗杆传动的润滑与散热

a）浸油润滑与风扇散热　b）浸油润滑与冷却水散热　c）喷油润滑与循环油散热

第六章 轮　系

在机械传动中，仅仅依靠一对齿轮传动往往是不够的。例如，在各种机床中需要把电动机的高转速变成主轴的低转速，或将一种转速变为多级转速；在汽车动力传动系统中，需要把发动机的一种转速转变为多种转速。这些都要依靠一系列彼此相互啮合的齿轮所组成的齿轮机构来实现。这种为了满足机器的功能要求和实际工作需要，所采用的多对相互啮合齿轮组成的传动系统称为轮系。如图 6-1 所示为三级齿轮减速器，它由一对直齿锥齿轮和两对直齿圆柱齿轮组成。动力由安装小锥齿轮的轴输入，由安装大圆柱齿轮的轴输出。

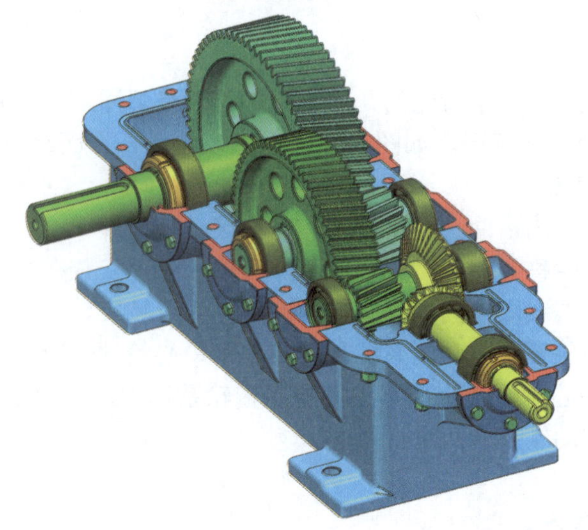

图 6-1　三级齿轮减速器

AR

§6-1　轮系分类及其应用特点

一、轮系的类型

轮系的类型有很多，按照轮系传动时各齿轮的轴线位置是否固定分为定轴轮系、周转轮系和混合轮系三大类。

1. 定轴轮系

当轮系运转时，各齿轮的几何轴线位置均相对固定不变的轮系称为定轴轮系，也称为普通轮系，如图 6–2 所示。

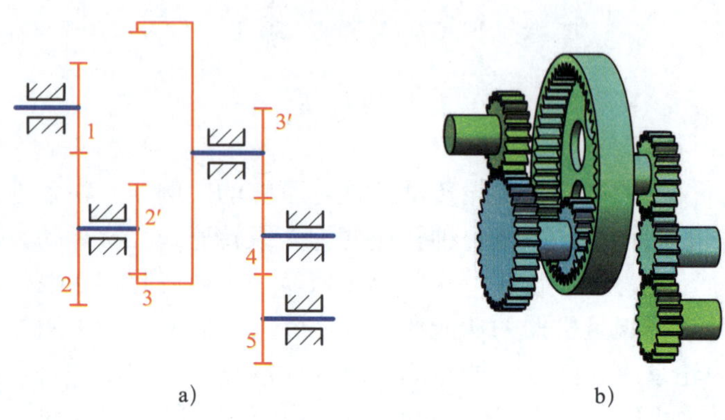

图 6–2　定轴轮系

2. 周转轮系

当轮系运转时，至少有一个齿轮的几何轴线的位置是不固定的，并且绕另一个齿轮的固定轴线转动的轮系称为周转轮系。如图 6–3 所示，齿轮 3 一方面绕自身轴线 O_1 旋转，另一方面又绕固定轴线 O 旋转。

周转轮系由太阳轮、内齿圈、行星齿轮和行星架组成。处于中心位置的外齿轮称为太阳轮，处于最外面的内齿轮称为内齿圈，它们统称为中心轮。安装在行星架上的惰轮称为行星齿轮，支承行星齿轮、与太阳轮同轴线旋转的构件称为行星架。

周转轮系分为行星轮系和差动轮系两种。有一个中心轮的转速为零的周转轮系称为行星轮系（见图 6–3b），中心轮的转速都不为零的周转轮系称为差动轮系（见图 6–3c）。行星轮系只有一个自由度，差动轮系有两个自由度。

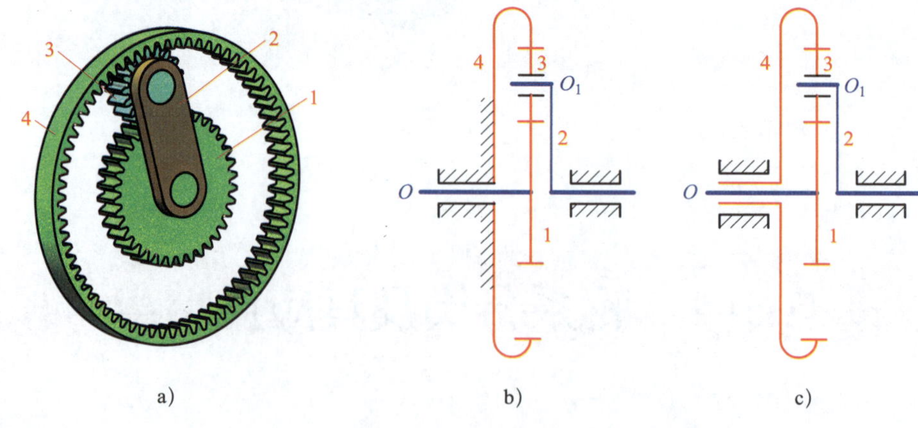

图 6–3　周转轮系

a）立体图　b）行星轮系　c）差动轮系

1—太阳轮　2—行星架　3—行星齿轮　4—内齿圈

3. 混合轮系

在轮系中，既有定轴轮系又有周转轮系的轮系称为混合轮系，如图 6–4 所示。

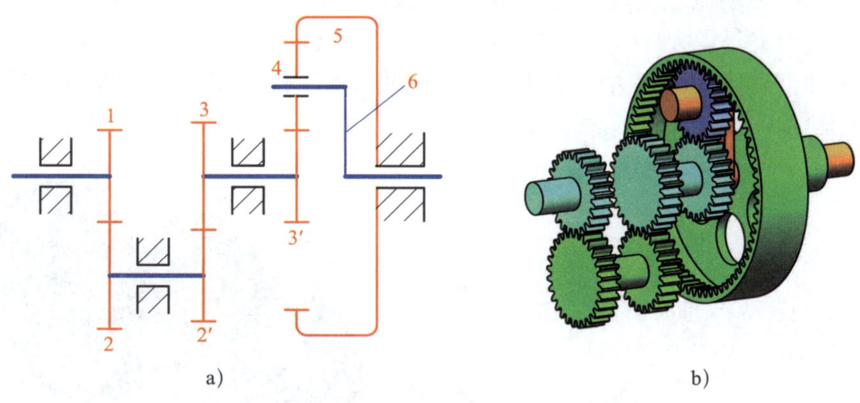

图 6–4　混合轮系

齿轮在轴上的固定方式

齿轮在轴上的固定方式有三种，分别是齿轮与轴固连、齿轮与轴空套和齿轮在轴上滑移，见表 6–1。

表 6–1　　齿轮在轴上的固定方式

齿轮的固定方式	齿轮的机构运动简图用图形符号	
	圆柱齿轮	锥齿轮
齿轮与轴固连：齿轮与轴连接为一体且一起转动，齿轮不能沿轴向移动	外齿轮　内齿轮　外齿轮	
齿轮与轴空套：齿轮套在轴上；齿轮与轴可以各自转动，互不影响；齿轮不能沿轴向移动		
齿轮在轴上滑移：齿轮与轴周向固定且一起转动，齿轮可沿轴向移动。这种可以在轴上滑移的齿轮称为滑移齿轮		

二、轮系的应用特点

1. 可获得很大的传动比

当两轴之间的传动比较大时，若仅用一对齿轮传动，因为大齿轮齿数太多，使得齿轮传动机构的结构尺寸增大。为此，一对齿轮传动的传动比不能过大（一般 $i_{12}=3\sim5$，$i_{max}\leqslant8$）。而采用轮系传动，可以获得很大的传动比，以满足低速工作的要求。如图 6–5 所示，采用两对齿轮组成的轮系的传动比为 $i_{13}=i_{12}\times i_{23}$。

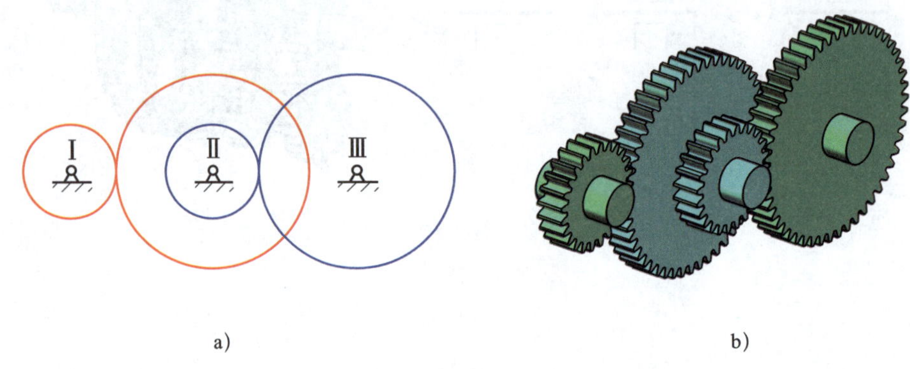

图 6–5　采用轮系获得很大的传动比

2. 可实现较远距离传动

当两轴中心距较大时，如用一对齿轮传动，则两齿轮的结构尺寸必然很大，导致传动机构庞大。而采用轮系传动，则可使结构紧凑，缩小传动装置占用的空间，节约材料，如图 6–6 所示。

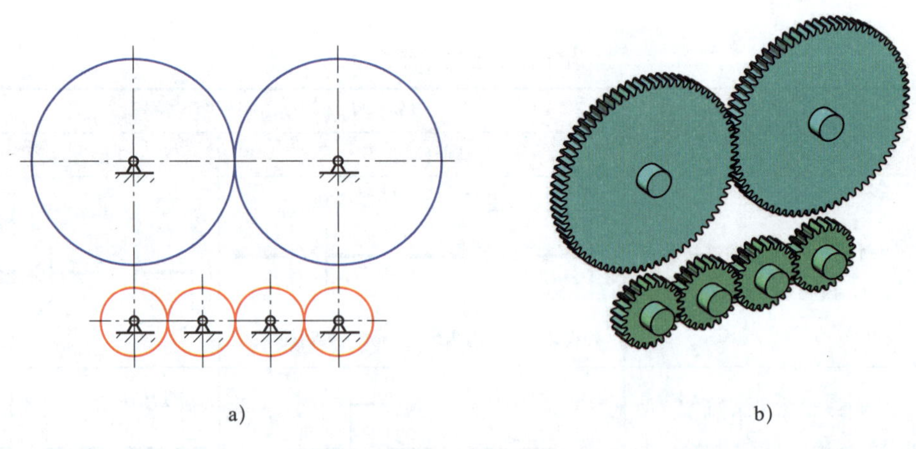

图 6–6　采用轮系实现较远距离传动

3. 可实现变速

在金属切削机床、汽车等机械设备中，经过轮系传动，可使输出轴获得多级转速，以满足不同的工作要求。如图 6–7 所示，齿轮 1、2 组成双联滑移齿轮，可在轴Ⅰ上滑移。当齿轮 1 和齿轮 3 啮合时，轴Ⅱ获得一种转速；当双联滑移齿轮右移，使齿轮 2 和齿轮 4 啮合时，轴Ⅱ获得另一种转速（齿轮 1、3 和齿轮 2、4 传动比不同）。

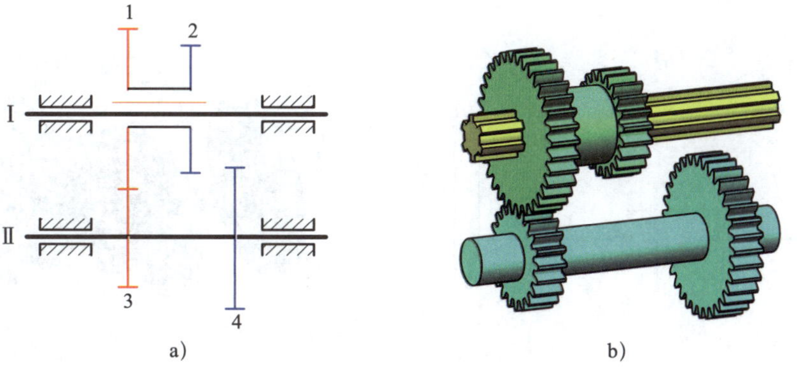

图 6–7　采用滑移齿轮的变速机构

4. 可实现变向

如图 6–8a 所示，当齿轮 1（主动齿轮）与齿轮 3（从动齿轮）直接啮合时，齿轮 3 与齿轮 1 的转向相反；若在两轮之间增加一个齿轮 2（见图 6–8b），则齿轮 3 与齿轮 1 的转向相同。因此，利用中间齿轮（也称惰轮）可以改变从动齿轮的转向。

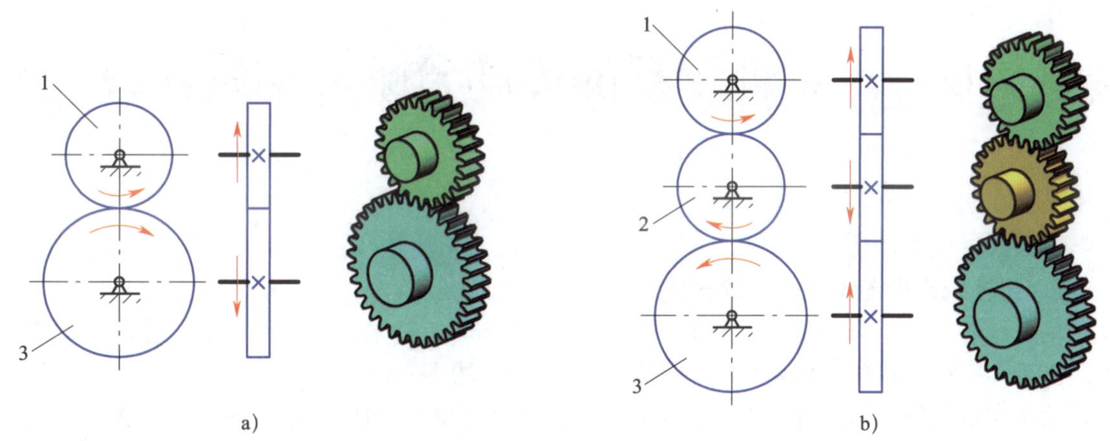

图 6–8　采用轮系的变向机构

a）从动齿轮与主动齿轮转向相反　b）从动齿轮与主动齿轮转向相同

5. 可实现运动的合成与分解

采用行星轮系可以将两个独立的运动合成为一个运动，或将一个运动分解为两个独立的运动。图 6–9 所示为汽车后桥差速器，它由行星齿轮、行星架（差速器壳）、锥齿轮等组成。

发动机的动力经传动轴 1 由主动锥齿轮 2 带动大锥齿轮 3 转动。当汽车直行时，左、右车轮所转过的距离相等，所以两后轮的转速也相同，这时齿轮 3、5、6、7、8 和行星架 4 如同一个固定连接的整体一起转动，行星锥齿轮 7、8 不绕自身轴线转动。当汽车向左拐弯时，为了使车轮和地面间不发生滑动以减少轮胎的磨损，就要求右轮比左轮转得快，这时齿轮 5 和 6 之间便发生相对转动，齿轮 7 和 8 除随齿轮 3 绕后轮轴线公转外，还绕自身轴线自转，使内侧轮转速减小，外侧轮转速增大。

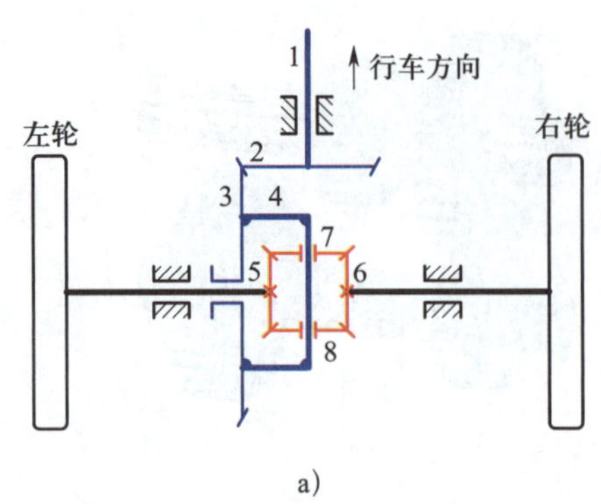

a)

b)

图 6–9　汽车后桥差速器

1—传动轴　2—主动锥齿轮　3—大锥齿轮　4—行星架

5、6—小中心锥齿轮　7、8—行星锥齿轮

§6–2　定轴轮系的传动分析及相关计算

一、定轴轮系的传动分析

1. 定轴轮系中各齿轮转向的判定

在定轴轮系中，当首轮（或末轮）的转向为已知时，其末轮（或首轮）的转向也就确定了，齿轮（蜗杆和蜗轮）的转向可以用标注箭头的方法表示。

轮系中各齿轮轴线互相平行时，其任意级从动齿轮的转向可以通过在图上依次标注箭头来确定，也可以通过分析外啮合齿轮的对数来确定。若外啮合齿轮的对数为偶数，则首轮与末轮的转向相同；若为奇数，则转向相反。如图 6–10 所示，齿轮传动装置中共有两对外啮合齿轮（齿轮 1 与齿轮 2、齿轮 3′与齿轮 4），故齿轮 1 和齿轮 5 的转向相同。

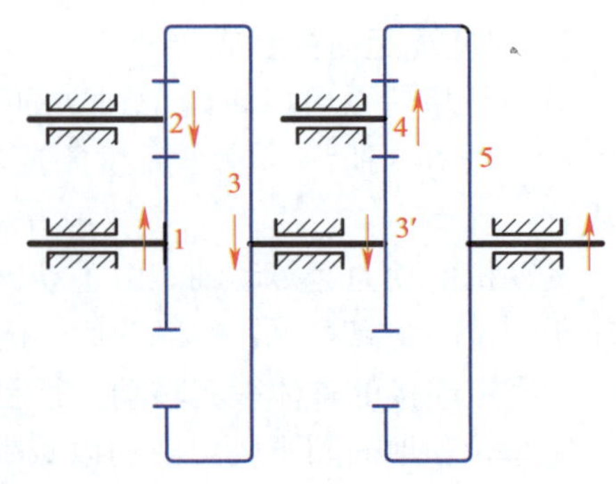

图 6–10　定轴轮系中各齿轮的转向判定（一）

若轮系中含有锥齿轮传动、蜗杆传动或齿轮齿条传动时，则只能用标注箭头的方法判断齿轮（蜗杆和蜗轮）的转向或齿条的移动方向，如图 6–11 所示。

2. 传动路线分析

不论轮系有多么复杂，都应从输入轴至输出轴的传动路线入手进行分析。如图 6–12 所示为两级齿轮传动装置，运动和动力是由轴Ⅰ经轴Ⅱ传到轴Ⅲ的。

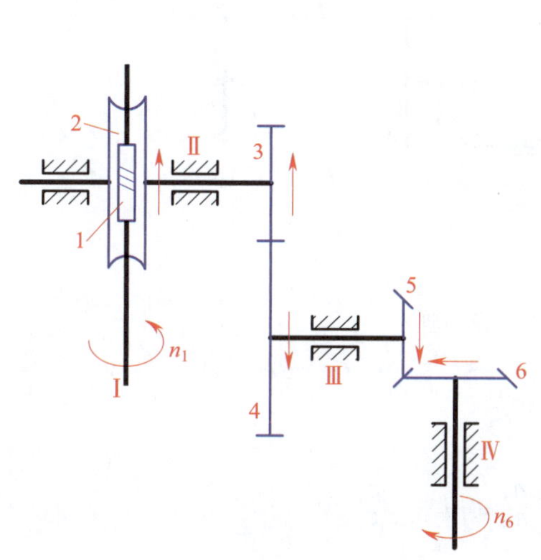

图 6-11　定轴轮系中各齿轮的转向判定（二）

1—蜗杆　2—蜗轮　3、4—圆柱齿轮　5、6—锥齿轮

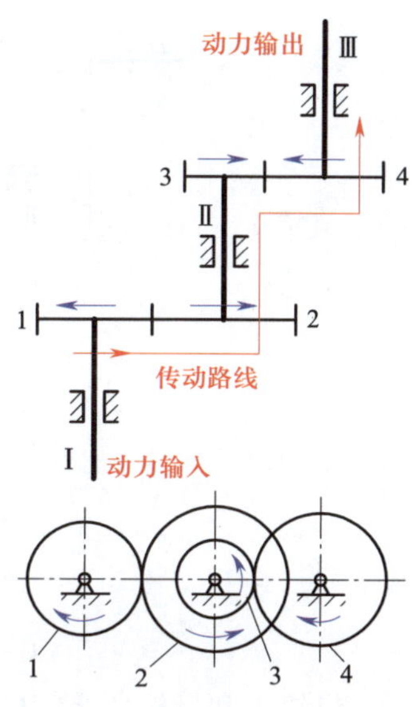

图 6-12　两级齿轮传动装置

例 1　分析图 6-13 所示轮系的传动路线，并判断轴Ⅵ的旋向。

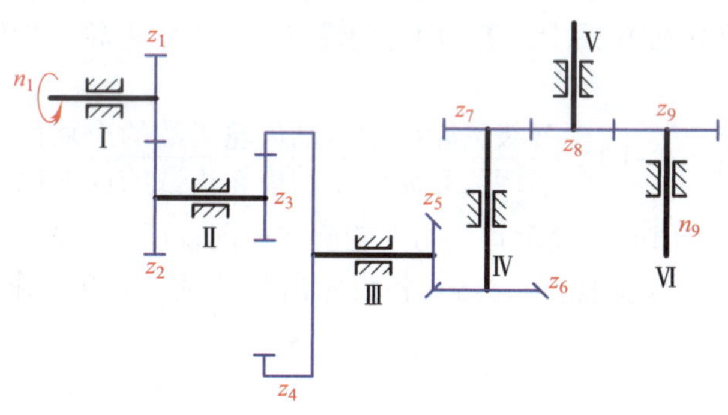

图 6-13　轮系

解　该轮系的传动路线为：

$$\text{Ⅰ}\ (n_1) \rightarrow \frac{z_1}{z_2} \rightarrow \text{Ⅱ} \rightarrow \frac{z_3}{z_4} \rightarrow \text{Ⅲ} \rightarrow \frac{z_5}{z_6} \rightarrow \text{Ⅳ} \rightarrow \frac{z_7}{z_8} \rightarrow \text{Ⅴ} \rightarrow \frac{z_8}{z_9} \rightarrow \text{Ⅵ}\ (n_9)$$

该轮系中含有锥齿轮，所以用标注箭头的方法判断轴Ⅵ的旋向，如图 6-14 所示。

二、定轴轮系的传动比

轮系的传动比是指轮系的输入角速度与输出角速度的比值，等于第一个主动齿轮的转速与最末一个从动齿轮的转速之比。

图 6-12 所示两级齿轮传动装置中，轴Ⅰ为动力输入轴，轴Ⅲ为动力输出轴。首轮 1 的转速为 n_1，末轮 4 的转速为 n_4，轴Ⅰ、轴Ⅱ、轴Ⅲ的轴线位置在传动中保持固定不变，轴Ⅰ与轴Ⅲ的传动比即主动齿轮 1 与从动齿轮 4 的传动比，该传动比即为该定轴轮系的总传动比。

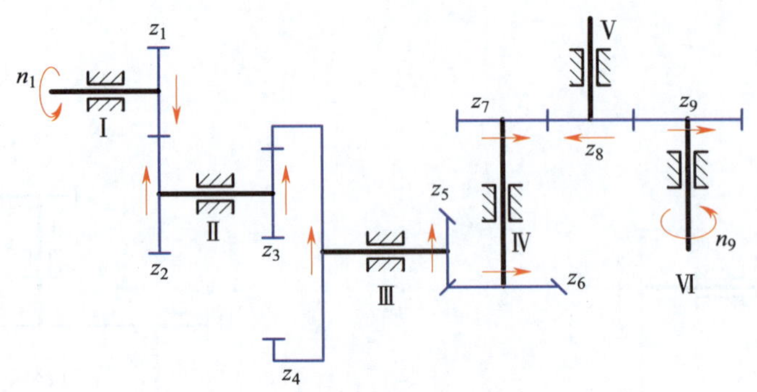

图 6-14　轮系旋向判别

$$i_{14}=\frac{n_1}{n_4}$$

因 $n_2=n_3$，得：

$$i_{14}=\frac{n_1}{n_4}=\frac{n_1}{n_2}\cdot\frac{n_3}{n_4}=i_{12}i_{34}=\frac{z_2z_4}{z_1z_3}$$

式中　i_{14}——齿轮 1 和齿轮 4 之间的传动比；

n_1、n_2、n_3、n_4——齿轮 1、2、3、4 的转速，r/min；

i_{12}——齿轮 1 和齿轮 2 之间的传动比；

i_{34}——齿轮 3 和齿轮 4 之间的传动比；

z_1、z_2、z_3、z_4——齿轮 1、2、3、4 的齿数。

由此得出结论：在定轴轮系中，若用 1 表示首轮，k 表示末轮，齿轮外啮合的次数为 m，则其总传动比 i_{1k} 为：

$$i_{1k}=(-1)^m\frac{\text{各级齿轮副中从动齿轮齿数的连乘积}}{\text{各级齿轮副中主动齿轮齿数的连乘积}}$$

在上式中，当 i 为正值时，表示首轮与末轮旋向相同；反之，表示旋向相反。

例 2　如图 6-15 所示定轴轮系，已知各齿轮齿数及轴 1 转向，求 i_{19}，分析齿轮 2 的用途，并判定轴Ⅵ转向。

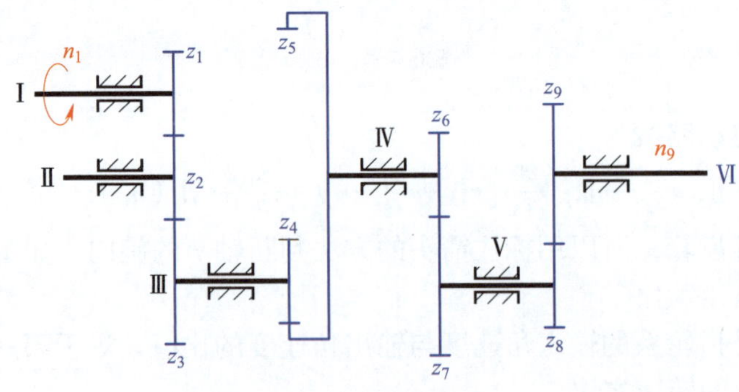

图 6-15　定轴轮系（一）

解　因为轮系传动比 i 等于各级齿轮副传动比的连乘积，所以

$$i_{19}=i_{12}i_{23}i_{45}i_{67}i_{89}=\frac{n_1}{n_2}\cdot\frac{n_2}{n_3}\cdot\frac{n_4}{n_5}\cdot\frac{n_6}{n_7}\cdot\frac{n_8}{n_9}$$

$$=\left(-\frac{z_2}{z_1}\right)\left(-\frac{z_3}{z_2}\right)\left(+\frac{z_5}{z_4}\right)\left(-\frac{z_7}{z_6}\right)\left(-\frac{z_9}{z_8}\right)$$

即

$$i_{19}=(-1)^4\frac{z_2}{z_1}\cdot\frac{z_3}{z_2}\cdot\frac{z_5}{z_4}\cdot\frac{z_7}{z_6}\cdot\frac{z_9}{z_8}$$

i_{19} 为正值，说明定轴轮系中输入轴Ⅰ（首轮 1）与输出轴Ⅵ（末轮 9）转向相同。

从传动比的计算公式中可以看出，惰轮 2 的齿数在计算总传动比时可以约去。在轮系中，惰轮 2 既是前齿轮 1 的从动齿轮，又是后齿轮 3 的主动齿轮，不论惰轮 2 的齿数是多少，对总传动比都毫无影响，但起到了改变齿轮副中从动齿轮（输出齿轮）旋转方向的作用。

各轮的旋向也可以通过在图上依次标注箭头来确定，如图 6–16 所示。

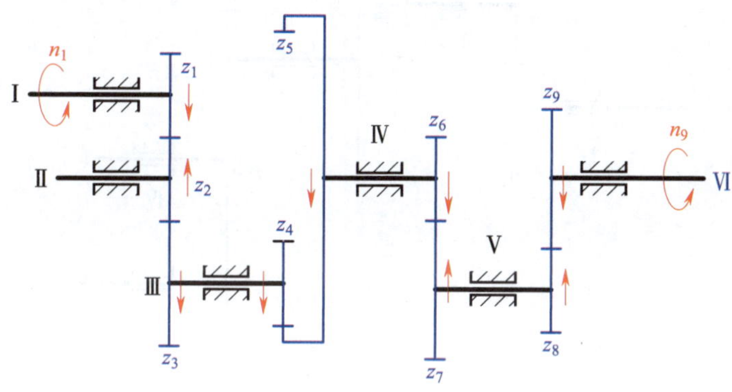

图 6–16　定轴轮系（一）旋向判别

例 3　如图 6–17 所示定轴轮系，已知 $z_1=24$，$z_2=28$，$z_3=20$，$z_4=60$，$z_5=20$，$z_6=20$，$z_7=28$，轴Ⅰ为主动轴。分析该轮系的传动路线，求传动比 i_{17}，判定齿轮 7 的转向。

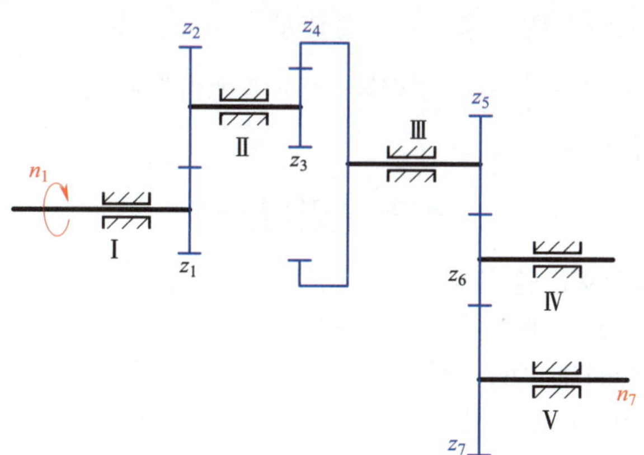

图 6–17　定轴轮系（二）

解　（1）分析该轮系的传动路线

该轮系的传动路线为：

$$\text{I}\ (n_1)\rightarrow\frac{z_1}{z_2}\rightarrow\text{II}\rightarrow\frac{z_3}{z_4}\rightarrow\text{III}\rightarrow\frac{z_5}{z_6}\rightarrow\text{IV}\rightarrow\frac{z_6}{z_7}\rightarrow\text{V}\ (n_7)$$

（2）计算传动比 i_{17}

根据传动比计算公式可得

$$i_{17}=\frac{n_1}{n_7}=\left(-\frac{z_2}{z_1}\right)\left(+\frac{z_4}{z_3}\right)\left(-\frac{z_6}{z_5}\right)\left(-\frac{z_7}{z_6}\right)$$

$$=-\frac{28\times 60\times 20\times 28}{24\times 20\times 20\times 20}=-4.9$$

计算结果为负值，说明从动齿轮 7 与主动齿轮 1 转向相反。各轮的转向也可以通过在图上依次标注箭头来确定，如图 6-18 所示。

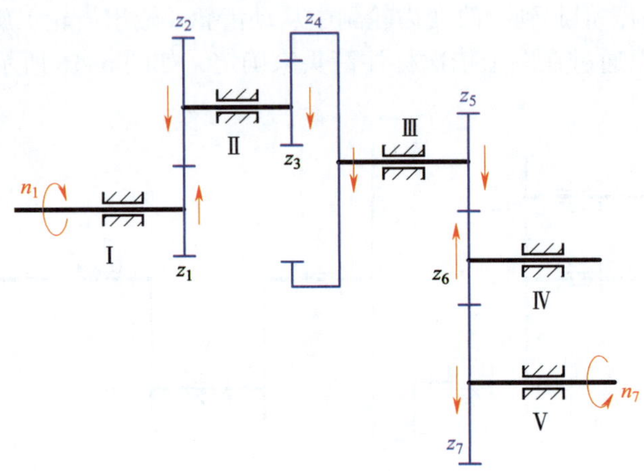

图 6-18 定轴轮系（二）旋向判别

三、定轴轮系应用实例的运动参数计算

1. 齿轮变速机构末轮转速的计算

设轮系中各主动齿轮的齿数为 z_1、z_3、$z_5\cdots$，从动齿轮的齿数为 z_2、z_4、$z_6\cdots$，首轮的转速为 n_1，第 k 个齿轮（末轮）的转速为 n_k，总传动比为 i_{1k}，由：

$$i_{1k}=\frac{n_1}{n_k}=\frac{z_2 z_4 z_6\cdots z_k}{z_1 z_3 z_5\cdots z_{k-1}}\text{（不考虑齿轮旋向）}$$

得出第 k 个齿轮的转速为：

$$n_k=\frac{n_1}{i_{1k}}=n_1\frac{z_1 z_3 z_5\cdots z_{k-1}}{z_2 z_4 z_6\cdots z_k}$$

例 4 图 6-19 所示滑移齿轮变速机构，已知 z_1=26，z_2=51，z_3=42，z_4=29，z_5=49，z_6=36，z_7=56，z_8=43，z_9=30，z_{10}=90，轴 Ⅰ 的转速 n_{I} =200 r/min。试求当轴Ⅲ上的三联滑移齿轮分别与轴Ⅱ上的三个齿轮啮合时轴Ⅳ的三种转速。

解 （1）该变速机构的传动路线为：

$$\mathrm{I}(n_{\mathrm{I}})\rightarrow\frac{z_1}{z_2}\rightarrow\mathrm{II}\rightarrow\begin{Bmatrix}\dfrac{z_5}{z_6}\\[2ex]\dfrac{z_4}{z_7}\\[2ex]\dfrac{z_3}{z_8}\end{Bmatrix}\rightarrow\mathrm{III}\rightarrow\frac{z_9}{z_{10}}\rightarrow\mathrm{IV}(n_{\mathrm{IV}})$$

（2）当齿轮 5 与齿轮 6 啮合时：

$$n_{\mathrm{IV}}=n_{\mathrm{I}}\frac{z_1 z_5 z_9}{z_2 z_6 z_{10}}=200\ \mathrm{r/min}\times\frac{26\times 49\times 30}{51\times 36\times 90}\approx 46.26\ \mathrm{r/min}$$

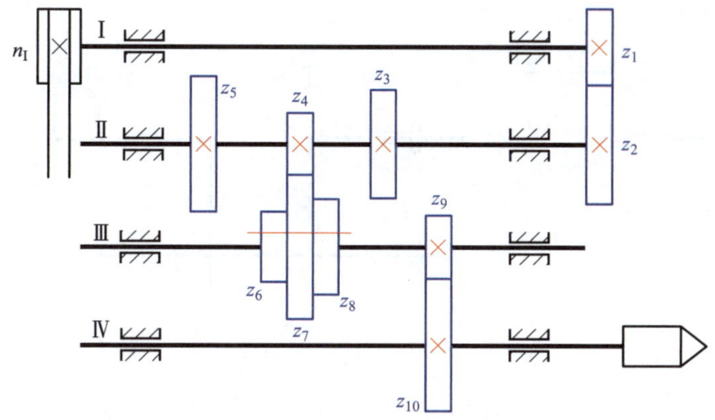

图 6–19　滑移齿轮变速机构

（3）当齿轮 4 与齿轮 7 啮合时：

$$n_{Ⅳ}=n_{Ⅰ}\frac{z_1 z_4 z_9}{z_2 z_7 z_{10}}=200\ \text{r/min}\times\frac{26\times29\times30}{51\times56\times90}\approx17.60\ \text{r/min}$$

（4）当齿轮 3 与齿轮 8 啮合时：

$$n_{Ⅳ}=n_{Ⅰ}\frac{z_1 z_3 z_9}{z_2 z_8 z_{10}}=200\ \text{r/min}\times\frac{26\times42\times30}{51\times43\times90}\approx33.20\ \text{r/min}$$

2. 轮系末端为螺旋传动的移动速度和移动距离计算

轮系中，若末端为螺旋传动，则螺旋传动部分把螺杆的转动转变为螺母的移动。如图 6–20 所示磨床砂轮架进给机构，螺母（砂轮架）的移动速度 v 及输入轴（手轮）每转动一周的移动距离 L 分别用下式计算：

$$v=n_4P_h=\frac{n_1}{i_{14}}P_h=n_1\frac{z_1 z_3}{z_2 z_4}P_h$$

$$L=P_h/i_{14}=\frac{z_1 z_3}{z_2 z_4}P_h$$

式中　v——螺母（砂轮架）的移动速度，mm/min；

L——输入轴（手轮）每转动一周，螺母（砂轮架）的移动距离，mm；

n_1——主动齿轮的转速，r/min；

n_4——第 4 个齿轮的转速，r/min；

i_{14}——齿轮 1 和齿轮 4 之间的传动比；

P_h——螺杆的导程，mm；

z_1、z_3——轮系中各主动齿轮的齿数；

z_2、z_4——轮系中各从动齿轮的齿数。

3. 轮系末端是齿条传动的移动速度和移动距离计算

如图 6–21 所示简易机床溜板箱传动系统，传动的末端是齿条，它可以把主动件的旋转运动变为齿条的直线运动。齿条传动的移动速度 v 等于相啮合齿轮分度圆处的圆周速度，即：

$$v=n\pi d=n_6\pi mz=\frac{n_1}{i_{16}}\pi mz=n_1\frac{z_1 z_3 z_5}{z_2 z_4 z_6}\pi mz$$

式中　v——齿轮沿齿条的移动速度，mm/min；

n——齿轮齿条副中齿轮的转速，r/min；

d——齿轮齿条副中齿轮的分度圆直径，mm；

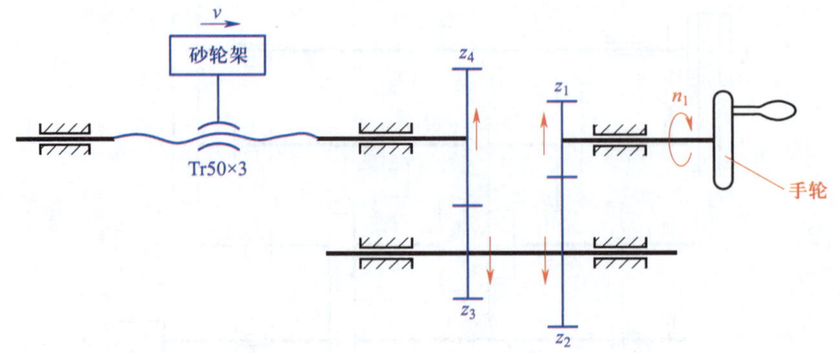

图 6–20　磨床砂轮架进给机构

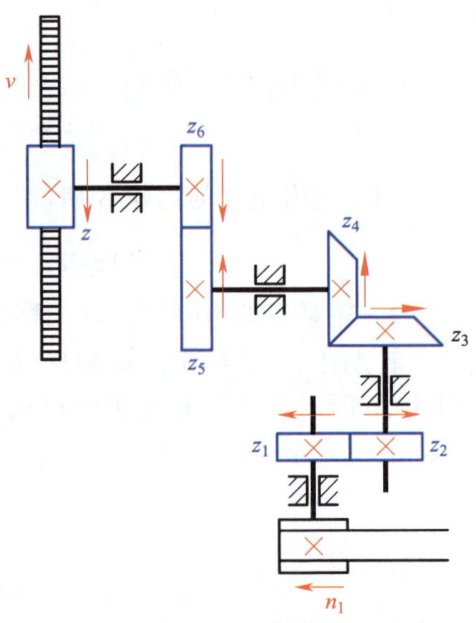

图 6–21　简易机床溜板箱传动系统

m——齿轮齿条副中齿轮的模数，mm；

n_6——第 6 个齿轮的转速，r/min；

z——齿轮齿条副中齿轮的齿数；

n_1——输入轴的转速，r/min；

i_{16}——齿轮 1 和齿轮 6 之间的传动比；

z_1、z_3、z_5——轮系中各主动齿轮的齿数；

z_2、z_4、z_6——轮系中各从动齿轮的齿数。

齿轮齿条副中的齿轮旋转一周，齿条移动的距离等于齿轮的分度圆周长 π*mz*，因此，输入轴 Ⅰ 每旋转一周的移动距离 *L* 用下式计算：

$$L=\pi mz/i_{16}=\frac{z_1 z_3 z_5}{z_2 z_4 z_6}\pi mz$$

式中　L——输入轴每旋转一周，齿轮沿齿条的移动距离，mm；

m——齿轮齿条副中齿轮的模数，mm；

z——齿轮齿条副中齿轮的齿数；

i_{16}——齿轮 1 和齿轮 6 之间的传动比；

z_1、z_3、z_5——轮系中各主动齿轮的齿数；

z_2、z_4、z_6——轮系中各从动齿轮的齿数。

§6–3　实训——拆装单级齿轮减速器

一、实训目的

通过拆装单级齿轮减速器，掌握拆装机械零部件的一般方法和步骤，培养拆装机械零部件的能力。

二、任务描述

如图 6–22 所示为单级齿轮减速器，图 6–23 所示为该减速器的装配示意图，拆装要求如下：

1．查阅单级齿轮减速器的有关技术资料，了解其工作原理。

2．了解箱体、箱盖、轴和齿轮的结构。

3．了解轴上零件的定位和固定方法。

4．了解齿轮和轴承的润滑、密封方法，以及各附属零件的作用、结构和安装位置。

5．掌握减速器拆装和调整的方法及过程。

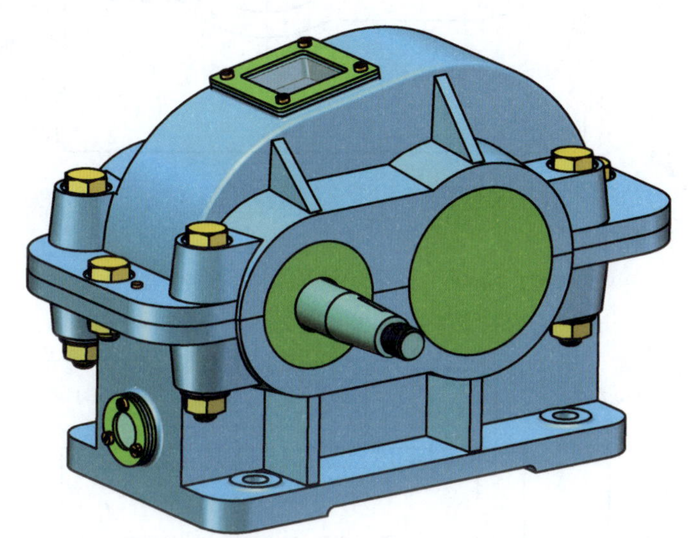

图 6–22　单级齿轮减速器

三、实训设备及工具

单级齿轮减速器一台，钳工工作台、活扳手、锤子、旋具及其他钳工常用拆装工具。

四、任务实施

1．分析结构，拟定拆卸方案

观察减速器实物，参照装配示意图分析减速器结构。单级齿轮减速器主要由箱体、箱盖、齿轮轴（动力输入轴）、输出轴（动力输出轴）及其上的齿轮、滚动轴承、定位套等零件组成。拆卸时先拆卸箱盖，再拆卸齿轮轴组件和输出轴组件等。

2．拆卸箱盖

（1）拆卸减速器前，首先要观察减速器的外部结构，分析其上各零件的作用。用手转动齿轮轴，观察输出轴的运转情况。将减速器箱体与箱盖的结合面做好相对位置记号。将拆卸过程拍照留档，以备装配时参考。

（2）用锤子轻轻敲击圆锥销的小端（在下侧），拆下圆锥销，如图 6–24 所示。注意要将圆锥销、螺栓、螺母和垫圈等小零件集中放置，以免丢失。

（3）用活扳手将箱体与箱盖连接螺栓上的螺母拆下，如图 6–25 所示。 拆卸时要按照对称顺序先将 6 个螺母依次拧松 1 圈左右，然后再依次将螺母卸下。拆卸时要检查螺栓和螺母有无残缺、破损、裂纹。将垫圈套在螺栓上，最后将螺母旋到螺栓上。

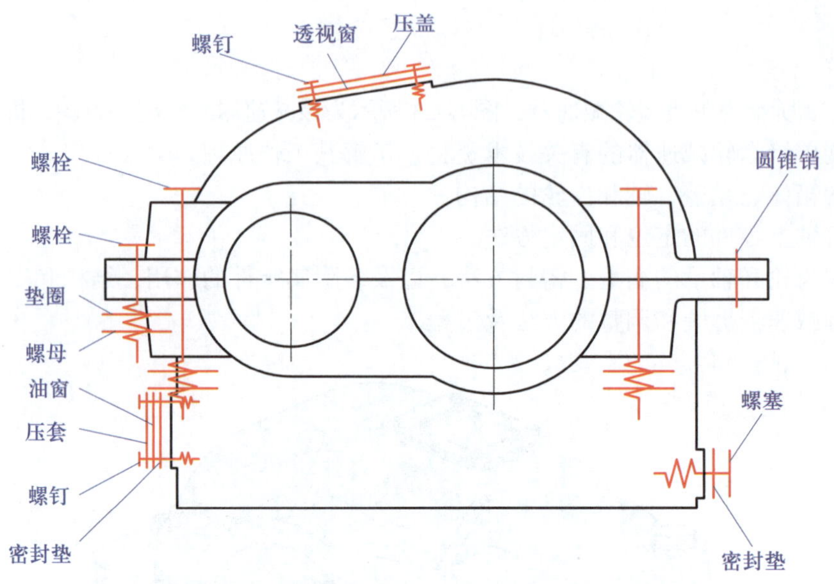

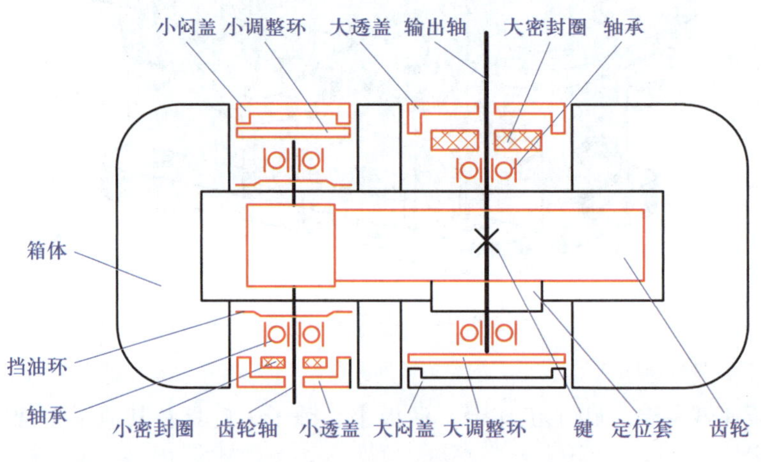

图 6–23　单级齿轮减速器装配示意图

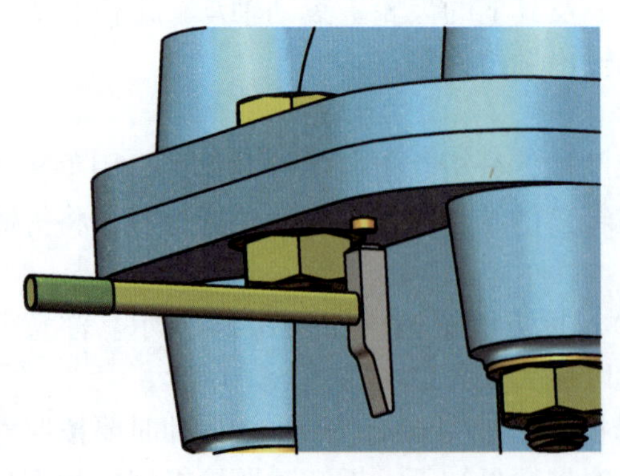

图 6–24　拆卸圆锥销

图 6–25　拆卸螺母

（4）首先用旋具在箱体与箱盖结合面处撬动箱盖，然后将箱盖及其上零件拆下，如图 6–26 所示。注意不要磕碰到零件，要保护好箱盖的配合面和结合面。

（5）仔细观察箱体内各零部件的结构及位置（见图 6–27），并分析以下问题：

1）各传动轴上有哪些零部件？

2）传动轴如何进行轴向定位？

图 6–26　拆卸箱盖

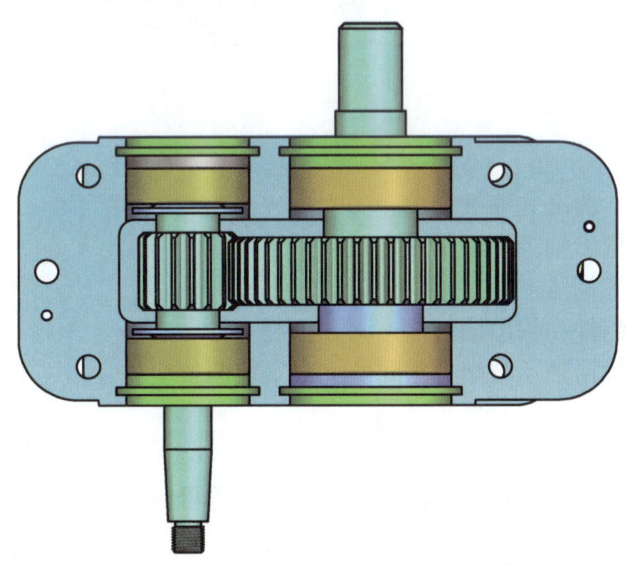

图 6–27　减速器的内部结构

用手转动齿轮轴，观察齿轮啮合情况。

从图 6–27 中可以看出，齿轮轴上的齿轮与轴为一体，齿轮两边轴颈上安装了轴承，齿轮轴依靠轴承外圈与端盖的结合面进行轴向定位。输出轴上安装了齿轮，齿轮一端靠轴肩定位，另一端安装了定位套，滚动轴承安装在轴的两端，输出轴的轴向定位与齿轮轴相同。

3. 拆卸齿轮轴组件和输出轴组件

（1）将齿轮轴组件和输出轴组件从箱体中取出，如图 6–28 所示。观察端盖的形状，分析透盖上密封圈的材料及作用。观察轴承的结构，分析轴承的定位情况。

（2）拆卸齿轮轴和输出轴上的零件。

图 6–28　拆卸齿轮轴和输出轴

4. 装配减速器

（1）将零件清理、清洗并擦拭干净。

（2）将齿轮轴和输出轴上的零件安装好。

（3）将透盖安装到箱体上。

（4）安装齿轮轴组件和输出轴组件，调整位置。

（5）安装闷盖，根据轴承与端盖之间的空隙安装调整垫片。

（6）安装箱盖。

（7）安装圆锥销。

（8）用螺栓、垫圈和螺母连接箱体与箱盖。拧紧螺母时要按照对称的顺序进行。首先对螺母进行预紧，然后再完全拧紧螺母。

（9）完成装配后，用手转动齿轮轴，查看输出轴是否能灵活转动。

五、拆装实训注意事项

1. 要认真分析装配体及零件的结构，拟定拆装方案。

2. 要合理选择拆装工具和拆装方法，按规定顺序拆卸。严禁乱敲打、硬撬拉，避免损坏零件。

3. 拆下的零件要分类、分组存放，并对零件进行编号登记。

4. 注意安全，认真操作，防止手脚受伤。

5. 爱护工具和设备，工具和零件要轻拿轻放，防止损坏。

第七章 平面连杆机构

§7-1 平面连杆机构概述

一、平面连杆机构的概念

平面连杆机构是指由一些刚性构件用转动副或移动副相互连接而成，在同一平面或相互平行的平面内运动的机构。平面连杆机构能够实现某些较为复杂的平面运动，用于传递动力并改变运动形式。图 7–1 所示门座式起重机就是利用平面连杆机构实现货物的水平移动。平面连杆机构构件的形状多种多样，不一定为杆状，但从运动原理来看，均可用等效的杆状构件进行替代。图 7–2 所示为该起重机的起重机构的机构运动简图，各构件用杆表示。

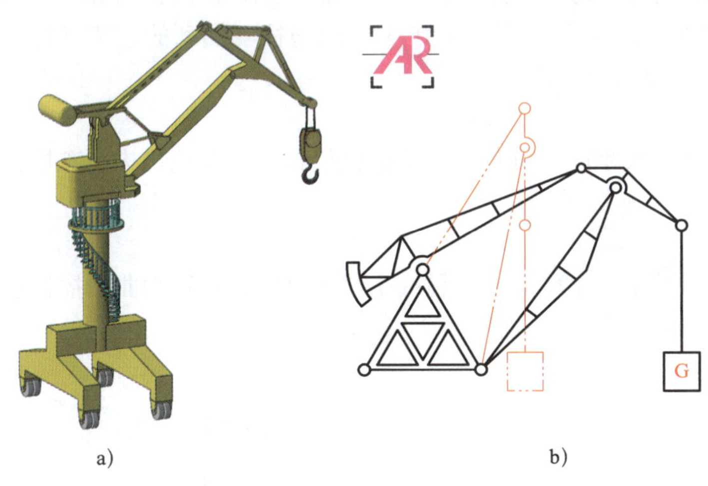

图 7–1　门座式起重机

a）立体图　b）起重机构的结构简图

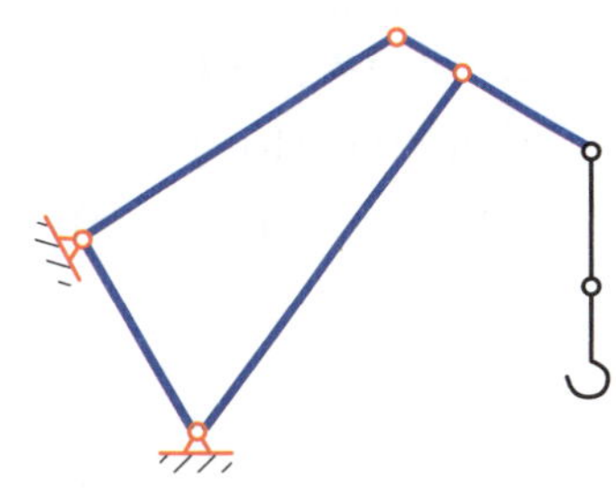

图 7–2　起重机构的机构运动简图

最常用的平面连杆机构是具有四个构件（包括机架）的机构，称为平面四杆机构。构件间以四个转动副相连的平面四杆机构称为平面铰链四杆机构，简称铰链四杆机构。

二、平面连杆机构的应用特点

1. 平面连杆机构的优点

（1）由于平面连杆机构是低副连接，为面接触，所以承受压强小，便于润滑，磨损较轻，可承受较大载荷。

（2）平面连杆机构结构简单，加工方便，构件之间的接触是由构件本身的几何约束来保持的，因此构件工作可靠。

（3）可使从动件实现多种形式的运动，满足多种运动规律的要求。

（4）利用平面连杆机构中连杆的变化可满足多种运动轨迹的要求。

2. 平面连杆机构的缺点

（1）设计比较复杂；各构件的尺寸误差和运动副中的间隙使平面连杆机构在传递运动时产生较大的累积误差。

（2）运动时产生的惯性力难以平衡，不适用于高速运动的场合。

§7-2 铰链四杆机构的组成及分类

一、铰链四杆机构的组成

如图 7–3 所示，在铰链四杆机构中，固定不动的构件 4 称为机架，不与机架直接相连的构件 2 称为连杆，与机架相连的构件 1、构件 3 称为连架杆。能绕固定轴做整周旋转运动的连架杆称为曲柄，只能绕固定轴在一定角度（小于 180°）范围内往复摆动的连架杆称为摇杆。

二、铰链四杆机构的类型

铰链四杆机构按两连架杆的运动形式不同，可分为曲柄摇杆机构、双曲柄机构和双摇杆机构三种类型。

1. 曲柄摇杆机构

铰链四杆机构的两个连架杆中，其中一个是曲柄，另一个是摇杆的机构称为曲柄摇杆机构，如图 7–4 所示。图中杆 *AB* 为曲柄，杆 *CD* 为摇杆。

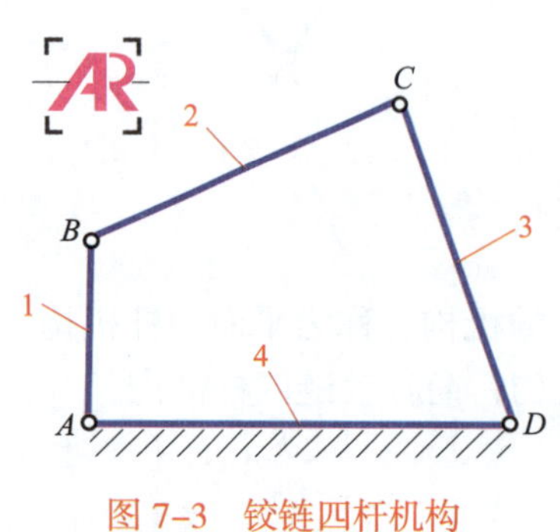

图 7–3 铰链四杆机构

1、3—连架杆 2—连杆 4—机架

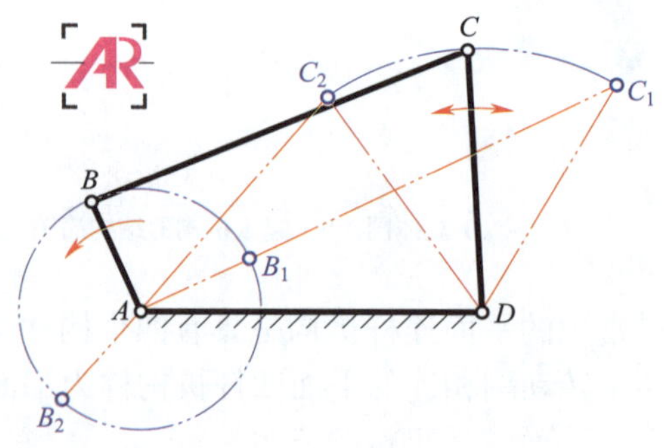

图 7–4 曲柄摇杆机构

曲柄摇杆机构的应用十分广泛。图 7–5 所示汽车雨刮即采用了曲柄摇杆机构。当电动机带动主动曲柄 *AB* 旋转时，从动摇杆 *CD* 做往复摆动，利用摇杆的延长部分实现刮水动作。

2. 双曲柄机构

两连架杆均为曲柄的铰链四杆机构称为双曲柄机构。常见的双曲柄机构有不等长双曲柄机构和平行双曲柄机构等。

（1）不等长双曲柄机构

两曲柄长度不相等的双曲柄机构称为不等长双曲柄机构，如图 7–6 所示。双曲柄机构中，通常主动曲柄做等速转动，从动曲柄做变速转动。

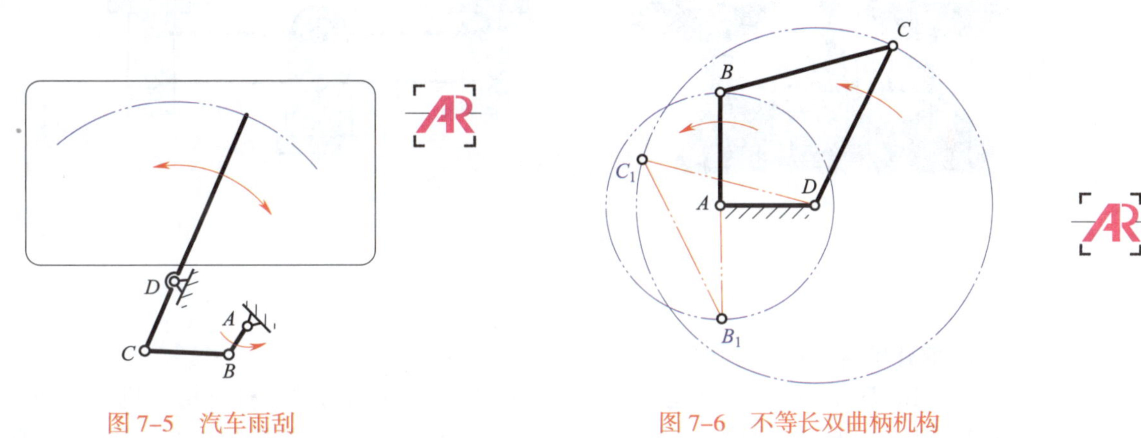

图 7–5　汽车雨刮　　　图 7–6　不等长双曲柄机构

图 7–7 所示为惯性筛，它通过双曲柄机构使筛子左右摆动，使粗、细物料分离。主动曲柄 *AB* 做匀速转动，从动曲柄 *CD* 做变速转动，通过构件 *CE* 使筛子产生变速直线运动，筛子内的物料因惯性而做往复抖动，从而达到筛分物料的目的。

图 7–7　惯性筛

a）示意图　b）机构运动简图

（2）平行双曲柄机构

连杆与机架的长度相等且两曲柄长度相等、曲柄转向相同的双曲柄机构称为平行双曲柄机构，如图 7–8 所示。平行双曲柄机构的四个构件在任何位置均形成平行四边形，两曲柄的旋转方向与角速度恒相等。该机构的应用比较广泛，图 7–9 所示托盘天平即利用了平行双曲柄机构中两曲柄的转向和旋转角度均相同的特性。托盘天平由两组对边等长的杆组成，*A*、*D* 为固定点，*CB* 与 *C′B′* 始终保持在铅垂位置。

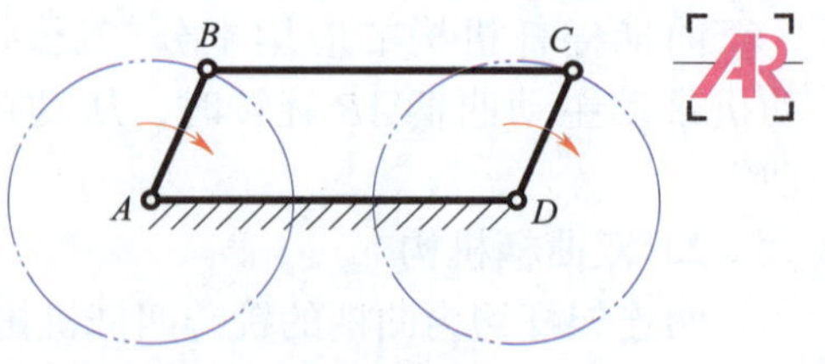

图 7–8　平行双曲柄机构

a）

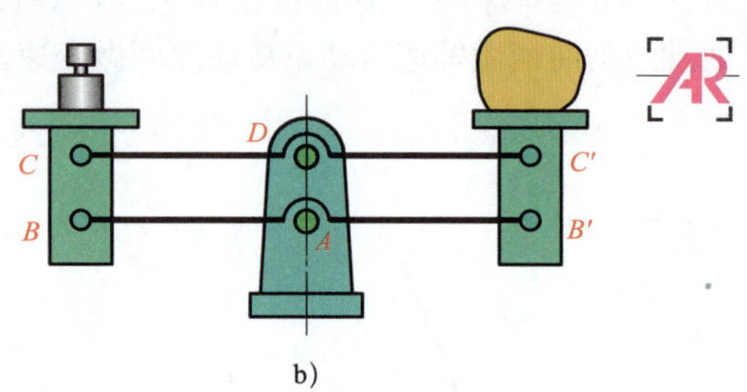

b）

图 7–9　托盘天平

a）实物图　b）结构简图

3. 双摇杆机构

如图 7–10 所示，两连架杆均为摇杆的铰链四杆机构称为双摇杆机构。机构中两摇杆都可以分别作为主动杆或从动杆，当连杆与摇杆共线时为机构的两极限位置。图 7–11 所示飞机起落架机构即采用了双摇杆机构。飞机着陆前，需要将机轮 2 从机翼 5 中推放出来（见图 7–11 中粗实线所示位置）；起飞后，为了减小空气阻力，又需要将机轮收入机翼中（见图 7–11 中细双点画线所示位置）。这些动作是由转动主动摇杆 1，通过连杆 4、从动摇杆 3 带动机轮 2 来实现的。

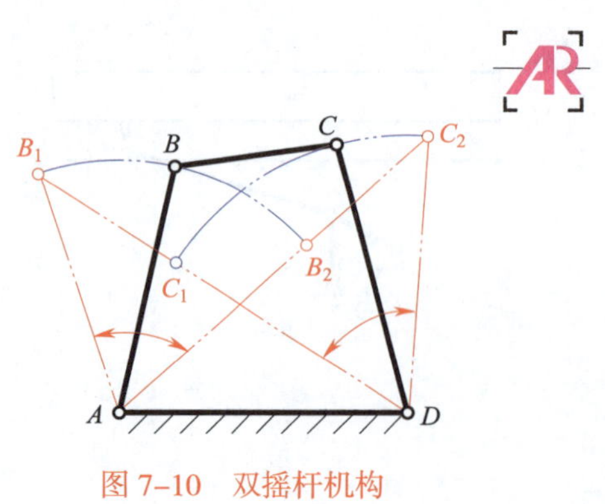

图 7–10　双摇杆机构

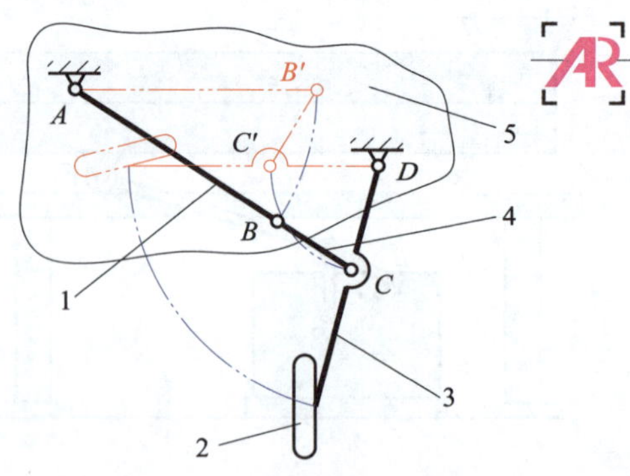

图 7–11　飞机起落架机构

1—主动摇杆　2—机轮　3—从动摇杆　4—连杆　5—机翼

§7-3 铰链四杆机构的演化机构

在实际生产中，除了前面介绍的铰链四杆机构类型外，还广泛采用一些其他形式的平面四杆机构。它们一般是通过改变铰链四杆机构某些构件的形状、相对长度或选择不同构件作为机架等方式演化而来。由铰链四杆机构演化而来的机构主要有曲柄滑块机构、导杆机构、固定滑块机构和曲柄摇块机构等。

一、曲柄滑块机构

具有一个曲柄和一个滑块的平面四杆机构称为曲柄滑块机构。如图 7–12 所示，曲柄滑块机构可认为是由曲柄摇杆机构演化而来，由曲柄、滑块、连杆和机架组成。曲柄做旋转运动，滑块做往复直线运动。曲柄和滑块都可分别作为主动件或从动件。

曲柄滑块机构在实际中得到了非常广泛的应用。图 7–13 所示为内燃机活塞连杆组件，活塞（滑块）3、连杆 2、曲轴（曲柄）1 等组成了曲柄滑块机构。在做功行程中，活塞 3 承受燃气压力在气缸内做直线运动，通过连杆带动曲轴旋转，并由曲轴对外输出动力。图 7–14 所示为冲压机，其传动机构也采用了曲柄滑块机构。机械装置带动曲轴（曲柄）1 做旋转运动，再通过曲柄滑块机构转换成冲压头（滑块）3 的上下往复直线运动，完成对工件的加工。

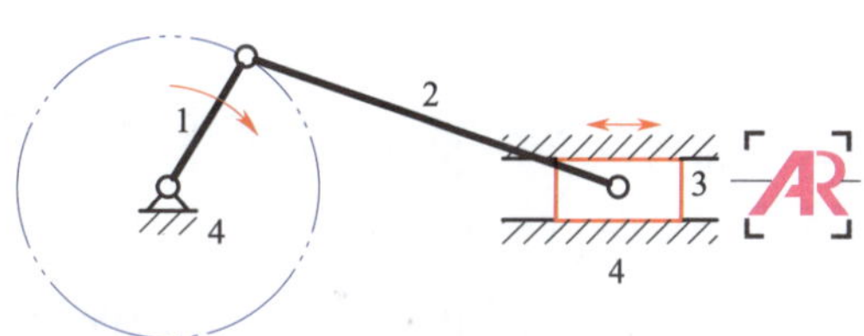

图 7–12　曲柄滑块机构

1—曲柄　2—连杆　3—滑块　4—机架

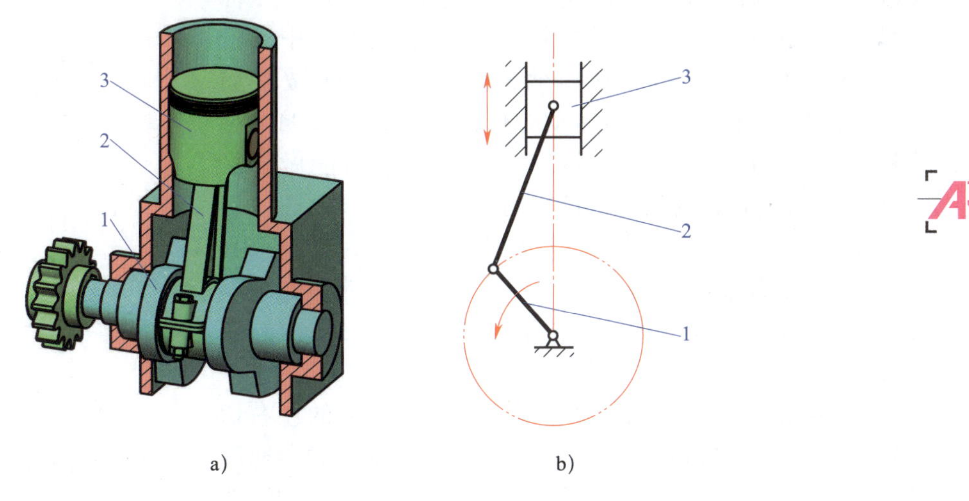

a)　　b)

图 7–13　内燃机活塞连杆组件

a）立体图　b）机构运动简图

1—曲轴（曲柄）　2—连杆　3—活塞（滑块）

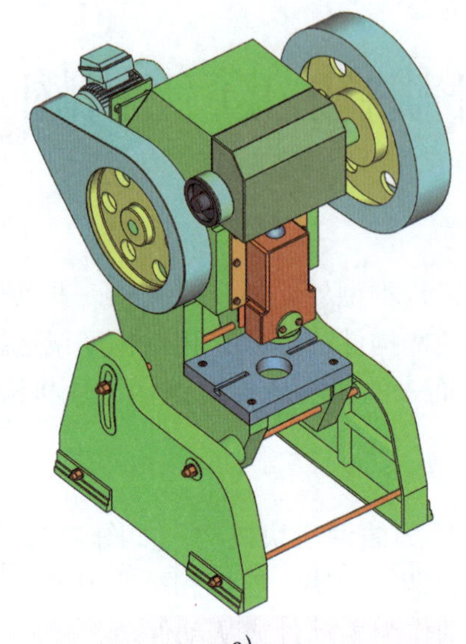

a）

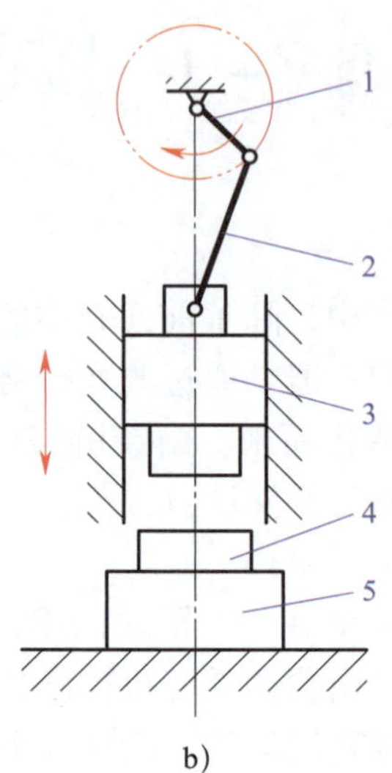

b）

图 7–14　冲压机

a）立体图　b）机构运动简图

1—曲轴（曲柄）　2—连杆　3—冲压头（滑块）　4—工件　5—砧座

二、导杆机构

连架杆中至少有一个构件为导杆的平面四杆机构称为导杆机构。导杆机构可以看作是在曲柄滑块机构中选取曲柄作为机架演化而成。图 7–15a 所示为曲柄滑块机构，如将其中的构件 2′作为机架，构件 3′作为曲柄，则演化为导杆机构，如图 7–15b 所示。此时构件 2 为机架，构件 3 为曲柄。当曲柄 3 转动时，构件 1 绕 *A* 点转动，滑块 4 沿构件 1 滑动。由于构件 1 对滑块 4 起导向作用，故构件 1 称为导杆，这种机构称为导杆机构。在导杆机构中，若 *BC*>*BA*（见图 7–15b），则曲柄 3 和导杆 1 均能做整周旋转运动，这种机构称为转动导杆机构；若 *BC*<*BA*（见图 7–16），当曲柄 3 做整周转动时，导杆 1 只能做往复摆动，这种机构称为摆动导杆机构。

图 7–17 所示为转动导杆机构在简易刨床上的应用。当主动杆 2 做整周旋转运动时，通过滑块 3 带动导杆 4 摆动。导杆 4 的延长臂 *AD* 作为下部曲柄滑块机构的曲柄，通过连杆 5 带动刨刀滑块 6 移动。

图 7–18 所示为牛头刨床主运动机构。刨刀的左右切削运动由摆动导杆机构实现，主动件 2（曲柄）做等速旋转，从动件 4（导杆）做往复摆动，通过滑块 5 带动滑枕 6 做往复直线运动。

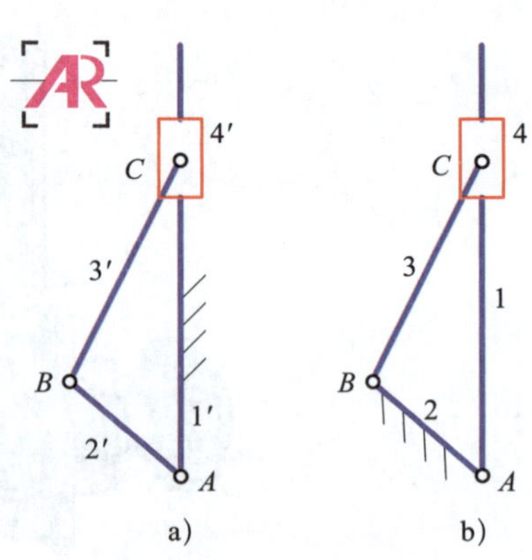

图 7–15　导杆机构的演变

a）曲柄滑块机构　b）转动导杆机构

1′—机架　2′—曲柄　3′—连杆　4′—滑块

1—导杆　2—机架　3—曲柄　4—滑块

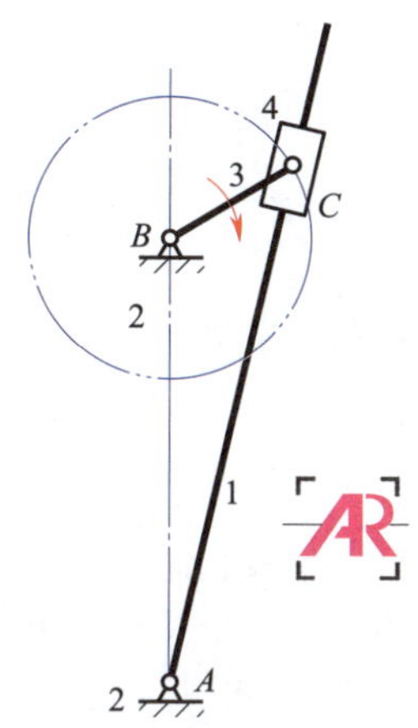

图 7-16 摆动导杆机构

1—导杆 2—机架 3—曲柄 4—滑块

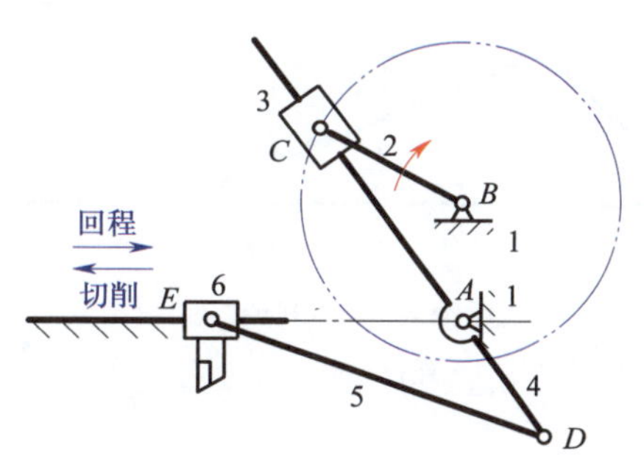

图 7-17 转动导杆机构在简易刨床上的应用

1—机架 2—主动杆 3—滑块 4—导杆 5—连杆 6—刨刀滑块

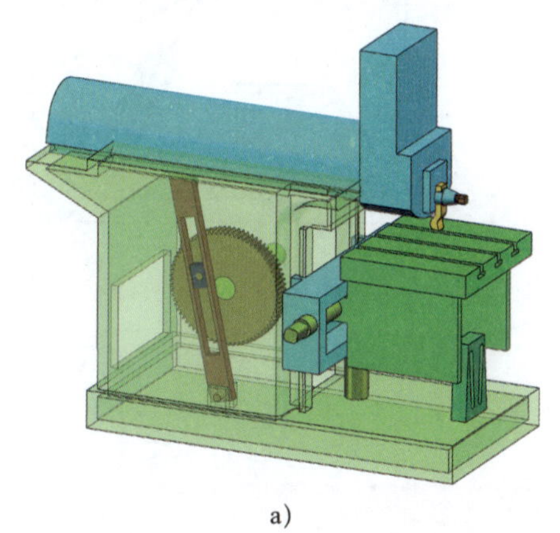

a)

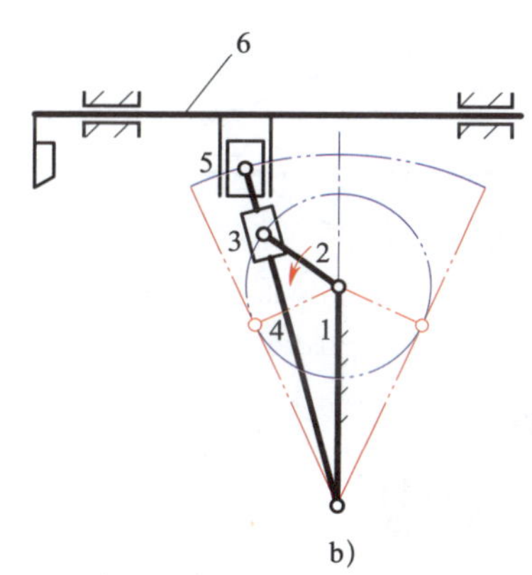

b)

图 7-18 牛头刨床主运动机构

a）立体图 b）机构运动简图

1—机架 2—主动件（曲柄） 3、5—滑块 4—从动件（导杆） 6—滑枕

三、固定滑块机构

若使曲柄滑块机构（见图 7-15a）中的滑块固定不动，就得到固定滑块机构，如图 7-19 所示。此时滑块 4 作为机架固定不动，杆 3 作为摇杆绕 C 点摆动，导杆 1 做往复移动。手压抽水机是固定滑块机构的典型应用，其结构如图 7-20 所示。扳动手柄 1，可以使活塞杆 4（导杆）在唧筒 3（滑块）内上下移动，从而完成抽水动作。

四、曲柄摇块机构

若将曲柄滑块机构（见图 7-15a）的连杆作为机架，滑块只能摆动，就得到了曲柄摇块机构，如图 7-21 所示。当曲柄 2 绕着 B 点做整周旋转运动时，摇块 4 绕 C 点摆动。这种装置广泛应用于液压驱动装置中。图 7-22 所示为吊车升降机构。液压缸的缸体相当于摇块，活塞杆相当于导杆，当液压油推动活塞向上移动时，使起重臂 AB 绕 B 点顺时针摆动，吊钩上升，吊起重物。

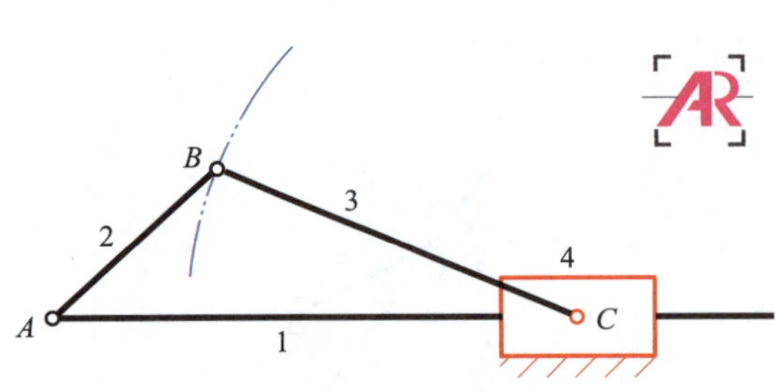

图 7-19　固定滑块机构

1—导杆　2—连杆　3—摇杆　4—机架

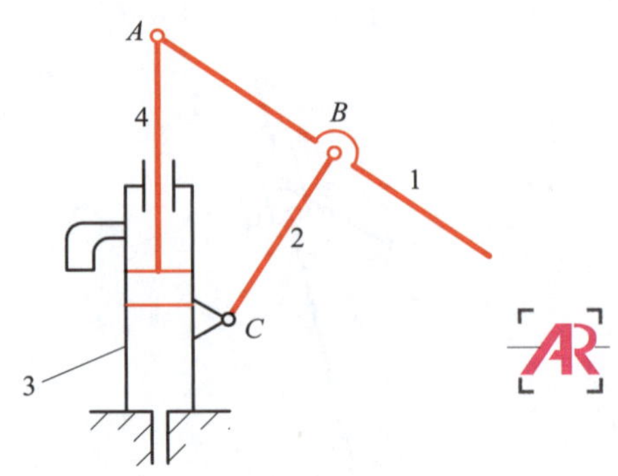

图 7-20　手压抽水机

1—手柄（连杆）　2—曲柄　3—唧筒（滑块）
4—活塞杆（导杆）

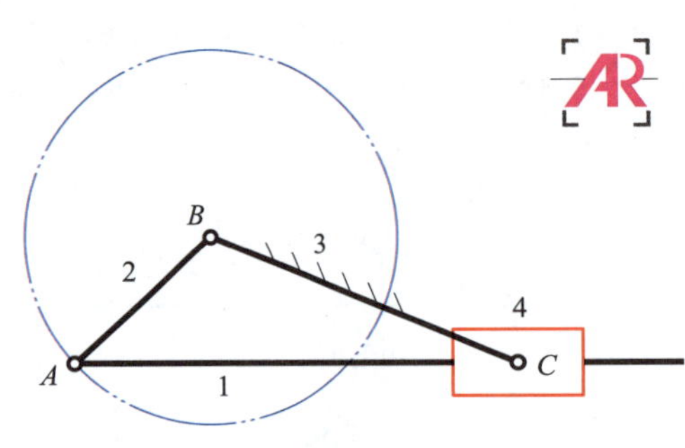

图 7-21　曲柄摇块机构

1—导杆　2—曲柄　3—机架　4—摇块

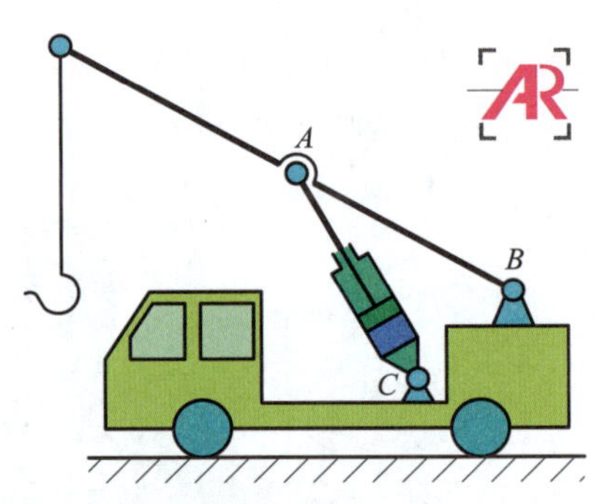

图 7-22　吊车升降机构

偏心轮机构

在曲柄摇杆机构和曲柄滑块机构中，当曲柄较短时，往往用一个旋转中心与几何中心不重合的偏心轮代替曲柄，如图 7-23 所示。偏心轮机构常用于受力较大且摇杆或滑块行程较短的机械中，如颚式破碎机、冲床等。

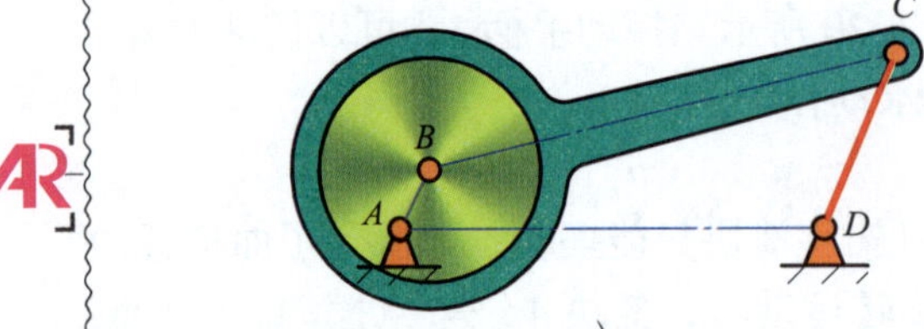

a)

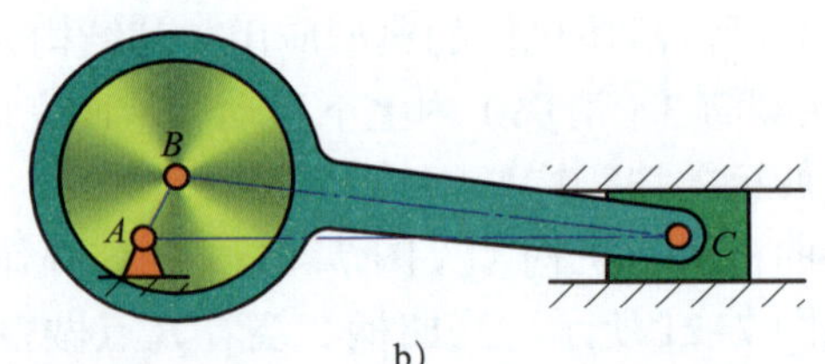

b)

图 7-23　偏心轮机构

a）曲柄摇杆机构　b）曲柄滑块机构

§7-4 平面四杆机构的基本性质

一、铰链四杆机构曲柄存在的条件

曲柄是能做整周旋转的连架杆，只有这种能做整周旋转的构件才能用电动机等连续转动的装置来带动，所以能做整周旋转的构件在平面连杆机构中具有重要地位，即曲柄是平面连杆机构中的关键构件。

铰链四杆机构中是否存在曲柄，主要取决于机构中各杆的相对长度和机架的选择。铰链四杆机构存在曲柄，必须同时满足以下两个条件。

1. 最短杆与最长杆的长度之和小于或等于其他两杆长度之和。

2. 连架杆和机架中必有一杆是最短杆。

根据曲柄存在的条件，可以推论出铰链四杆机构三种类型的判别方法，见表 7-1。

表 7-1　　铰链四杆机构三种类型的判别方法（*AB* 为最短杆）

<table>
<tr><th>类型</th><th>说明</th><th>条件</th><th>图示</th></tr>
<tr><td>曲柄摇杆机构</td><td>连架杆之一为最短杆</td><td rowspan="3">最短杆与最长杆的长度之和小于等于其他两杆长度之和</td><td>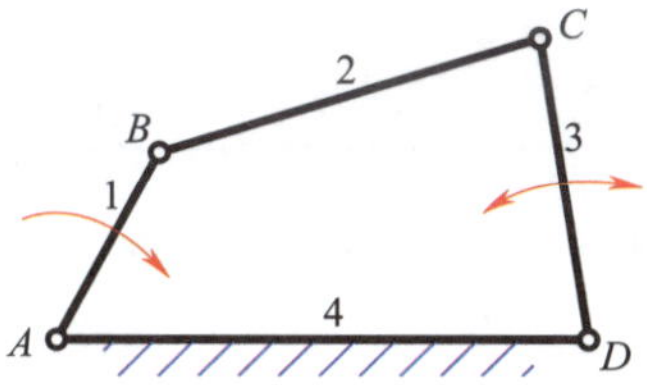 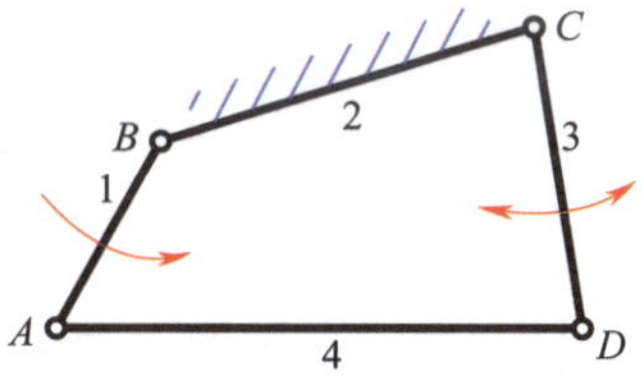</td></tr>
<tr><td>双曲柄机构</td><td>机架为最短杆</td><td>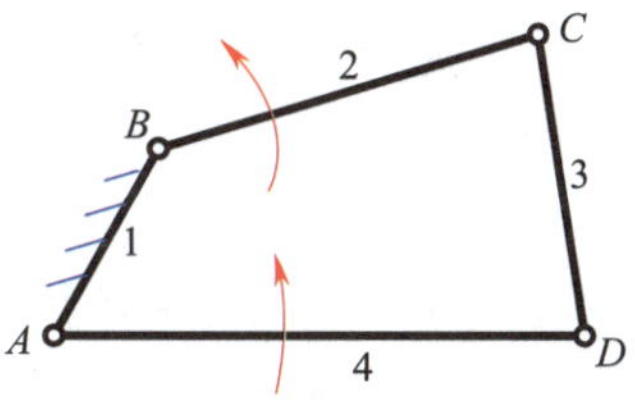</td></tr>
<tr><td>双摇杆机构</td><td>连杆为最短杆</td><td>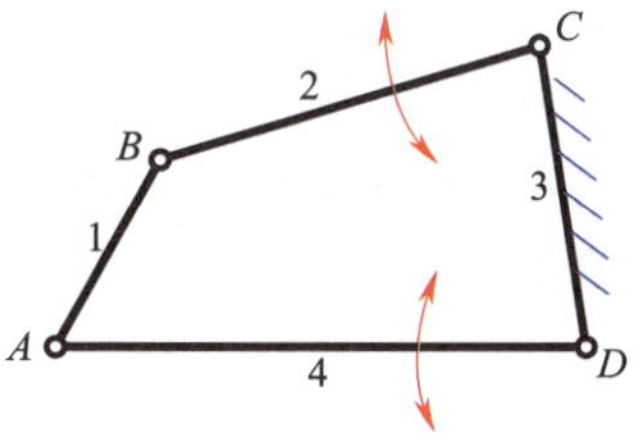</td></tr>
</table>

续表

类型	说明	条件	图示
双摇杆机构	不论哪个杆为机架，都无曲柄存在	最短杆与最长杆的长度之和大于其他两杆长度之和	

二、急回特性

图 7–24 所示曲柄摇杆机构，当曲柄 AB 整周旋转时，摇杆在 C_1D 和 C_2D 两极限位置之间做往复摆动。当摇杆处于 C_1D 和 C_2D 两极限位置时，曲柄与连杆共线，曲柄的两个对应位置所夹的锐角称为极位夹角，用 θ 表示。

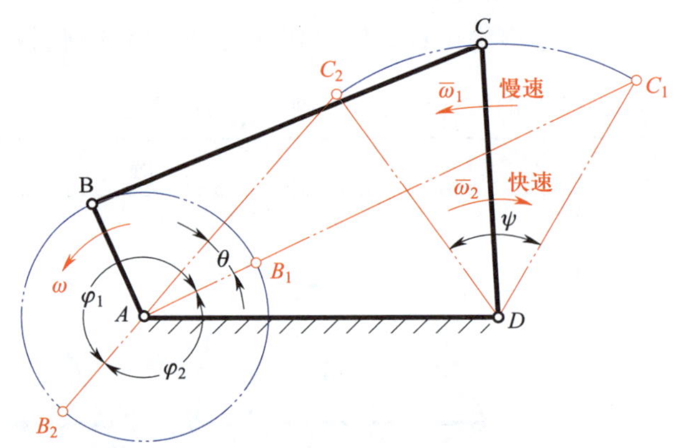

图 7–24　曲柄摇杆机构的急回特性

当曲柄（主动件）逆时针等角速度连续转动，由 AB_1 位置转到 AB_2 位置时，转角 φ_1 为 $180°+\theta$，摇杆由 C_1D 摆到 C_2D（逆时针摆动），所用时间为 t_1；当曲柄由 AB_2 位置转到 AB_1 位置时，转角 φ_2 为 $180°-\theta$，摇杆由 C_2D 摆回到 C_1D（顺时针摆动），所用时间为 t_2。很显然，摇杆逆时针摆动的时间大于顺时针摆动的时间（$t_1>t_2$），因此摇杆逆时针摆动的平均角速度（$\bar{\omega}_1$）小于顺时针摆动的平均角速度（$\bar{\omega}_2$）。通常情况下，摇杆由 C_1D 摆到 C_2D 的过程被用作机器的工作行程，摇杆由 C_2D 摆到 C_1D 的过程被用作空回行程，从而使空回行程时摇杆 CD 的平均角速度大于工作行程时的平均角速度。这种在曲柄摇杆机构中，虽然曲柄做等速转动，而摇杆摆动时空回行程的平均速度却大于工作行程的平均速度的性质称为急回特性。

通常把从动件 CD 往复摆动时空回行程的平均角速度（$\bar{\omega}_2$）与工作行程的平均角速度（$\bar{\omega}_1$）的比值称为行程速比系数（K），即：

$$K=\frac{\bar{\omega}_2}{\bar{\omega}_1}=\frac{\psi/t_2}{\psi/t_1}=\frac{t_1}{t_2}=\frac{180°+\theta}{180°-\theta}$$

式中 $\bar{\omega}_1$——从动件工作行程的平均角速度，rad/s；

$\bar{\omega}_2$——从动件空回行程的平均角速度，rad/s；

ψ——从动件的摆角，(°)；

t_1——从动件工作行程的所用时间，s；

t_2——从动件空回行程的所用时间，s；

θ——极位夹角，(°)。

平面四杆机构有无急回特性，取决于急回特性系数 K，急回特性系数 K 与极位夹角 θ 有关。当机构的极位夹角 $\theta>0°$ 时，$K>1$，机构具有急回特性。极位夹角 θ 越大，K 值越大，机构的急回特性越显著，从动件回程越快。当极位夹角 $\theta=0°$ 时，$K=1$，机构无急回特性，机构往返所用的时间相同。利用平面四杆机构的急回特性设计的机构，可以节省非工作时间，提高生产效率。牛头刨床的退刀速度明显高于工作速度，就是利用了平面四杆机构的急回特性。

三、死点位置

图 7–25 所示曲柄摇杆机构，如果摇杆 CD 为主动件，当摇杆摆动到极限位置 C_1D 或 C_2D 时，连杆 BC 与从动曲柄 AB 共线，则主动摇杆 CD 通过连杆 BC 加于从动曲柄 AB 上的力将通过从动件的铰链中心 A，从而使驱动力对从动曲柄 AB 的旋转力矩为零，此时无论施加多大的驱动力，都不能使从动曲柄 AB 转动。图 7–26 所示曲柄滑块机构，当以滑块为主动件时，如果连杆与从动曲柄共线，则无论给主动滑块施加多大的驱动力同样也都不能使从动曲柄转动。在平面四杆机构中，当连杆与从动件处于共线位置时，则主动件通过连杆传给从动件的驱动力必通过从动件的铰链中心。也就是说驱动力对从动件的旋转力矩等于零。此时，无论施加多大的驱动力，均不能使从动件转动，平面四杆机构中的这种位置称为死点位置。

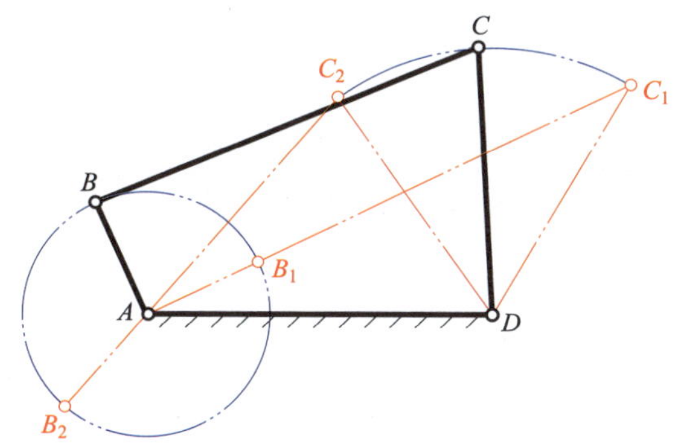

图 7–25　曲柄摇杆机构的死点位置

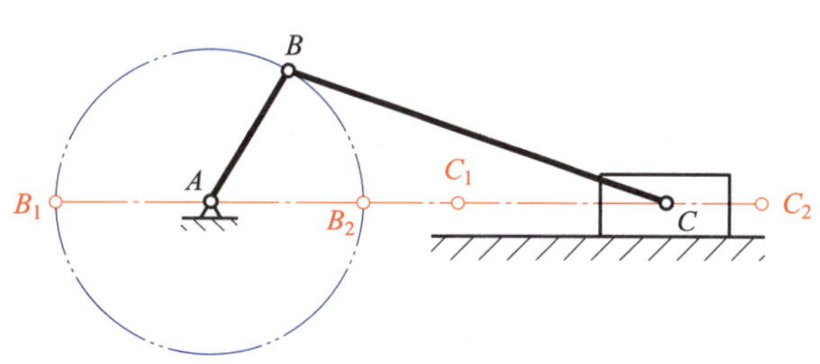

图 7–26　曲柄滑块机构的死点位置

死点位置将使机构的从动件出现卡死或运动不确定现象。对于传动机构来说，死点是应该设法克服的，通常可以利用惯性来保证机构顺利通过死点，以避免死机。图 7–27 所示内燃机活塞连杆机构，在曲柄上安装了一个飞轮增加曲柄的惯性，从而克服死点。

在工程实际中，也常常利用机构的死点来实现特定的工作要求。图 7–28 所示折叠桌，桌腿收放机构就是利用了死点的自锁性，当桌腿放开时，曲柄 CD 和连杆 BC 共线，机构处于死点位置。图 7–11 所示飞机起落架机构也是利用了死点位置的自锁性。

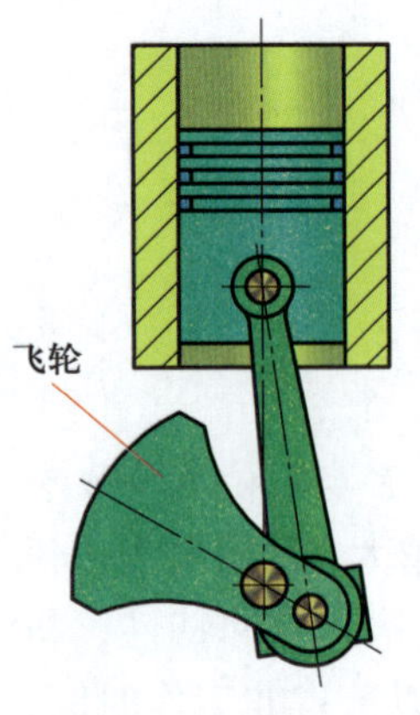

图 7–27　内燃机活塞连杆机构

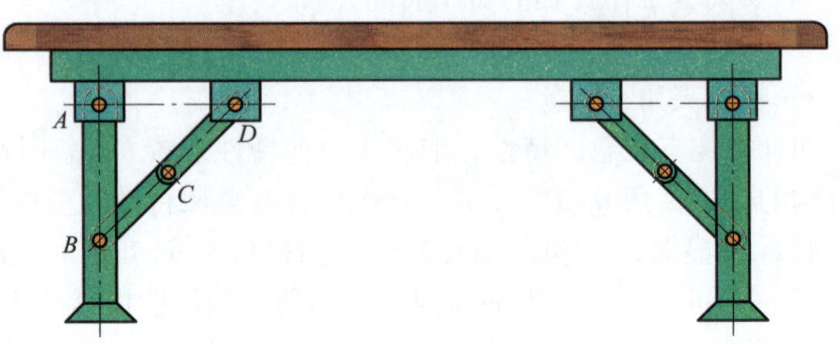

图 7–28　折叠桌

第八章 凸轮机构

在机器或机械设备中，许多场合需要构件做一些特殊的运动，凸轮机构可以使从动件准确地实现某种有规律的特殊运动。图 8–1 所示为凸轮接触器，可用于中小型电气控制。当凸轮 6 绕轴心旋转时，凸轮压住滚子 5，通过杠杆 4 带动动触头 3 摆动，使动、静触头有规律地接触和分离。当滚子在凸轮的凹槽里时，两触头接触；滚子在凸轮的凸缘上时，两触头分离。凸轮的形状不同，触头分离和接触的规律也不同。

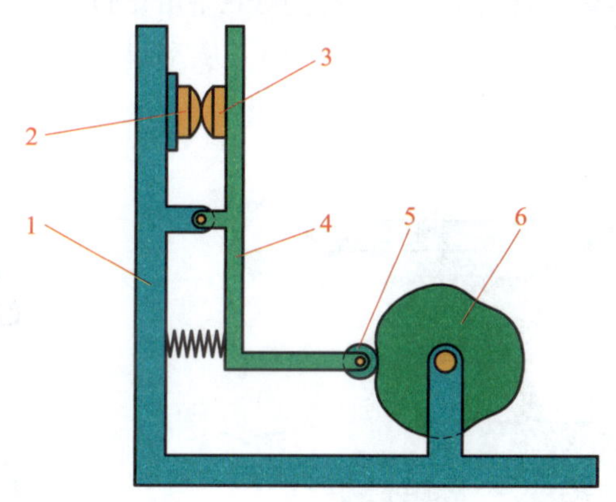

图 8–1　凸轮接触器

1—机架　2—静触头　3—动触头　4—杠杆　5—滚子　6—凸轮

§8–1　凸轮机构概述

一、凸轮机构的组成和工作原理

凸轮机构是由凸轮、从动件和机架三个基本构件组成的高副机构，如图 8–2 所示。其中，凸轮是一个具有曲线轮廓或凹槽的构件，凸轮（主动件）通常做等速转动或移动。凸轮机构通过高副接触使从动件得到预期的运动规律。

二、凸轮机构的特点

1. 优点

（1）凸轮机构可以实现各种复杂的运动要求。因为从动件的运动规律取决于凸轮轮廓曲线，所以几乎对于任何要求的从动件运动规律，都可以设计出相应的凸轮轮廓曲线来实现。

（2）凸轮机构结构简单紧凑，工作可靠。这是因为凸轮机构的构件数量较少，且占据的空间也小。

2. 缺点

凸轮与从动件（杆或滚子）之间以点或线接触，不宜传递较大动力，不便于润滑，容易磨损。

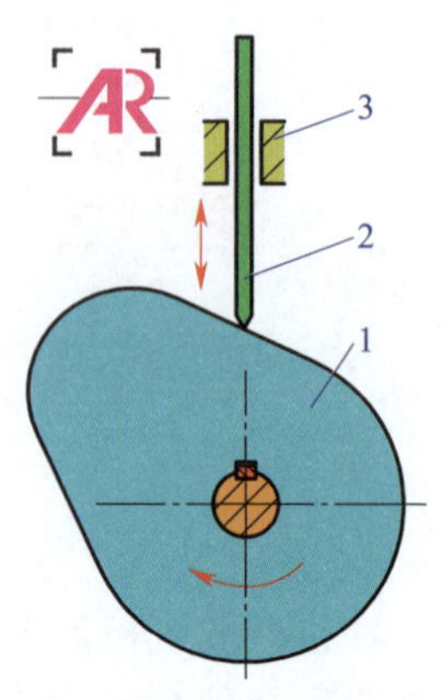

图 8-2　凸轮机构

1—凸轮　2—从动件　3—机架

三、凸轮机构的应用

凸轮机构在实际生产中得到了非常广泛的应用，一般多用于要求运动规律复杂但传递动力不大的场合，如自动机械、仪表、控制机构和调节机构等。

图 8-3 所示为自动车床进给机构。当具有曲线凹槽的凸轮旋转时，其曲线凹槽的侧面与从动件末端的滚子接触并驱使从动件绕 O 点摆动，从动件另一端的扇形齿轮与刀架下侧的齿条相啮合，从而使刀架实现进刀运动和退刀运动。

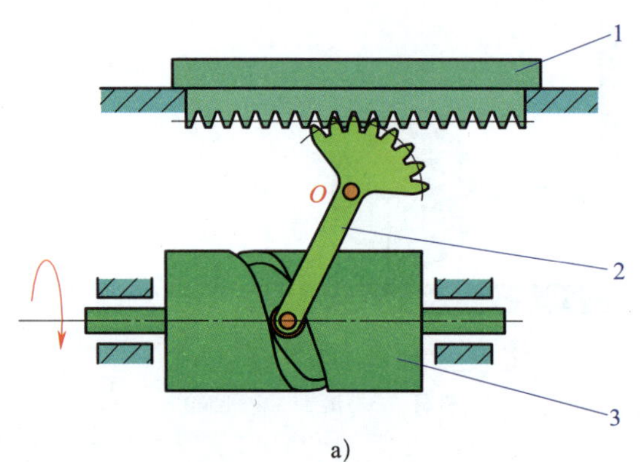

a)

b)

图 8-3　自动车床进给机构

1—刀架（齿条）　2—从动件（扇形齿轮）　3—主动件（凸轮）

图 8-4 所示为靠模车削机构。当工件旋转时，刀架（从动件）向左运动，并且在靠模板（凸轮）的推动下做横向运动，从而切削出与靠模板曲线一致的工件。

由以上应用实例可知，凸轮机构是依靠凸轮轮廓直接与从动件接触，从而迫使从动件做有规律的往复直线运动或往复摆动。

需要说明的是，工作中凸轮轮廓与从动件之间必须始终保持良好的接触，如借助重力、弹簧力等方法来实现。如果发生脱离现象，凸轮机构将不能正常工作。

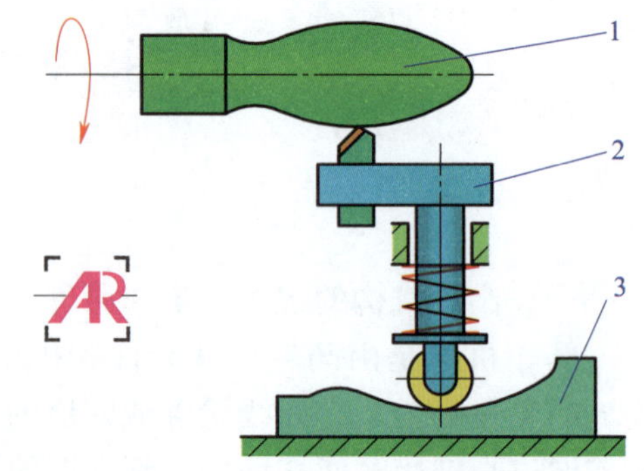

图 8-4　靠模车削机构

1—工件　2—刀架（从动件）　3—靠模板（凸轮）

§8-2 凸轮机构的类型及从动件端部形状

一、凸轮机构的类型

凸轮机构的类型有很多，按凸轮形状可分为盘形凸轮机构、移动凸轮机构、圆柱凸轮机构和端面圆柱凸轮机构等，见表 8-1。

表 8-1　凸轮机构的类型

名称	图示	特点及应用
盘形凸轮机构		盘形凸轮为径向尺寸变化的盘形构件，它绕固定轴做旋转运动。从动件在垂直于旋转轴的平面内做往复直线运动或往返摆动。此机构是凸轮机构中最基本的形式，应用广泛
移动凸轮机构		移动凸轮为一个有曲面的直线运动构件，在凸轮往返移动作用下，从动件可做往复直线运动或往返摆动。此机构在机床上应用较多
圆柱凸轮机构		圆柱凸轮为一个有沟槽的圆柱体，它绕中心轴做旋转运动。从动件在平行于凸轮轴线的平面内做直线移动或摆动。此机构常用于自动机床

续表

名称	图示	特点及应用
端面圆柱凸轮机构	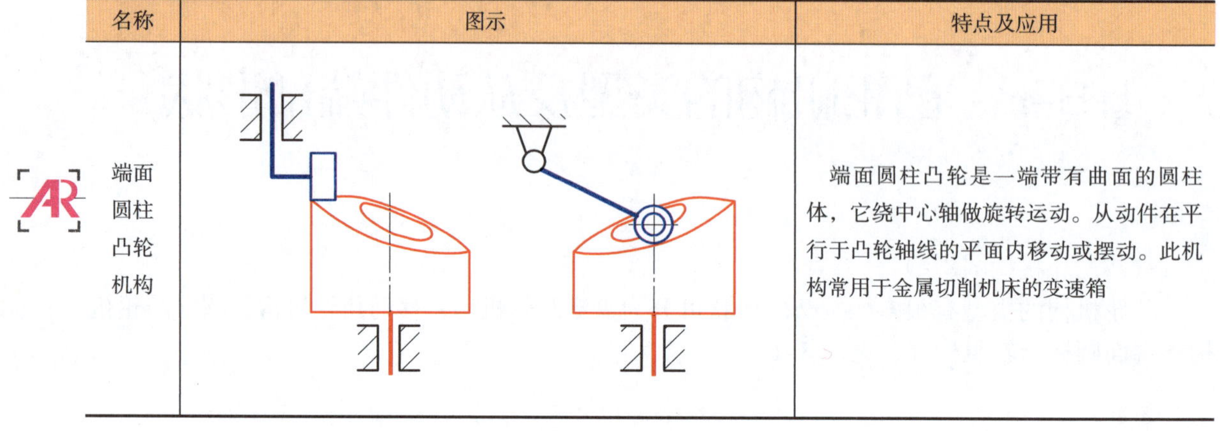	端面圆柱凸轮是一端带有曲面的圆柱体，它绕中心轴做旋转运动。从动件在平行于凸轮轴线的平面内移动或摆动。此机构常用于金属切削机床的变速箱

二、从动件端部形状

凸轮机构的从动件端部形状主要有尖端、滚子、平底和曲面等，见表 8–2。

表 8–2　从动件端部形状

名称	图示	特点及应用
尖端从动件		凸轮与尖端从动件之间为点接触或线接触，能准确地实现任意运动规律，构造最简单，但易磨损，只适用于作用力不大和速度较低的场合，如用于仪表的机构中
滚子从动件		滚子从动件与凸轮接触的一端装有滚子，凸轮与从动件为滚子接触，有利于润滑。滚子与凸轮轮廓之间为滚动摩擦，磨损较小，故可用来传递较大的动力，应用较广
平底从动件		平底从动件与凸轮的曲线轮廓相切形成楔形缝隙，易于形成楔形油膜，润滑较好，常用于高速传动

续表

名称	图示	特点及应用
曲面从动件	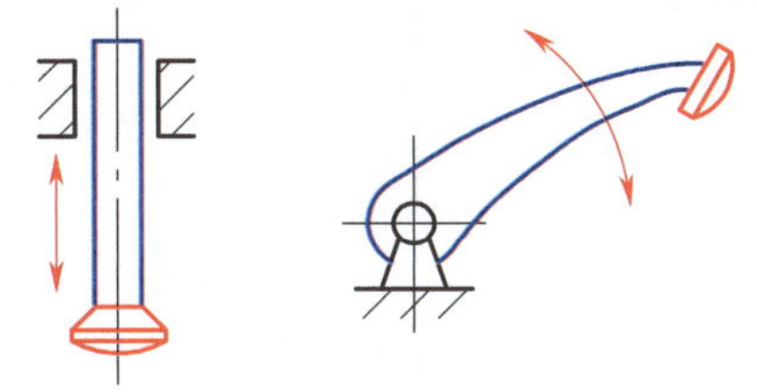	曲面从动件可避免因安装位置偏斜或不对中而造成的表面应力过大和磨损增大，兼有尖端从动件和平底从动件的优点，应用较广

§8-3 凸轮机构工作过程及从动件常用运动规律

一、凸轮机构工作过程

凸轮机构中最常用的运动形式为凸轮做等速旋转运动，从动件做往复移动。表 8-3 所示为对心外轮廓盘形凸轮机构的工作过程，凸轮旋转时，从动件做“升—停—降—停”的运动循环。下面以此机构为例，分析从动件的工作过程及特点。

表 8-3　对心外轮廓盘形凸轮机构的工作过程

运动	图示	描述
升	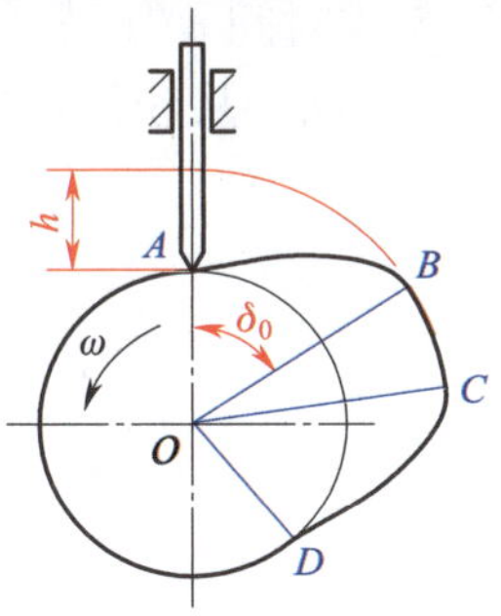 A B C D O ω δ_0 h	当凸轮逆时针转过 δ_0 时，从动件由最低位置被推到最高位置，从动件运动的这一过程称为推程，凸轮转角 δ_0 称为推程运动角，从动件上升或下降的最大位移 h 称为行程
停	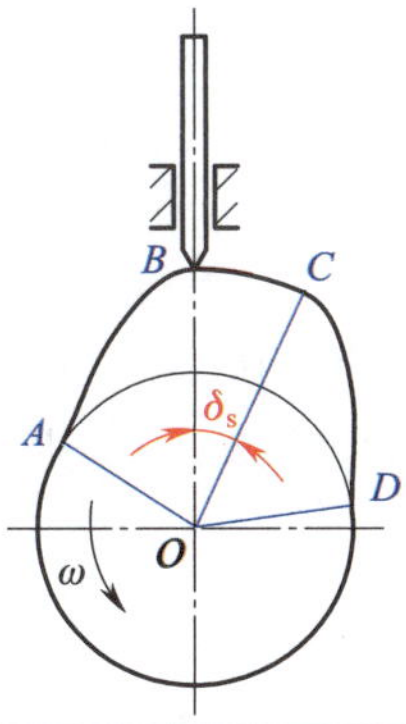 B C A D O ω δ_s	因凸轮的 BC 段轮廓是以 O 为圆心的圆弧，故凸轮转过 δ_s 时，从动件处于最高位置静止不动，这一过程称为远停程，凸轮转角 δ_s 称为远停程角

续表

运动	图示	描述
降		凸轮继续转过 δ_0' 时，从动件由最高位置回到最低位置，这一过程称为回程，凸轮转角 δ_0' 称为回程运动角
停		凸轮转过 δ_s' 时，从动件处于最低位置静止不动，这一过程称为近停程，凸轮转角 δ_s' 称为近停程角

二、从动件常用运动规律

以从动件的位移 s 为纵坐标，对应凸轮的转角 δ 或时间 t（凸轮匀速转动时，转角 δ 与时间 t 成正比）为横坐标，可以绘制出一个运动循环周期的从动件位移曲线图。图 8–5 所示为表 8–3 中凸轮机构从动件的位移曲线图。

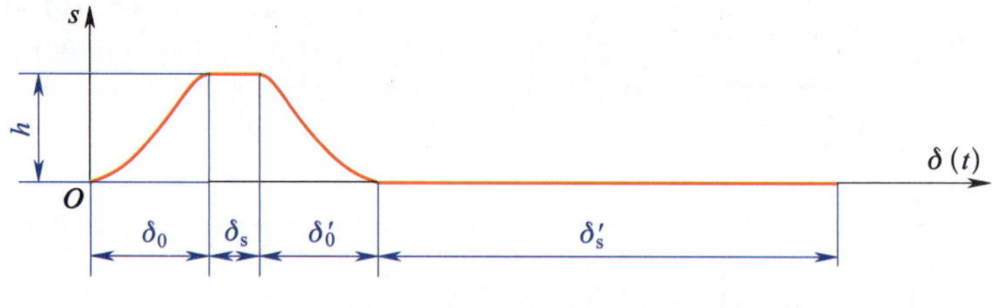

图 8–5 从动件位移曲线

在图 8–5 中，位移曲线反映了从动件的运动规律。通过对凸轮机构一个运动循环的分析可知，从动件的运动规律取决于凸轮的轮廓形状。因此，在设计凸轮轮廓时，必须首先确定从动件的运动规律。常用的从动件运动规律有等速运动规律和等加速、等减速运动规律。

1. 等速运动规律

凸轮做等角速度转动时，从动件上升或下降的速度为一常数，这种运动规律称为从动件的等速运动规律，如图 8–6 所示。

由图 8–6b 所示位移曲线可以看出，位移和转角成正比关系，从动件等速运动的位移曲线为斜直线。按等速运动规律设计的凸轮机构（见图 8–6a），其从动件在推程开始、推程终止并转回程、回程结束的瞬间，速度有突变，会导致凸轮机构产生刚性冲击，造成强烈的噪声和磨损。因此，按等速运动规律设计的凸轮机构只适用于凸轮低速旋转、轻载的场合。

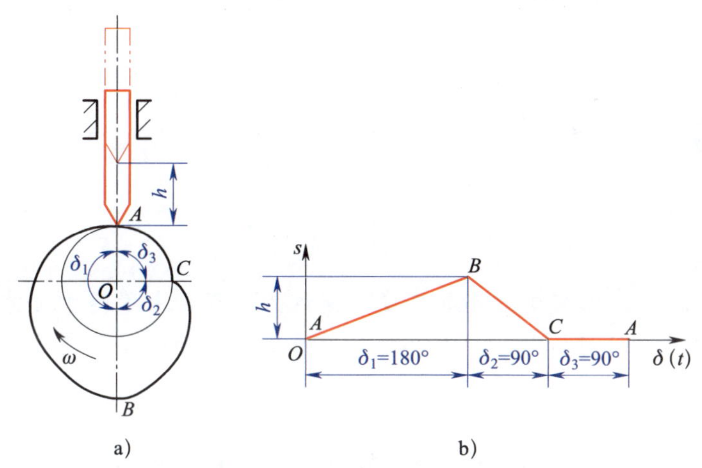

图 8–6　等速运动规律

a）等速运动的凸轮机构　b）位移曲线

2. 等加速、等减速运动规律

从动件运动的整个升程在前半段做等加速上升，后半段做等减速上升；整个回程的前半段做等加速下降，后半段做等减速下降，这种运动规律称为等加速、等减速运动规律。如图 8–7 所示，位移与转角是二次函数关系，位移曲线为抛物线。如果把前半段（$h/2$）的

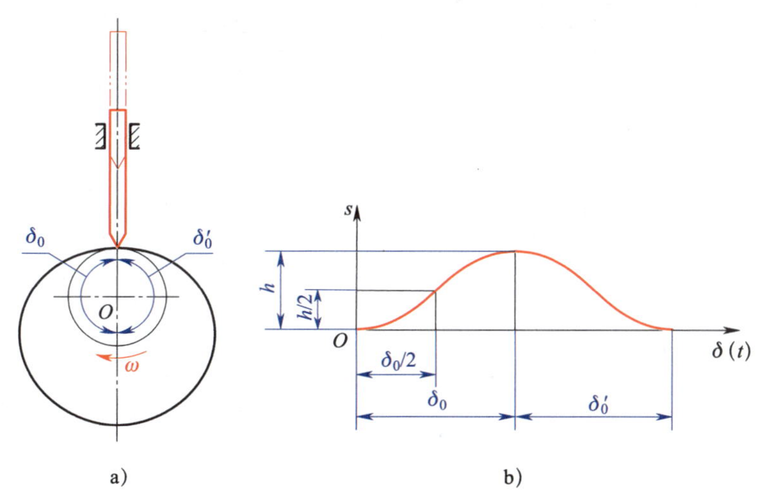

图 8–7　等加速、等减速运动规律

a）等加速、等减速运动的凸轮机构　b）位移曲线

等加速抛物线与后半段的等减速抛物线结合起来（升程相同），就形成了从动件的等加速、等减速运动规律的位移曲线。当凸轮顺时针转动时，从动件等加速上升（$h/2$）后变为等减速上升（$h/2$），到达推程最高点时上升的速度降为零，而后转入回程；回程的运动规律则是前半段行程为等加速下降，后半段行程为等减速下降，到达最低点时速度降为零。在从动件的整个运动过程中，速度没有发生突变，避免了刚性冲击。

按等加速、等减速运动规律设计的凸轮机构具有冲击小、运动平稳的优点，适用于凸轮转速较高和从动件质量较大的场合。

1. 刚性冲击

从动件在某瞬时速度突变，其加速度及惯性力在理论上均趋于无穷大时所引起的冲击称为刚性冲击。在实际中，由于材料有弹性变形，加速度及惯性力不可能达到无穷大。

2. 凸轮与滚子的常用材料及热处理

凸轮机构是一种高副机构，其主要失效形式是凸轮与从动件接触表面的疲劳点蚀和磨损，前者是由变化的接触应力引起的，后者是由摩擦引起的。因此，凸轮副材料应具有足够的接触强度、良好的耐磨性和较高的硬度。凸轮与滚子的常用材料及热处理见表 8–4。

表 8–4　凸轮与滚子的常用材料及热处理

构件	常用材料	热处理	使用场合
凸轮	40、45、50	调质	速度较低、载荷不大的场合
	HT200、HT250、HT300	退火	
	QT600–3、QT700–2	退火	
	45、40Cr	表面淬火	速度中等、载荷中等的场合
	15、20Cr、20CrMnTi	渗碳后淬火	
	38CrMoAl	渗氮	速度较高、载荷较大的场合
滚子	45、40Cr	表面淬火	与铸铁凸轮相配
	T8、T10、GCr15	淬火	与铸铁或钢制凸轮相配
	20Cr、20CrMnTi	渗碳后淬火	与钢制凸轮相配

第九章 其他常见机构

§9-1 变速机构

在输入轴转速不变的条件下，使输出轴获得不同转速的传动装置称为变速机构。汽车、机床、起重机等都需要变速机构。变速机构分为有级变速机构和无级变速机构。

一、有级变速机构

有级变速机构是指在输入轴转速不变的条件下，使输出轴获得一定的转速级数的变速机构。常用的有级变速机构有塔轮变速机构、滑移齿轮变速机构、离合式齿轮变速机构、挂轮变速机构和拉键变速机构等。有级变速机构的特点是：可以实现在一定转速范围内的分级变速，具有变速可靠、传动比准确、结构紧凑等优点；但高速旋转时不够平稳，变速时有噪声。

1. 塔轮变速机构

常用的塔轮变速机构有塔带轮变速机构、塔齿轮变速机构和塔链轮变速机构等。图 9-1 所示为塔带轮变速机构，两个塔带轮分别固定在轴Ⅰ、轴Ⅱ上，传动带可以在塔带轮上转换三个不同的位置。由于两个塔带轮对应各级的直径比值不同，所以当轴Ⅰ以固定不变的转速旋转时，通过变换带的位置可使轴Ⅱ得到三级不同的转速。这种变速机构大多采用平带传动，也可以用 V 带传动。其优点是结构简单，传动平稳。但尺寸较大，变速不方便。

图 9-2 所示为塔齿轮变速机构（又称为诺顿机构）。主动轴 6 上固定安装若干个模数相同、齿数不等的齿轮（即塔齿轮 5）。为了将主动轴 6 的运动传给从动轴 7，设置了一个中间齿轮 4，中间齿轮 4 空套在销轴 3 上，销轴 3 固定在摆动架 1 上。摆动架 1 可带动滑移齿轮 2、中间齿轮 4 轴向移动并能绕从动轴 7 摆动一定角度，以保证中间齿轮 4 能与塔齿轮 5 上每一个齿轮啮合而使该变速机构得到若干不同的传动比。这种变速机构的特点是能用较少数目的齿轮获得较多的变速级数，结构简单紧凑。塔齿轮变速机构常用于转速不高但需要有多种转速的场合，如卧式车床的进给传动系统。

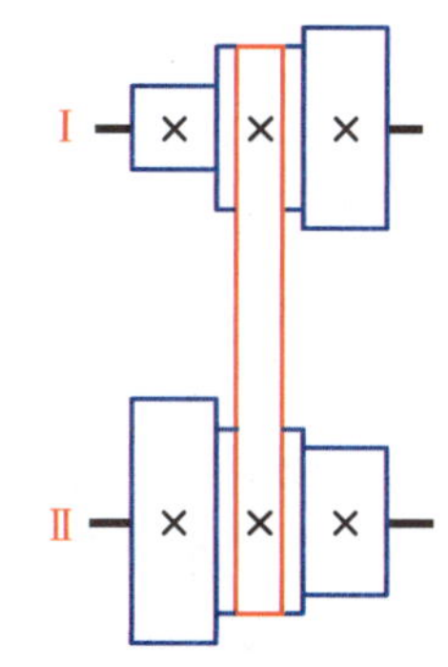

图 9-1　塔带轮变速机构

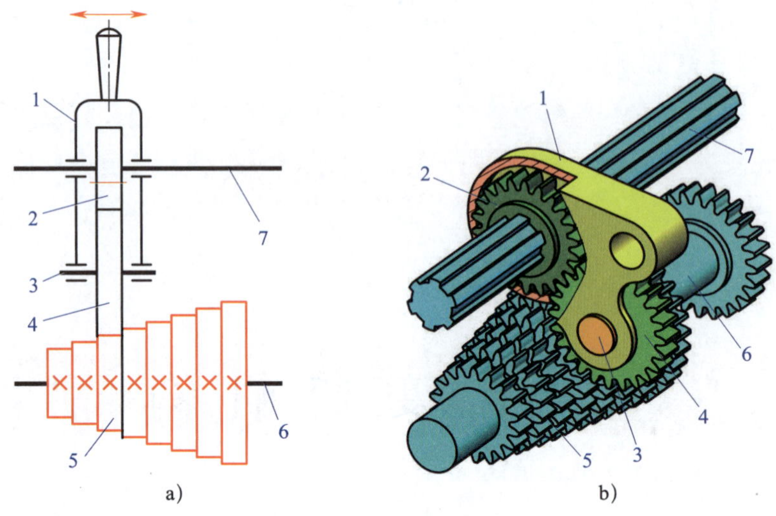

图 9–2　塔齿轮变速机构

1—摆动架　2—滑移齿轮　3—销轴　4—中间齿轮　5—塔齿轮　6—主动轴　7—从动轴

2. 滑移齿轮变速机构

图 9–3 所示为滑移齿轮变速机构。在主动轴Ⅰ上固定了两个或三个齿轮，相互保持一定距离，双联或三联滑移齿轮用花键与从动轴Ⅱ相连。移动滑移齿轮可以实现不同齿轮副的啮合，从而使轴Ⅱ得到两级或三级转速。这种变速机构的特点是：改变滑移齿轮的啮合位置就可改变轮系的传动比，具有变速可靠、传动比准确等优点；但其零件种类和数量较多，变速有噪声。

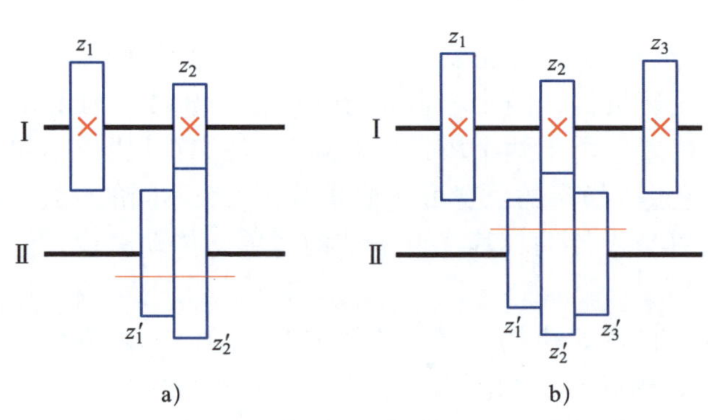

图 9–3　滑移齿轮变速机构

a）双联滑移齿轮变速机构　b）三联滑移齿轮变速机构

滑移齿轮变速机构在机床变速机构中得到广泛应用。图 9–4 所示为某车床主轴变速箱的传动系统。在轴Ⅱ上安装了一个三联滑移齿轮和一个双联滑移齿轮，在轴Ⅲ上安装了一个双联滑移齿轮，其传动机构可以实现 12 级变速。第一变速组由轴Ⅱ上的三联滑移齿轮分别与轴Ⅰ上的固连齿轮啮合实现，可以得到三级传动比；第二变速组由轴Ⅱ上的双联滑移齿轮与轴Ⅲ上的两个固连齿轮啮合实现，可以得到两级传动比；第三变速组由轴Ⅲ上的双联滑移齿轮与轴Ⅳ上的固连齿轮实现，可以得到两级传动比。因此，轴Ⅳ的转速共有 3×2×2=12 级。

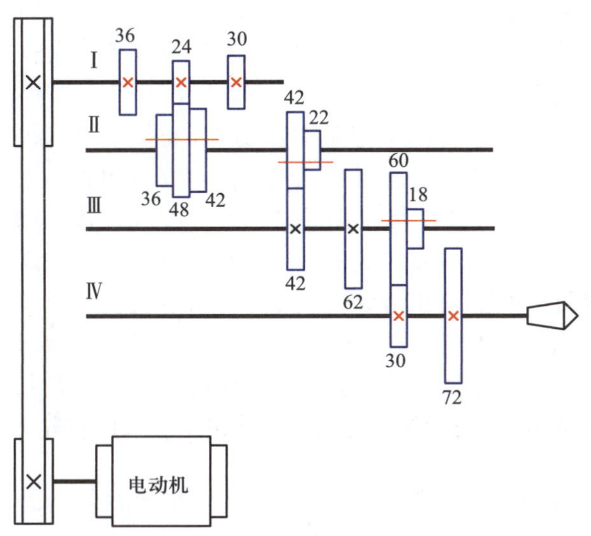

图 9–4　某车床主轴变速箱的传动系统

3. 离合式齿轮变速机构

图 9–5 所示为离合式齿轮变速机构，固定在轴Ⅰ上的两个齿轮与空套在轴Ⅱ上的两个齿轮保持啮合状态。轴Ⅱ装有双向牙嵌离合器（用导向型平键或花键与轴相连），空套在轴Ⅱ上的两个齿轮在靠近离合器一端的端面上有能与离合器相啮合的牙齿。当轴Ⅰ转速不变时，通过双向离合器的中间滑块向左或向右移动，并与齿轮上的半离合器接合，轴Ⅱ即可得到两种不同的转速。这种变速机构的优点是可以采用斜齿轮或人字齿轮，使传动平稳；若采用摩擦式离合器，则可以在运转中变速。其缺点是齿轮始终处于啮合状态，磨损较快；离合器所占空间较大。

4. 挂轮变速机构

图 9–6 所示为一对挂轮的变速机构，主动轴 2 和从动轴 3 上装有一对可以拆卸更换的齿轮 1 和齿轮 4（称为挂轮、交换齿轮或配换齿轮），松开轴端的螺栓，将开口垫圈拆下，然后把齿轮从轴上拆卸下来，将齿轮 1 和齿轮 4 对调，或从设备的备用齿轮中挑选不同齿数的

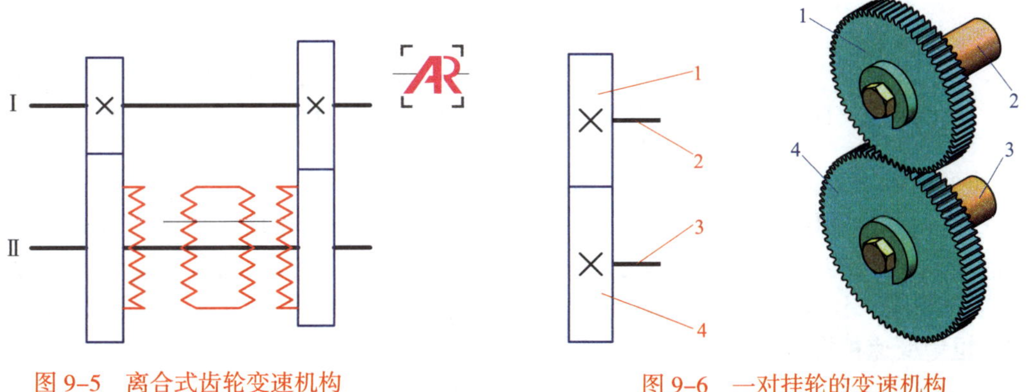

图 9–5　离合式齿轮变速机构

图 9–6　一对挂轮的变速机构

1、4—齿轮　2—主动轴　3—从动轴

两个挂轮安装在轴 2 和轴 3 上，就可以得到不同的传动比。变速级数取决于备用齿轮中能相互啮合且满足中心距要求的齿轮副的对数。在模数相同时，要求配换的各对挂轮的齿数和应相等。

图 9–7 所示为 CA6140 型卧式车床交换齿轮箱的挂轮变速机构，它采用双联挂轮和惰轮变速。双联挂轮 1 固定在输入轴 2 上，双联挂轮 6 固定在输出轴 5 上，惰轮 3 空套在惰轮轴 4 上。输入轴 2 的运动由双联挂轮 1 传给惰轮 3，然后通过双联挂轮 6 经输出轴 5 输出。挂轮架 8 空套在输出轴 5 上，可绕输出轴摆动。惰轮轴 4 固定在挂轮架 8 的直槽中，通过调整惰轮轴在直槽中的位置可以使惰轮 3 与双联挂轮 6 正确啮合，通过调整挂轮架 8 摆动的位置可以使惰轮 3 与双联齿轮 1 正确啮合。挂轮固定螺杆 7 及其上的螺母可以将挂轮架 8 固定在箱体上。虽然该机构可以实现四种变速，但是在车削螺纹时，通常只有两种情况，即齿数为 63、100 和 75 的三个齿轮啮合；或同时调整双联挂轮 1 和双联挂轮 6 的位置，使齿数为 64、100 和 97 的齿轮啮合。

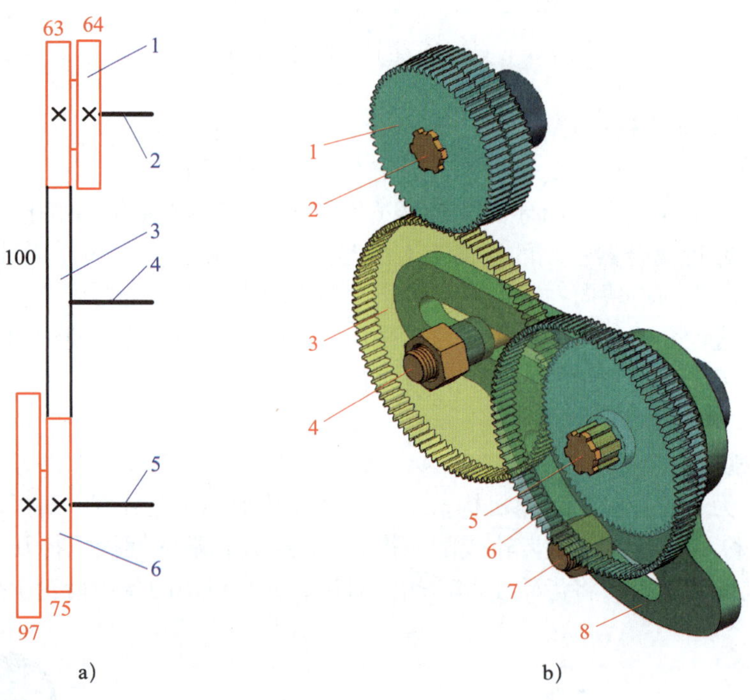

图 9–7　CA6140 型卧式车床交换齿轮箱的挂轮变速机构

1、6—双联挂轮　2—输入轴　3—惰轮　4—惰轮轴　5—输出轴　7—挂轮固定螺杆　8—挂轮架

挂轮变速机构的优点是结构简单、紧凑。由于用作主动齿轮、从动齿轮的齿轮可以颠倒位置，所以用较少的齿轮可获得较多的变速级数。挂轮变速机构的缺点是变速麻烦，调整齿轮费时费力。该机构主要用于不需要经常变速的机械，如加工齿轮的插齿机、车床车削螺纹的丝杠变速机构、铣床万能分度头等。

5. 拉键变速机构

如图 9–8a 所示，一个塔齿轮固定在轴 Ⅰ 上，与塔齿轮相互啮合的一组齿轮空套在轴 Ⅱ 上，两组齿轮始终保持啮合。如图 9–8b 所示，轴 Ⅱ 内孔中装有一个拉键机构，拉键 2 在片弹簧1的作用下压入某一齿轮的键槽中，实现该齿轮与轴的周向固定，从而将该齿轮的运动传给轴Ⅱ。在各空套齿轮之间有垫圈3，它可以将各齿轮彼此隔开，且防止拉键2同时进入相邻两个空套齿轮的键槽中，也避免了转速不同的相邻齿轮间的相互摩擦。拉键变速机构刚度较低，所以能传递的转矩不大。

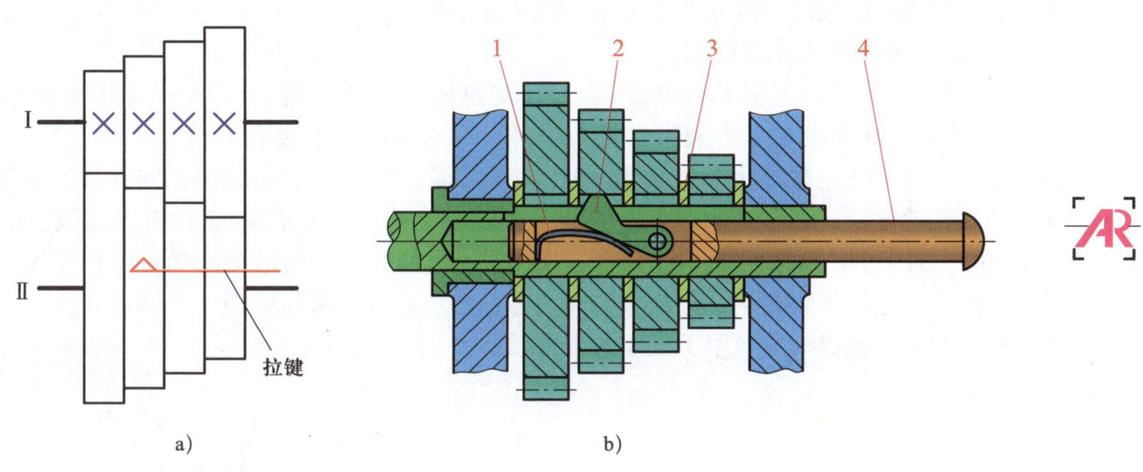

图9–8　拉键变速机构

a）拉键变速机构示意图　b）拉键的工作原理

1—片弹簧　2—拉键　3—垫圈　4—拉杆

二、无级变速机构

有些机械为了适应工作条件的变化，需要连续地改变其工作速度，这就需要无级变速机构。机械式无级变速机构一般是依靠摩擦力工作，通过改变主动件和（或）从动件的传动半径使输出轴的转速实现无级变化。机械式无级变速机构具有结构简单、维修方便、传动平稳、噪声低、有过载保护等优点。其缺点是轴及轴承上载荷大，承受过载及冲击的能力差，因传动件之间有滑动而不能保证准确的传动比。常用的机械式无级变速机构有滚子平盘式无级变速机构、钢球摩擦式无级变速机构、宽V带式无级变速机构等。

1. 滚子平盘式无级变速机构

图9–9所示为滚子平盘式无级变速机构，主、从动轮靠接触处产生的摩擦力传动，传动比$i=R_2/R_1$。若将球面滚子3沿轴向移动，R_2改变，传动比也随之改变。由于R_2可在一定范围内任意改变，所以从动轴2可以获得无级变速。该机构的优点是结构简单、制造方便，但存在较大的相对滑动，磨损严重。

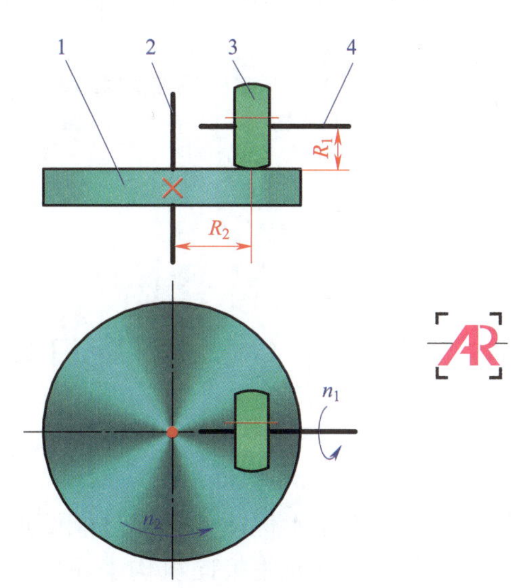

图9–9　滚子平盘式无级变速机构

1—平盘　2—从动轴　3—球面滚子　4—主动轴

2. 钢球摩擦式无级变速机构

钢球摩擦式无级变速机构如图9–10所示。运动和动力由主动轴1输入，通过主动轴1上的锥盘传递给钢球 2（一般为 3 ~ 8 个），使钢球绕其自身的轴线旋转，并将运动和动力传递给从动轴 4。保持环 3 可以使钢球不沿径向飞出。当用一套操纵机构（常为蜗杆副）改变钢球转轴的偏转角度时，钢球与两锥盘的接触半径增大或减小，从而使从动轴实现无级变速。这种无级变速机构的特点是结构简单，操作方便，但变速范围较小，在机床上使用时需要较大速比的齿轮减速。该机构广泛应用于机床的主传动系统和进给系统。

3. 宽 V 带式无级变速机构

宽 V 带式无级变速机构又称带式无级变速机构，挠性件为宽 V 带，其变速原理如图 9–11 所示。在主动轴 Ⅰ 上装有锥轮 1a、1b，在从动轴 Ⅱ 上装有锥轮 2a、2b。锥轮 1b 和 2a 分别固定在轴 Ⅰ 、轴 Ⅱ 上，锥轮 1a 和 2b 可以分别沿轴 Ⅰ 、轴 Ⅱ 同步同向移动。宽 V 带 3 套在两对锥轮之间，工作时如同 V 带传动。通过轴向同步移动锥轮 1a 和 2b，可改变工作半径 R_1 和 R_2 的大小，从而实现无级变速。这种变速机构的优点是结构简单，容易进行无级变速，工作平稳，能吸收振动，过载保护能力强；缺点是传动带易磨损，外形尺寸较大，变速范围相对较小。该机构主要用于机床的主传动系统。

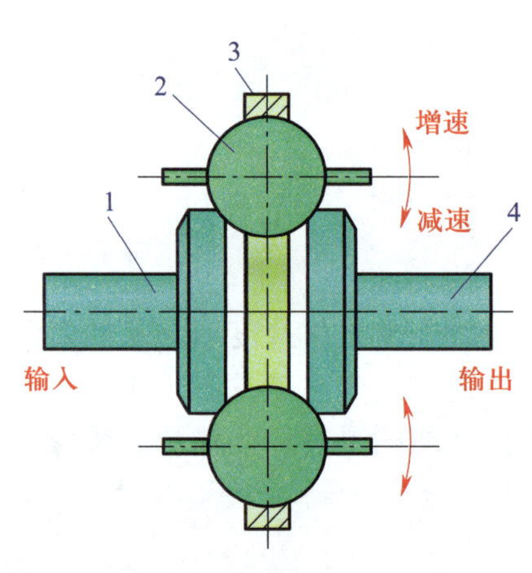

图 9–10 钢球摩擦式无级变速机构

1—主动轴 2—钢球 3—保持环 4—从动轴

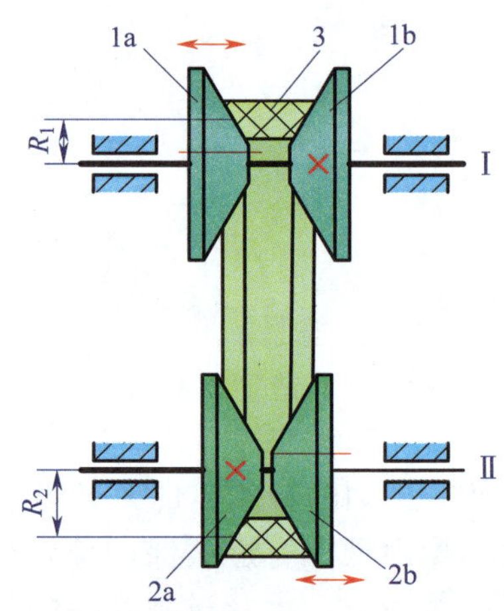

图 9–11 宽 V 带式无级变速机构

1a、1b、2a、2b—锥轮 3—宽 V 带

§9–2 换向机构

汽车不但能前进而且能倒退，机床主轴、丝杠等既能正转也能反转，这些运动方向的改变通常是由换向机构来完成的。换向机构是指在输入轴转向不变的条件下，可使输出轴变换转向的机构。其常见类型有惰轮换向机构、采用离合器的换向机构和滑移齿轮换向机构等。

一、惰轮换向机构

惰轮换向机构是利用惰轮来实现从动轴旋转方向变换的机构。图 9-12 所示为有两个惰轮的换向机构（又称为三星轮换向机构），惰轮 2 和惰轮 6 安装在惰轮架 5 上，惰轮架可以绕从动轴 4 摆动。惰轮架在图 9-12a 所示位置时，惰轮 2 工作（惰轮 6 不工作），此时从动齿轮 3 与主动齿轮 1 的旋转方向相同。向上扳动惰轮架的手柄（见图 9-12b），惰轮 2、惰轮 6 同时工作，此时从动齿轮 3 与主动齿轮 1 的旋转方向相反，实现换向。

图 9-13 所示为有三个惰轮的换向机构，该机构可以有分离、正转、反转三种状态，且可以减小主、从动齿轮的中心距，使结构紧凑。

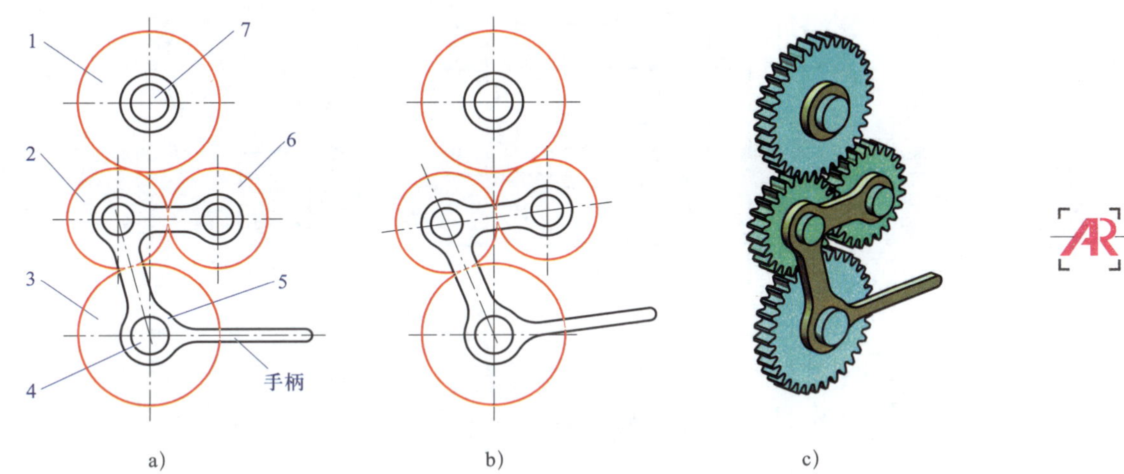

图 9-12　有两个惰轮的换向机构

a）主、从动齿轮转向相同　b）主、从动齿轮转向相反　c）立体图

1—主动齿轮　2、6—惰轮　3—从动齿轮　4—从动轴　5—惰轮架　7—主动轴

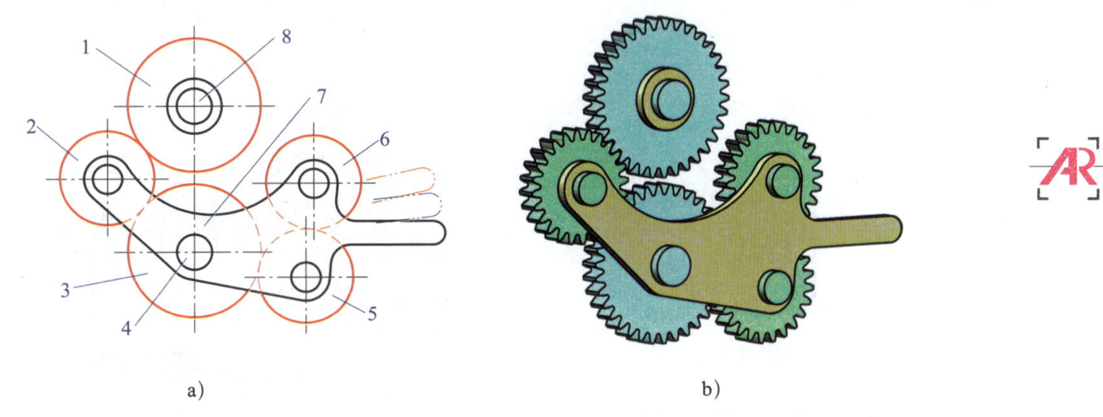

图 9-13　有三个惰轮的换向机构

1—主动齿轮　2、5、6—惰轮　3—从动齿轮　4—从动轴　7—摆动架　8—主动轴

二、采用离合器的换向机构

图 9-14 所示为采用摩擦式双向离合器（能使轴分别与左、右两侧的齿轮固连）的换向

机构，轴Ⅰ为输入轴，轴Ⅲ为输出轴。该换向机构有分离、正转、反转三种工作状态。当离合器分离时，轴Ⅰ上的动力无法传递给轴Ⅲ。当接通左边的离合器时，齿轮1与轴Ⅰ一起转动，动力通过齿轮1和齿轮6传递给轴Ⅲ，并使轴Ⅲ与轴Ⅰ转向相反，此时，空套在轴Ⅰ上的齿轮3不传递动力。当接通右边的离合器时，齿轮3与轴Ⅰ一起转动，动力通过齿轮3、惰轮4和齿轮5传递给轴Ⅲ，并使轴Ⅲ与轴Ⅰ转向相同，此时，空套在轴Ⅰ上的齿轮1不传递动力。这种离合器换向机构常用于卧式车床主轴的换向。

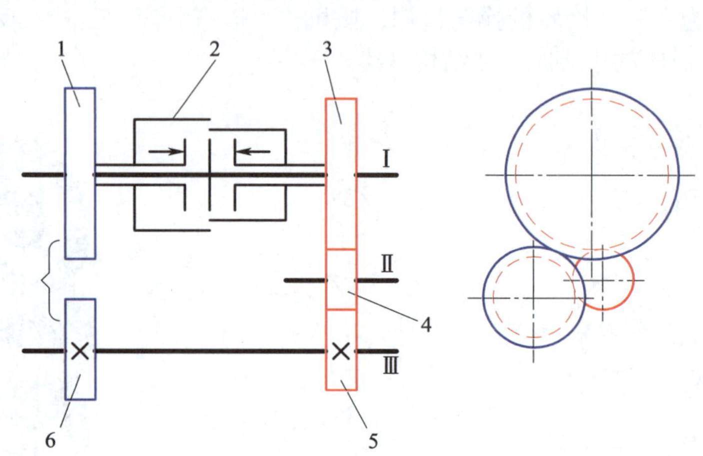

图9-14 采用离合器的换向机构

1、3—空套齿轮 2—摩擦式双向离合器 4—惰轮 5、6—固连齿轮

三、滑移齿轮换向机构

图9-15所示为滑移齿轮换向机构，主动齿轮1和2固定在轴Ⅰ上，惰轮3空套在轴Ⅱ上，从动齿轮（滑移齿轮）4可以在轴Ⅲ上滑动。当从动齿轮在图示位置时，主动齿轮2和从动齿轮4啮合，轴Ⅲ的转向与轴Ⅰ相反；当从动齿轮向左滑移并与惰轮3啮合时，轴Ⅲ的转向与轴Ⅰ相同，从而实现换向。CA6140型卧式车床的丝杠换向和溜板箱换向皆采用了这种结构。

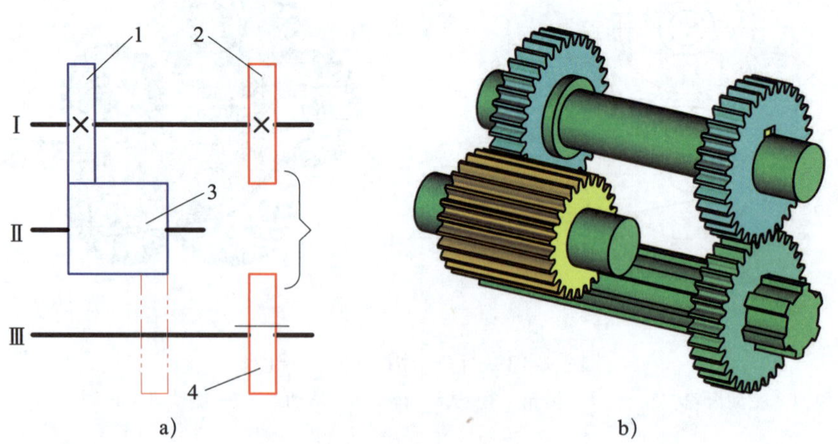

图9-15 滑移齿轮换向机构

1、2—主动齿轮 3—惰轮 4—从动齿轮

§9-3 间歇运动机构

在某些机器中，常常需要从动件做周期性的运动或停歇。当主动件做连续运动时，从动件产生周期性的运动和停歇的机构称为间歇运动机构（又称间歇机构）。图 9–16 所示为砂型铸造的填砂自动线步进机构，它利用棘轮机构的间歇运动特性，实现填砂（停止）和输送（运动）两个工作要求。棘爪的运动依靠曲柄摇块机构和液压缸实现。当液压缸 7 的活塞杆伸长时，曲柄 4 顺时针转动，棘爪 5 插入棘轮 6 的槽中并带动棘轮转动，带动输送带 3 运动，实现砂箱的输送。当液压缸 7 的活塞杆退回时，曲柄 4 逆时针转动，棘爪 5 从棘轮 6 的齿背上滑过，棘轮 6 不动，输送带 3 停止运动，灌注型砂。通过液压系统驱动活塞杆有规律地伸出和缩回，就可以实现输送带有规律地运动和停止。

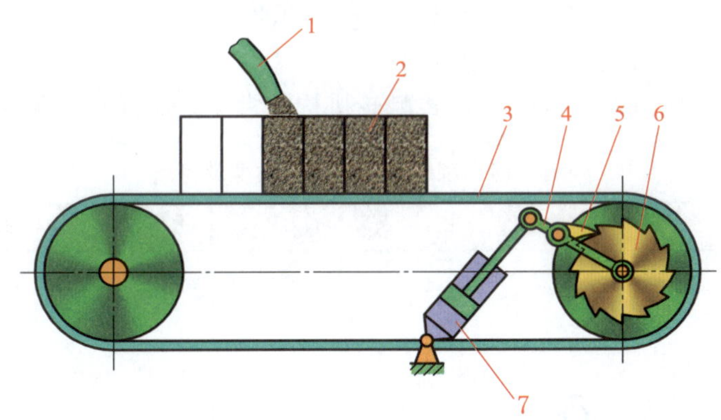

图 9–16 填砂自动线步进机构

1—砂管 2—砂箱 3—输送带 4—曲柄 5—棘爪 6—棘轮 7—液压缸

常用的间歇运动机构有棘轮机构、槽轮机构和不完全齿轮机构等。

一、棘轮机构

棘轮机构是由棘轮和棘爪组成的一种单向间歇运动机构。

1. 棘轮机构的组成和工作原理

图 9–17 所示为齿式棘轮机构，由棘轮、驱动棘爪和止回棘爪等组成。当主动摇杆 1 逆时针摆动时，驱动棘爪 2 便插入棘轮 4 的齿槽中，推动棘轮 4 转过一定角度，此时止回棘爪 6 在棘轮齿背上滑过；当主动摇杆 1 顺时针方向摆动时，止回棘爪 6 阻止棘轮 4 顺时针转动，而驱动棘爪 2 则只能在棘轮齿背上滑过，这时棘轮 4 静止不动。因此，当主动件做连续往复摆动时，棘轮做单向间歇运动。

2. 常见棘轮机构

棘轮机构按照工作原理可分为齿式棘轮机构和摩擦式棘轮机构。

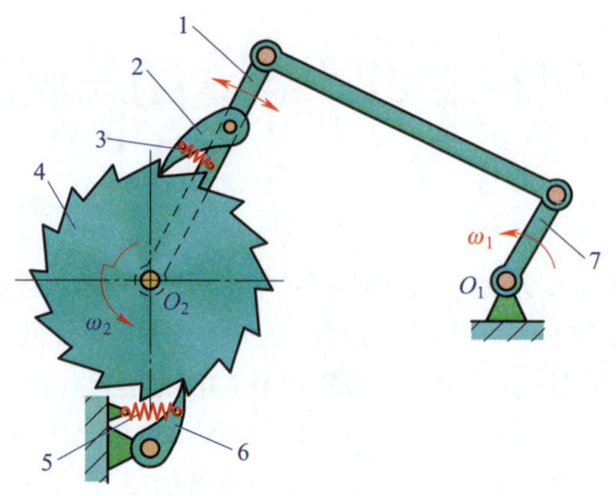

图 9-17 齿式棘轮机构

1—主动摇杆 2—驱动棘爪 3、5—弹簧 4—棘轮 6—止回棘爪 7—曲柄

（1）齿式棘轮机构

齿式棘轮机构是通过装在定轴摆动摇杆上的棘爪推动棘轮做一定角度间歇转动的机构。齿式棘轮机构有外啮合齿式和内啮合齿式两种。

1）外啮合齿式棘轮机构。外啮合齿式棘轮机构的常见类型及特点见表 9-1。

表 9-1 外啮合齿式棘轮机构的常见类型及特点

类型	图示	特点
单动式棘轮机构	1—摇杆 2—驱动棘爪 3—棘轮 4—止回棘爪	它有一个驱动棘爪，只有当摇杆朝着某一方向摆动时才能推动棘轮转动，而反向摆动则无法推动棘轮转动

续表

类型	图示	特点
双动式棘轮机构	1—摇杆　2—大驱动棘爪　3—小驱动棘爪　4—棘轮	它有两个驱动棘爪，当主动件做往复摆动时，两个棘爪交替带动棘轮朝着同一方向做间歇运动
可变向棘轮机构	1—摇杆　2—棘爪　3—棘轮	棘爪可以绕销轴翻转，棘爪爪端外形两边对称，棘轮的齿形制成矩形。使用时，如果将棘爪翻转，则棘轮反向转动。此机构可以方便地实现两个方向的间歇运动

2）内啮合齿式棘轮机构。图 9-18 所示为内啮合齿式棘轮机构，棘轮的轮齿加工在轮子的内壁上，棘爪安装在内部的主动轮上，当主动轮逆时针转动时，棘爪推动棘轮转动；当主动轮顺时针转动时，棘爪在棘轮上滑过，不能推动棘轮转动。

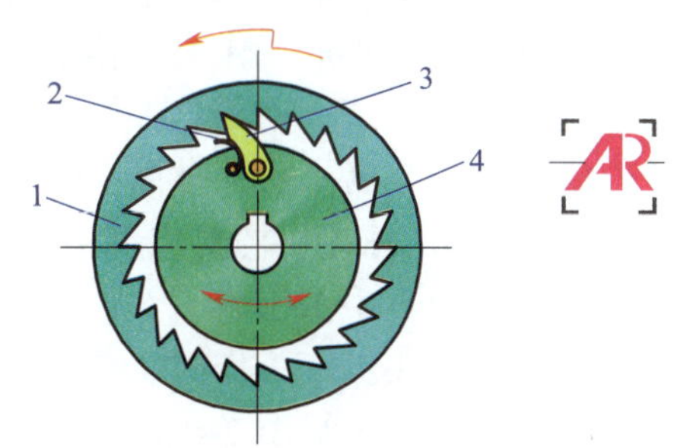

图 9-18　内啮合齿式棘轮机构

1—棘轮　2—弹簧　3—棘爪　4—主动轮

（2）摩擦式棘轮机构

摩擦式棘轮机构是用偏心扇形楔块代替齿式棘轮机构中的棘爪，以无齿摩擦轮代替棘轮。摩擦式棘轮机构又分为外摩擦式棘轮机构和内摩擦式棘轮机构。

1）外摩擦式棘轮机构。图 9–19 所示为外摩擦式棘轮机构，棘轮 5 上无棘齿，它靠驱动棘爪 1 和棘轮 5 之间的摩擦力传递动力，该机构可将摇杆的往复摆动转换为棘轮 5 的单向间歇运动。

2）内摩擦式棘轮机构。图 9–20 所示为内摩擦式棘轮机构，当摆轴 1 带动棘爪 2 逆时针转动时，由于摩擦力的作用使棘爪 2 楔紧在摆轴 1 与棘轮 3 之间的狭隙处，从而带动棘轮 3 一起逆时针转动；当摆轴 1 带动棘爪 2 顺时针转动时，棘爪 2 松开，棘轮 3 静止不动。

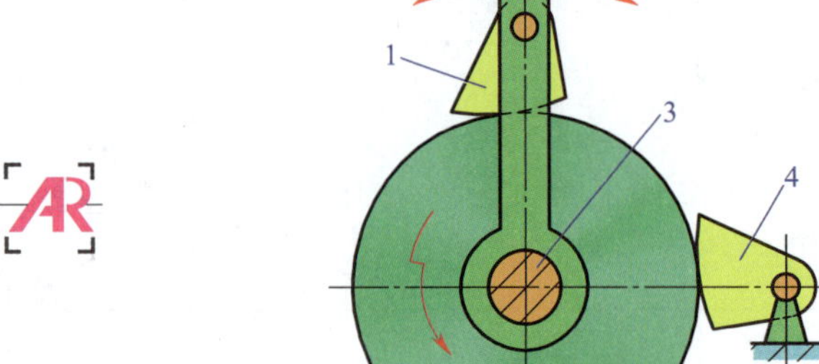

图 9–19　外摩擦式棘轮机构

1—驱动棘爪　2—摇杆　3—轴　4—止回棘爪　5—棘轮

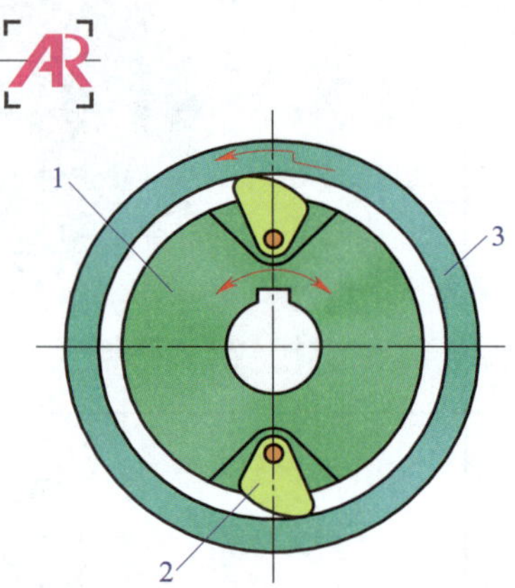

图 9–20　内摩擦式棘轮机构

1—摆轴　2—棘爪　3—棘轮

3. 棘轮机构的特点

（1）棘轮机构结构简单、容易制造、运动可靠，常用作防止转动件反转的附加保险机构。

（2）棘轮的转角和动停时间比可调，常用于机构工况经常改变的场合。

（3）由于齿式棘轮机构的棘轮是在驱动棘爪的突然撞击下启动的，在接触瞬间理论上是刚性冲击，工作平稳性较差，且产生较大的振动和噪声。此外，棘爪在棘轮齿背上滑行时会产生噪声并使齿尖磨损。故棘轮机构只能用于主动件速度不大、从动件行程需要改变的步进运动场合，如机床的自动进给机构、送料机构、自动计数装置、制动装置、超越离合器等。

（4）当需要无级调节棘轮的转角时，则应采用摩擦式棘轮机构。摩擦式棘轮机构的优点是转角大小的变化不受轮齿限制，在一定范围内可任意调节转角，传动平稳、无噪声，动程可无级调节。但因这种机构靠摩擦力传动，会出现打滑现象，虽然可起到安全保护作用，但是传动精度不高，常用作超越离合器。摩擦式棘轮机构适用于低速轻载的场合。

4. 棘轮机构的应用实例

（1）牛头刨床工作台间歇移动机构

牛头刨床工作时，装有刀架的滑枕做直线切削运动，带动刨刀对装夹在工作台上的工件进行切削（见图 7–18），此时要求工作台不动。在滑枕返回时，装夹着工件的工作台做横向移动，实现切削过程的横向进给运动。所以工作台的横向进给运动是间歇运动。牛头刨床工作台间歇移动机构如图 9–21 所示，它由曲柄摇杆机构和可变向棘轮机构组成。主动轮 7 做匀速转动，通过曲柄摇杆机构带动棘爪支架 6 往复摆动，然后通过棘轮机构带动螺杆轴 5 做间歇转动，再通过螺旋传动机构（图中未画出）使工作台做间歇进给运动。若要改变横向进给量，可以通过旋转螺杆 8 调整曲柄的长度；若要改变横向进给的方向，可以将手柄 1 提起，旋转 180°后再放下。

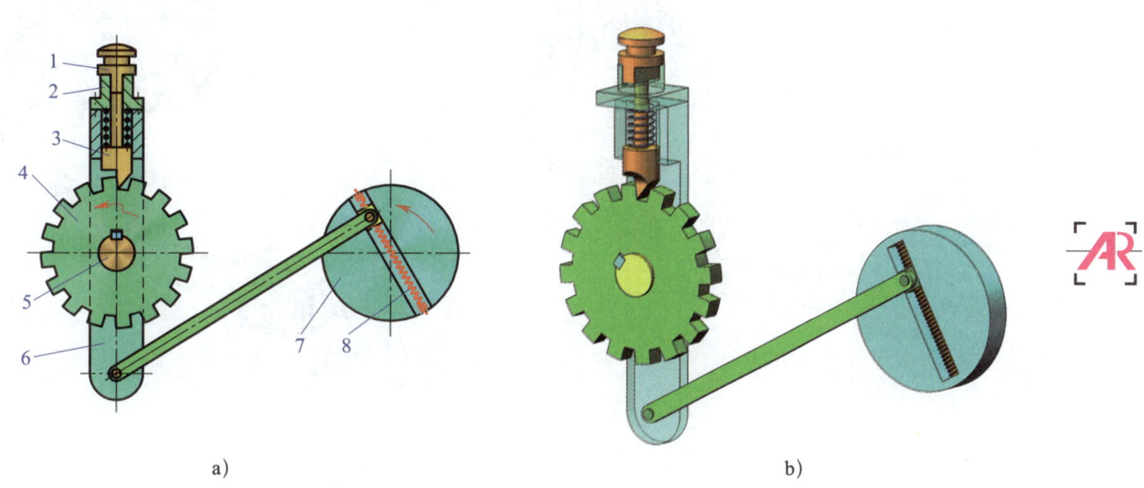

图 9–21　牛头刨床工作台间歇移动机构

1—手柄　2—定位盖板　3—棘爪　4—棘轮

5—螺杆轴　6—棘爪支架　7—主动轮　8—螺杆

（2）自行车飞轮机构

图 9–22 所示为自行车链传动机构和飞轮机构。自行车后轴上安装的飞轮机构为内啮合齿式棘轮机构，小链轮（棘轮）6 的内圈具有棘齿，千斤（棘爪）5 安装在芯子 7 上，芯子 7 与后轮连为一体。当链条带动小链轮逆时针转动时，小链轮内侧的棘齿通过千斤（棘爪）带动芯子逆时针转动，驱动自行车前行；当自行车下坡或脚不蹬踏板时，小链轮不动，但芯子由于自行车惯性的作用仍按原方向转动，此时千斤（棘爪）在棘轮齿背上滑过，自行车继续前行。

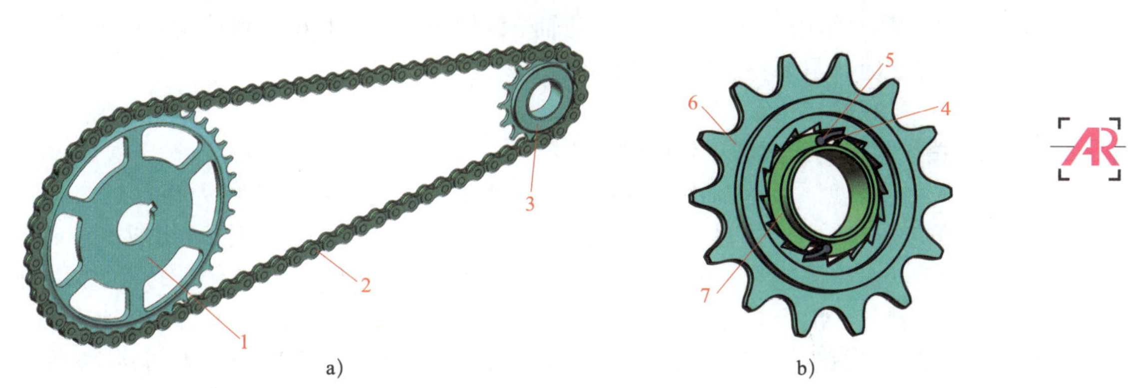

图 9–22　自行车链传动机构和飞轮机构

a）自行车链传动机构　b）飞轮机构

1—大链轮　2—链条　3—小链轮组件

4—千斤簧　5—千斤（棘爪）　6—小链轮（棘轮）　7—芯子

（3）提升机带式制动器的棘轮机构

提升机在工作时有上升、停止、下降三种状态，图 9–23 所示为提升机带式制动器，可以防止卷筒在停止时倒转。

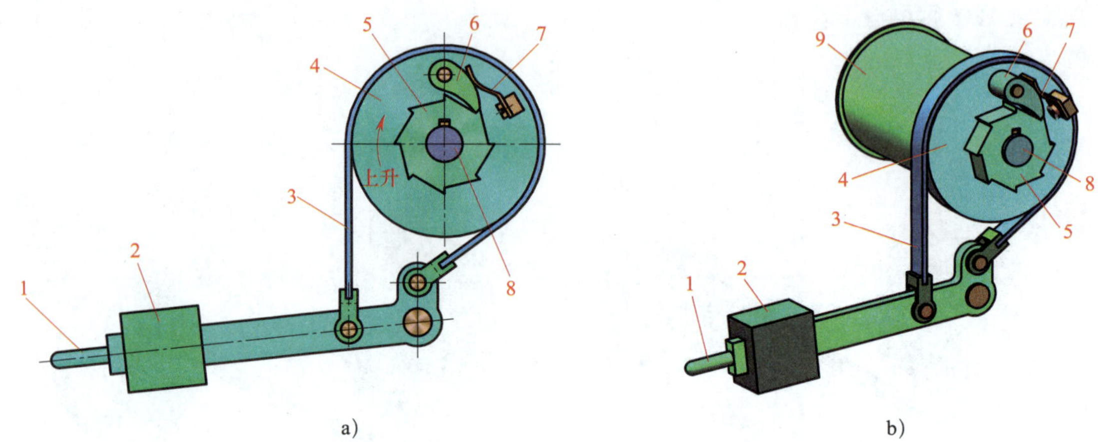

图 9–23　提升机带式制动器

1—杠杆　2—重锤　3—制动带　4—制动轮　5—棘轮

6—棘爪　7—片弹簧　8—传动轴　9—卷筒

如图 9–23 所示，卷筒 9 和棘轮 5 与传动轴 8 固连为一体，制动轮 4 空套在传动轴 8 上，棘爪 6 铰接在制动轮 4 上，片弹簧 7 固定在制动轮 4 上，杠杆 1 铰接在机座上。在没有给杠杆 1 施加向上的外力时，制动带 3 因重锤 2 的作用压紧在制动轮 4 上，使制动轮不能转动。

提升重物时，原动机通过传动轴 8 驱动卷筒 9 和棘轮 5 顺时针旋转。此时，制动轮 4 处于固定状态，棘爪从棘轮上滑过，机构的运动不受制约。

当重物在空中处于停止状态时，重物的重力通过传动轴 8 作用到棘轮 5 上，使棘轮 5 有逆时针转动的趋势。但是，由于此时制动轮 4 处于固定状态，且棘爪 6 卡在棘轮 5 的牙槽中，从而阻止了棘轮和卷筒逆时针旋转。

重物下降时，需要传动轴逆时针旋转。可以将杠杆 1 抬起，解除制动轮 4 的制动约束。由于重物的重力作用，使卷筒 9、传动轴 8、棘轮 5、棘爪 6 和制动轮 4 一起逆时针转动。一旦需要停止时，只要将手柄 1 放下即可。

二、槽轮机构

1. 槽轮机构的组成和工作原理

由槽轮、拨盘、装有圆销的曲柄和机架组成的步进运动机构称为槽轮机构。如图 9–24 所示，槽轮机构由主动拨盘 1、从动槽轮 3、装有圆销的曲柄 2 和机架组成，装有圆销的曲柄 2 和主动拨盘 1 固连为一体。主动拨盘 1 以等角速度旋转。当装有圆销的曲柄 2 上的圆销未进入从动槽轮 3 的径向槽时，由于从动槽轮 3 上的内凹锁止弧被主动拨盘 1 上的外凸锁止弧卡住，故从动槽轮 3 不动。当圆销要进入从动槽轮 3 上的径向槽时（图 9–24 所示位置），主动拨盘 1 上的外凸锁止弧正好与从动槽轮 3 的内凹锁止弧脱离接合，从动槽轮 3 受圆销的驱使而转动。当圆销在另一边离开径向槽时，内凹锁止弧又被卡住，从动槽轮 3 又静止不动。直至圆销再次进入从动槽轮 3 的另一个径向槽时，又重复上述运动。所以，从动槽轮 3 做时动时停的间歇运动。

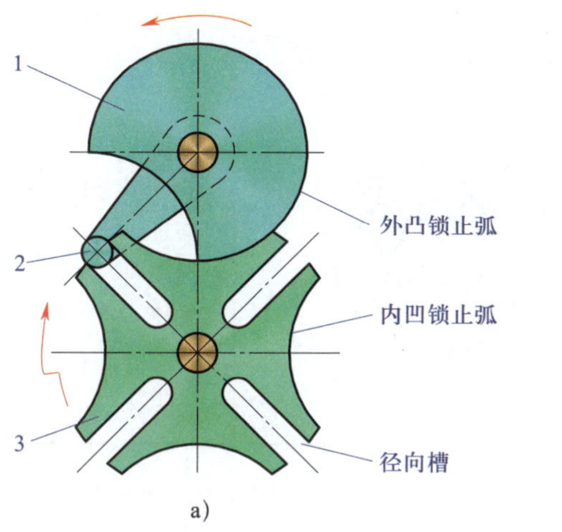

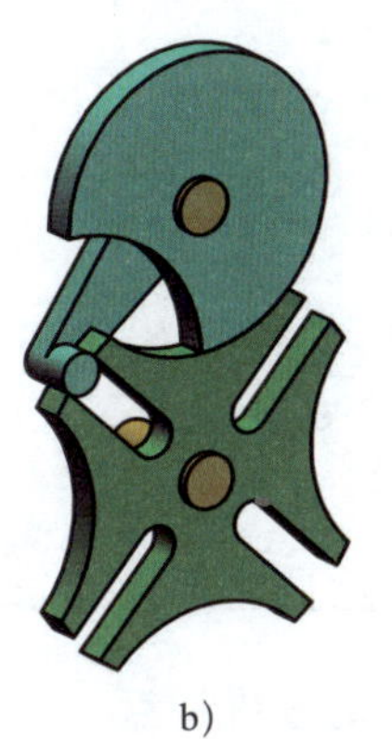

图 9-24　槽轮机构

1—主动拨盘　2—装有圆销的曲柄　3—从动槽轮

2. 槽轮机构的常见类型及运动特点

槽轮机构的常见类型及运动特点见表 9-2。

表 9-2　槽轮机构的常见类型及运动特点

类型	图示	运动特点
单圆销外接槽轮机构	1—主动拨盘　2—装有圆销的曲柄　3—从动槽轮	主动拨盘 1 每旋转一周，圆销拨动从动槽轮 3 运动一次，且从动槽轮与主动拨盘的转向相反。从动槽轮静止不动的时间很长
双圆销外接槽轮机构	1—主动拨盘　2—装有圆销的曲柄　3—从动槽轮	主动拨盘 1 每旋转一周，从动槽轮 3 运动两次，减少了静止不动的时间。从动槽轮与主动拨盘的转向相反。增加圆销个数，可使从动槽轮运动次数增多，但圆销数量不宜太多

续表

类型	图示	运动特点
内接槽轮机构	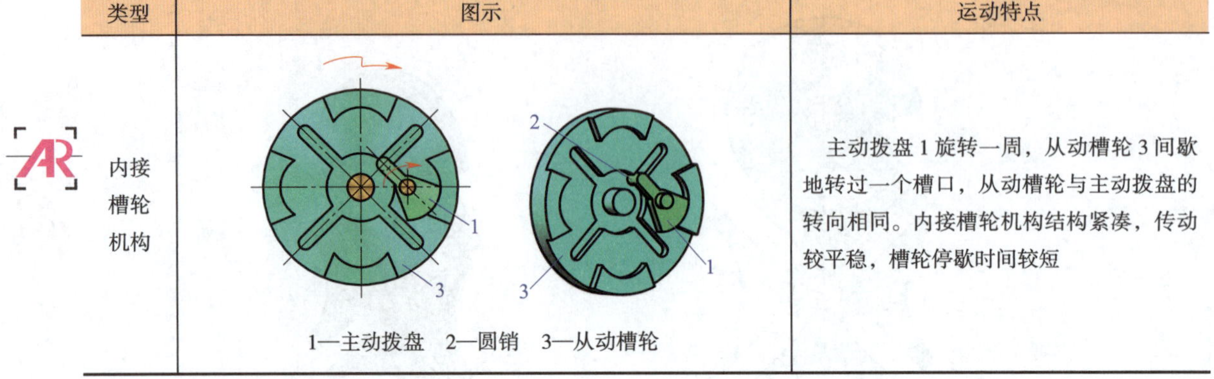 1—主动拨盘　2—圆销　3—从动槽轮	主动拨盘 1 旋转一周，从动槽轮 3 间歇地转过一个槽口，从动槽轮与主动拨盘的转向相同。内接槽轮机构结构紧凑，传动较平稳，槽轮停歇时间较短

3. 槽轮机构的应用特点

槽轮机构结构简单，转位方便，工作可靠，能准确控制槽轮转角；但其转角的大小受到槽数限制，不能调节。在槽轮转动的始末位置处，机构存在冲击现象，且随着转速的增加而加剧，故不适用于高速场合。

三、不完全齿轮机构

图 9–25 所示为外啮合式不完全齿轮机构，该机构的主动齿轮齿数较少，只保留三个齿，从动齿轮上制有与主动齿轮轮齿相啮合的轮齿及带锁止弧的厚齿。主动齿轮转一周，从动齿轮转 1/6 周。从动齿轮转一周停歇六次。这种由轮齿不布满整个圆周的齿轮作为主动轮的齿轮机构称为不完全齿轮机构。不完全齿轮机构的主动齿轮做连续转动，从动齿轮做间歇转动。它是由普通渐开线齿轮机构演变而成的一种间歇运动机构。

不完全齿轮机构的特点是结构简单、工作可靠、传递力大；但工艺复杂，从动轮在运动的开始与终止位置有较大冲击，一般适用于低速、轻载的场合。

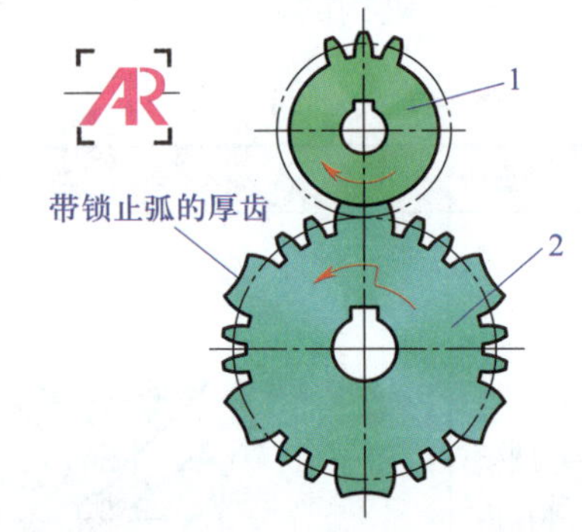

图 9–25　外啮合式不完全齿轮机构
1—主动齿轮　2—从动齿轮

§9–4　实训——参观生产现场

一、实训目的

通过参观机械加工生产现场（见图 9–26），了解机械产品的设计和生产流程，机械加工的内容及加工特点，常用机床的类型、用途及加工工艺，体验机械加工的工作氛围，培养对机械加工的感性认识。

图 9-26　机械加工生产现场

二、任务描述

在教师带领下，根据企业产品生产流程参观企业生产现场，并了解以下内容：

1．企业对参观人员有哪些要求？生产车间有哪些安全文明生产规章制度？

2．所参观的企业主要生产什么产品？有哪些生产部门和工作岗位？

3．生产车间有哪些生产设备？其用途是什么？

4．机械生产岗位对生产工人有何技术要求？

三、任务实施

1．了解企业对参观人员的要求

一般情况下，为了安全和技术保密，企业是不允许人员随便进入工作现场参观的，所以参观企业的学生必须在教师带领下，并服从企业工作人员的安排，按照规定的路线参观。

2．了解车间的管理制度

为了提高管理效能，保证设备操作人员的安全和设备完好，提高生产效率，企业都会根据不同的工作岗位制定相关的规章制度，这也是参观学习的主要内容之一。

3．认识生产设备

通过参观学习，了解企业产品的种类、用途和加工工艺流程，以及主要生产设备的功能和用途。

知识链接

1．某企业外来参观人员须知

（1）进入生产区严禁烟火，禁止吸烟。

（2）参观人员必须沿安全通道行走，注意避让运行中的行车；上下楼梯要握好扶手，当心滑跌。

（3）不得近距离观看运行的设备设施，禁止身体的任何部位触及运转设备，当心机械伤人。

（4）禁止动用设备及相关设施。

（5）遵守现场禁止、警告、指令、提示标志的内容，接受企业正当的纠正、要求或建议。

（6）参观结束后，带队人员要确认所有进入生产现场人员是否安全撤离。

（7）参观期间遇到紧急或意外情况时，应听从带队人员的统一指挥，安全撤离或进行应急救护。

2．某企业机械加工车间操作工人岗位职责

机床操作工人在工作时必须遵守国家安全法规和机械加工安全操作规程及公司内部安全规章制度，确保人、机、物的安全及工作环境的整洁，具体内容如下：

（1）认真执行机械加工安全操作规程，工作前认真检查机床设备，确认正常后方可开机操作。

（2）操作工人操作时必须穿戴工作服、工作鞋、工作帽，将衣服袖口扎紧；饮酒后的人员禁止进入机械加工车间。

（3）操作工人必须遵守机械加工通用工艺守则，不得违反设备操作规程。

（4）车间内工件、附件、工具要分类合理摆放整齐，毛坯堆码的高度要合理，人行通道和操作场地应通畅、开阔，以确保安全。

（5）在使用各类刀具、铁棒、铁钩时，禁止对着其他人员，以免误伤他人；使用完毕后要妥善保管。

（6）留有超过颈根以下长发的员工操作旋转设备时必须戴工作帽，并把头发放入帽内。

（7）清除工件上的切屑时应使用专用工具，严禁用手拿或用嘴吹。

（8）严禁戴手套操作旋转设备。高速切削或切削脆性材料时，要戴好防护眼镜。

（9）严禁在转动部位上方传递物品。

（10）装卸调换工装夹具、测量工件、擦拭机床时必须停车。

（11）刃磨刀具时应遵守砂轮机操作规程。

（12）严格执行公司上下班制度，在上班时间严禁离岗、闲聊、浏览手机等，不得从事与工作无关的事情。

（13）保持车间生产现场的整洁，每天下班前必须清理切屑和垃圾，保养设备；上班开机前按规定要求润滑设备，并依据气温状况空车运行 5 ~ 10 min 再进行正常生产，确保设备安全运行。

（14）操作者应管理好所使用的设备、设施、工具和附件等物品，做到文明生产，不得随意乱丢物料。

（15）下班前必须切断电源、气源，清理现场，关好门窗，认真检查水、电、气是否处于安全状态。

（16）每周五 15：00 利用一个小时的时间对机床进行保养。

3. 常用机床的类型、特点及应用

机械加工企业常用机床的类型、特点及应用见表 9–3。

表 9–3 常用机床的类型、特点及应用

<table>
<tr><th>类型</th><th>图示</th><th>特点及应用</th></tr>
<tr><td>普通车床</td><td></td><td rowspan="2">利用工件的旋转运动和刀具移动对零件进行加工，主要用于回转体工件的加工，如加工外圆柱面、圆锥面、球面及各种内孔等</td></tr>
<tr><td>数控车床</td><td>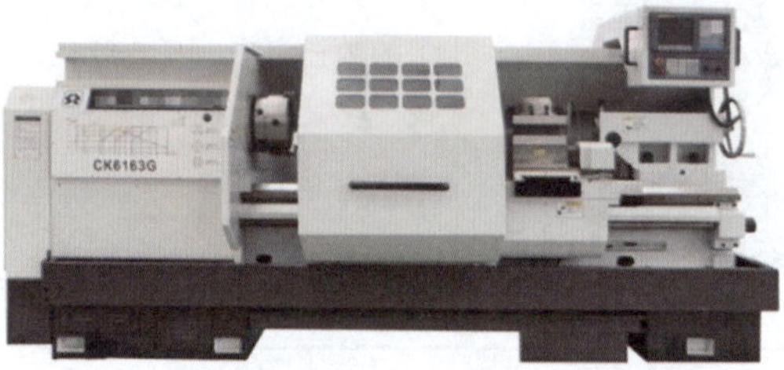
</td></tr>
<tr><td>普通铣床</td><td></td><td>是指用铣刀在工件上加工各种表面的机床，主要用于铣削平面和加工沟槽。铣削加工时，铣刀的旋转运动为主运动，工件或（和）铣刀的移动为进给运动</td></tr>
</table>

续表

类型	图示	特点及应用
数控铣床	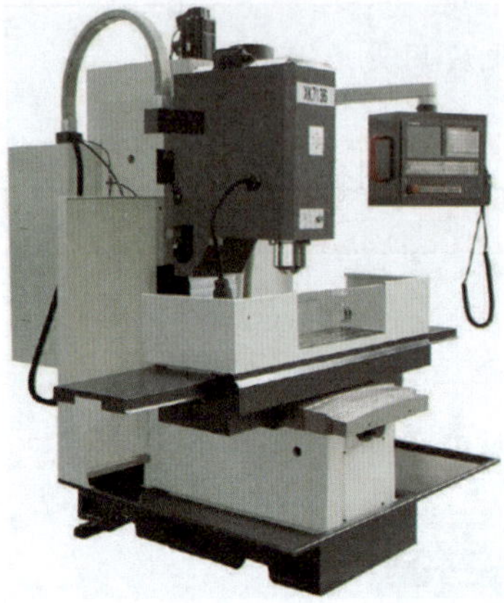	是指用铣刀在工件上加工各种表面的机床，主要用于铣削平面和加工沟槽。铣削加工时，铣刀的旋转运动为主运动，工件或（和）铣刀的移动为进给运动
加工中心		加工中心备有刀库，具有自动换刀功能，是对工件一次装夹后进行多工序加工的数控机床，可连续完成钻、镗、铣、铰、攻螺纹等多种工序

第十章 轴

轴是指支承转动件，传递运动和动力的机械零件，是机器中最基本、最重要的零件之一。各种做旋转运动的零件（如带轮、齿轮等）都必须安装在轴上才能传递运动和动力。轴在生产、生活中随处可见，如减速器中的转轴、自行车中的轴棍、汽车中的传动轴，以及内燃机中的曲轴等。图 10–1 所示为单级齿轮减速器的输出轴组件，在输出轴上安装了齿轮、轴承、定位套、键等零件。

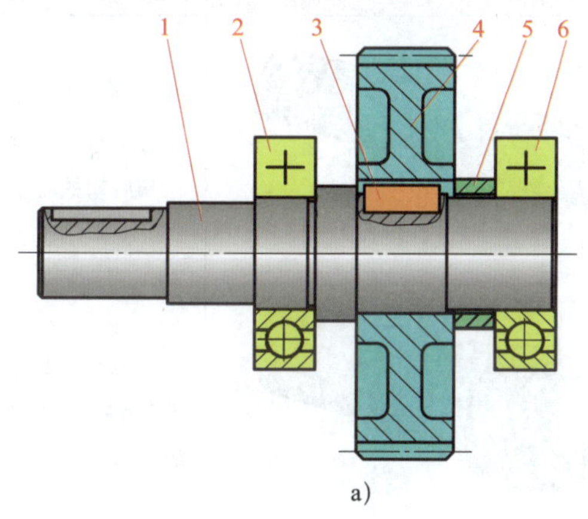

a)

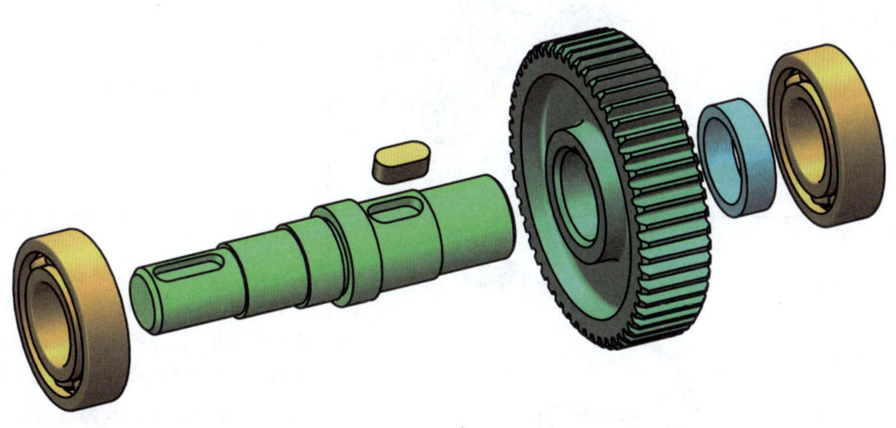

b)

图 10–1　单级齿轮减速器的输出轴组件

1—输出轴　2、6—滚动轴承　3—键　4—齿轮　5—定位套

§10-1 轴的用途和分类

一、轴的主要类型及应用特点

轴的主要功用是支承旋转零件（如齿轮、带轮等）、传递运动和动力。根据轴线形状的不同，轴可以分为直轴、曲轴和挠性钢丝软轴（简称挠性轴）。其中，直轴根据形状不同分为光轴和阶梯轴。轴的主要类型及应用特点见表 10–1。

表 10–1　轴的主要类型及应用特点

轴的类型		外形图	应用特点
直轴	光轴		形状简单，加工容易，应力集中源较少；但轴上零件不易定位。主要应用：自行车前轮和后轮的心轴、车床光杠等
	阶梯轴		容易实现轴上零件定位；但加工复杂，应力集中源较多。主要应用：减速器、机床中的轴等
曲轴			将旋转运动转变为往复直线运动，或将往复直线运动转变为旋转运动。主要用于内燃机、空气压缩机、活塞泵及冲床等
挠性钢丝软轴（挠性轴）			通常由钢丝软轴、软管、软轴接头和软管接头等组成，具有一定挠性并能传递一定转矩。常用于医疗器械和小型手持电动机具（如牙科旋转器械、混凝土振捣器、背负式割草机）

二、直轴的分类及应用特点

根据承载情况的不同，直轴又可以分为心轴、传动轴和转轴三类，其应用见表 10–2。

表 10–2　直轴的承载情况及应用特点

<table>
<tr><th colspan="2">类型</th><th>举例</th><th>承载情况及应用特点</th></tr>
<tr><td rowspan="2">心轴</td><td>转动心轴</td><td> 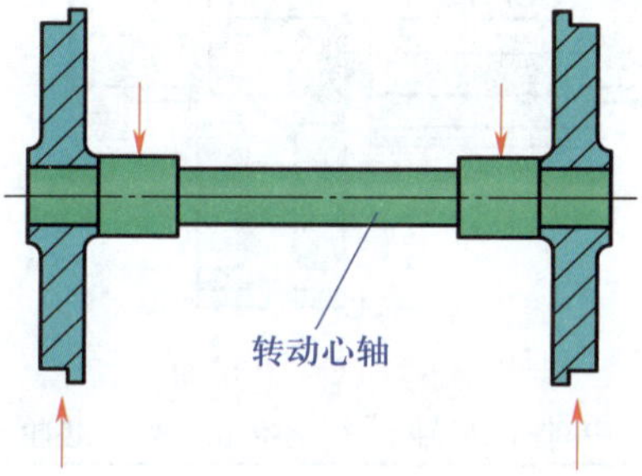转动心轴
火车轮轴</td><td rowspan="2">工作时只承受弯矩，起支承作用</td></tr>
<tr><td>固定心轴</td><td> 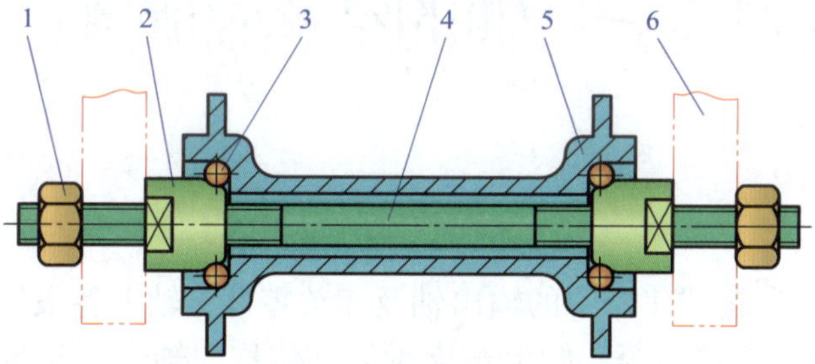1　2　3　4　5　6
自行车前轴
1—螺母　2—轴挡　3—滚珠　4—轴棍（固定心轴）　5—轴管　6—前叉</td></tr>
<tr><td colspan="2">传动轴</td><td> 汽车传动轴</td><td>工作时只承受扭矩，不承受弯矩或承受很小的弯矩，仅起传递动力的作用</td></tr>
</table>

续表

类型	举例	承载情况及应用特点
转轴	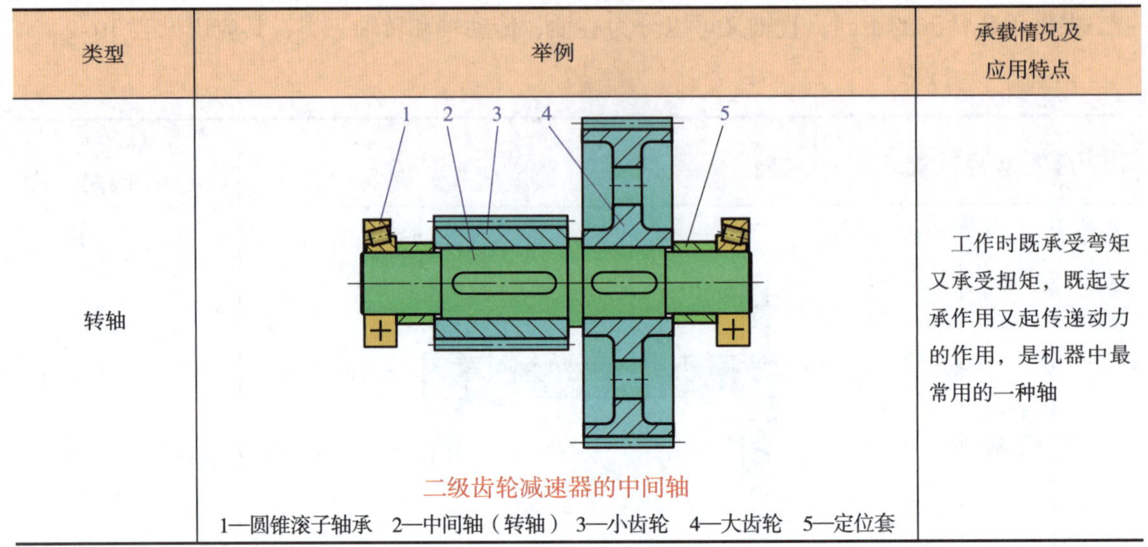 二级齿轮减速器的中间轴 1—圆锥滚子轴承　2—中间轴（转轴）3—小齿轮　4—大齿轮　5—定位套	工作时既承受弯矩又承受扭矩，既起支承作用又起传递动力的作用，是机器中最常用的一种轴

§ 10-2　轴的结构和材料

一、轴的结构

图 10-2 所示为二级齿轮减速器中的输出轴及相关零件。轴上各段按其作用可分别称为轴颈、轴头、轴身、轴肩和轴环等。轴上被支承的部位称为轴颈；安装轮毂的部位称为轴头；连接轴颈和轴头的部位称为轴身；轴径变化处形成的环形面称为轴肩；轴环是指给轴上零件轴向定位的环状圆柱凸台，其作用和轴肩相同，都可以给轴上零件进行轴向定位。

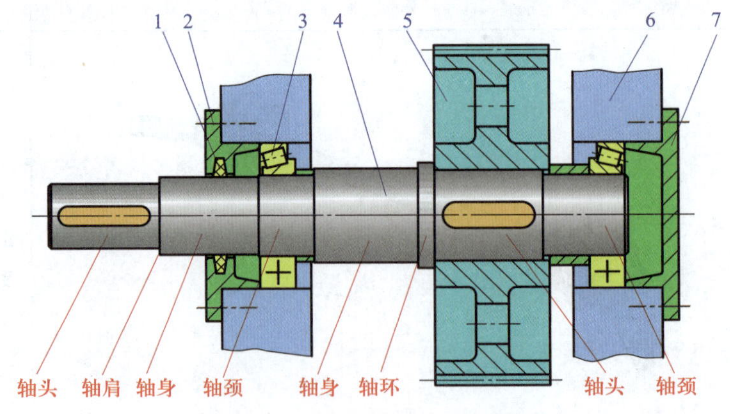

图 10-2　输出轴及相关零件

1—密封圈　2—透盖　3—滚动轴承　4—轴　5—齿轮　6—箱体　7—闷盖

二、轴的设计要求

轴的结构形式应便于加工，便于轴上零件的装配和维修，并且能提高生产率、降低成本。一般来说，轴的结构越简单，工艺性越好，所以在满足使用要求的前提下，轴的结构形式应尽量简化。在进行轴的设计时应注意以下几点。

1. 轴的结构和形状应便于加工、装配和维修。

2. 阶梯轴的直径应中间大、两端小，以便于轴上零件的拆装，如图 10–3 所示。

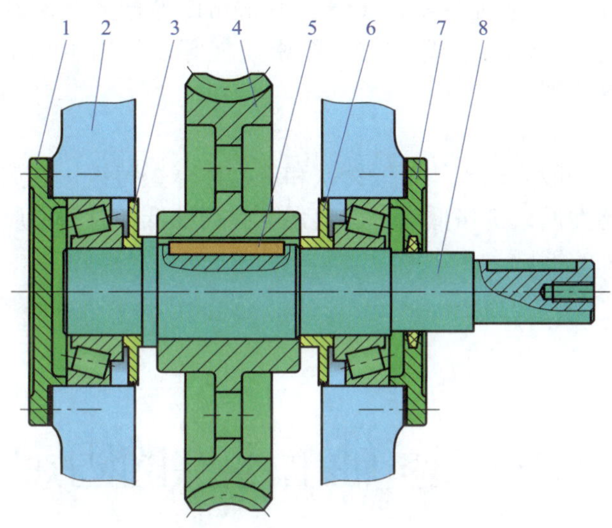

图 10–3　轴上常见的工艺结构

1—闷盖　2—箱体　3、6—挡油环　4—蜗轮　5—A 型普通型平键　7—透盖　8—轴

3. 轴端、轴颈与轴肩（或轴环）的过渡部位应有倒角或过渡圆角，以便于轴上零件的装配，避免划伤配合表面，减小应力集中。应尽可能使倒角（或圆角半径）一致，以便于加工。

4. 若轴上需要车螺纹或进行磨削时，应有螺纹退刀槽（见图 10–4a）或砂轮越程槽（见图 10–4b）。

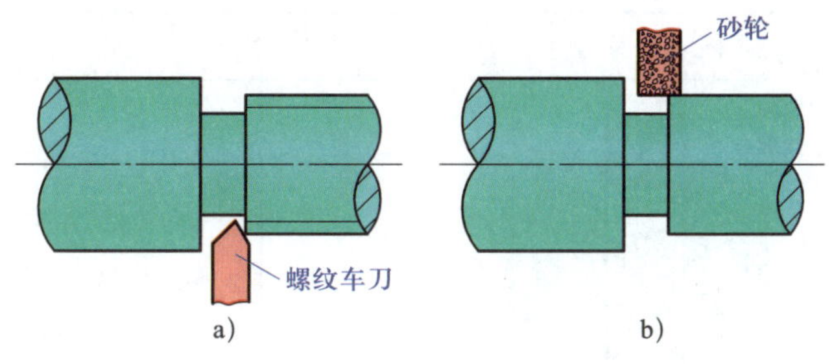

图 10–4　退刀槽与砂轮越程槽

a）退刀槽　b）砂轮越程槽

5. 当轴上有两个以上键槽时，槽宽应尽可能相同，并布置在同一方向上，以便于加工。

三、轴的常用材料

轴的常用材料主要有碳素结构钢、优质碳素结构钢、合金结构钢和铸铁等。

1. 碳素结构钢和优质碳素结构钢

轴常用的优质碳素结构钢有 30、35、40、45、50 等，其中 45 钢的应用最广。为改善轴的力学性能，应对其进行正火或调质处理。对于不重要或受力较小的轴，常采用 Q235、Q275 等碳素结构钢。

2. 合金结构钢

合金结构钢具有较高的力学性能与较好的热处理性能，但价格较贵，多用于有特殊要求的轴。如采用滑动轴承的高速轴，常用 20Cr、20CrMnTi 等合金渗碳钢，经渗碳淬火后可提高轴颈的耐磨性；曲轴、镗杆、磨床主轴、精密丝杠等常采用 40CrNi、38CrMoAlA 等合金调质钢，并进行调质热处理。

3. 铸铁

用于制造轴的铸铁一般为珠光体可锻铸铁和珠光体球墨铸铁，其流动性、吸振性和耐磨性好，对应力集中敏感性低，价格低廉；但其强度和韧性低，且铸造质量不易控制。一般用于形状复杂、尺寸较大的轴。

§10-3 轴上零件的固定

轴上零件的固定分为轴向固定和周向固定。

一、轴上零件的轴向固定

轴上零件轴向固定的目的是保证零件在轴上有确定的轴向位置，防止零件沿轴向移动，并能承受轴向力。轴上零件的轴向固定方法、结构特点及应用见表 10-3。

表 10-3　　轴上零件的轴向固定方法、结构特点及应用

类型	固定方法及图例	结构特点及应用
圆螺母	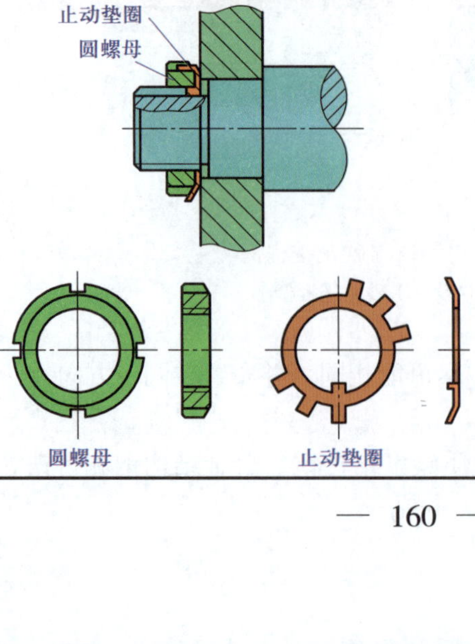 止动垫圈 圆螺母 圆螺母　止动垫圈	固定可靠，拆装方便，可承受较大的轴向力。为防止松脱，可加止动垫圈或使用双螺母。由于在轴上切制了螺纹，使轴的强度有所降低。常用于轴上零件距离较大处及轴端零件的固定

续表

类型	固定方法及图例	结构特点及应用
轴肩与轴环	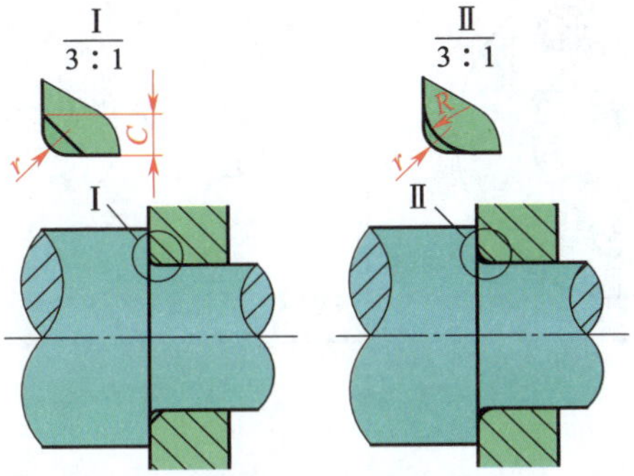 I 3:1 C r R II 3:1	应使轴肩、轴环的过渡圆角半径r小于轴上零件孔端的圆角半径R或倒角C（$r<R$或$r<C$），这样才能使轴上零件的端面紧靠定位面。特点是结构简单，定位可靠，能承受较大的轴向力。广泛用于各种轴上零件的定位
套筒	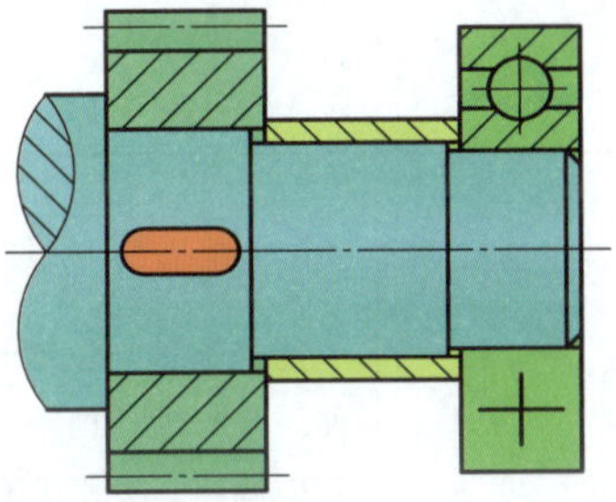	结构简单，定位可靠。适用于轴上零件间距离较短的场合。当轴的转速很高时不宜采用
轴端挡圈	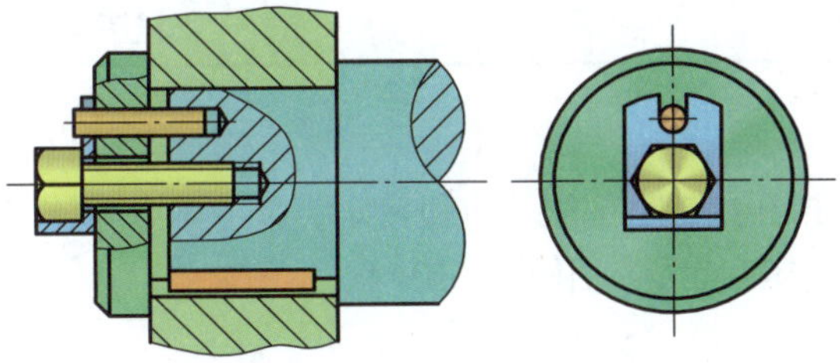	工作可靠，可承受剧烈振动和冲击载荷。使用时，应采用止动垫片、防转销等防松措施。该方法应用广泛，常用于固定轴端零件
弹性挡圈	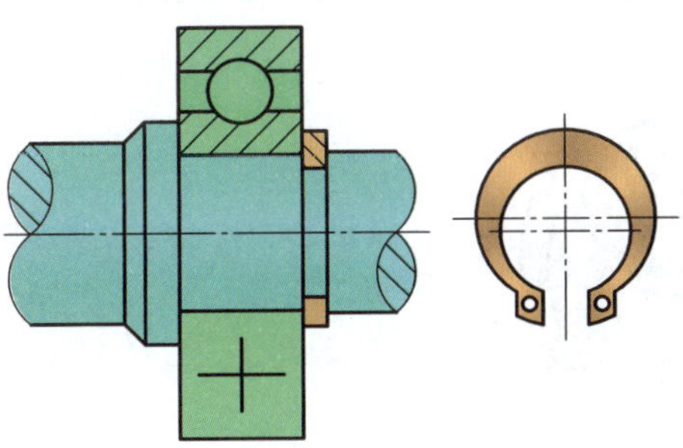	结构简单、紧凑，拆装方便，但只能承受很小的轴向力。需要在轴上切槽，这将引起应力集中。常用于滚动轴承的固定

续表

类型	固定方法及图例	结构特点及应用
轴端挡板	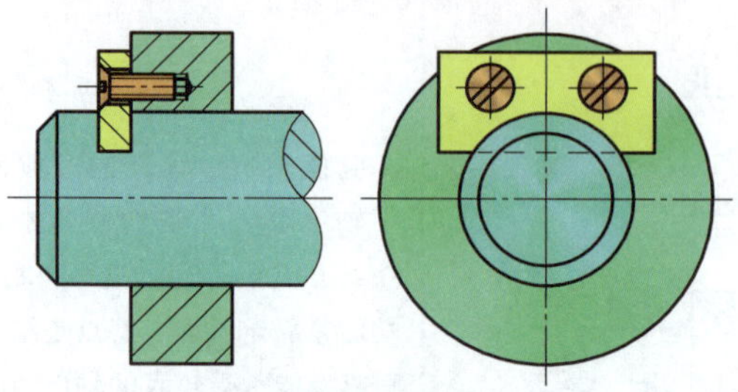	结构简单，常用于心轴上零件的固定和轴端固定
紧定螺钉与挡圈	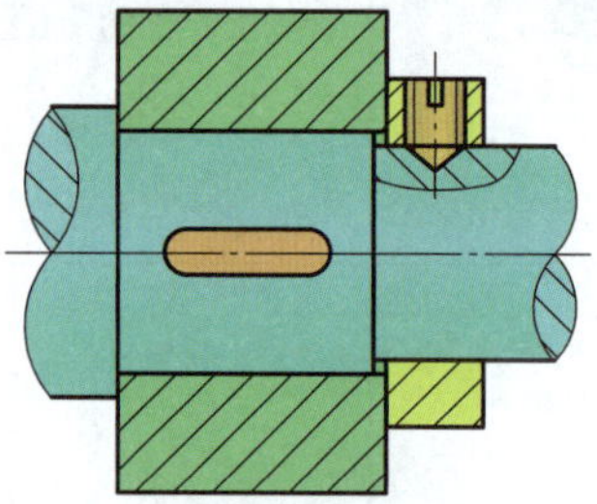	结构简单，但承载能力较低，且不适用于高速场合
圆锥面	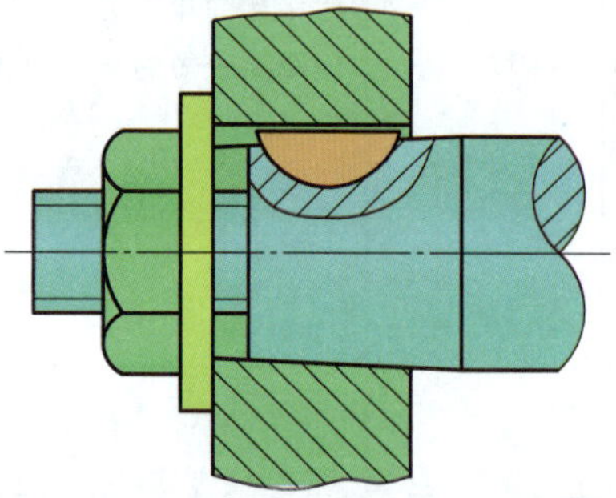	能消除轴与轮毂间的径向间隙，拆装方便。常与轴端挡圈联合使用，实现零件的双向固定。适用于有冲击载荷和对中性要求较高的场合，常用于轴端零件的固定

二、轴上零件的周向固定

轴上零件周向固定的目的是保证轴能可靠地传递运动和转矩，防止轴上零件与轴产生相对转动。轴上零件的周向固定方法、结构特点及应用见表 10–4。

表 10–4　　轴上零件的周向固定方法、结构特点及应用

类型	固定方法及图例	结构特点及应用
平键连接	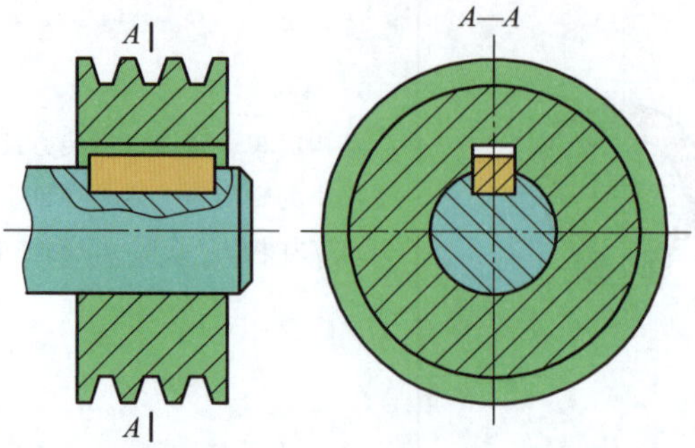 A A A—A	加工容易，拆装方便，但不能进行轴向固定

续表

类型	固定方法及图例	结构特点及应用
花键连接	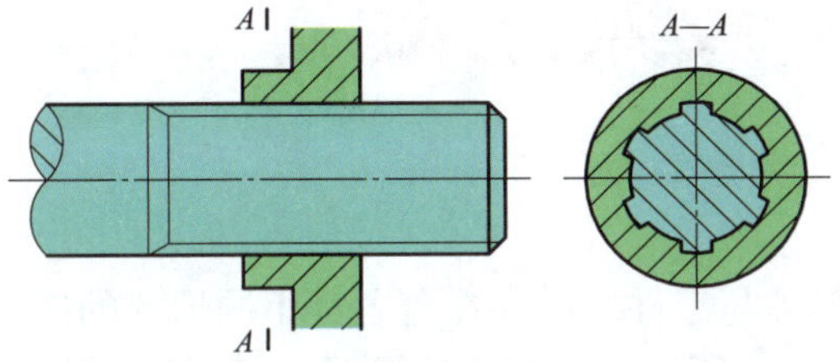 A A—A A	具有接触面积大、承载能力强、对中性和导向性好等特点。适用于载荷较大、定心精度要求高的静连接、动连接。加工工艺较复杂，成本较高
销连接	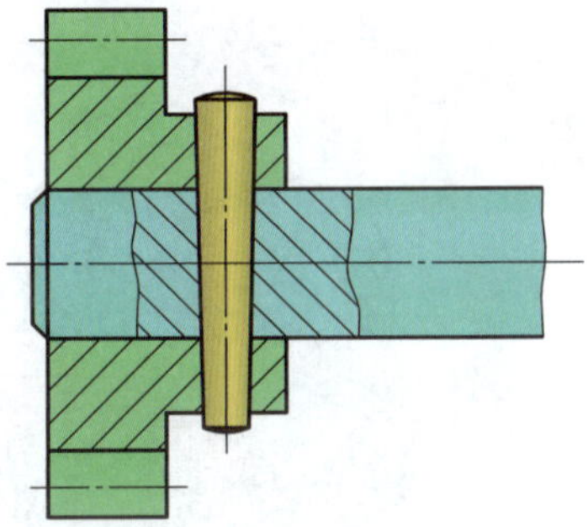	可同时进行轴向和周向固定。常用作安全装置，过载时可被剪断，防止损坏其他零件。不能承受较大载荷，销孔对轴的强度有削弱作用
紧定螺钉连接	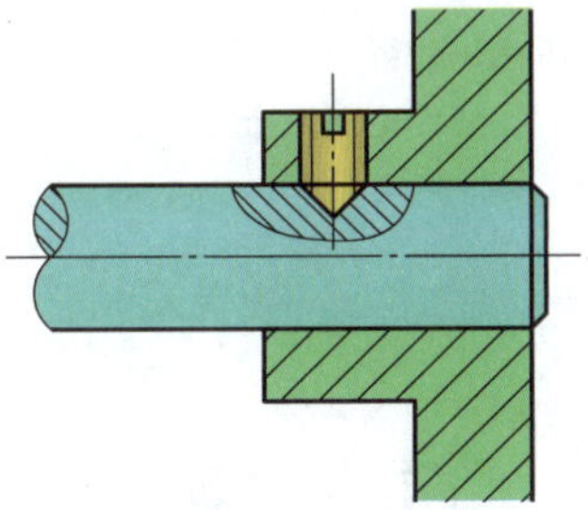	紧定螺钉端部拧入轴上凹坑实现轴向和周向固定。其结构简单，不能承受较大载荷，只适用于辅助连接
过盈配合连接	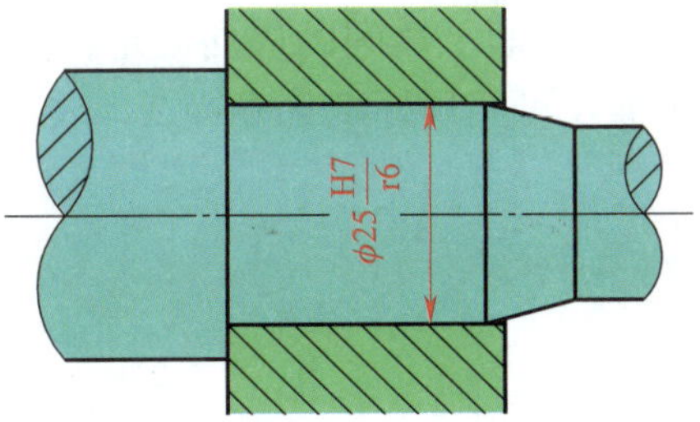 $\phi25\frac{H7}{r6}$	能同时进行轴向和周向固定，对中精度高，选择不同的配合有不同的连接强度。但装拆不方便，不适用于重载和经常装拆的场合

第十一章 键、销及其连接

机器都是由各种零件装配而成的，零件与零件之间存在着各种不同形式的连接。键连接和销连接是两种常用的连接形式。如图 11-1 所示，在轴上安装了 V 带轮，带轮的周向固定用键连接，轴向固定通过销和定位套实现。

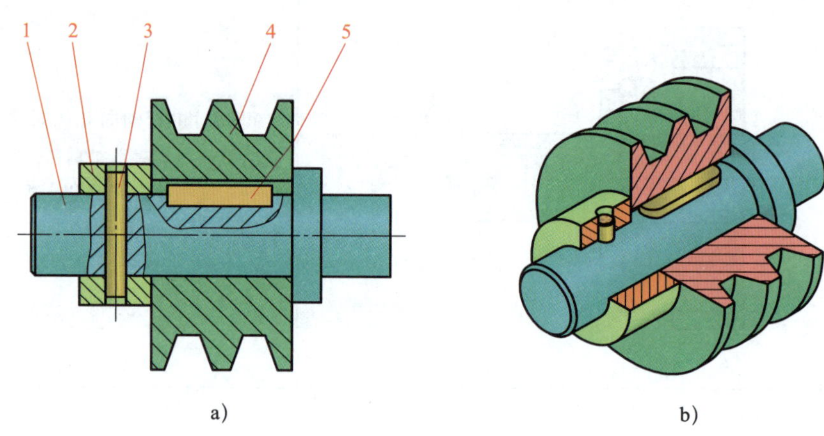

图 11-1 键连接和销连接

1—轴 2—定位套 3—销 4—V 带轮 5—键

§11-1 键 连 接

键连接可以实现轴与轴上零件（如齿轮、带轮等）之间的周向固定，并传递运动和转矩。键连接具有结构简单、拆装方便、工作可靠及可实现标准化等特点，故在机械中应用极为广泛。

键连接的分类如下：

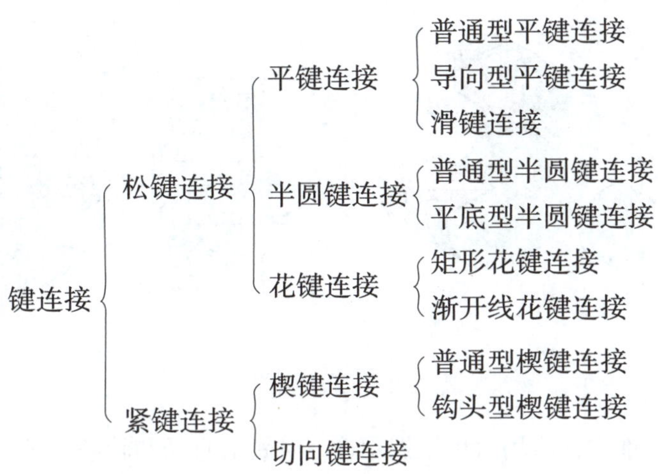

一、平键连接

平键连接的特点是：靠平键的两侧面传递转矩，因此，键的两侧面是工作面，对中性好；而键的上表面与轮毂上的键槽底面之间留有间隙，以便于装配。根据用途不同，平键分为普通型平键、导向型平键和滑键等。

1. 普通型平键连接

如图 11–2 所示，按端部形状不同普通型平键分为 A 型（圆头）、B 型（方头）和 C 型（单圆头）三种形式。A 型键应用最广，轴上键槽用端铣刀加工，键在槽中轴向固定良好，但键槽在轴上引起的应力集中较大；B 型键用于三面刃铣刀加工的轴上键槽，键槽在轴上引起的应力集中较小；C 型键用于轴端。

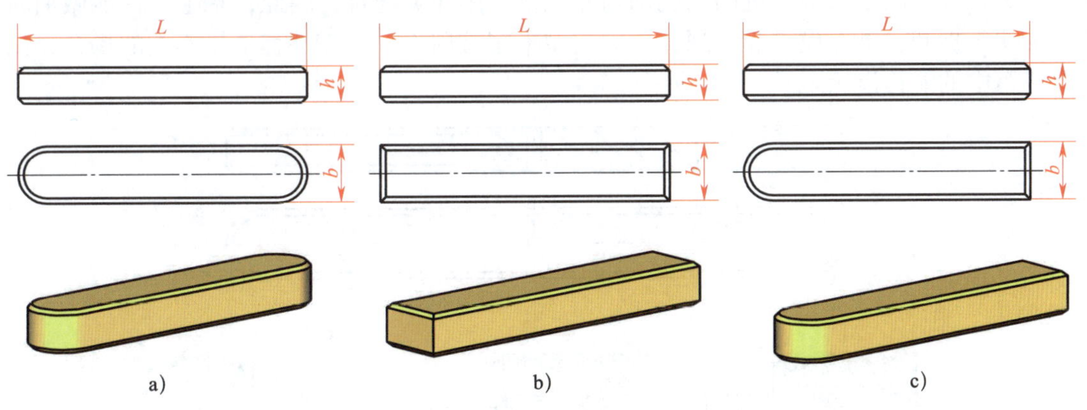

图 11–2 普通型平键

a）A 型键（圆头） b）B 型键（方头） c）C 型键（单圆头）

普通型平键连接如图 11–3 所示。装配时首先将键装入轴上的键槽中，并与键槽底面贴紧后再安装轮毂。普通型平键的两侧面是工作面，连接时与键槽接触；键的顶端与孔上键槽的底面之间有间隙。

普通型平键的材料通常选用 45 钢。当轮毂为有色金属或非金属时，键可用 20 钢或 Q235 钢制造。普通型平键工作时，轴和轴上零件沿轴向不能有相对移动。

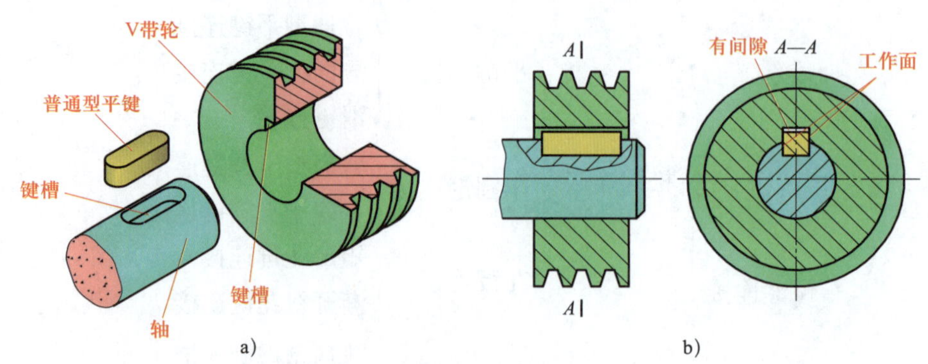

图 11–3　普通型平键连接

普通型平键是标准件，应用时可根据用途、轴颈的直径和轮毂的长度等选取键的类型和尺寸。普通型平键的主要尺寸有键宽 b、键高 h 和键长 L。

普通型平键的标记示例如下。

“GB/T 1096　键 16×10×100”表示圆头普通型平键，b=16 mm、h=10 mm、L=100 mm。

“GB/T 1096　键 B16×10×100”表示平头普通型平键，b=16 mm、h=10 mm、L=100 mm。

“GB/T 1096　键 C16×10×100”表示单圆头普通型平键，b=16 mm、h=10 mm、L=100 mm。

国家标准规定，在普通型平键标记中，圆头普通型平键（A 型）省略代表型号的字母 A，方头（B 型）和单圆头（C 型）必须标出代表型号的字母。

2. 导向型平键连接

当被连接齿轮等零件的轮毂需要在轴上沿轴向移动时，可采用导向型平键和滑键连接。

导向型平键及连接如图 11–4 所示。导向型平键比普通型平键长，为防止松动，通常用螺钉固定在轴上的键槽中，键的两侧面与轮毂槽采用间隙配合，因此，轴上零件能做轴向滑动。为便于拆卸，键上设有起键螺孔。导向型平键常用于轴上零件移动量不大的场合，如机床变速箱中的滑移齿轮。

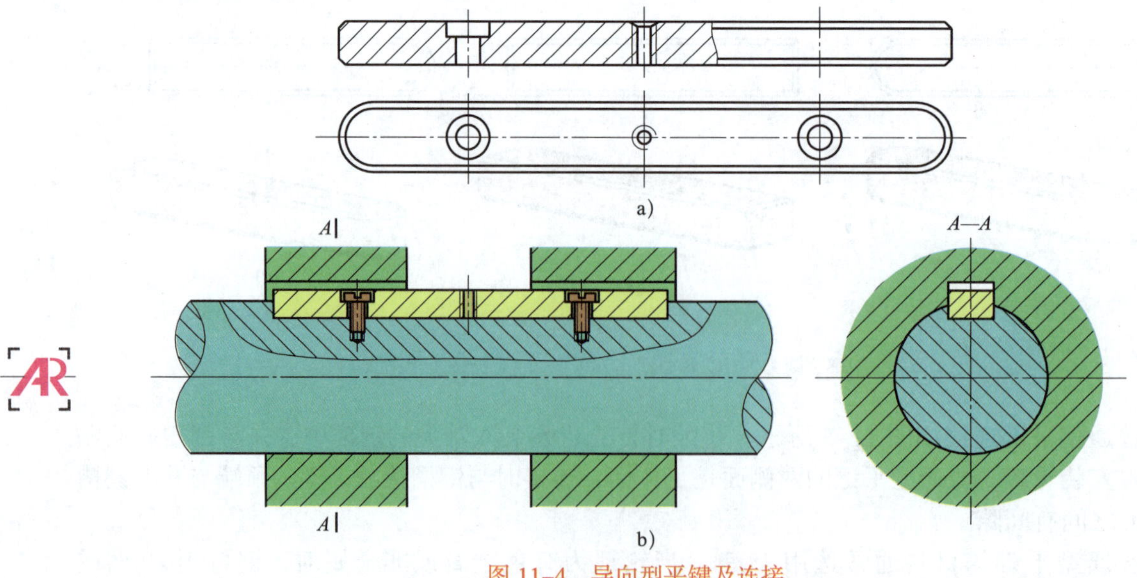

图 11–4　导向型平键及连接

a）导向型平键　b）导向型平键连接

3. 滑键连接

滑键连接有钩头滑键连接和圆柱头滑键连接两种形式，如图 11–5 所示。滑键的侧面为工作面，靠侧面传递动力。其对中性好，拆装方便。滑键固定在轮毂上，轮毂带动滑键在轴上的键槽中沿轴向滑移。滑键可长可短，键长不受滑动距离的限制，只需在轴上铣出较长的键槽即可实现轴上零件较长距离的滑移。

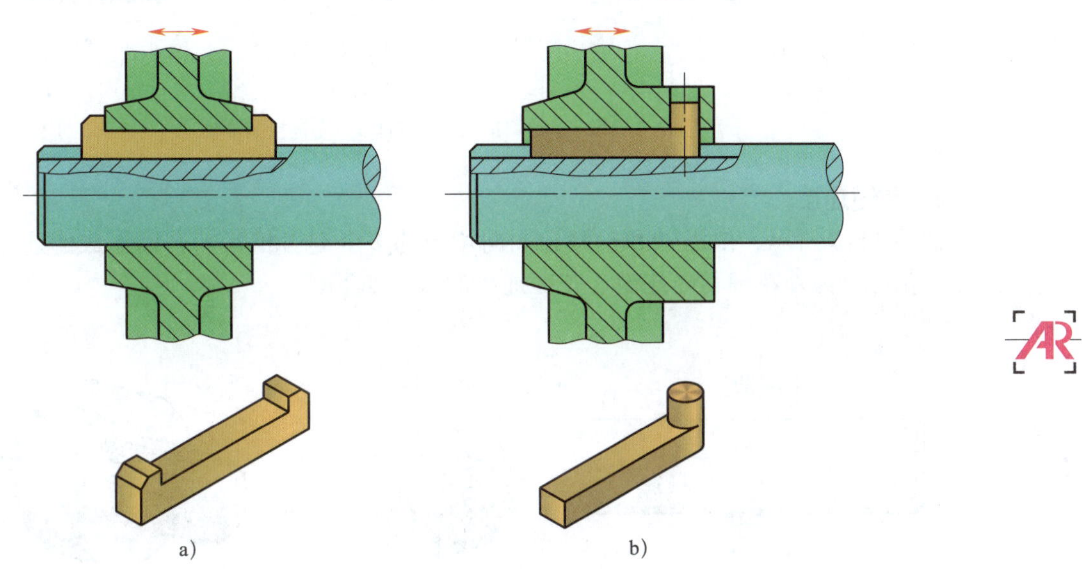

图 11–5　滑键连接

a）钩头滑键连接　b）圆柱头滑键连接

4. 平键连接的配合种类和应用

平键连接采用基轴制配合，按键宽与槽宽配合的松紧程度不同，分为松连接、正常连接和紧密连接三种。平键连接的配合种类和应用见表 11–1。

表 11–1　平键连接的配合种类和应用

平键连接的配合种类	尺寸 b 的公差带			应用范围
	键宽	轴槽宽	轮毂槽宽	
松连接	h8	H9	D10	主要用于导向型平键连接和滑键连接
正常连接		N9	JS9	用于传递载荷不大的场合，在一般机械制造中应用广泛
紧密连接		P9		用于传递重载荷、冲击载荷及双向传递转矩的场合

二、其他键连接

1. 半圆键连接

半圆键分为普通型半圆键和平底型半圆键，普通型半圆键最常用。普通型半圆键连接如图 11–6 所示。普通型半圆键的工作面是键的两侧面，因此与普通型平键一样具有较好的对中性。普通型半圆键可在轴上的键槽中绕槽底圆弧摆动，可用于圆柱形轴或圆锥形轴与轮毂的连接。其缺点是键槽对轴的强度削弱较大，只适用于轻载连接的场合。

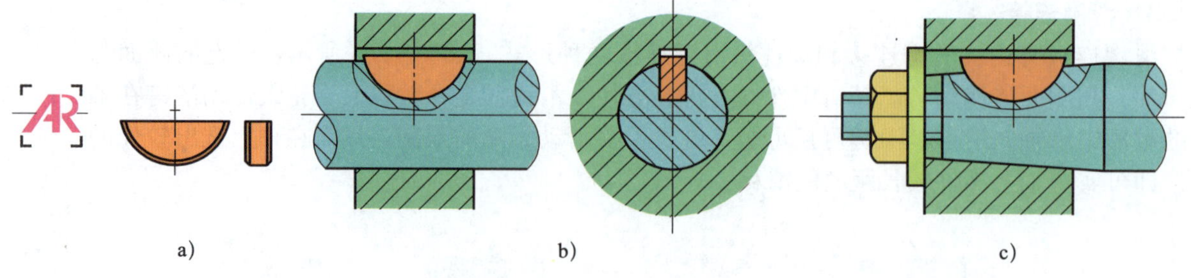

图 11-6　普通型半圆键连接

a）普通型半圆键　b）连接圆柱轴　c）连接圆锥轴

2. 花键连接

如图 11-7 所示，由沿轴和轮毂孔周向均布的多个键齿相互啮合而形成的连接称为花键连接。花键分为外花键和内花键。花键连接的特点如下。

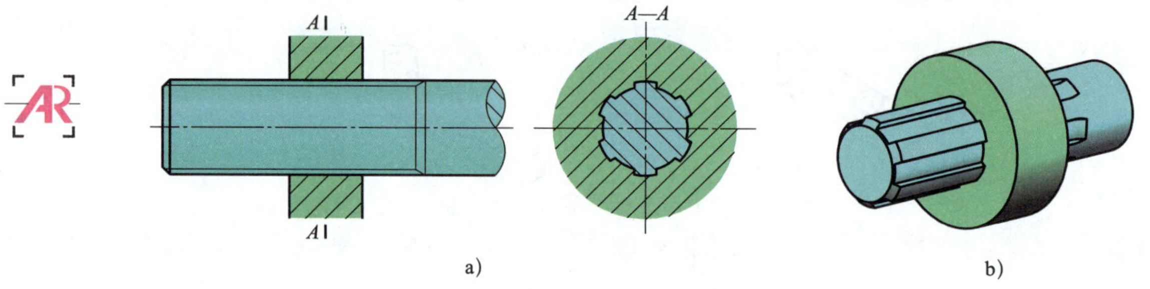

图 11-7　花键连接

（1）花键连接由多齿传递载荷，故承载能力高。

（2）花键的齿浅，对轴的强度削弱较小。

（3）对中性及导向性好。

（4）加工需用专用设备，成本高。

花键连接多用于重载和要求对中性好的场合，尤其适用于经常滑动的连接。按齿形不同，花键分为矩形花键（见图 11-8a）和渐开线花键（见图 11-8b）。

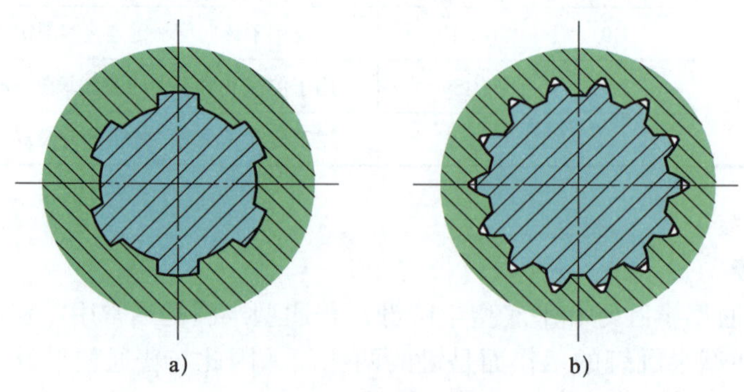

图 11-8　花键的形状

a）矩形花键　b）渐开线花键

矩形花键齿的两侧面为平面，形状简单，加工方便。由于制造时轴和轮毂上的接合面都要经过磨削，因此能消除热处理所产生的变形。矩形花键连接具有定心精度高、定心稳定性好、应力集中较小、承载能力较大等特点，应用较为广泛。

渐开线花键的齿廓为渐开线，其制造精度高、齿根强度高、应力集中小、承载能力大、定心精度高，常用于载荷较大、定心精度要求较高、尺寸较大的连接。

3. 楔键连接

楔键连接分为普通型楔键连接和钩头型楔键连接，如图 11–9 所示。普通型楔键用于可以从小端将楔键打出的场合；钩头型楔键用于不能从一端将楔键打出的场合，钩头供拆卸用。楔键的上表面和轮毂槽的槽底都有 1∶100 的斜度，楔键的上、下表面与轴、轮毂接触，为工作面。将楔键打入、楔紧后，键的上、下表面分别与轮毂和轴上键槽的底面贴合，并产生很大的楔紧力。工作时，它依靠此楔紧力所产生的摩擦力来传递转矩，同时还可以承受单向的轴向力，对轮毂起到单向的轴向固定作用。楔键的侧面与键槽的侧面之间为间隙配合，当转矩过大导致轴与轮毂发生转动时，键的侧面也能进行工作。因此，楔键连接在传递有冲击和振动的较大转矩时仍能保证连接的可靠性。楔键连接的缺点是楔紧后会使轴和轮毂的配合产生偏心与偏斜，因此，楔键连接适用于对零件的定心精度要求不高和转速较低的场合。

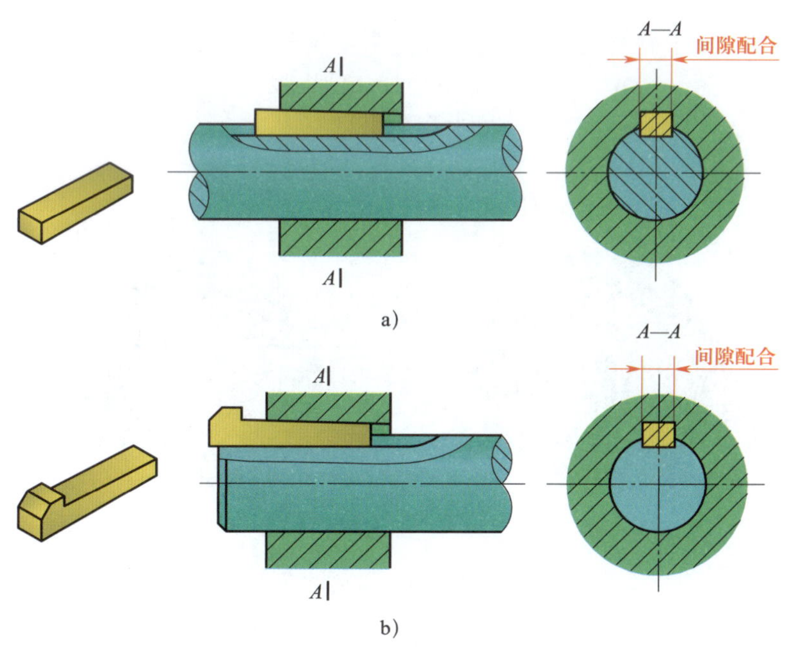

图 11–9　楔键连接

a）普通型楔键连接　b）钩头型楔键连接

4. 切向键连接

一组切向键由两个尺寸相同、斜面斜度为 1∶100 的楔键沿斜面拼合而成，如图 11–10a 所示。其上、下两工作面互相平行，故轴和轮毂上的键槽底面没有斜度。装配时，两个键分别自轮毂两边打入，使两工作面分别与轴、轮毂的键槽底面压紧，如图 11–10b 所示。工作时，靠工作面的压紧作用传递转矩。切向键用于传递转矩大、对中性要求不高的场合，如大型带轮、大型飞轮、大型绞车卷筒等。采用一组切向键只能传递单方向的转矩。传递双向转矩时必须采用两组切向键，两组键相隔 120°，如图 11-11a 所示。如果两组切向键相隔 120° 安装有困难时，也可以相隔 180° 安装，如图 11-11b 所示。

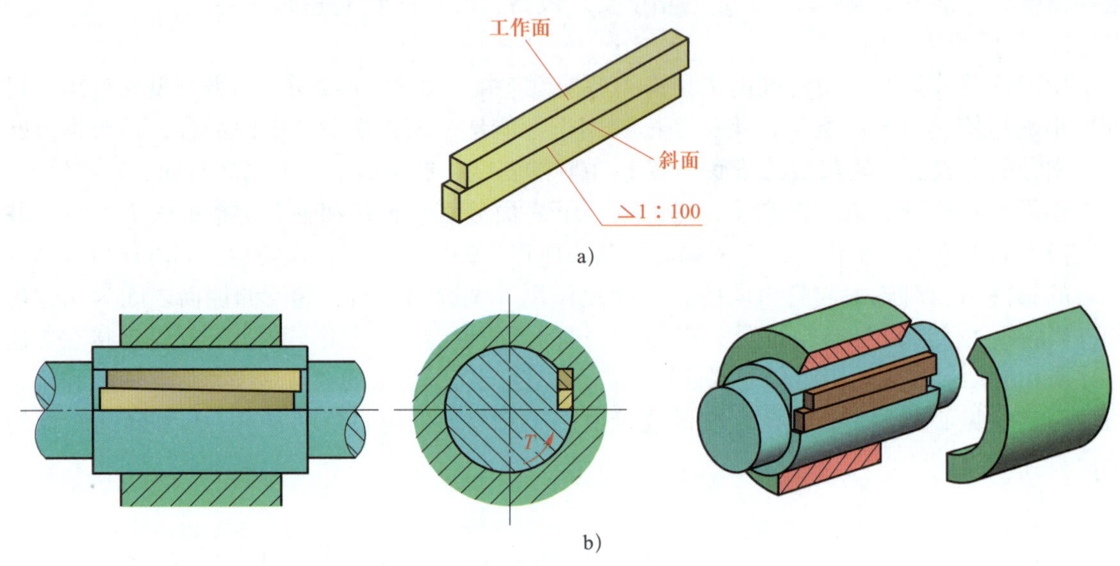

图 11-10　切向键及连接

a）切向键　b）切向键连接

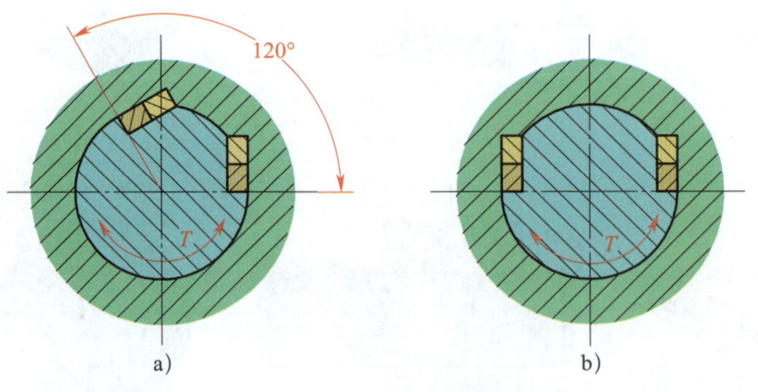

图 11-11　两组切向键连接

§11-2 销 连 接

一、销的用途

销主要用于定位（作为组合加工和装配时的辅助零件，用于确定零件间的相对位置，见图 11-12a），也可用于轴与轮毂的连接或其他零件的连接（见图 11-12b），还可以作为安全装置中的过载保护零件（见图 11-12c）。

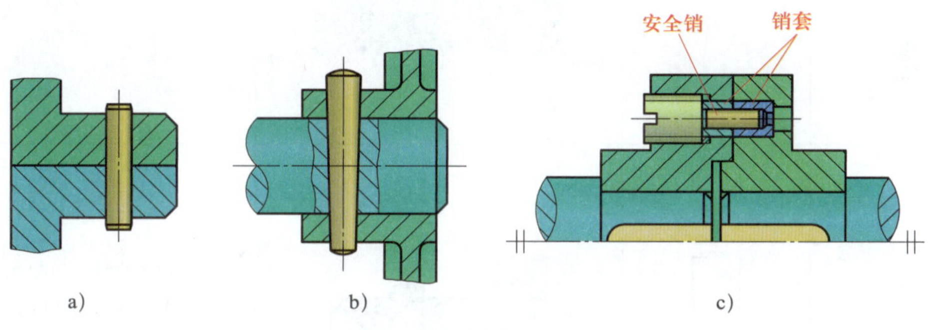

图 11-12　销的用途

a）定位　b）连接　c）过载保护

安全销在机器过载时应被剪断，因此，销的直径应按过载时被剪断的条件确定。为了确保安全销被剪断前不发生挤压破坏，通常在安全销上安装销套。销套有两个，分别安装在两个被连接件上的孔内，如图 11-12c 所示。

二、销的类型、结构、特点及应用

销的形式有很多，基本类型有圆柱销和圆锥销两种，它们均有带螺纹和不带螺纹两种形式。销的结构和参数已标准化，常用圆柱销和圆锥销的类型、结构、特点及应用见表 11-2。

表 11-2　　常用圆柱销和圆锥销的类型、结构、特点及应用

类型	结构	应用图例	特点及应用
圆柱销（GB/T 119.1—2000、GB/T 119.2—2000）			主要用于定位，也可用于连接。GB/T 119.1—2000 的直径公差有 m6 和 h8 两种，GB/T 119.2—2000 的直径公差为 m6。与销相配合的孔的加工方法有配钻、配铰等

续表

类型	结构	应用图例	特点及应用
内螺纹圆柱销 （GB/T 120.1—2000）	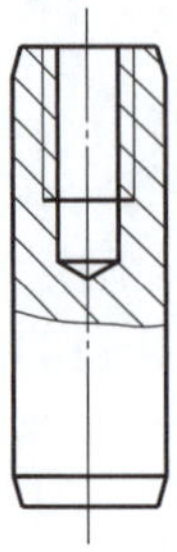	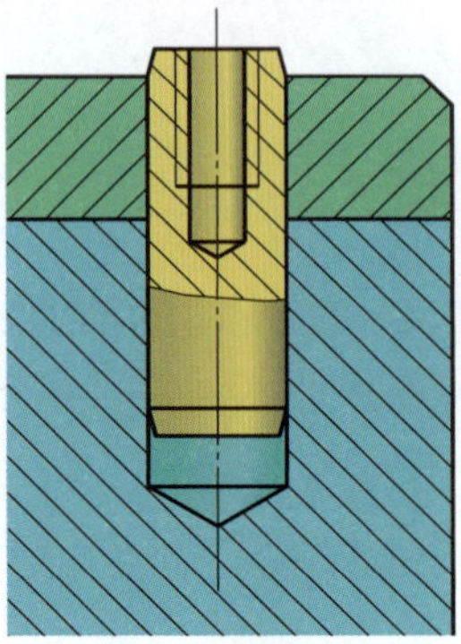	主要用于定位，也可用于连接。内螺纹供拆卸用。直径公差只有m6一种。常用的定位或连接孔的加工方法有配钻、配铰等
圆锥销 （GB/T 117—2000）		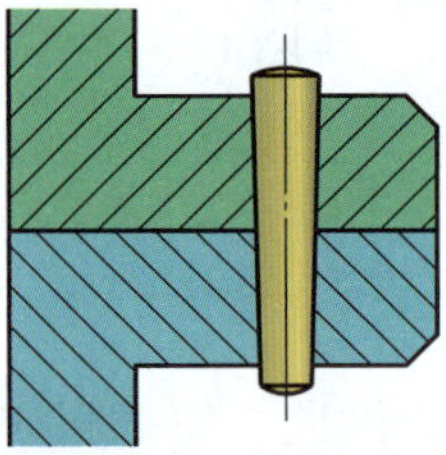	有1∶50的锥度，与相同锥度的铰制孔相配合。圆锥销安装方便，主要用于定位，也可用于连接零件、传递动力，多用于经常拆卸的场合。定位精度比圆柱销高，在受横向力时能自锁
内螺纹圆锥销 （GB/T 118—2000）	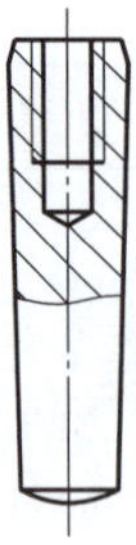	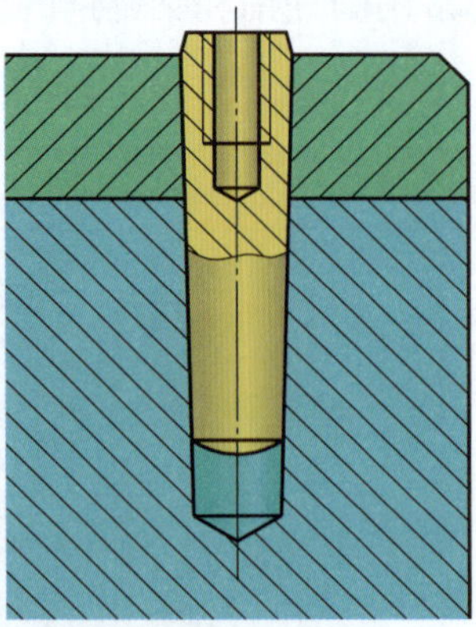	螺孔用于拆卸，可用于不通孔。有1∶50的锥度，与相同锥度的铰制孔相配合。拆装方便，可多次拆装，定位精度比圆柱销高，能自锁

续表

类型	结构	应用图例	特点及应用
开尾圆锥销（GB/T 877—1986）			有 1∶50 的锥度，与相同锥度的铰制孔相配合。打入销孔后，可使末端稍张开，避免松脱，用于有冲击、振动的场合
螺尾锥销（GB/T 881—2000）			螺纹用于拆卸，有 1∶50 的锥度，与相同锥度的铰制孔相配合。拆装方便，可多次拆装，定位精度比圆柱销高，能自锁

三、销的选用与材料

圆柱销利用较小的过盈量固定在销孔中，多次拆装会降低定位精度和可靠性；圆锥销的定位精度和可靠性较高，并且多次拆装不会影响定位精度。因此，需要经常拆装的场合不宜采用圆柱销，而应采用圆锥销。

销起定位作用时一般不承受载荷，并且使用的数量不得少于两个。

销的材料常选用 35 钢或 45 钢，并经热处理达到一定硬度。

第十二章 轴 承

从自行车到电风扇，从汽车到机床，所有机械传动的部位几乎都有轴承的存在。在机械中，轴承是支承转动的轴及轴上零件的部件，用以保证轴的旋转精度，减少轴与轴座之间的摩擦和磨损，轴承的性能直接影响机器的使用性能。根据摩擦性质不同，轴承分为滚动轴承和滑动轴承两大类。图 12–1a 所示为滚动轴承，图 12–1b 所示为滑动轴承。轴承一般成对使用，可支承重载、高速或精密的轴件。

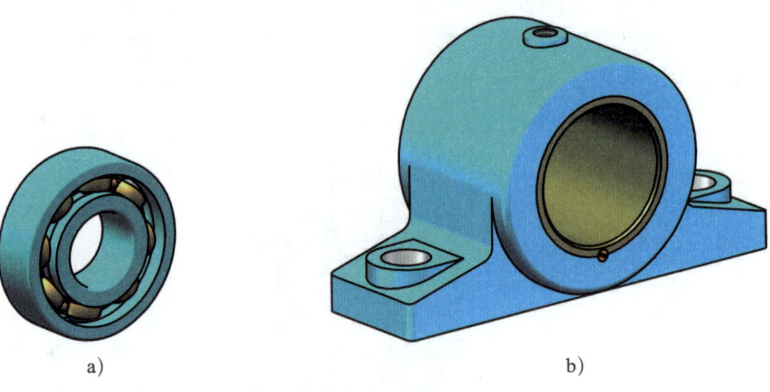

图 12–1 轴承

a）滚动轴承 b）滑动轴承

§12–1 滚动轴承

滚动轴承是将运转的轴与机座之间的滑动摩擦变为滚动摩擦，从而减少摩擦损失的一种精密部件。它具有摩擦阻力小，启动灵敏，效率高，润滑简便，易于互换、装拆和维护，价格便宜等优点，应用非常广泛。其缺点是抗冲击能力较差，高速时易出现噪声，使用寿命不及液体摩擦的滑动轴承。滚动轴承是标准件，由专业工厂生产。一般情况下，机械设计人员主要是根据具体的工作条件，正确选择轴承的类型和型号。

一、滚动轴承的结构和类型

1. 滚动轴承的结构

常见滚动轴承的结构如图 12–2 所示，滚动轴承一般由内圈（轴圈）、外圈（座圈）、滚动体和保持架等组成。一般情况下，内圈（轴圈）装在轴颈上，与轴一起转动；外圈（座圈）装在机座的轴承孔内固定不动（惰轮、张紧轮、压紧轮等装配的轴承是外圈转，内圈不转）。内圈（轴圈）、外圈（座圈）上设置有滚道，当内圈（轴圈）、外圈（座圈）相对旋转时，滚动体沿着滚道滚动。常见滚动体的形状如图 12-3 所示。保持架的作用是分隔开两个相邻的滚动体，以减少滚动体之间的碰撞和摩擦。常见保持架的结构如图 12-4 所示。

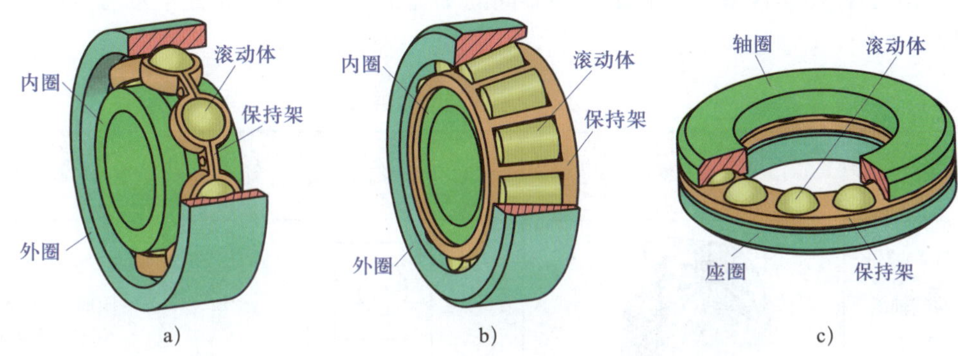

图 12-2 常用滚动轴承的结构

a）深沟球轴承 b）圆锥滚子轴承 c）单向推力球轴承

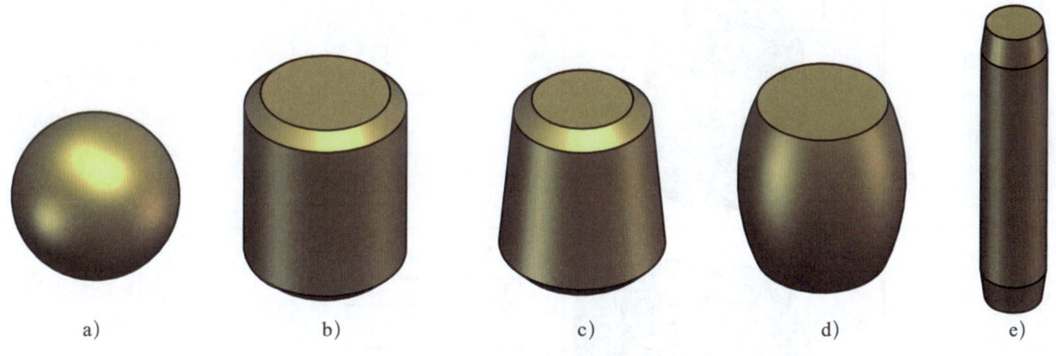

图 12-3 常见滚动体的形状

a）球 b）圆柱滚子 c）圆锥滚子 d）球面滚子 e）滚针

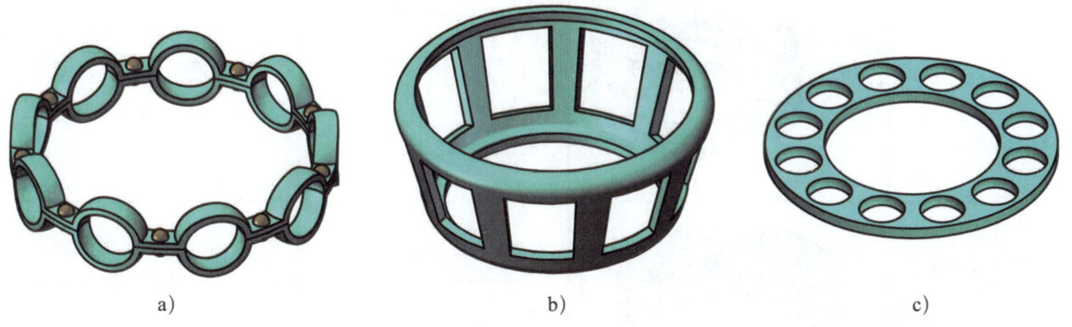

图 12-4 常见保持架的结构

a）深沟球轴承用保持架 b）圆锥滚子轴承用保持架 c）单向推力球轴承用保持架

2. 滚动轴承的类型

滚动轴承可分为向心轴承和推力轴承。向心轴承又可分为径向接触轴承和角接触向心轴承。径向接触轴承主要承受径向载荷，有些可承受较小的轴向载荷；角接触向心轴承能同时承受径向载荷和轴向载荷。推力轴承又可分为轴向接触轴承和角接触推力轴承。轴向接触轴承只能承受轴向载荷；角接触推力轴承主要承受轴向载荷，也可承受较小的径向载荷。

滚动轴承的种类非常多，可满足各种不同的工况条件和要求。常用滚动轴承的种类和特性见表 12–1。

表 12–1　　常用滚动轴承的类型和特性

序号	轴承名称	立体图	结构简图	承载方向	基本特性
1	深沟球轴承（GB/T 276—2013）		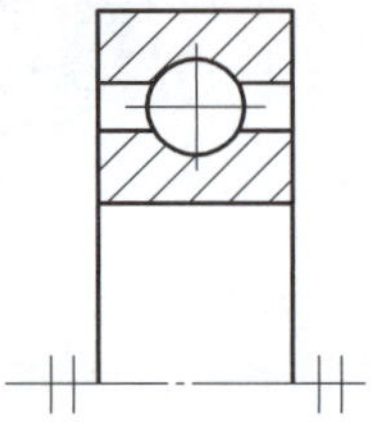		主要承受径向载荷，也可同时承受少量双向轴向载荷。摩擦阻力小，极限转速高，结构简单，价格便宜，应用广泛
2	圆锥滚子轴承（GB/T 297—2015）		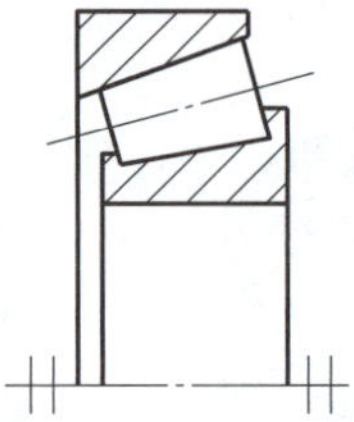		能同时承受较大的径向载荷和轴向载荷。内、外圈可分离，通常成对使用，对称布置安装
3	推力球轴承（GB/T 301—2015）	单向 	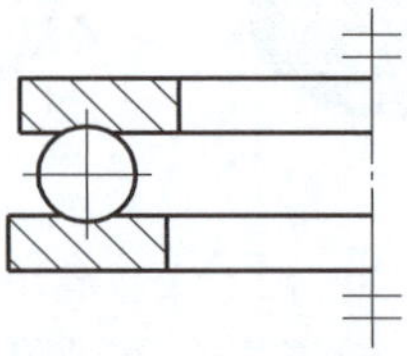		只能承受单向轴向载荷，适用于轴向载荷大、转速不高的场合
		双向 	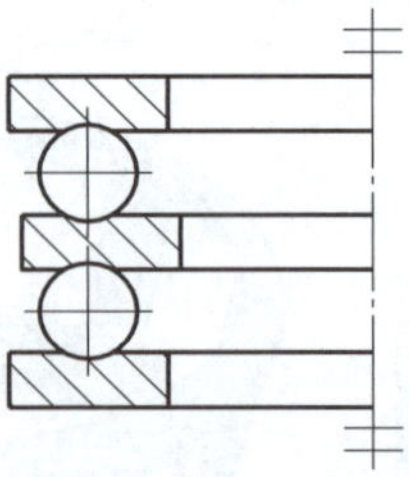		可承受双向轴向载荷，适用于轴向载荷大、转速不高的场合
4	推力圆柱滚子轴承（GB/T 4663—2017）	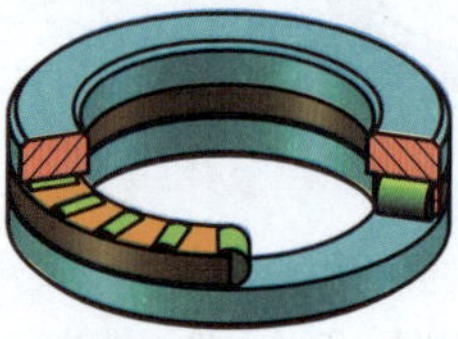	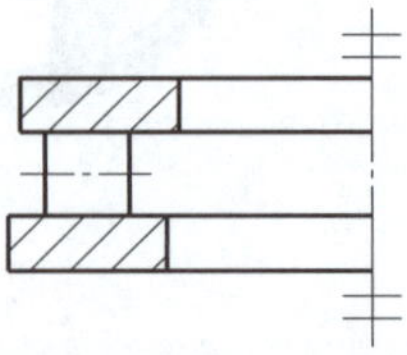		能承受很大的单向轴向载荷，承载能力比推力球轴承大得多，不允许有角偏差

续表

序号	轴承名称	立体图	结构简图	承载方向	基本特性
5	圆柱滚子轴承（GB/T 283—2021）		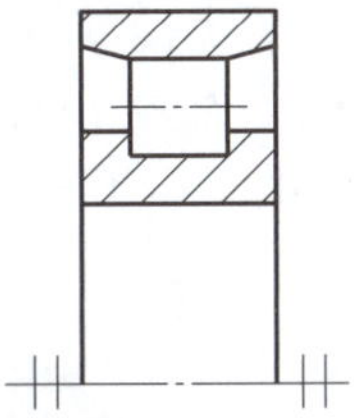		有内圈无挡边、外圈无挡边、内圈单挡边、外圈单挡边等多种形式，图示为外圈无挡边圆柱滚子轴承，它只能承受纯径向载荷。与球轴承相比，承受载荷的能力较大，尤其是承受冲击载荷的能力大，但极限转速较低
6	调心球轴承（GB/T 281—2013）	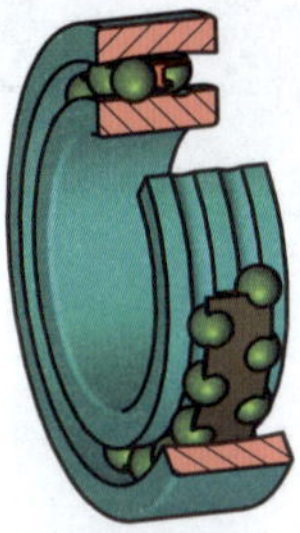	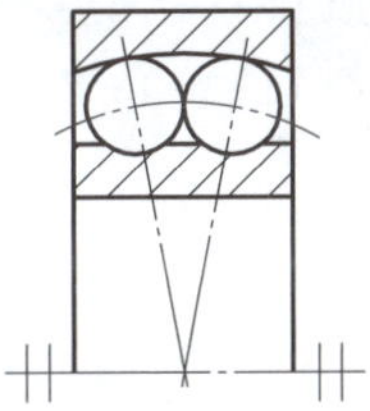		主要承受径向载荷，同时可承受少量双向轴向载荷。外圈内滚道为球面，能自动调心，允许有少量的角偏差。适用于弯曲刚度小的轴
7	调心滚子轴承（GB/T 288—2013）		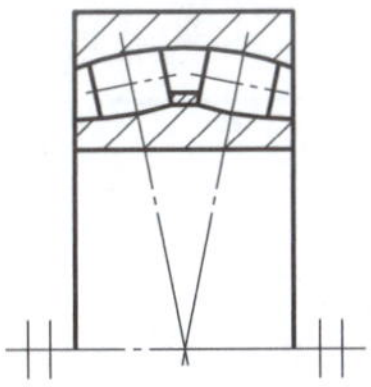		主要承受径向载荷，同时能承受少量双向轴向载荷，其承载能力比调心球轴承大；具有自动调心性能，允许有少量的角偏差。适用于重载和冲击载荷的场合
8	推力调心滚子轴承（GB/T 5859—2023）	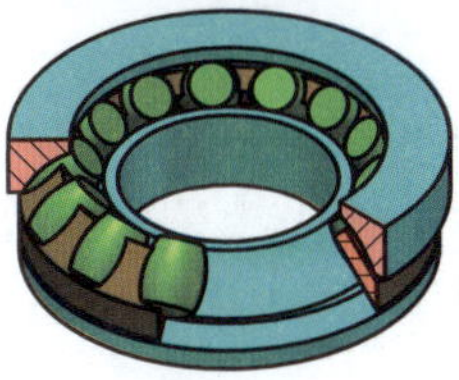	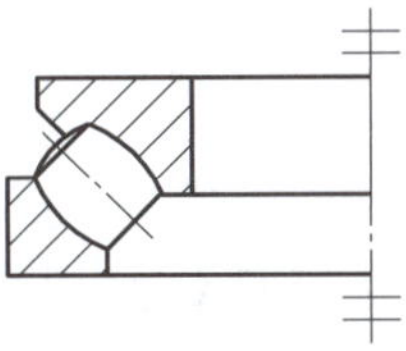		可以承受很大的轴向载荷和不大的径向载荷，允许有少量的角偏差。适用于重载和要求调心性能好的场合
9	角接触球轴承（GB/T 292—2007）	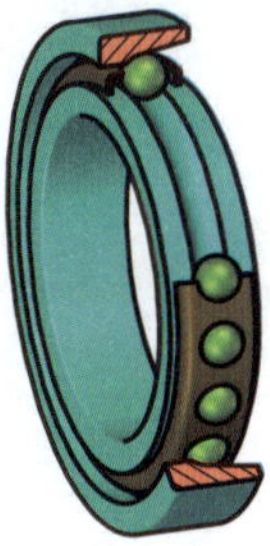	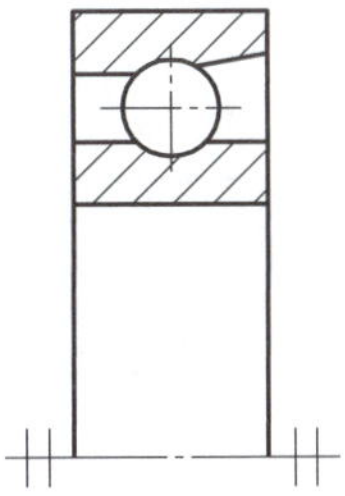		能同时承受径向载荷与轴向载荷。适用于转速较高，同时承受径向载荷和轴向载荷的场合

二、滚动轴承的代号

滚动轴承的类型有很多，同一类型的轴承又有不同的结构、尺寸、公差等级和技术性能等。如最常用的深沟球轴承，在尺寸方面有大小不同的内径、外径和宽度（见图 12–5a），在结构上有带防尘盖的轴承（见图 12–5b）和外圈上有止动槽的轴承（见图 12–5c）等。虽然滚动轴承的类型繁多，但无论哪一种滚动轴承，都可以用字母和数字按一定规律排列组成的代号来表示轴承的结构类型、尺寸、材质、技术要求等特征。滚动轴承代号由前置代号、基本代号和后置代号三部分组成，见表 12–2。其中，基本代号是滚动轴承代号的核心，它表示轴承的基本类型、结构和尺寸。

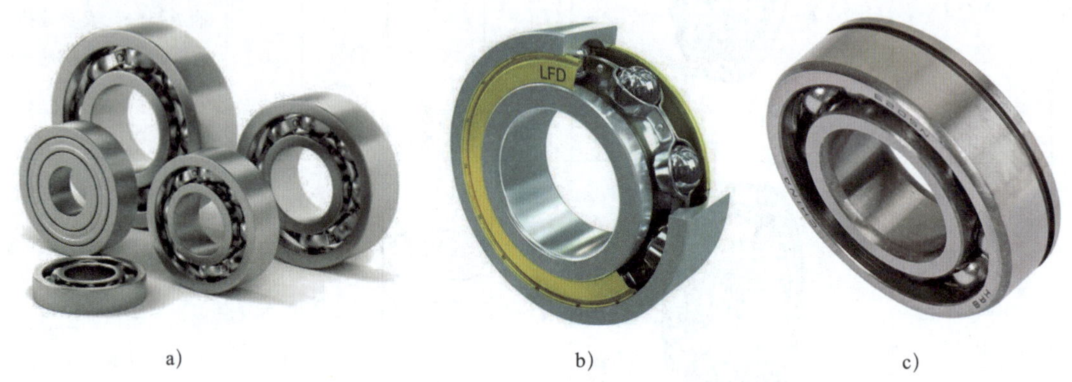

a)　　b)　　c)

图 12–5　深沟球轴承

a）不同尺寸的轴承　b）带防尘盖的轴承　c）外圈上有止动槽的轴承

表 12–2　滚动轴承代号的组成

<table>
<tr><td rowspan="4">前置代号</td><td colspan="4">基本代号</td><td rowspan="4">后置代号</td></tr>
<tr><td colspan="3">轴承系列代号</td><td rowspan="3">内径代号</td></tr>
<tr><td rowspan="2">类型代号</td><td colspan="2">尺寸系列代号</td></tr>
<tr><td>宽度（或高度）系列代号</td><td>直径系列代号</td></tr>
</table>

注：国家标准对滚针轴承的基本代号另有规定。

1. 基本代号

基本代号由轴承系列代号和内径代号组成，轴承系列代号又由类型代号和尺寸系列代号组成，所以可以认为基本代号由类型代号、尺寸系列代号、内径代号三部分组成。

（1）类型代号

轴承类型代号用数字或字母表示，具体见表 12–3。

表 12–3　轴承类型代号（摘自 GB/T 272—2017）

类型代号	轴承类型	类型代号	轴承类型
0	双列角接触球轴承	3	圆锥滚子轴承
1	调心球轴承	4	双列深沟球轴承
2	调心滚子轴承和推力调心滚子轴承	5	推力球轴承

续表

类型代号	轴承类型	类型代号	轴承类型
6	深沟球轴承	U	外球面球轴承
7	角接触球轴承	QJ	四点接触球轴承
8	推力圆柱滚子轴承	C	长弧面滚子轴承（圆环轴承）
N	圆柱滚子轴承，双列或多列用字母 NN 表示		

（2）尺寸系列代号

尺寸系列代号由两位数字组成，前一位数字为宽（高）度系列代号，后一位数字为直径系列代号。

1）宽（高）度系列代号。宽（高）度系列代号表示内、外径相同而宽（高）度不同的轴承系列。对于向心轴承用宽度系列代号，代号有 8、0、1、2、3、4、5、6，其宽度尺寸依次递增；对于推力轴承用高度系列代号，代号有 7、9、1、2，其高度尺寸依次递增。图 12–6 所示为圆锥滚子轴承不同宽度系列的宽度尺寸变化情况。代号为 30206、32206 和 33206 的圆锥滚子轴承的宽度系列代号分别为 0、2、3，从图中可以看出，其宽度依次增加。

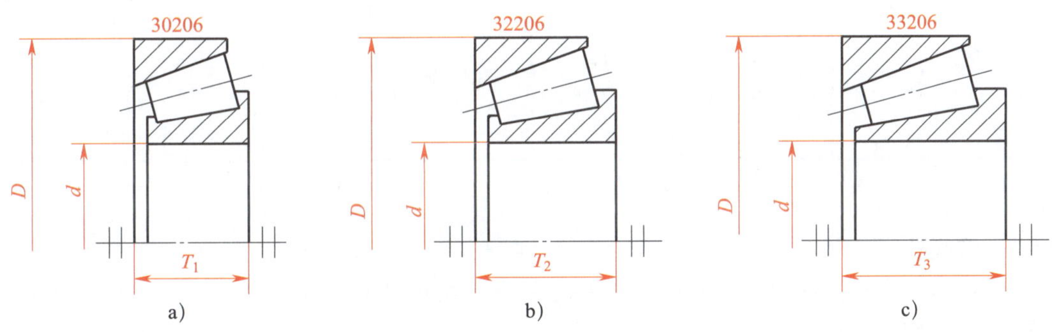

图 12–6　不同宽度系列轴承的宽度尺寸变化

2）直径系列代号。直径系列代号表示内径相同而具有不同外径的轴承系列。代号有 7、8、9、0、1、2、3、4、5，其外径尺寸按序由小到大排列。图 12–7 所示为深沟球轴承不同直径系列的直径尺寸变化情况。代号为 6006、6206、6306 和 6406 的深沟球轴承的直径系列代号分别为 0、2、3、4，从图中可以看出，其外径依次增加。

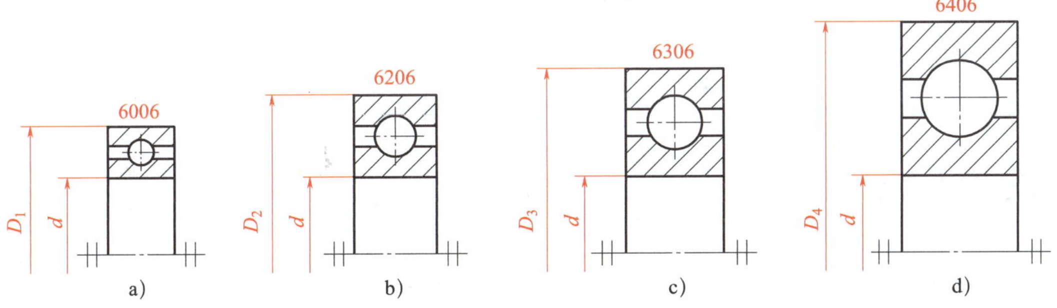

图 12–7　不同直径系列轴承的直径尺寸变化

3）常用尺寸系列代号。常用尺寸系列代号见表 12–4。

表 12–4　常用类型代号、尺寸系列代号和轴承系列代号（摘自 GB/T 272—2017）

轴承类型	类型代号	尺寸系列代号	轴承系列代号	轴承类型	类型代号	尺寸系列代号	轴承系列代号
调心球轴承	1 （1） 1 （1）	（0）2 22 （0）3 23	12 22 13 23	深沟球轴承	6	19 （1）0 （0）2 （0）3 （0）4	619 60 62 63 64
圆锥滚子轴承	3	02 03 13 22 23	302 303 313 322 323	角接触球轴承	7	（1）0 （0）2 （0）3 （0）4	70 72 73 74
推力球轴承	5	11 12 13 22 23	511 512 513 522 523	外圈无挡边圆柱滚子轴承	N	（0）2 22 （0）3 23 （0）4	N2 N22 N3 N23 N4

注：表中（ ）内数字在组合代号中省略。

（3）内径代号

内径代号一般用两位数字表示，并紧接在尺寸系列代号之后注写。内径 $d \geqslant 10$ mm 的滚动轴承内径代号见表 12–5。

表 12–5　内径 $d \geqslant 10$ mm 的滚动轴承内径代号（摘自 GB/T 272—2017）

内径代号（两位数）	00	01	02	03	04 ~ 96
轴承内径 /mm	10	12	15	17	代号 ×5

注：内径为 22、28、32 以及≥ 500 mm 的轴承，内径代号直接用内径毫米数表示，但标注时与尺寸系列代号之间要用“/”分开。例如深沟球轴承 62/22 的内径 d=22 mm。

（4）基本代号示例

基本代号由类型代号、尺寸系列代号和内径代号组成，代号示例如下：

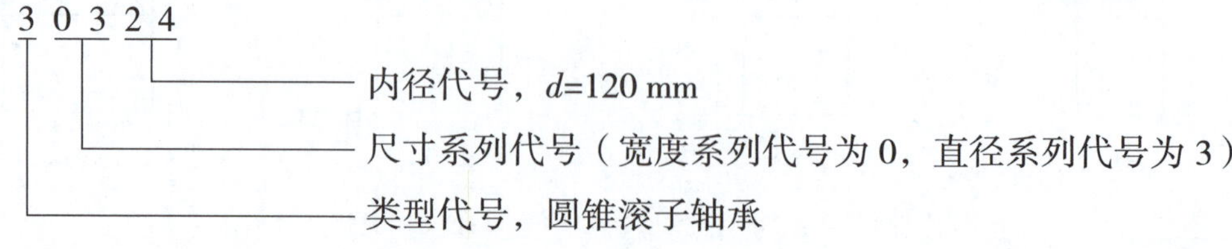

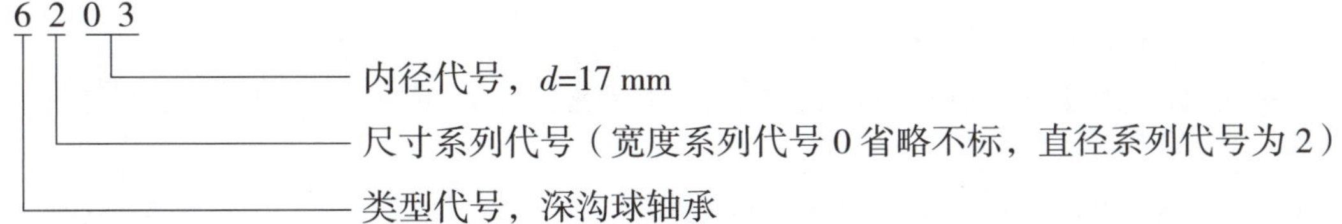

2. 前置代号和后置代号

前置代号和后置代号是滚动轴承代号的补充，只有在滚动轴承的结构形状、尺寸、公差、技术要求等有所改变时才使用，一般情况下可部分或全部省略。

前置代号用字母表示，经常用于表示轴承分部件（轴承组件）。例如，LN207 表示 N207 轴承的外圈。滚动轴承前置代号的标注规则可查阅《滚动轴承　代号方法》(GB/T 272—2017)。

后置代号用字母（或加数字）表示，置于基本代号的右边并与基本代号空半个汉字距（代号中有符号“—”“/”时除外），后置代号的排列顺序见表 12–6。下面仅介绍最常见的滚动轴承公差等级和游隙的标注方法，其他滚动轴承后置代号的标记方法可查阅《滚动轴承　代号方法》(GB/T 272—2017)。

表 12–6　　后置代号的排列顺序（摘自 GB/T 272—2017）

排列顺序	1	2	3	4	5	6	7	8	9
含义	内部结构	密封、防尘与外部形状	保持架及其材料	轴承零件材料	公差等级	游隙	配置	振动及噪声	其他

（1）公差等级代号

滚动轴承的公差等级由其尺寸公差和旋转精度确定，具体如下。

向心轴承公差等级分为：普通级、6、5、4、2 五级。

圆锥滚子轴承公差等级分为：普通级、6X、5、4、2 五级。

推力轴承公差等级分为：普通级、6、5、4 四级。

滚动轴承的精度等级中，普通级精度最低，2 级精度最高，普通级、6（6X）、5、4、2 级的精度依次升高。

滚动轴承的公差等级代号用“/P 公差等级”表示，见表 12–7。

表 12–7　　公差等级代号

代号	说明	示例
/PN	公差等级符合标准规定的普通级，代号中省略不表示	6203
/P6	公差等级符合标准规定的 6 级	6203/P6
/P6X	公差等级符合标准规定的 6X 级	30210/P6X
/P5	公差等级符合标准规定的 5 级	6203/P5
/P4	公差等级符合标准规定的 4 级	6203/P4

续表

代号	说明	示例
/P2	公差等级符合标准规定的 2 级	6203/P2
/SP	尺寸精度相当于 5 级，旋转精度相当于 4 级	234420/SP
/UP	尺寸精度相当于 4 级，旋转精度高于 4 级	234730/UP

（2）游隙代号

游隙是指轴承在无载荷的情况下，内圈、外圈间所能移动的最大距离，做径向移动者称为径向游隙，做轴向移动者称为轴向游隙。游隙代号用“C 数字（或字母）”表示。数字为游隙组号。游隙组有 2、N、3、4、5 共五组，游隙量按由小到大的顺序排列。其中游隙 N 组为基本游隙，在轴承代号中省略不标注。例如，6210/C2 表示游隙为 2 组，6210 表示游隙为 N 组。

轴承的公差等级代号与游隙代号需同时表示时，可用公差等级代号加上游隙组号（N 组不表示）的组合形式表示。例如，“6203/P63” 表示轴承的公差等级为 6 级，游隙为 3 组。

3. 滚动轴承代号示例

滚动轴承代号的示例如下。

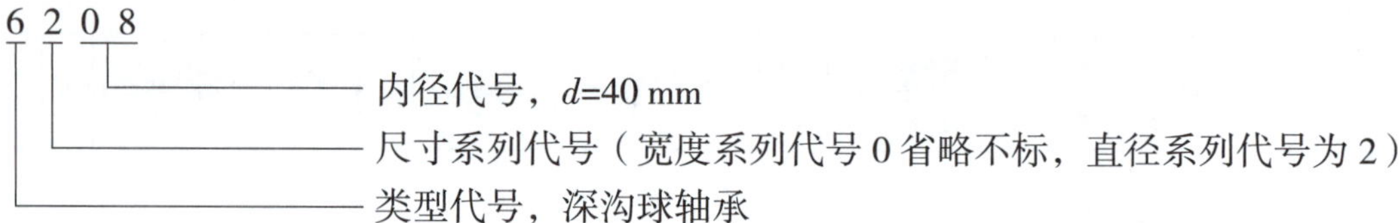

（游隙为 N 组，省略不标；公差等级为普通级，省略不标）

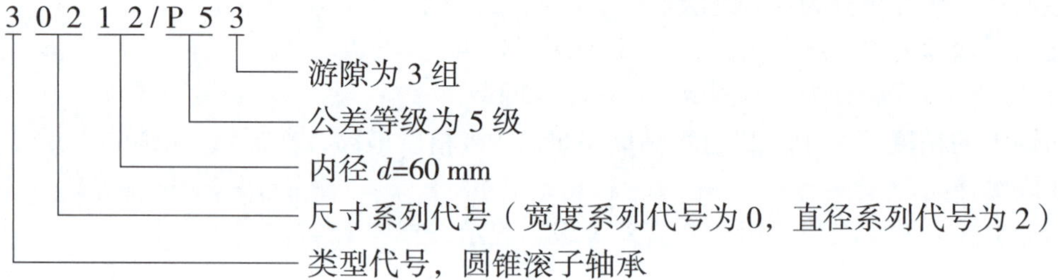

4. 滚动轴承的标记

滚动轴承的标记由三部分组成，即：

轴承名称　轴承代号　标准编号

标记示例：滚动轴承　30205　GB/T 297—2015。

查阅 GB/T 297—2015，即可得知该滚动轴承为圆锥滚子轴承，查表可得该圆锥滚子轴承的外形尺寸。

三、滚动轴承类型的选择

滚动轴承类型有很多，选用时应综合考虑轴承所受载荷的大小、方向和性质，转速的高低，支承刚度以及结构等情况，尽可能做到经济合理且满足使用要求。

1. 载荷的类型

机器中的转动零件，通常要由轴和轴承来支承。作用在轴承上的载荷按方向不同，有沿径向作用的径向载荷，沿轴向作用的轴向载荷，以及同时沿径向和轴向作用的联合载荷。

2. 选用滚动轴承类型的基本原则

各类滚动轴承具有不同的特性，因此在选择滚动轴承类型时，必须根据轴承的实际工作情况合理选择，一般应考虑的因素包括轴承所受载荷的大小、方向和性质，轴承的转速以及调心性能要求等。选用滚动轴承类型的基本原则见表 12–8。

表 12–8　　选用滚动轴承类型的基本原则

序号	应用条件	选用轴承
1	以承受径向载荷为主，轴向载荷较小，转速高，运转平稳且无其他特殊要求	深沟球轴承
2	只承受纯径向载荷，转速低、载荷较大或有冲击	圆柱滚子轴承
3	只承受纯轴向载荷	推力球轴承 推力圆柱滚子轴承
4	同时承受较大的径向载荷和轴向载荷	角接触球轴承 圆锥滚子轴承
5	同时承受较大的径向载荷和轴向载荷，但承受的轴向载荷比径向载荷大很多	推力球轴承（或推力滚子轴承）与深沟球轴承组合
6	两轴承座孔存在较大的同轴度误差或轴的刚度小，工作中弯曲变形较大	调心球轴承 调心滚子轴承

四、滚动轴承的固定方式

一般情况下，滚动轴承的内圈装在被支承轴的轴颈上，外圈装在轴承座（或机座）孔内。安装滚动轴承时，对其内圈、外圈都要进行必要的轴向固定，以防运转中产生轴向窜动。

1. 滚动轴承内圈的轴向固定

滚动轴承内圈在轴上通常用轴肩或套筒定位，定位端面与轴线要保持较高的垂直度。滚动轴承内圈的轴向固定应根据所受轴向载荷的情况，恰当选用轴端挡圈、圆螺母或轴用弹性挡圈等固定形式。常用滚动轴承内圈的轴向固定形式见表 12–9。

表 12–9　　常用滚动轴承内圈的轴向固定形式

形式	（1）利用轴肩的单向固定	（2）利用轴肩和轴用弹性挡圈的双向固定
图示	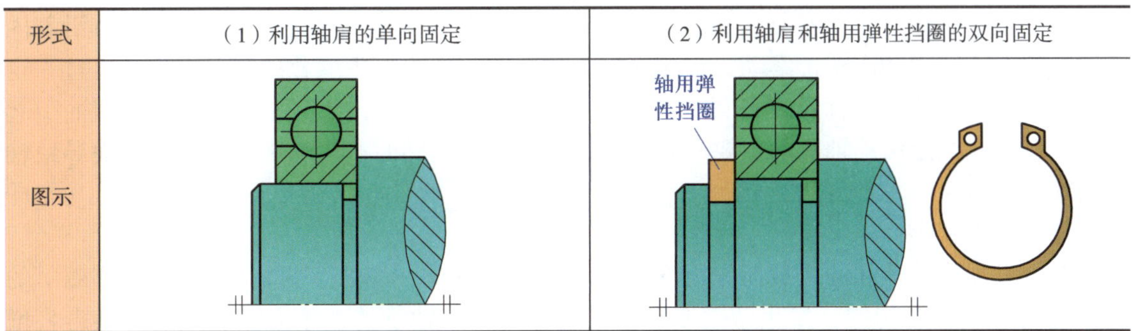	

续表

形式	（3）利用轴肩和轴端挡圈的双向固定。一般用多个螺栓紧固，并采用串联钢丝防松	（4）利用轴肩和圆螺母的双向固定
图示	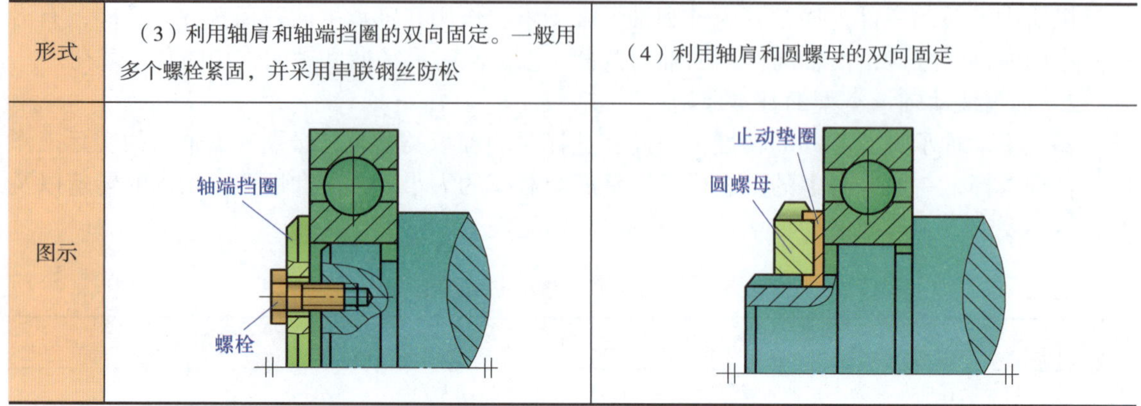	

2. 滚动轴承外圈的轴向固定

滚动轴承外圈在机座孔中一般用座孔的台阶定位，定位端面与轴线也需保持较高的垂直度。轴承外圈的轴向固定可采用轴承盖或孔用弹性挡圈等。常用滚动轴承外圈的轴向固定形式见表 12–10。

表 12–10　　常用滚动轴承外圈的轴向固定形式

形式	（1）利用轴承盖的单向固定	（2）利用轴承盖和座孔台阶的双向固定	（3）利用孔用弹性挡圈和座孔台阶的双向固定
图示	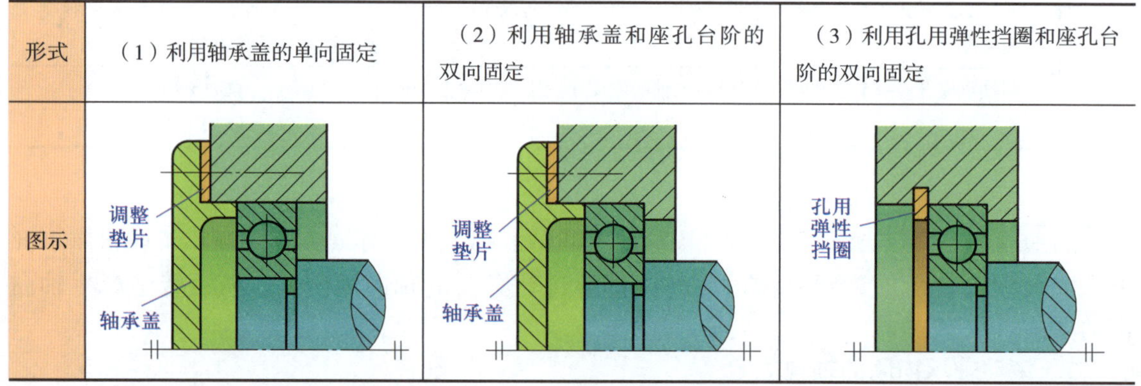		

五、滚动轴承的失效、润滑与密封

1. 滚动轴承的失效

滚动轴承常见的失效形式有疲劳点蚀、塑性变形和磨损等。

（1）疲劳点蚀

滚动轴承工作时，在安装、润滑、维护良好的情况下，绝大多数轴承由于滚动体沿着内圈和外圈（或轴圈和座圈）滚动，在相互接触的物体表层内产生变化的接触应力，经过一定次数的循环后，此应力就导致表面产生微观裂纹，微观裂纹被渗入其中的润滑油挤裂而引起点蚀。疲劳点蚀是滚动轴承的主要失效形式，会使轴承运转时产生噪声和振动，从而导致轴承失效。

（2）塑性变形

在过大的静载荷和冲击载荷作用下，滚动体、保持架、内圈和外圈（或轴圈和座圈）的滚道上会出现不均匀的、发生塑性变形的凹坑。这时，轴承的摩擦力矩、振动、噪声将增大，运转精度也会降低。这种情况多发生在重载、转速极低或摆动的轴承上。

（3）磨损

滚动轴承在密封不可靠以及多尘的运转条件下工作时，易发生磨粒磨损。滚动轴承在工作时，在滚动体与内圈（轴圈）、外圈（座圈）之间，特别是滚动体与保持架之间有滑动摩擦，如果润滑不好，发热严重时可能使滚动体退火，甚至产生胶合。转速越高、磨损越严重。

此外，滚动轴承还存在因装配不当造成轴承卡死、胀破内圈、挤碎内外圈和保持架等失效形式。

2. 滚动轴承的润滑

滚动轴承润滑的目的是减小摩擦阻力、降低磨损、缓冲吸振、冷却和防锈。滚动轴承的润滑剂有液态、固态和半固态三种。液态润滑剂又称为润滑油；半固态润滑剂又称为润滑脂，在常温下呈油膏状。

（1）润滑脂润滑

润滑脂是一种黏稠的凝胶状材料，强度高，能承受较大的载荷，而且不易流失，便于密封和维护，一次充脂可以维持较长时间，无须经常补充或更换。由于润滑脂不适宜在高速条件下工作，故适用于轴颈圆周速度不大于 5 m/s 的滚动轴承润滑。润滑脂的填充量一般为轴承空间的 1/3 ~ 2/3，以防摩擦发热量过大而影响轴承的正常工作。

（2）润滑油润滑

与润滑脂润滑相比，润滑油润滑适用于轴颈圆周速度和工作温度较高的场合。选用润滑油的关键是根据工作温度、载荷大小、运动速度和结构特点选择合适的润滑油黏度。原则上，温度高、载荷大的场合，润滑油的黏度应选大一些；反之，润滑油的黏度应选小一些。用润滑油进行润滑的方式有浸油润滑、滴油润滑和喷雾润滑等。

（3）固体润滑

固体润滑剂有石墨、二硫化钼（MoS_2）等多个品种，一般在重载或高温工作条件下使用。

3. 滚动轴承的密封

滚动轴承密封的目的是防止灰尘、水分等杂质侵入轴承内部和阻止润滑剂流失。良好的密封可保证机器正常工作，降低噪声并延长轴承的使用寿命。滚动轴承常用密封方式见表 12–11。

表 12–11　　滚动轴承常用密封方式

类型		图示	说明	适用场合
接触式密封	毛毡圈密封		矩形断面的毛毡圈被安装在梯形槽内，它对轴产生一定的压力而起到密封作用	用于润滑脂或黏度较大的润滑油润滑。要求环境清洁，轴颈圆周速度不大于 5 m/s，工作温度不高于 90 ℃

续表

<table>
<tr><th colspan="3">类型</th><th>图示</th><th>说明</th><th>适用场合</th></tr>
<tr><td>接触式密封</td><td colspan="2">唇形密封圈密封</td><td></td><td>唇形密封圈是标准件，其主体材料为耐油橡胶，其上的自紧弹簧可增加密封效果。安装时，如果唇形密封圈密封唇朝里，则主要防止润滑剂泄漏；如果唇形密封圈密封唇朝外，则主要防止灰尘、杂质侵入</td><td>用于润滑脂润滑或润滑油润滑。要求轴颈圆周速度不大于 7 m/s，工作温度不高于 100 ℃</td></tr>
<tr><td rowspan="3">非接触式密封</td><td colspan="2">间隙密封</td><td></td><td>靠轴与轴承盖孔之间的细小间隙密封。间隙越小、越长效果越好。间隙一般取 0.1 ~ 0.3 mm。油沟能增强密封效果</td><td>用于润滑脂润滑。要求环境干燥、清洁</td></tr>
<tr><td rowspan="2">曲路密封</td><td>径向</td><td></td><td rowspan="2">将旋转件与静止件之间的间隙做成曲路形式，在间隙中填充润滑油或润滑脂以增强密封效果。轴向曲路密封的端盖需要采用剖分式</td><td rowspan="2">用于润滑脂润滑或润滑油润滑，密封效果可靠</td></tr>
<tr><td>轴向</td><td></td></tr>
</table>

§12-2 滑动轴承

滑动轴承是指仅发生滑动摩擦的轴承。

一、滑动轴承的特点、应用及分类

1. 滑动轴承的特点

（1）滑动轴承使用寿命长，适用于高速旋转运动的场合，如大型汽轮机、发电机多采用液体摩擦条件下的滑动轴承。对高速运转的轴，如高速内圆磨头，转速可达每分钟几十万转，用滚动轴承寿命过短，多采用滑动轴承。

（2）能承受冲击和振动载荷。滑动轴承工作表面间的油膜能起缓冲和吸振作用，如冲床、轧钢机械及往复式机械中多采用滑动轴承。

（3）运转精度高、工作平稳、无噪声。因滑动轴承所含零件比滚动轴承少，制造、安装可达到较高的精度，故旋转精度、工作平稳性都优于滚动轴承。

（4）结构简单、装拆方便。滑动轴承常做成对开式，这给装拆带来方便，如曲轴的轴承多采用对开式滑动轴承。

（5）承载能力大，可用于重载场合。液体摩擦条件下的滑动轴承具有较高的承载能力，适宜作重载轴承。

（6）可形成液体摩擦。此时，两金属表面没有直接接触，只存在润滑油分子间的内摩擦，摩擦因数很小，一般为 0.001 ~ 0.008。

但是，在一般情况下，滑动轴承摩擦损失较大，润滑、使用和维护也比较复杂，因而在很多场合常被滚动轴承替代。

2. 滑动轴承的应用

滑动轴承主要应用于以下几种情况。

（1）工作转速极高的轴承。

（2）要求轴的支承位置特别精确的轴承，以及旋转精度要求特别高的轴承。

（3）特重型轴承。

（4）承受巨大冲击和振动载荷的轴承。

（5）必须采用对开式结构的轴承。

（6）要求径向尺寸特别小以及特殊工作条件下的轴承。

3. 滑动轴承的分类

根据所承受载荷的方向，滑动轴承可分为径向滑动轴承（承受径向载荷）、止推滑动轴承（承受轴向载荷）两大类。

二、滑动轴承的主要结构形式

1. 径向滑动轴承

径向滑动轴承是指承受径向载荷的滑动轴承，主要有整体式径向滑动轴承、对开式径向滑动轴承和调心式径向滑动轴承等。

（1）整体式径向滑动轴承

如图 12–8 所示，整体式径向滑动轴承由轴承座、整体轴瓦、紧定螺钉和油杯等组成。

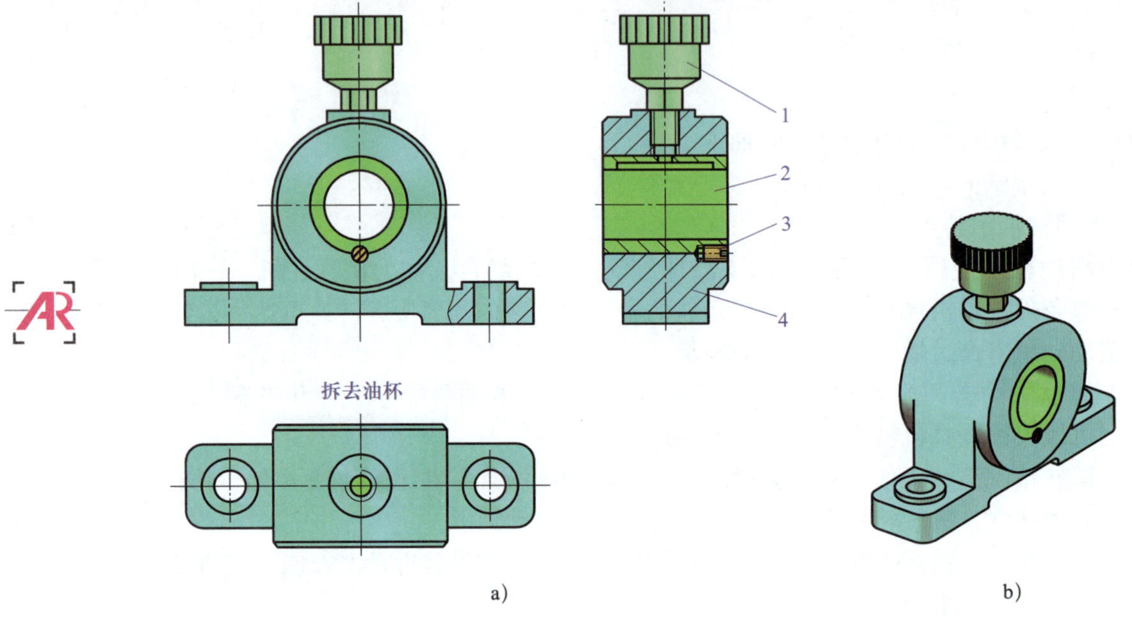

图 12–8　整体式径向滑动轴承

1—油杯　2—整体轴瓦　3—紧定螺钉　4—轴承座

整体式径向滑动轴承的轴承座上面设有安装润滑油杯的螺孔，在轴瓦上开有油孔，并在轴瓦的内表面上开有油槽，润滑油通过油孔和油槽流入轴承间隙。

整体式径向滑动轴承的优点是结构简单，成本低廉。其缺点是轴瓦磨损后，轴承间隙过大时无法调整；另外，轴只能从轴颈端部装拆，对于重型机械的轴或具有中间轴颈的轴，装拆很不方便。因此，它多应用于低速、轻载或间歇性工作的场合。

（2）对开式径向滑动轴承

如图 12–9 所示，对开式径向滑动轴承由轴承座、轴承盖、对开式轴瓦和连接螺栓等组成。轴承盖和轴承座的剖分面常做成阶梯形，以便于对中定位。轴承盖上有螺孔，用于安装油杯或油管。对开式轴瓦由上、下两部分组成，在上轴瓦上开设油孔和油槽。

对开式径向滑动轴承装拆方便，磨损后轴承的径向间隙可以通过减小接合面处的垫片厚度来调整，因此应用较广。

（3）调心式径向滑动轴承

若轴承的宽度较大（宽度与直径之比大于 1.5）时，常把轴瓦的支承面做成球面，与轴承盖及轴承座的球形内表面配合，如图 12–10 所示。这种轴瓦可以适当摆动的径向滑动轴承称为调心式径向滑动轴承。它可以适应轴受力弯曲时轴线产生的倾斜，避免轴与轴承两端局部接触而产生的磨损；但球面不易加工。这种滑动轴承主要用于传动轴有偏斜的场合。

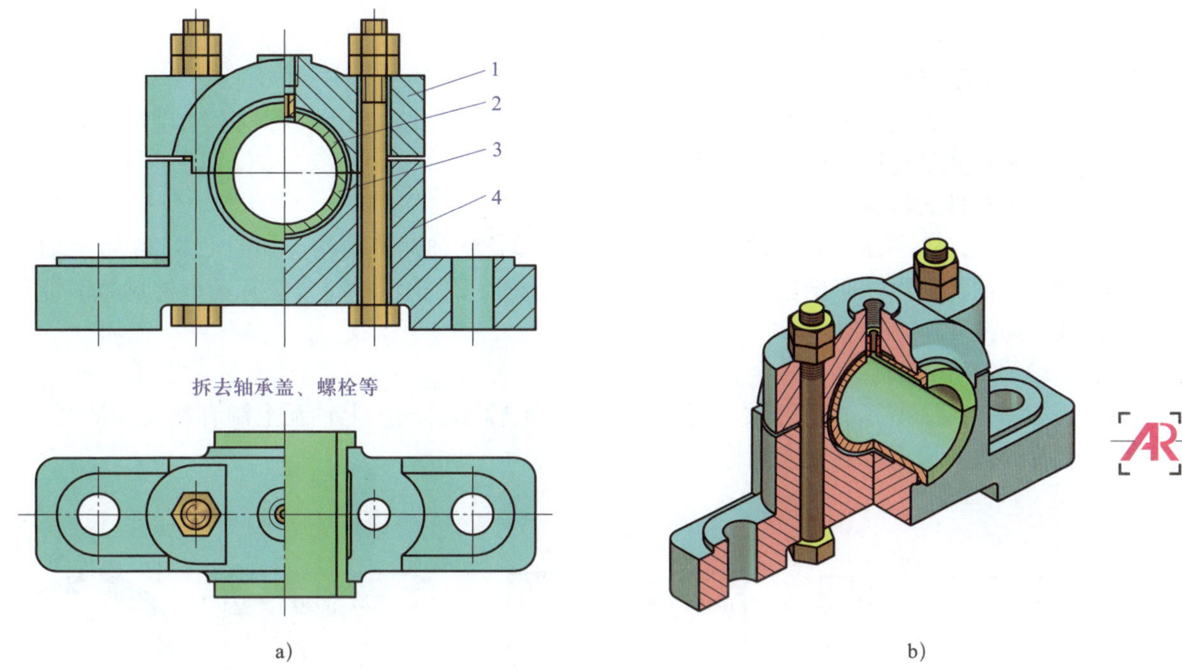

图 12-9　对开式径向滑动轴承

1—轴承盖　2—上轴瓦　3—下轴瓦　4—轴承座

2. 止推滑动轴承

止推滑动轴承是指用来承受轴向载荷的滑动轴承，又称为推力滑动轴承。如图 12–11 所示，止推滑动轴承由轴承座、衬套、径向轴瓦、止推轴瓦和销钉等组成。止推轴瓦的底部为球面，以便于对中和保证工作表面受力均匀；销钉用来防止止推轴瓦随轴转动。润滑油由下部油管注入，从上部油管导出。

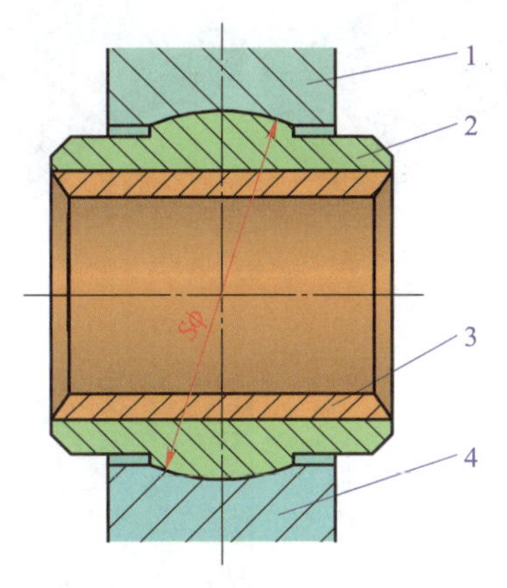

图 12–10　调心式径向滑动轴承

1—轴承盖　2—轴瓦　3—轴承衬　4—轴承座

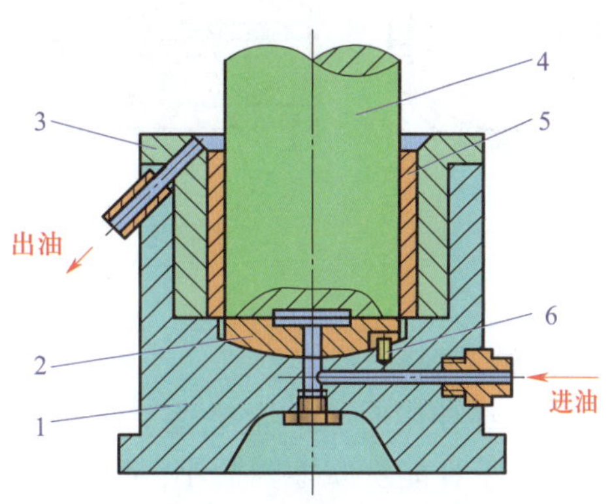

图 12–11　止推滑动轴承

1—轴承座　2—止推轴瓦　3—衬套　4—轴　5—径向轴瓦　6—销钉

三、轴瓦的结构及材料

1. 轴瓦的结构

径向滑动轴承的轴瓦有整体式和对开式两种。整体式轴瓦（又称轴套）用于整体式滑动轴承，对开式轴瓦用于对开式滑动轴承。

（1）整体式轴瓦

如图 12–12 所示，整体式轴瓦有整体轴瓦和卷制轴瓦等结构。如图 12–12b 所示轴瓦制有油孔与油沟，以便于给轴承注入润滑油。卷制轴瓦用轴承材料或敷有轴承材料的钢带卷制而成，如图 12–12c 所示。

（2）对开式轴瓦

如图 12–13 所示，对开式轴瓦由上轴瓦和下轴瓦组成。上轴瓦上制有油孔和油槽，上、下轴瓦的接合面上开有轴向油槽。

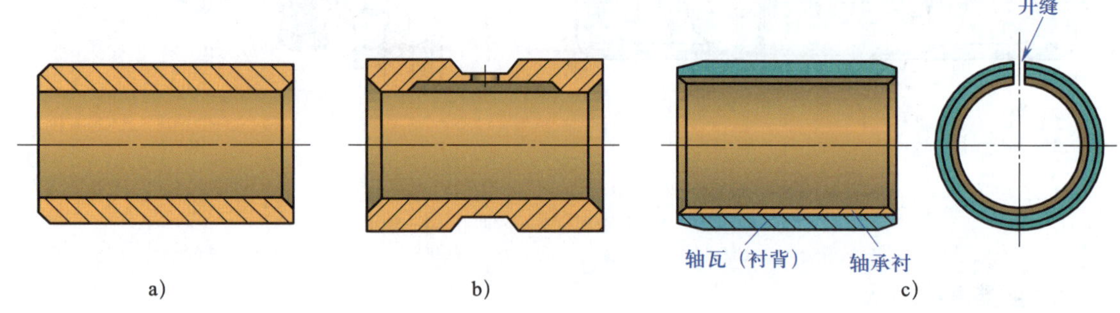

图 12–12　整体式轴瓦

a）、b）整体轴瓦　c）卷制轴瓦

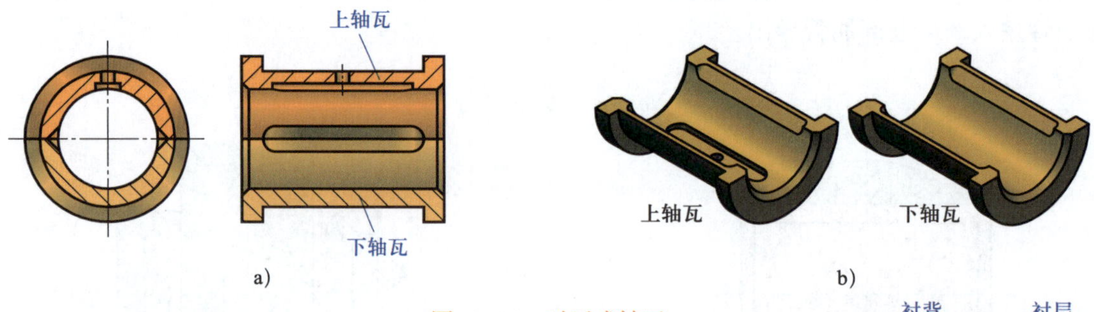

图 12–13　对开式轴瓦

2. 轴瓦的材料

轴瓦在使用时会产生摩擦、磨损、发热等问题，要求轴瓦材料具备以下性能：摩擦因数小；导热性好，热膨胀系数小；耐磨、耐蚀、抗胶合能力强；要有足够的强度和可塑性。

为了满足不同的使用要求，轴瓦可以采用单层轴瓦和多层轴瓦。常用的多层轴瓦一般为双层轴瓦（见图 12–14），它由衬背和衬层组成。衬背是指双层轴瓦上支持衬层而使轴承具有所需强度

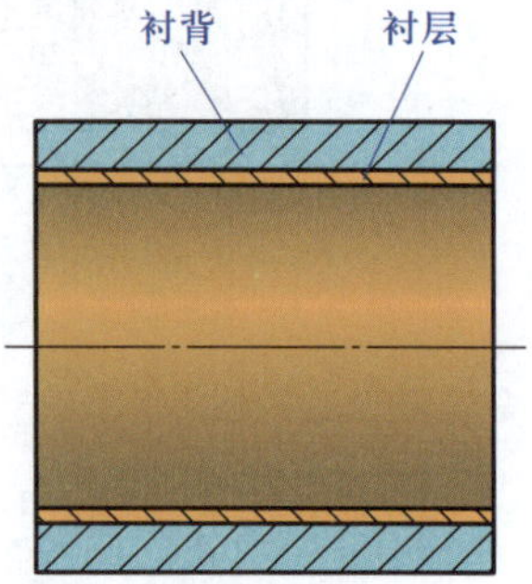

衬背
衬层

图 12–14　双层轴瓦的结构

和刚度的金属支承体；衬层是指双层轴瓦中的轴承材料部分，其厚度通常大于 0.2 mm。

常用的轴瓦和衬层材料有下列几种。

（1）轴承合金

轴承合金有锡基轴承合金和铅基轴承合金两大类。锡基轴承合金的摩擦因数小，抗胶合性能好，对油的吸附性强，耐蚀性好，易跑合，是优良的轴承材料，常用于高速、重载的轴承，但其价格高且强度较差，因此只能作为衬层材料浇铸在钢、铸铁或青铜轴瓦上。这种轴承合金在 110 ℃开始软化，为了安全，一般控制其工作温度低于 70 ℃。铅基轴承合金的各方面性能与锡基轴承合金相近，但这种材料较脆，不宜承受较大的冲击载荷，一般用于中速、中载的轴承上。

（2）青铜

青铜的强度高，承载能力大，耐磨性与导热性都优于轴承合金。它可以在较高的温度（250 ℃）下工作，但可塑性差，不易跑合，与之相配的轴颈必须淬硬。青铜可以单独做成轴瓦。为了节省有色金属，也可将青铜作为衬层浇铸在钢或铸铁轴瓦上。用作轴瓦材料的青铜主要有锡磷青铜、锡锌铅青铜和铝铁青铜等。在一般情况下，它们分别用于中速重载、中速中载和低速重载的轴承上。

（3）具有特殊性能的轴瓦材料

用粉末冶金法（经制粉、成形、烧结等工艺）做成的轴瓦，具有多孔性组织，孔隙内可以储存润滑油，这种轴承称为含油轴承。运转时，轴瓦温度升高，由于油的膨胀系数比金属大，因而自动进入滑动表面以润滑轴承。含油轴承加一次油可以使用较长时间，常用于加油不方便的场合。

橡胶轴瓦具有较大的弹性，能减轻振动使运转平稳，可以用水润滑，常用于潜水泵、砂石清洗机、钻机等有泥沙的场合。

塑料具有摩擦因数小，可塑性、跑合性良好，耐磨、耐蚀，可以用水、油及化学溶液润滑等优点。但其导热性差，膨胀系数较大，容易变形。为改善此缺陷，可将塑料作为衬层材料黏附在金属轴瓦上使用。

四、滑动轴承的润滑

滑动轴承润滑的目的是减小工作表面间的摩擦和磨损，同时起冷却、散热、防锈蚀和减振等作用。滑动轴承常用的润滑方式有油润滑和脂润滑两种，润滑装置根据工作时间可分为间歇式和连续式。

1. 间歇式润滑装置

常用间歇式润滑装置有针阀式注油杯、旋套式注油杯、压配式压注油杯和旋盖式油杯等。

（1）针阀式注油杯

图 12–15 所示为针阀式注油杯，用于润滑油润滑。杯体 4 中的润滑油经油孔 a 进入阀套 3 与阀杆 5 之间的空腔。手柄 1 置于竖直位置时，阀杆 5 处于上位，油孔 b 打开，给滑动轴承供油；手柄 1 置于水平位置时，阀杆 5 处于下位，在弹簧力的作用下将油孔 b 堵住，油杯停止供油。转动调节螺母 2 可调节注油量的大小。针阀式注油杯也可作为连续式润滑装置使用。

（2）旋套式注油杯

图 12–16 所示为旋套式注油杯，用于润滑油润滑。转动旋套，使旋套孔与杯体注油孔对正，然后用油壶或油枪注油。不注油时，转动旋套遮挡杯体上的注油孔，密封注油杯。

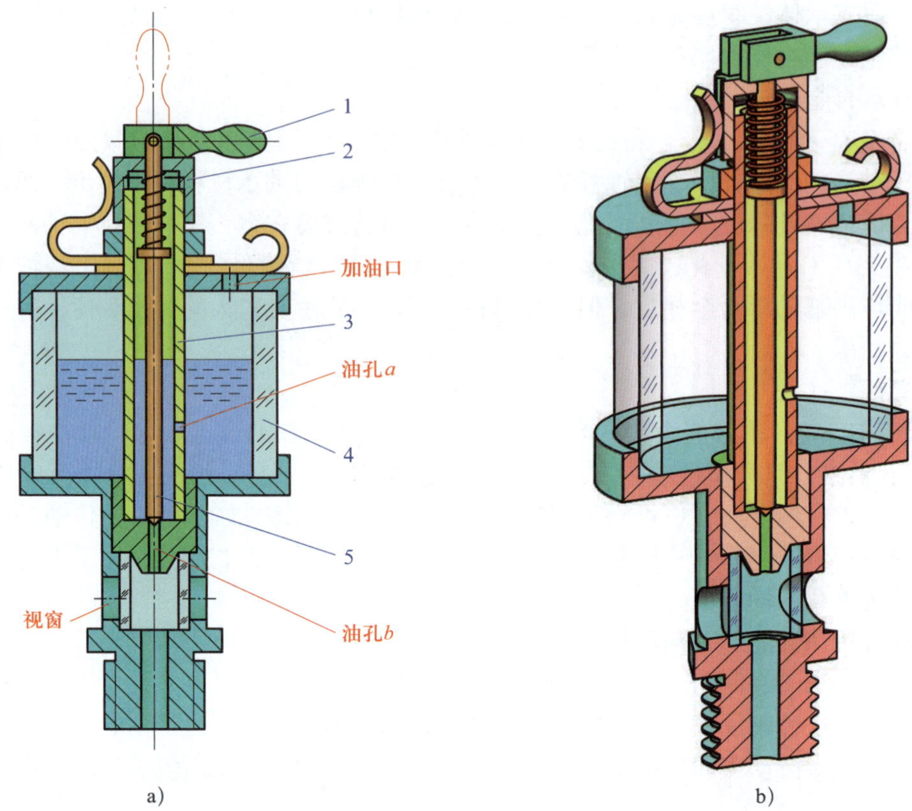

图 12-15 针阀式注油杯

1—手柄 2—调节螺母 3—阀套 4—杯体 5—阀杆

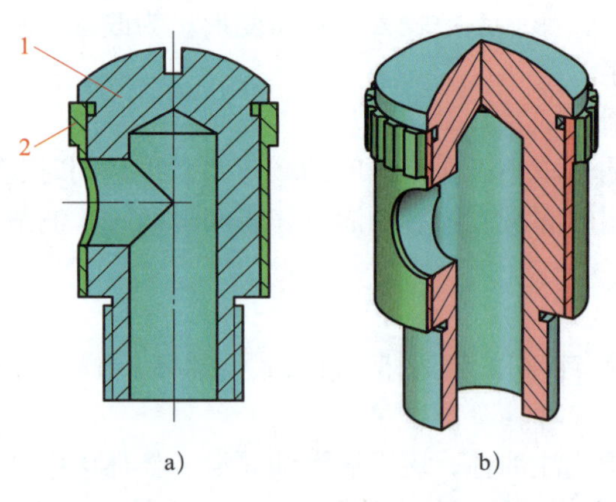

图 12-16 旋套式注油杯

1—杯体 2—旋套

（3）压配式压注油杯

图 12-17 所示为压配式压注油杯，用于润滑油润滑或润滑脂润滑。将钢球压下可注润滑油（或润滑脂）。不注润滑油（或润滑脂）时，钢球在弹簧的作用下将杯体注油孔封闭。

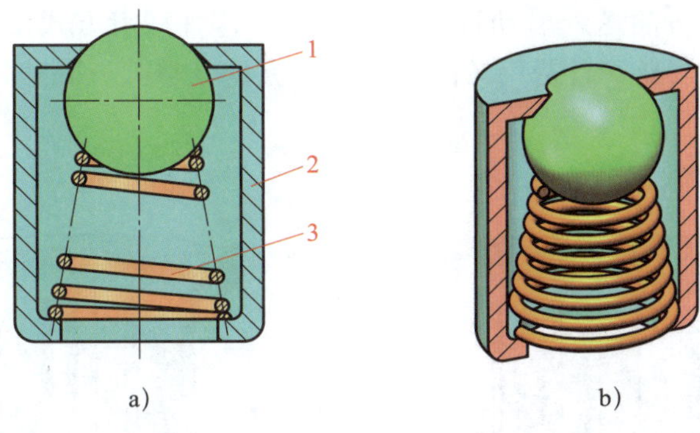

图 12–17 压配式压注油杯

1—钢球 2—杯体 3—弹簧

（4）旋盖式油杯

图 12–18 所示为旋盖式油杯，用于润滑脂润滑。杯盖与杯体采用螺纹连接，旋合前在杯体和杯盖中都装满润滑脂，定期旋转杯盖压缩润滑脂的体积，可将润滑脂挤入滑动轴承内。

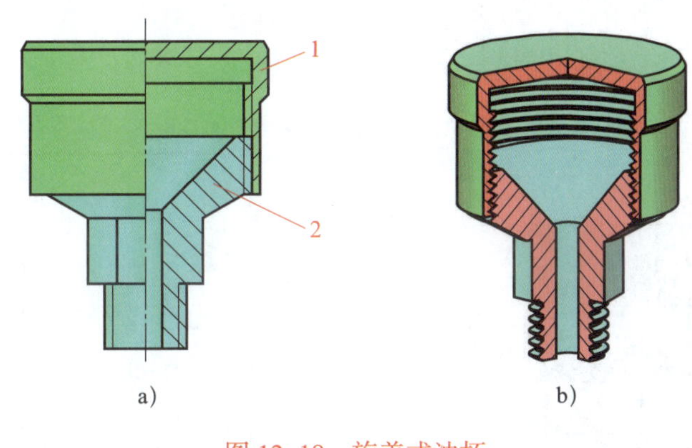

图 12–18 旋盖式油杯

1—杯盖 2—杯体

2. 连续式润滑装置

常用连续式润滑装置有芯捻式油杯、油环润滑装置和压力润滑装置等。

（1）芯捻式油杯

图 12–19 所示为芯捻式油杯，用于润滑油润滑。杯体中储存润滑油，靠芯捻的毛细作用实现连续润滑。这种润滑方式注油量较小，适用于轻载及轴颈转速不高的场合。

（2）油环润滑装置

图 12–20 所示为油环润滑装置。油环 1 套在轴颈 2 上并浸入油池，轴旋转时，靠定位套 3 及油环 1 和轴颈 2 间的摩擦力带动油环 1 转动，将润滑油带至轴颈 2 处进行润滑。这种润滑方式结构简单，但因为是靠摩擦力带动油环 1 甩油，所以轴的转速需适当才能充足供油。

（3）压力润滑装置

压力润滑是以一定的压力把润滑油供入摩擦表面的润滑方式。图 12–21 所示为压力润滑装置，它利用油泵将润滑油送入滑动轴承进行润滑。这种润滑方式工作可靠，但结构复杂，对滑动轴承的密封性要求高，且费用较高，适用于大型、重载、高速、精密的场合和自动化机械设备。

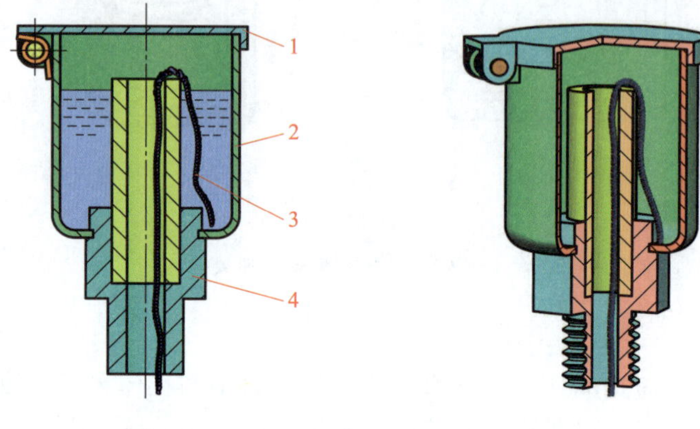

图 12-19　芯捻式油杯

1—杯盖　2—杯体　3—芯捻　4—接头

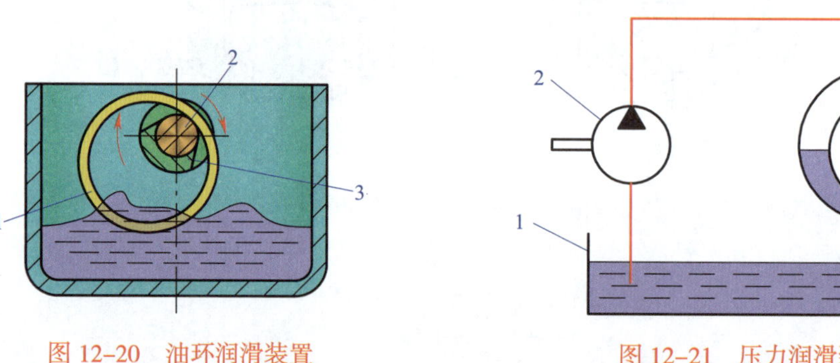

图 12-20　油环润滑装置

1—油环　2—轴颈　3—定位套

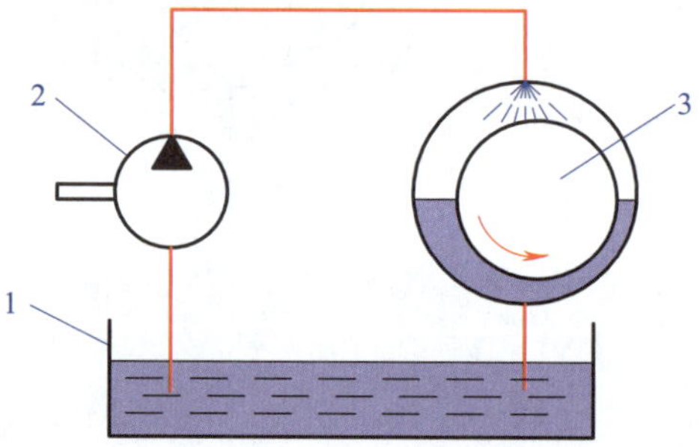

图 12-21　压力润滑装置

1—油箱　2—油泵　3—轴颈

§ 12-3　实训——拆装输出轴组件

一、实训目的

通过拆装输出轴组件，进一步了解轴的结构、齿轮在轴上的固定方法以及轴承的定位方法，掌握轴承和齿轮的拆装方法，培养拆装轴上零件的能力。

二、任务描述

图 12–22 所示为单级齿轮减速器的输出轴组件，其上安装了齿轮、轴承、定位套等零件，拆装任务的要求如下：

1. 看懂输出轴的有关技术资料，了解输出轴上齿轮、轴承等的定位和固定方式。

2. 掌握滚动轴承、齿轮和键的拆装方法。

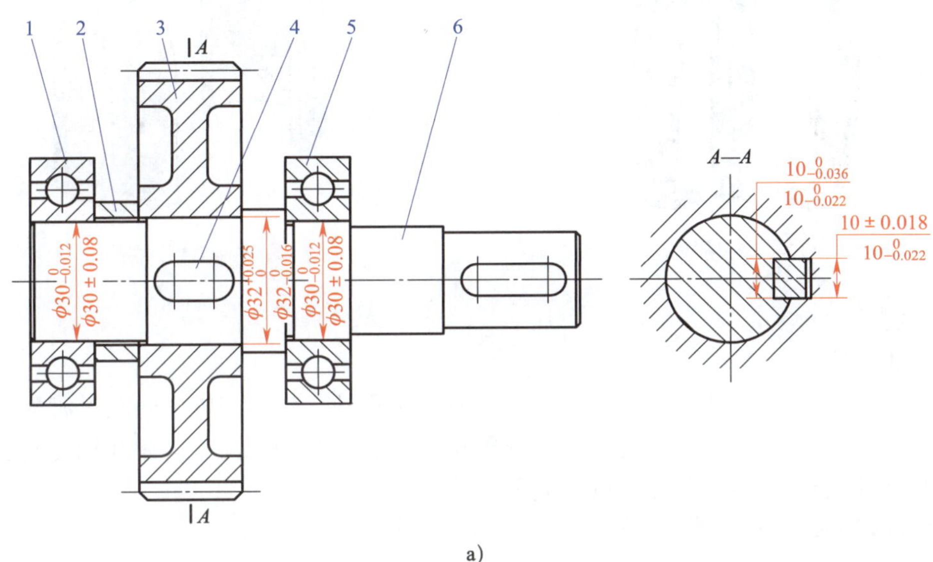

a)

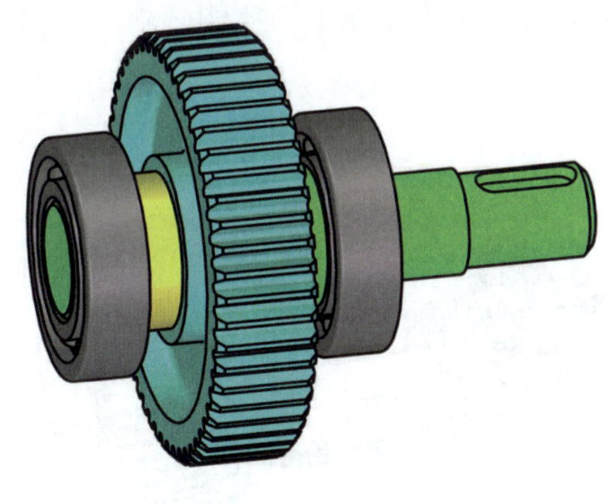

b)

图 12–22　输出轴组件

a）装配简图　b）立体图

1、5—深沟球轴承　2—定位套　3—齿轮　4—键　6—输出轴

三、实训设备及工具

单级齿轮减速器输出轴组件、钳工工作台、顶拔器（见图 12–23）、铜棒、锤子、钢丝钳、专用压套（见图 12–24）及其他钳工拆装工具。

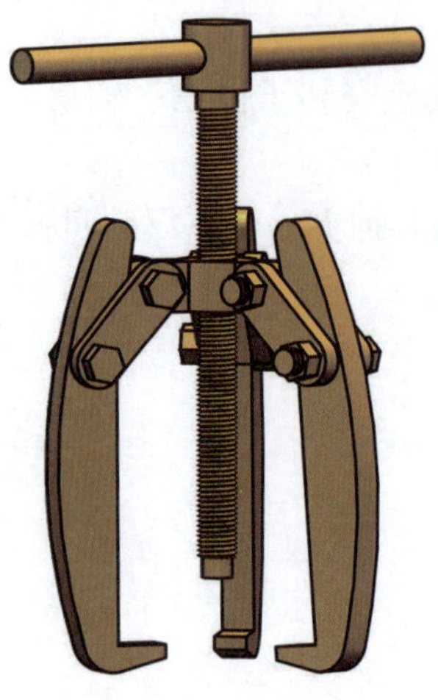

图 12-23　顶拔器

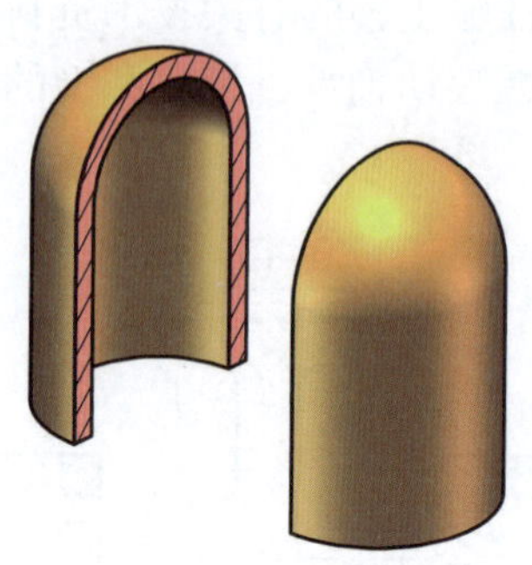

图 12-24　专用压套

四、任务实施

1. 分析结构

分析图 12-22 不难看出，输出轴上安装了轴承和齿轮。轴承与轴之间是过渡配合，其最大过盈量较小。齿轮和轴之间的配合属于间隙配合，其最小间隙为零。键和轴之间、键和齿轮之间的配合属于最大过盈量较小的过渡配合。

2. 拆卸输出轴组件

（1）拆卸轴承

由于轴承与轴之间属于过渡配合，必须用工具才能将其拆下，一般可用顶拔器进行拆卸，如图 12-25 所示。在拆卸时，顶拔器抓手的弯钩必须压在滚动轴承内圈上，不可让外圈、保持架和滚动体受力。

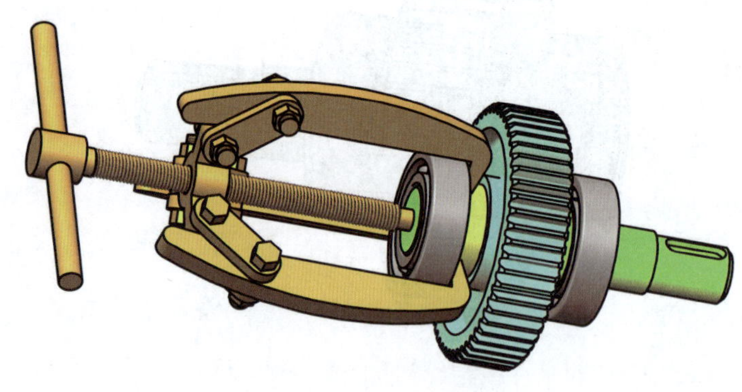

图 12-25　拆卸轴承

（2）拆卸定位套

因为定位套与轴之间有很大的间隙，因此可以用手直接拆下定位套。

（3）拆卸齿轮

用顶拔器将齿轮从输出轴上拆下，如图 12-26 所示。也可以用铜棒垫在齿轮的轮毂上，用锤子对称地在轮毂端面上均匀敲击，将齿轮卸下。

（4）拆卸键

用钢丝钳将键从输出轴上拆下，如图 12–27 所示。

图 12–26　拆卸齿轮

图 12–27　拆卸键

3. 装配输出轴组件

（1）装配键

清理键及键槽上的毛刺，以防止安装不到位。然后在配合面上涂上机油，将铜棒垫在键上，用锤子敲击铜棒，将键压入键槽，如图 12–28 所示。注意要保证键与槽底接触良好。

（2）装配齿轮

输出轴上的齿轮与轴之间是间隙配合，可以采用锤击法将齿轮装配到轴上。 具体方法是：将齿轮轮毂上的键槽对准键，用铜棒垫在齿轮的轮毂上，对称地在轮毂端面上均匀敲击，将齿轮装入，如图 12–29 所示。

（3）装配定位套

去除定位套上的毛刺，擦拭干净，直接用手将定位套安装在轴上。

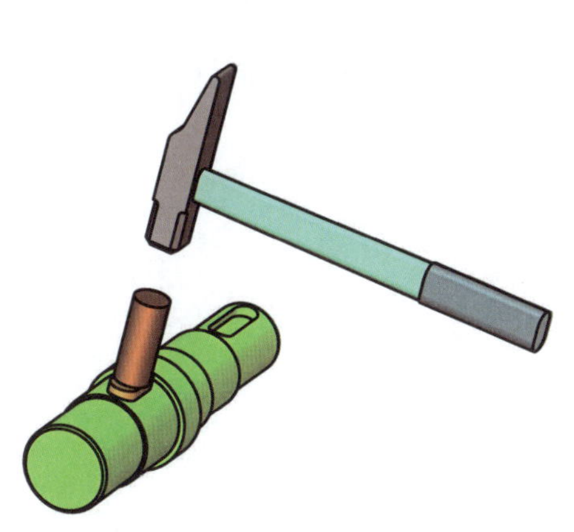

图 12–28　装配键

图 12–29　装配齿轮

（4）装配滚动轴承

用锤击法将滚动轴承装在轴上。安装时，为保证对轴承所施加的压力垂直、均匀地分布在轴承内圈上，必须采用专用压套，如图 12-30 所示。若配合过盈量较小，也可将铜棒垫在轴承内圈端面上，用锤子对称、均匀敲击，将轴承装入。

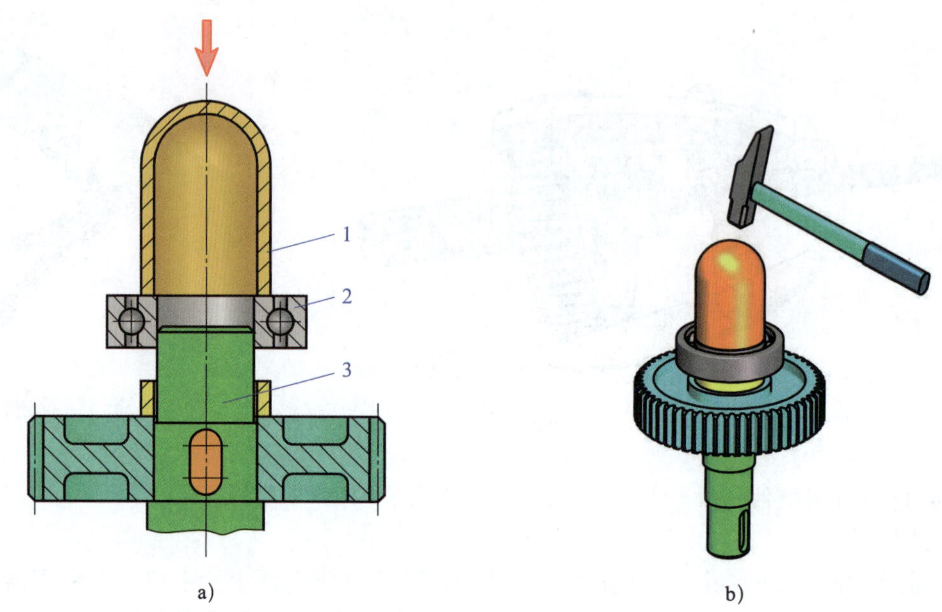

图 12-30　装配滚动轴承

1—专用压套　2—滚动轴承　3—输出轴

第十三章 联轴器、离合器和制动器

在生产、生活中，许多机器或设备都需要用到联轴器、离合器和制动器。联轴器和离合器用来连接两轴或轴与旋转件，使之一同旋转并传递运动和转矩，有的也用作安全装置。联轴器在机器停车后用拆卸方法才能把两轴分离或连接。离合器可使两轴随时接合或分离。制动器主要用来降低机械运动速度或使机械停止运转，有时也用作限速装置。

图 13-1 所示为卷扬机，它由电动机 1、制动器 2、联轴器 3、减速器 4、离合器 5 和卷筒 6 等组成。电动机 1 的转轴与减速器 4 的输入轴通过联轴器 3 连接。减速器 4 的输出轴与卷筒 6 的转轴通过离合器 5 相连。为了便于卷扬机在工作时紧急制动，以及能使重物悬吊在空中不动，在联轴器 3 上安装了制动器 2。

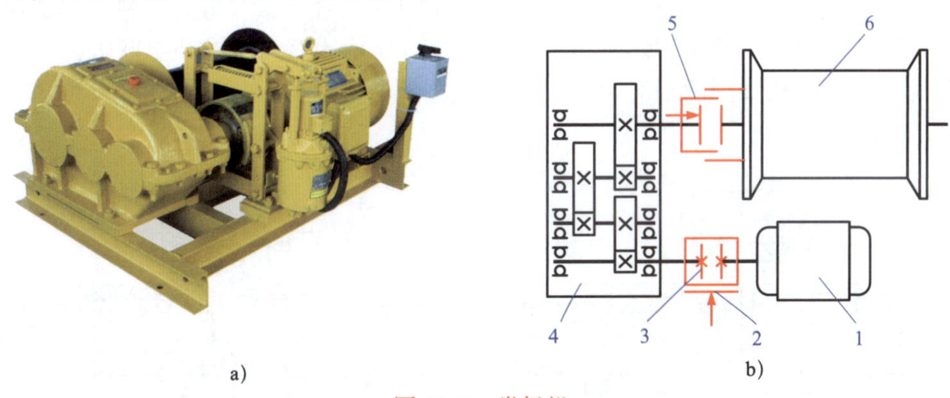

图 13-1 卷扬机

a）实物图 b）机构运动简图

1—电动机 2—制动器 3—联轴器 4—减速器 5—离合器 6—卷筒

§13-1 联 轴 器

联轴器是用来连接两轴或轴与旋转件，使之一同旋转并传递运动和转矩的一种装置。联轴器是机械传动中的常用部件，用联轴器连接的两根轴属于不同的机器或部件，如图 13-2 所示为离心泵传动简图，电动机与减速器、减速器与泵之间用了联轴器连接。联轴器的种类很多，常用的有刚性联轴器、无弹性元件挠性联轴器和弹性联轴器等。

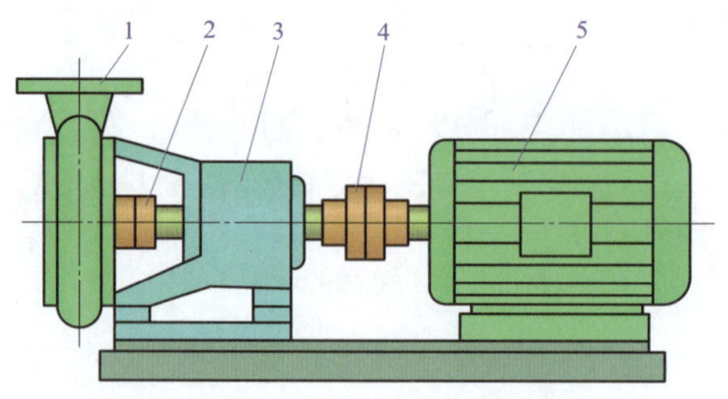

图 13-2 离心泵传动简图

1—离心式水泵 2、4—联轴器 3—减速器 5—电动机

一、刚性联轴器

刚性联轴器结构简单，制造容易，不需要维护，成本低，但是不具有位移补偿功能，要求两轴严格精确对中，常用的有凸缘联轴器和套筒联轴器等。

1. 凸缘联轴器

凸缘联轴器应用最为广泛，其结构如图 13-3 所示。它由两个半联轴器（凸缘盘）、连接螺栓和键等组成。图 13-3a 所示为基本型凸缘联轴器，它依靠六角头铰制孔用螺栓与半联轴器上的铰制孔的过渡配合实现两轴对中。图 13-3b 所示为有对中榫凸缘联轴器，它依靠半联轴器上的凸肩和沉孔实现两轴对中。

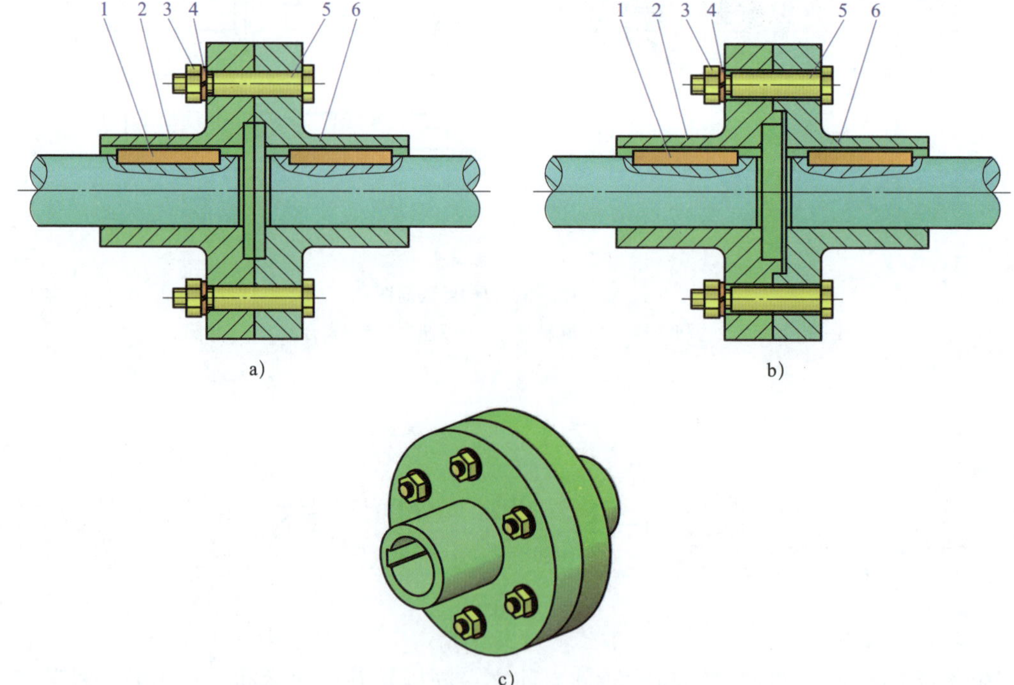

图 13-3 凸缘联轴器

a）基本型凸缘联轴器 b）有对中榫凸缘联轴器 c）立体图

1—普通型平键 2、6—半联轴器 3—螺母 4—弹簧垫圈 5—螺栓

凸缘联轴器结构简单，工作可靠，传递转矩大，装拆方便，适用于连接两轴刚度大、对中性好、安装精确且转速较低、载荷平稳的场合。凸缘联轴器已经标准化，其尺寸可按有关国家标准选用。

2. 套筒联轴器

如图 13–4 所示，套筒联轴器由套筒、连接件（键或销）等组成。图 13–4a 所示套筒联轴器用普通型平键将套筒和轴连为一体，可传递较大的转矩，紧定螺钉用作套筒的轴向固定。图 13–4b 所示套筒联轴器用圆锥销将套筒和轴连为一体，其结构简单，主要用于传递转矩较小的场合。

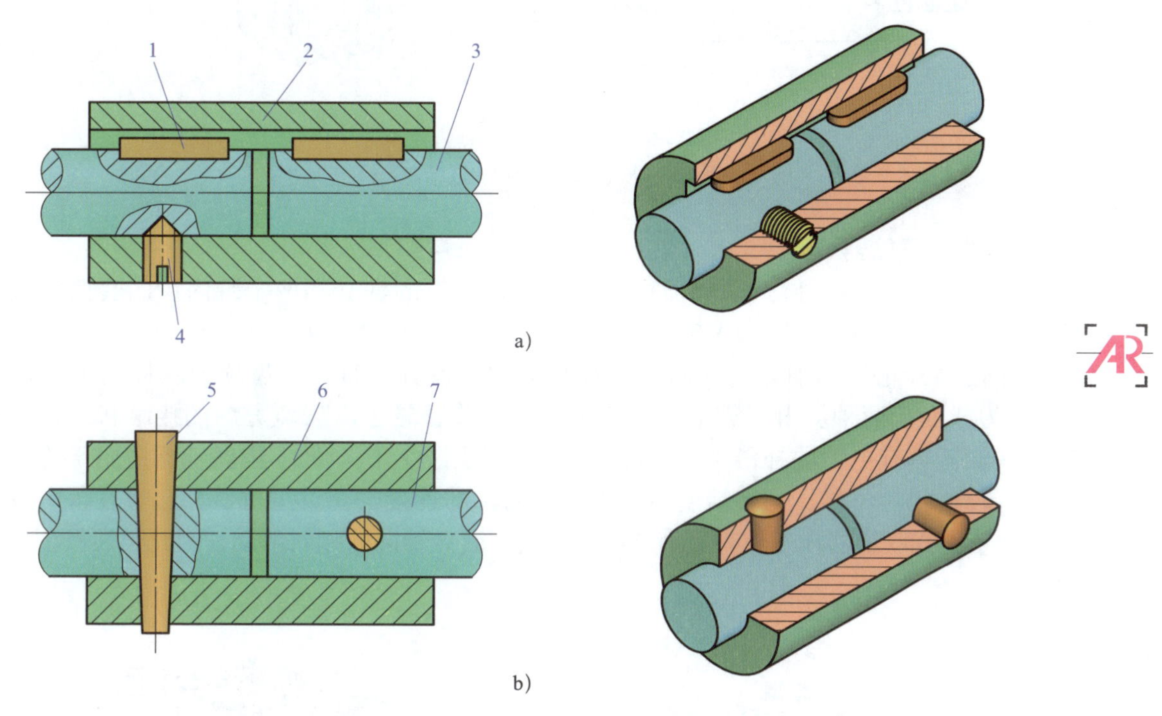

图 13–4　套筒联轴器

a）用平键连接套筒和轴　b）用圆锥销连接套筒和轴

1—普通型平键　2、6—套筒　3、7—轴　4—紧定螺钉　5—圆锥销

套筒联轴器制造容易，零件数量较少，结构紧凑，径向外形尺寸较小，但装拆时被连接件需要沿轴向移动较大距离。套筒联轴器适用于两轴能严格对中、载荷不大且较为平稳，并要求联轴器径向尺寸小的场合。此种联轴器目前尚未标准化。

二、无弹性元件挠性联轴器

无弹性元件挠性联轴器利用自身具有的相对可动元件，使联轴器具有一定的位置补偿能力，因此允许相连两轴间存在一定的相对位移。这类联轴器适用于调整和运转时很难达到两轴完全对中的情况，常用的有十字滑块联轴器、齿式联轴器等。

1. 十字滑块联轴器

图 13–5 所示为十字滑块联轴器，中间的金属盘滑块可以在两侧的半联轴器的径向槽中滑动，以补偿两相连轴的相对位移。这种联轴器的主要优点是允许两轴有较大的位移。由于

滑块偏心会在运动时产生离心力，所以这种联轴器只适用于低速运转、轴的刚度较大、无剧烈冲击、两轴有较大位移的场合。

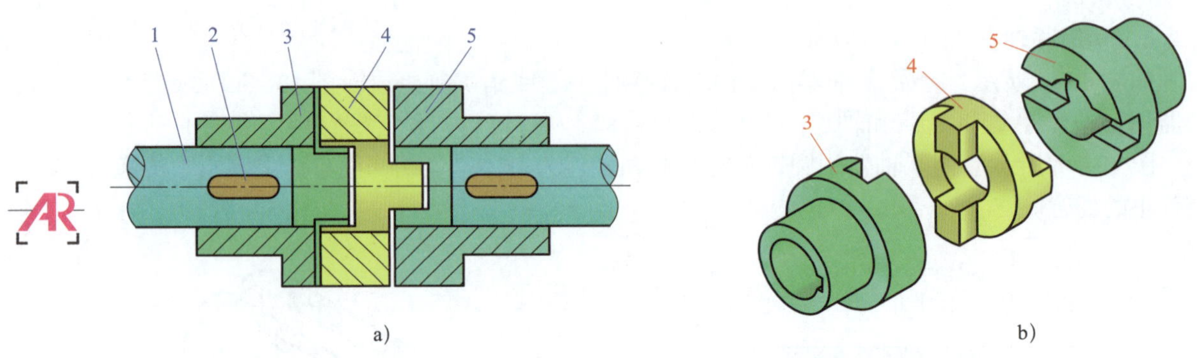

图 13–5　十字滑块联轴器

1—轴　2—普通型平键　3、5—半联轴器　4—金属盘滑块

2. 齿式联轴器

如图 13–6 所示，齿式联轴器主要由两个带外齿的轴套和两个带内齿的套筒组成，轴套 2 和轴套 5 分别用普通型平键与两轴连接，套筒 3 和套筒 4 用螺栓连为一体。齿式联轴器利用内、外轮齿的啮合传递转矩。轴套上的外齿分为直齿（齿顶为圆柱面）和鼓形齿（齿顶为球面）两种。由于鼓形齿比直齿更能够改善轮齿沿齿宽方向的接触状态，因此比直齿联轴器具有更大的补偿和承载能力，所以应用更广泛。鼓形齿联轴器适用于传递大转矩、有较大相对位移、安装精度要求不高的两轴的连接，在重型机器和起重设备中应用较广。由于齿式联轴器在工作时相啮合的齿面间不断做轴向的相对滑动，因此必须保证良好的润滑。

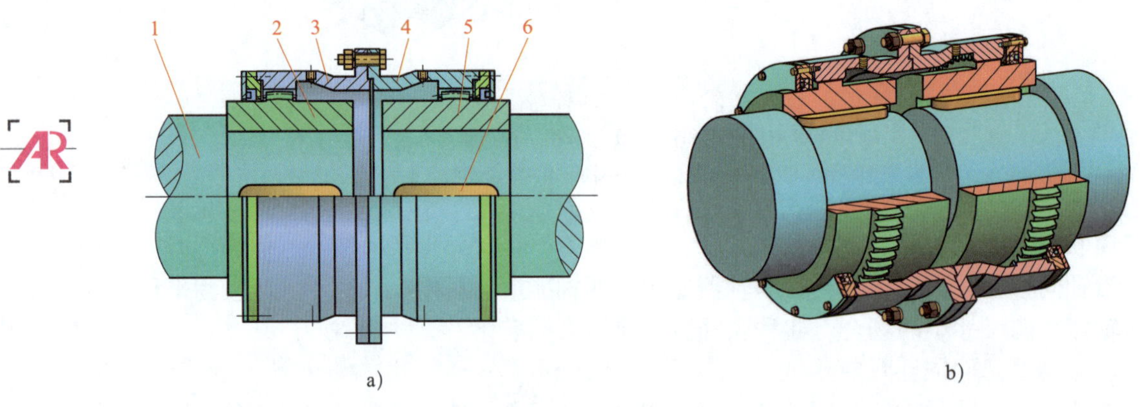

图 13–6　齿式联轴器

1—轴　2、5—带外齿的轴套　3、4—带内齿的套筒　6—普通型平键

三、弹性联轴器

弹性联轴器是利用弹性元件的弹性变形，以实现补偿两轴相对位移，缓和冲击和吸收振动的挠性联轴器。常用的弹性联轴器有弹性柱销联轴器和弹性套柱销联轴器等。

1. 弹性柱销联轴器

弹性柱销联轴器也称为尼龙柱销联轴器，如图 13–7 所示。它是利用若干个由非金属材料制成的柱销置于两个半联轴器的凸缘上的孔中，以实现两轴的连接。为了防止柱销滑出，在柱销两端配置挡板。柱销通常用尼龙制成，而尼龙具有一定的弹性和较好的耐磨性。

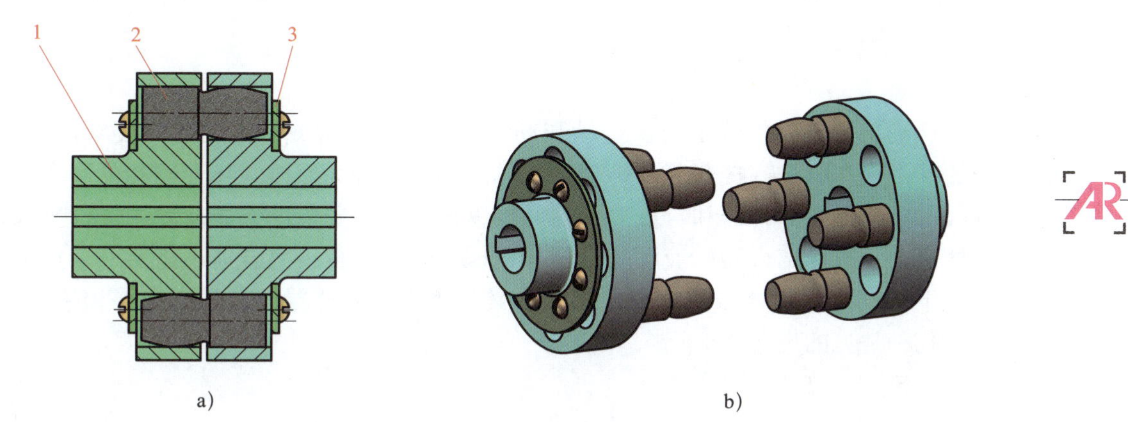

图 13–7 弹性柱销联轴器

1—半联轴器 2—弹性柱销 3—挡板

弹性柱销联轴器结构简单，制造、安装和维修方便，可以补偿两轴偏移、吸振和缓冲，多用于双向运转、启动频繁、转速较高、转矩不大的场合。尼龙对温度较敏感，一般在 –20 ~ 60 ℃的环境温度下工作。

2. 弹性套柱销联轴器

图 13–8 所示为弹性套柱销联轴器，它与凸缘联轴器相似，所不同的是用套有弹性套的柱销代替螺栓，工作时通过弹性套传递转矩。弹性套通常用聚氨酯制成，不仅可以补偿偏移，还可以缓冲和吸振，但容易损坏。弹性套柱销联轴器通常用于转速较高、频繁启动和旋转方向需要经常改变的场合。

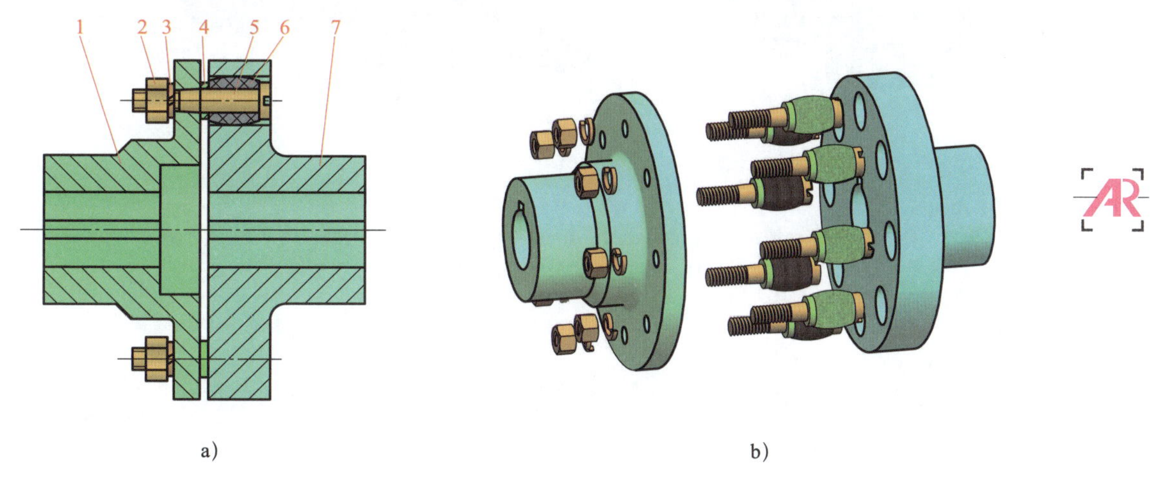

图 13–8 弹性套柱销联轴器

1、7—半联轴器 2—螺母 3—弹簧垫圈 4—挡圈 5—柱销 6—弹性套

§13-2 离 合 器

主、从动部分在同轴线上传递运动和动力时，具有结合或分离功能的装置称为离合器。离合器的种类很多，按其接合元件传动的工作原理，可分为摩擦式离合器和牙嵌离合器；按控制方式可分为操纵离合器和自控离合器。操纵离合器需要借助人力或动力进行操纵，又分为电磁离合器、气压离合器、液压离合器和机械离合器；自控离合器不需要外来操纵即可在一定条件下自动实现离合器的分离或接合，又分为安全离合器、离心离合器和超越离合器。下面介绍几种常见的离合器。

一、牙嵌离合器

牙嵌离合器由两个端面带牙的半离合器组成，如图 13–9 所示。左半离合器 2 用普通型平键 9 和紧定螺钉 8 固定在主动轴 1 上，右半离合器 3 则用导向型平键 4（或花键）与从动轴 5 构成可滑动的连接。通过操纵机构可使右半离合器 3 沿从动轴 5 做轴向移动，以实现两半离合器的接合和分离。为了保证两轴的对中，在左半离合器 2 上装有一个对中环 7，从动轴 5 的轴端始终置于对中环 7 的内孔中。当离合器接合时，从动轴 5 与对中环 7 同步旋转；当离合器分离时，对中环 7 继续旋转而从动轴 5 不转。牙嵌离合器常用的牙型有三角形、梯形和矩形等，如图 13–10 所示。

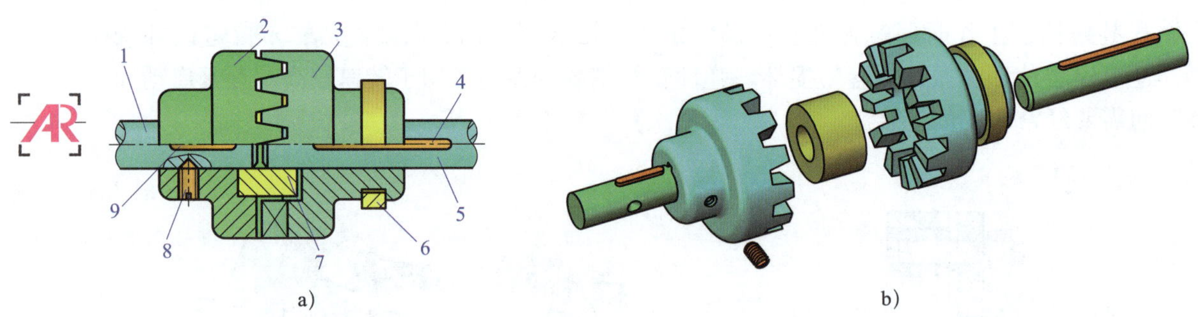

图 13–9 牙嵌离合器

1—主动轴 2—左半离合器 3—右半离合器 4—导向型平键 5—从动轴
6—滑环 7—对中环 8—紧定螺钉 9—普通型平键

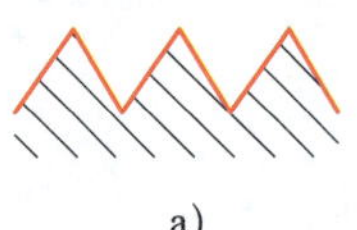

a) b) c)

图 13–10 牙嵌离合器常用的牙型

a）三角形 b）梯形 c）矩形

牙嵌离合器结构简单，外廓尺寸小，能保证两轴同步运转，但只能在被连接轴不转动或低速转动时才能进行接合，故常用于低速和不需要在运转中进行接合的机械中。

二、单圆盘摩擦式离合器

摩擦式离合器是利用主、从动半离合器摩擦片接触面间的摩擦力来传递转矩的，它是能在高速下离合的机械离合器。摩擦式离合器的形式很多，如图 13–11 所示为单圆盘摩擦式离合器，主动摩擦盘 2 与主动轴 1 用普通型平键 7 连接，从动摩擦盘 3 与从动轴 4 通过导向型平键 5 连接。工作时，利用操纵装置对从动摩擦盘 3 上的滑环 6 施加一个轴向压力，使从动摩擦盘 3 向左移动，与主动摩擦盘 2 接触并压紧，从而在两圆盘的接合面间产生摩擦力以传递转矩。单圆盘摩擦式离合器结构简单，散热性好，但传递的转矩较小。

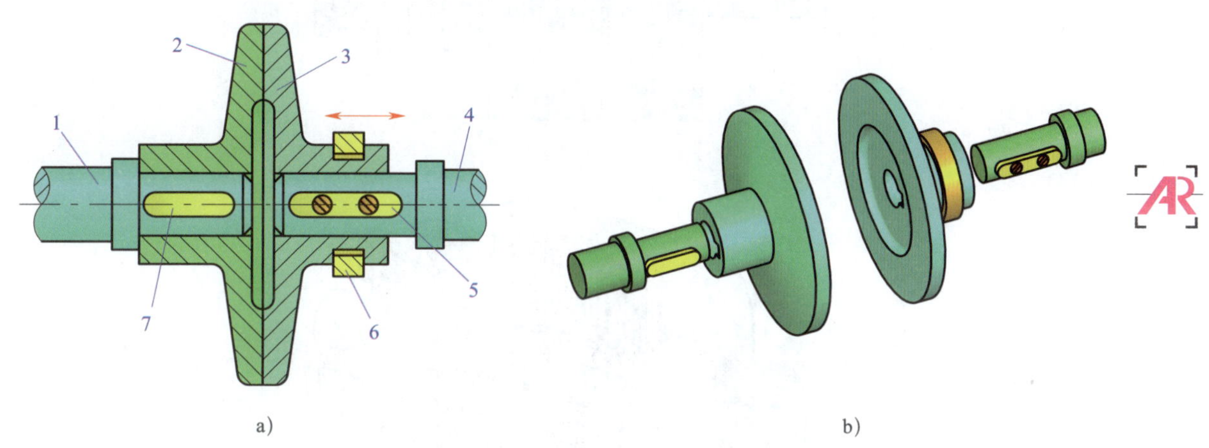

图 13–11　单圆盘摩擦式离合器

1—主动轴　2—主动摩擦盘　3—从动摩擦盘　4—从动轴

5—导向型平键　6—滑环　7—普通型平键

三、多片摩擦式离合器

如图 13–12 所示，多片摩擦式离合器有两组摩擦片，一组外摩擦片 4（见图 13–12c）的外缘上有三个凸齿，被镶插在毂轮 2 内缘的纵向凹槽中，外摩擦片的内孔壁不与任何零件接触，故可随主动轴 1 一起转动；另一组内摩擦片 5（见图 13–12d）的内孔壁上有三个凸齿，被镶插在内套筒 10 外缘上的纵向凹槽中，内摩擦片的外缘不与任何零件接触，故可随从动轴一起转动。内、外两组摩擦片均可沿轴向移动。另外，在内套筒 10 上开有三个纵向槽，槽中装有可绕销轴转动的曲臂压杆 9，当滑环 8 向左移动时，曲臂压杆 9 通过压板 3 将所有内、外摩擦片压在调节螺母 7 上，使离合器处于接合状态。当滑环 8 向右移动时，曲臂压杆 9 由片弹簧顶起，此时主动轴 1 与从动轴 11 的传动被分离。多片摩擦式离合器可以通过增加摩擦片的数目来提高传递转矩的能力。

多片摩擦式离合器能传递较大的转矩而又不会使其径向尺寸过大，故在机床、汽车等机械中得到广泛应用。

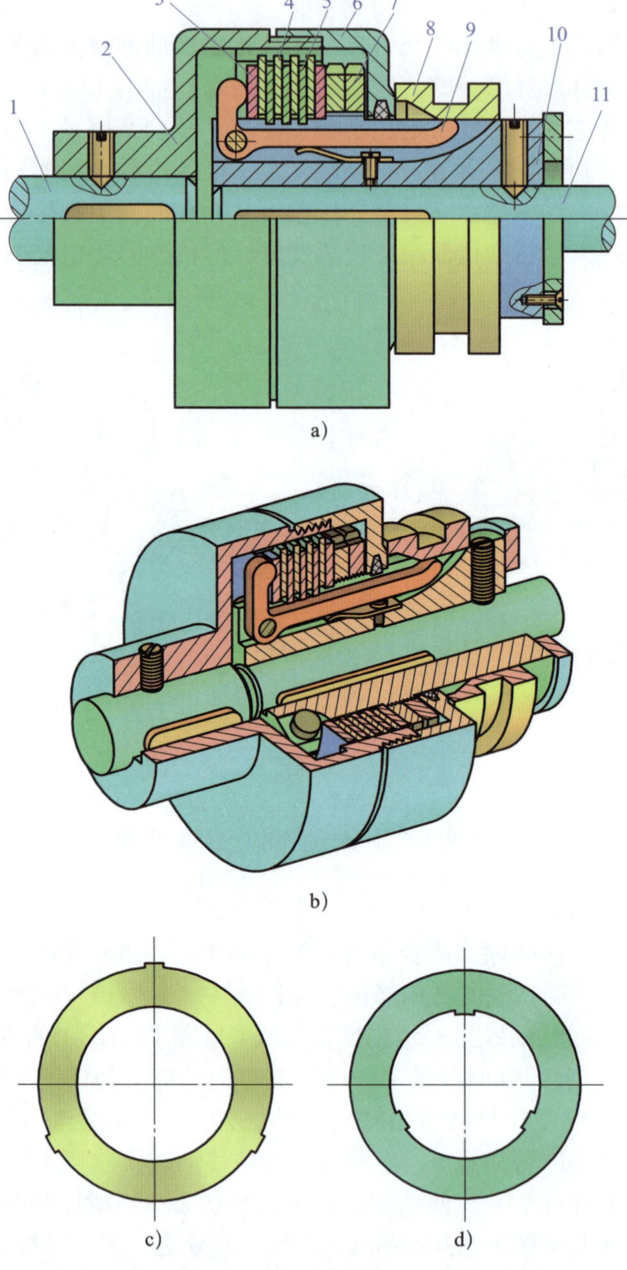

图 13-12　多片摩擦式离合器

a）视图　b）立体图　c）外摩擦片　d）内摩擦片

1—主动轴　2—毂轮　3—压板　4—外摩擦片　5—内摩擦片　6—外壳

7—调节螺母　8—滑环　9—曲臂压杆　10—内套筒　11—从动轴

知识链接

联轴器和离合器在功能上的异同

联轴器和离合器在功能上的共同点是均用于轴与轴之间的连接，使两轴一起转动并传递转矩。

联轴器和离合器在功能上的区别是联轴器只有在机器停止运转后才能将其拆卸，使两轴分离；而离合器可随时使两轴快速接合或分离。

§13-3 制 动 器

制动器是具有使运动部件（或运动机械）减速、停止或保持停止状态等功能的装置，有时也用于调节或限制机械的运动速度。它是保证机械正常安全工作的重要部件。常用的制动器是利用摩擦力制动的摩擦制动器，主要有带式制动器、内张蹄式制动器和外抱块式制动器等。

一、带式制动器

如图 13-13 所示，带式制动器由闸带、制动轮和杠杆等组成，当力 F 作用时，利用杠杆机构收紧闸带而抱住制动轮，靠闸带与制动轮间的摩擦力达到制动的目的。带式制动器结构简单，径向尺寸小，但制动力不大。为了增加摩擦效果，闸带材料一般是覆以石棉或夹铁砂帆布的钢带。带式制动器常用于中、小载荷的起重运输机械、车辆及人力操纵的机械中。

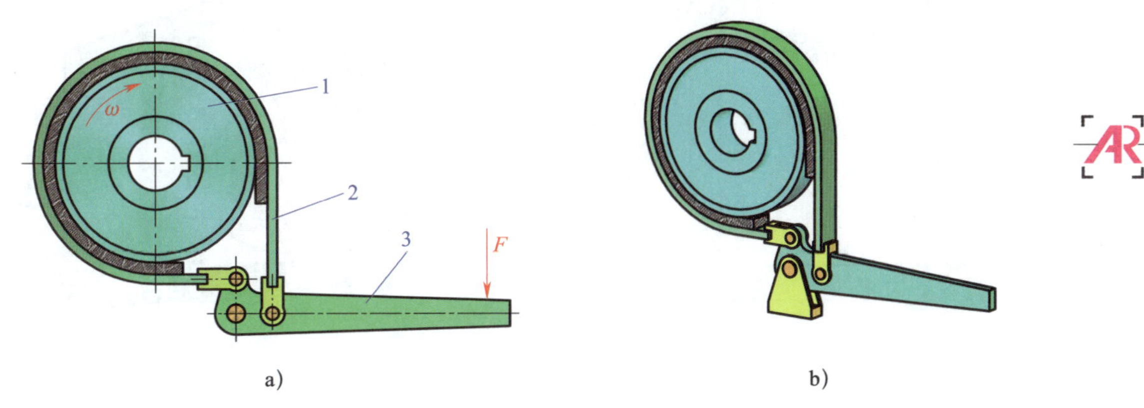

图 13-13 带式制动器

1—制动轮 2—闸带 3—杠杆

二、内张蹄式制动器

内张蹄式制动器如图 13-14 所示，两个制动蹄分别通过两个销轴与机架铰接，制动蹄表面装有摩擦片，制动轮与需要制动的轴连为一体。制动时，液压油进入液压缸 4，推动活塞向外伸出，克服弹簧力并使制动蹄 2 和 7 压紧制动轮 6，从而使制动轮制动。这种制动器结构紧凑，广泛用于各种车辆以及结构尺寸受限制的机械中。

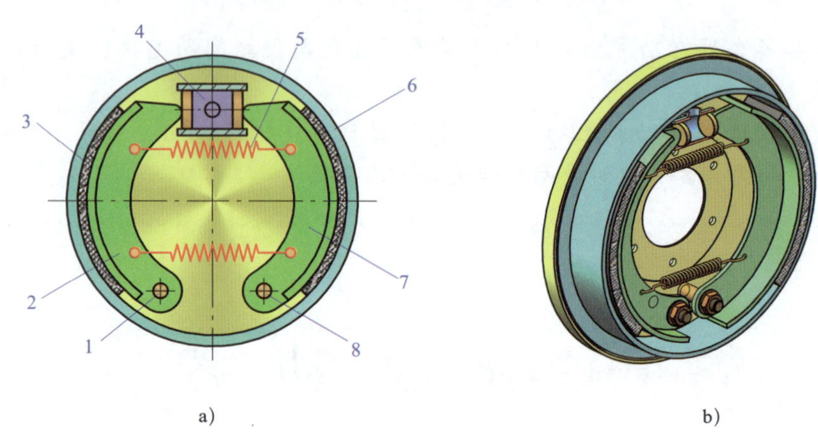

图 13-14　内张蹄式制动器

1、8—销轴　2、7—制动蹄　3—摩擦片　4—液压缸　5—弹簧　6—制动轮

三、外抱块式制动器

外抱块式制动器如图 13-15 所示，弹簧 3 通过制动臂 6 使闸瓦块 2 压紧在制动轮 1 上，使制动器处于闭合（制动）状态。当松闸器 7 通入电流时，利用电磁作用把顶柱 5 顶起，通过推杆 4 带动制动臂 6 向外张开，使闸瓦块 2 与制动轮 1 松脱。闸瓦块的材料可采用铸铁，也可在铸铁上覆以皮革或石棉。这种制动器制动和开启迅速、尺寸小、质量小，但制动时冲击大，不适用于制动力矩大和需要频繁启动的场合。

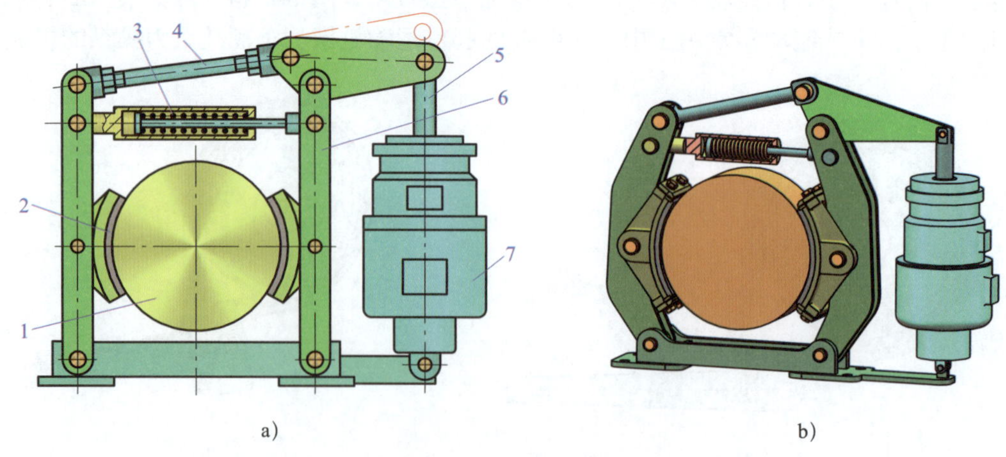

图 13-15　外抱块式制动器

1—制动轮　2—闸瓦块　3—弹簧　4—推杆

5—顶柱　6—制动臂　7—松闸器

§13-4 实训——拆装凸缘联轴器

一、实训目的

通过拆装凸缘联轴器，进一步了解凸缘联轴器的结构和用途，掌握凸缘联轴器的拆装方法，培养一定的设备拆装能力。

二、任务描述

如图 13-16 所示为凸缘联轴器，拆装任务的要求如下：

1. 了解凸缘联轴器的结构及工作原理。
2. 选择合理的拆卸工具对凸缘联轴器进行拆卸。
3. 采用正确的工艺步骤对凸缘联轴器进行安装和调试。

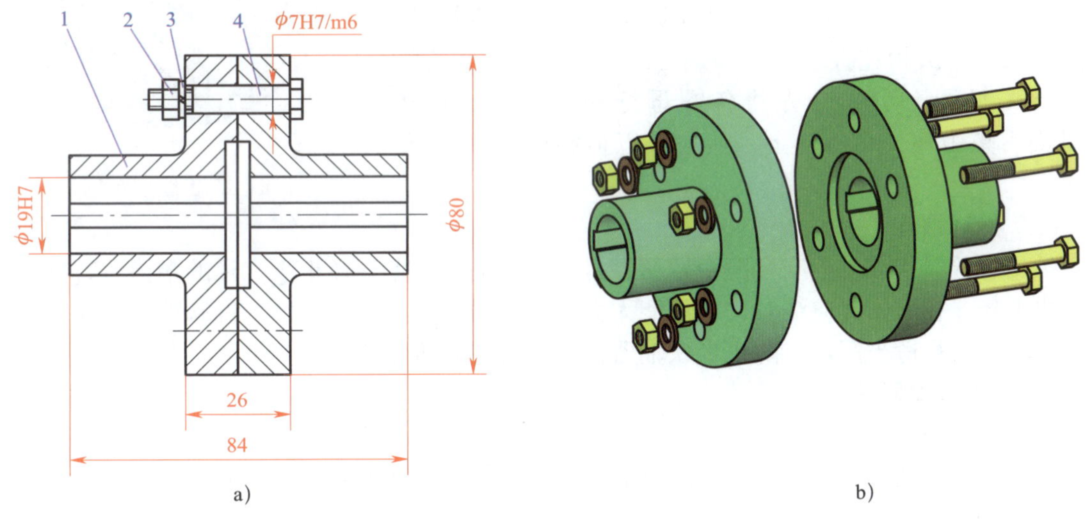

图 13-16 凸缘联轴器

1—半联轴器 2—螺母 3—弹簧垫圈 4—连接螺栓

三、实训设备及工具

拆装凸缘联轴器的实训设备及工具包括凸缘联轴器、钳工工作台、呆扳手或梅花扳手（见图 13-17）、铜棒、锤子等。

四、任务实施

1. 了解各零件之间的装配连接关系

在拆卸凸缘联轴器前，首先要查阅相关资料，了解各零件的结构及它们之间的装配连接关系。通过分析图 13-16 不难看出，螺栓和两个半联轴器之间都采用了过渡配合，实际产品可能有较小的过盈量。

图 13–17 呆扳手和梅花扳手

a）呆扳手 b）梅花扳手

2. 拆卸凸缘联轴器

（1）拆卸前

拆卸凸缘联轴器前，要对凸缘联轴器各零件之间相互结合的位置做标记，以作为装配时的参考。

（2）拆卸螺母

拆卸凸缘联轴器时，一般先拆卸连接螺栓上的螺母。螺母的拆卸必须选择合适的工具，由于拆卸螺母所需要的转矩比较大，为防止因扳手打滑损坏螺母外部的六棱柱，应选用呆扳手或梅花扳手。拆卸螺母时，要按照对角拆卸的顺序（见图 13–18），先将各螺母拧松 1～2 圈，以免力量最后集中到一个螺栓上，造成难以拆卸或零件变形、损坏。

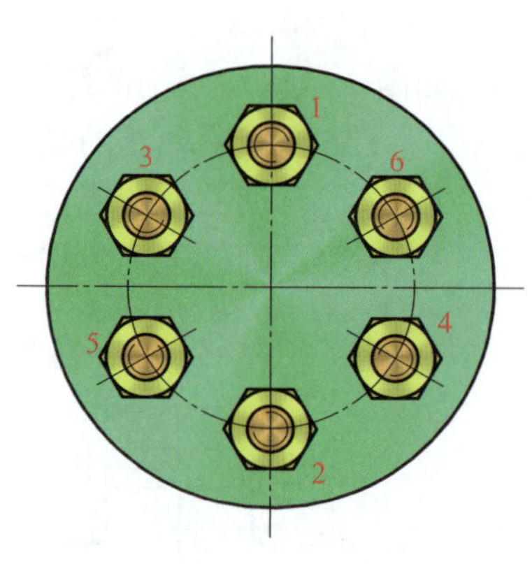

图 13–18 螺母的拆卸或拧紧顺序

（3）拆卸螺栓

抽出螺栓时，如螺栓与孔配合较紧，可在螺杆端部垫上直径小于孔径的铜棒后，再用锤子敲击铜棒。在敲击时应注意用力不能太大，以免损坏螺栓上的螺纹。拆卸螺栓时还应注意将半联轴器进行适当固定，防止半联轴器歪倒伤人或损坏零件。

3. 装配凸缘联轴器

（1）装配前

将凸缘联轴器的各零件清洗干净，擦干后在零件的配合表面涂抹机油。

（2）安装螺栓

按拆卸时标记的位置将两个半联轴器的螺栓孔对齐，然后安装螺栓。在安装螺栓时，可在螺栓头的端面上垫上木块，用锤子敲击木块。

（3）安装螺母

为了保证每个螺栓预紧力的一致，拧紧螺母时，应按对角的顺序（见图 13–18）分两次或三次逐步拧紧，拧紧必须对称进行。

第十四章 液压传动

液压传动是用液体作为工作介质来传递能量和进行控制的传动方式，属于流体传动，其工作原理与机械传动有着本质的区别。液压传动在机床、工程机械、汽车、船舶等行业应用广泛。图 14–1 所示为挖掘机，它的动臂、斗杆、铲斗等工作机构和行走机构都采用了液压传动。

图 14–1　挖掘机

1—铲斗液压缸　2—斗杆液压缸　3—动臂　4—动臂液压缸　5—斗杆　6—铲斗

§ 14–1　液压传动概述

一、液压传动的基本原理

液压千斤顶（见图 14–2）是在生产、生活中经常用到的小型起重装置，常用于顶升重物。它是一种非常典型的液压传动设备，利用柱塞、缸体等元件，通过压力油将机械能转换为液压能，再转换为机械能。液压千斤顶的工作原理如图 14–3 所示。大缸体 8 和大活塞 9 组成举升液压缸，杠杆手柄 1、小缸体 2、小活塞 3、单向阀 4 和单向阀 7 等组成手动液压泵。液压千斤顶的工作过程如下。

图 14–2　液压千斤顶

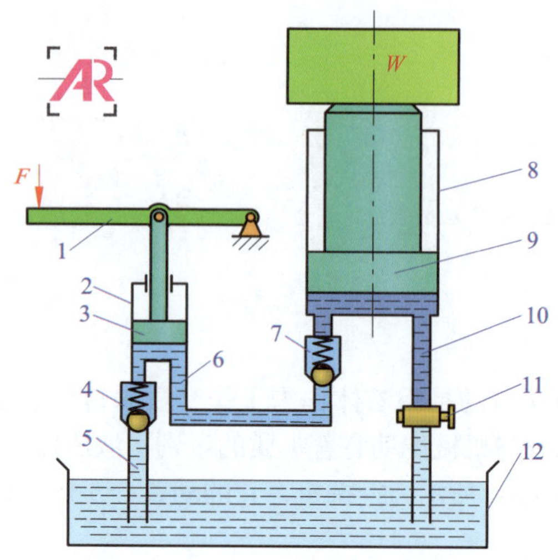

图 14–3　液压千斤顶的工作原理

1—杠杆手柄　2—小缸体　3—小活塞　4、7—单向阀　5—吸油管　6、10—管道　8—大缸体　9—大活塞　11—截止阀　12—油箱

1. 液压泵吸油

当提起杠杆手柄 1 使小活塞 3 向上移动时，小活塞下端油腔容积增大，形成局部真空，这时单向阀 4 打开，通过吸油管 5 从油箱 12 中吸油。

2. 液压泵压油

当用力压下杠杆手柄 1 时，小活塞 3 下移，小缸体 2 的下腔压力升高，单向阀 4 关闭，单向阀 7 打开，下腔的油液经管道 6 输入大缸体 8 的下腔，迫使大活塞 9 向上移动，顶起重物。

再次提起杠杆手柄 1 吸油时，单向阀 7 关闭，使大缸体 8 中的油液不能倒流。不断往复扳动杠杆手柄 1，就能不断地从油箱 12 中吸油并将其压入大缸体 8 的下腔，使重物逐渐升起。

3. 液压缸泄油

打开截止阀 11，大缸体下腔的油液通过管道 10、截止阀 11 流回油箱。大活塞 9 在重物和自重的作用下向下移动，回到原位。

通过以上分析，可总结出液压传动的工作原理：液压传动是以压力油为工作介质，通过动力元件（液压泵）将原动机的机械能转换为压力油的压力能；再通过控制元件，借助执行元件（液压缸或液压马达）将压力能转换为机械能，驱动负载实现直线或旋转运动；通过控制元件对压力和流量的调节，可以调节执行元件的力和速度。

截　止　阀

截止阀也叫截门，用于对其所在管路中的介质进行切断和节流。

二、液压传动系统的组成

液压传动系统由动力部分、执行部分、控制部分、辅助部分和工作介质五部分组成。

1. 动力部分

动力部分将原动机输出的机械能转换为油液的压力能（液压能）。动力元件为液压泵。在图 14–3 所示液压千斤顶中，由单向阀 4 和 7、小活塞 3、小缸体 2、杠杆手柄 1 等组成的手动油液泵为动力元件。

2. 执行部分

执行部分将液压泵输入的油液压力能转换为带动机构工作的机械能。执行元件有液压缸和液压马达。在图 14–3 所示液压千斤顶中，由大活塞 8 和大缸体 9 组成的液压缸为执行元件。

3. 控制部分

控制部分用来控制和调节油液的压力、流量和流动方向。控制元件为各种液压控制阀，如压力控制阀、流量控制阀和方向控制阀等。在图 14–3 所示液压千斤顶中，截止阀 11 为控制元件。

4. 辅助部分

辅助部分与动力部分、执行部分、控制部分一起组成一个系统，起储油、过滤、测量和密封等作用，以保证系统正常工作。辅助元件有油箱、过滤器、蓄能器、管路、管接头、密封件及控制仪表等。在图 14–3 所示液压千斤顶中，吸油管 5、油箱 12 等为辅助元件。

5. 工作介质

液压传动系统的工作介质是指传递能量的液体介质，即各种液压油液。

三、液压元件的图形符号与液压系统回路图

图 14–3 所示液压千斤顶工作原理图直观性强，容易理解，但绘制起来比较麻烦，系统中元件数量多时绘制更加不便，为了简化原理图的绘制，系统中各元件可用图形符号表示，如图 14–4 所示。这些符号只表示元件的职能（即功能）、控制方式以及外部连接口，不表示元件的具体结构、参数以及连接口的实际位置和元件的安装位置。国家标准《流体传动系统及元件　图形符号和回路图　第 1 部分：图形符号》（GB/T 786.1—2021）对液压元件的图形符号作了具体规定。这种用图形符号表达液压系统工作原理的示意图称为液压回路图，又称为液压系统图。

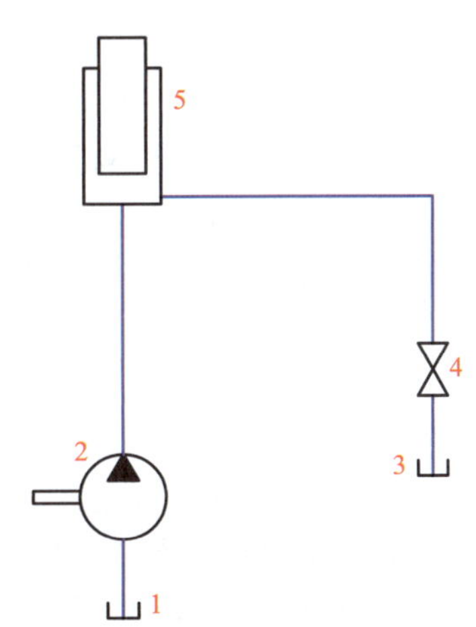

图 14–4　液压千斤顶液压回路图

1、3—油箱　2—液压泵　4—截止阀　5—液压缸

四、液压传动的应用特点

1. 液压传动的优点

（1）传动平稳。油液有吸振能力，在油路中还可以设置液压缓冲装置。

（2）质量小，体积小。在输出同样功率的条件下，液压传动设备的体积和质量与机械传动相比要小很多，因此惯性小、动作灵敏。

（3）承载能力强。液压传动易于获得很大的力和转矩，因此广泛用于压力机、隧道掘进机、万吨轮船操舵机和万吨水压机等。

（4）易实现无级调速。液压传动可实现液体流

量的无级调速。调速范围很大，最高可达 2 000 : 1，容易获得极低的速度。

（5）易实现过载保护。液压系统中较易设置安全保护装置，能够自动防止过载，避免发生事故。

（6）能自润滑。由于采用液压油作为工作介质，液压传动装置能够自动润滑，因此液压元件的使用寿命较长。

（7）易实现复杂动作。液体的压力、流量和方向较容易实现控制，再配合电气控制装置，易实现复杂的自动工作循环。此外，液压传动便于采用电液联合控制以用于自动化生产。

（8）液压元件已实现系列化、标准化和通用化。

2. 液压传动的缺点

（1）制造精度要求高。液压元件的技术要求高，对加工和装配的要求较高，对使用和维护的要求比较严格。

（2）定比传动困难。液压传动是以液压油液作为工作介质，在相对运动表面间不可避免地存在泄漏，因此不宜应用在传动比要求严格的场合。

（3）油液受温度的影响大。由于液压油液的黏度随温度的改变而改变，故不宜应用在高温或低温的工作环境中。

（4）不宜远距离输送动力。由于采用油管传输压力油，压力损失较大，故不宜远距离输送动力。

（5）油液中的空气影响工作性能。液压系统在工作时，油液中易混入空气，从而影响工作性能。如容易引起爬行、振动和噪声，使系统的工作性能受到影响。

（6）油液容易被污染。油液被污染后会影响系统工作的可靠性。

（7）发生故障不容易排查与排除。液压系统是一个整体，发生故障后很难找到故障点，只能逐一排查。

五、液压系统的基本参数

1. 压力

液压传动是以液体作为工作介质进行能量转换的，压力是液压传动中最基本、最重要的参数之一。

（1）压力的概念

液压传动中所说的压力一般是指液体的静压力，即液体在静止时的压力。静止液体的质点间没有相对运动，也就不存在摩擦力，故静止液体表面只有法向力。在液压传动中，由于油液的自重而产生的压力一般很小，可忽略不计。所以，液压系统的压力是指液体在单位面积上所受的法向作用力（见图 14–5），用 p 表示，即：

$$p=F/A$$

式中　p——压力，N/m^2 或 Pa，$1\ Pa=1\ N/m^2$；

F——法向力，N；

A——受力面积，m^2。

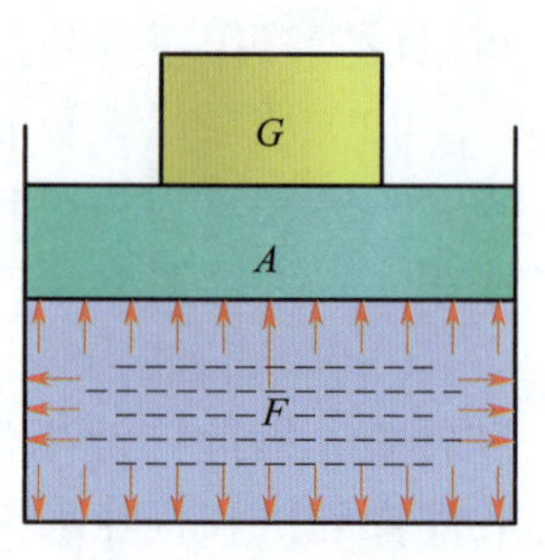

图 14–5　液体压力

液体的静压力有以下两个特性：

1）液体的静压力垂直于其作用表面，其方向和该表面的内法线方向一致。

2）静止液体内任意一点所受到的各个方向的压力都相等。

如果在液体中某点受到的各个方向的压力不相等，则液体就会产生流动。

（2）压力的传递

置于密闭容器中的液体，其外加压力发生变化时，只要液体仍然保持原来的静止状态不变，液体中任意一点的压力都发生同样大小的变化。也就是说，在密闭容器内，施加于静止液体上的压力将以等值同时传到液体各点，这就是静压传递原理，即帕斯卡原理。

图 14–6 所示为两个连通的液压缸，两液压缸的面积分别为 A_1、A_2，活塞上作用的负载分别为 F_1 和 F_2，由于两液压缸相通，构成了一个密闭的容器，按帕斯卡原理，密闭容器内液体各点的压力相同，即 $p_1=p_2$，而 $p_1=F_1/A_1$，$p_2=F_2/A_2$，故有：

$$\frac{F_1}{A_1}=\frac{F_2}{A_2} \text{ 或 } F_2=\frac{A_2}{A_1}F_1$$

由上式可知，用一个小的主动力 F_1，可以举起大的负载 F_2。液压千斤顶就是利用这一原理顶起重物的。上式还说明，液压系统中的压力是由外界负载决定的，并随着负载的变化而变化。

2. 流量和流速

（1）流量

液压传动是依靠流动的有压液体来传递动力的，单位时间内流过某一通道截面的液体体积称为流量。通常所说的流量是指平均流量，用 q_v 表示。即：

$$q_v=V/t$$

式中 q_v——流量，m^3/s 或 L/min，$1\ m^3/s=6\times10^4$ L/min；

V——流过截面的液体体积，m^3；

t——液体流过的时间，s。

（2）流速

流速是指液体流质点在单位时间内所移动的距离。由于黏性的作用，管道内同一截面上各点的流速不同（见图 14–7），一般以平均流速作为管道流速。平均流速和流量的关系是：

$$v=q_v/A$$

式中 v——平均流速，m/s；

q_v——流量，m^3/s；

A——流通截面积，m^2。

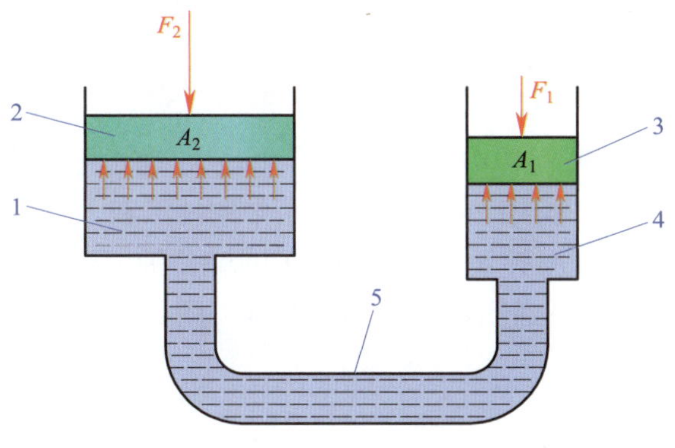

图 14–6 两个连通的液压缸

1—大液压缸 2—大活塞 3—小活塞 4—小液压缸 5—管路

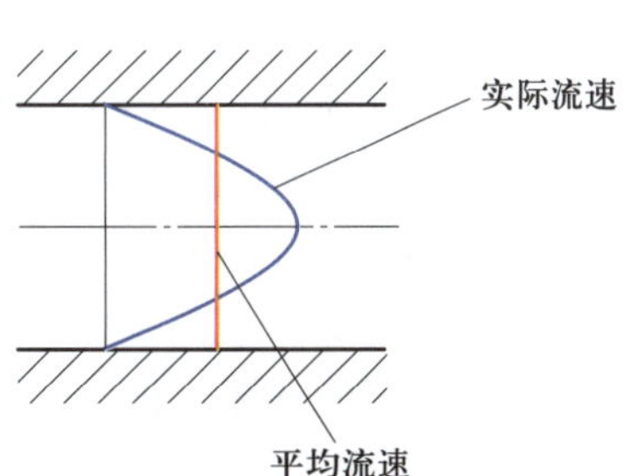

图 14–7 实际流速和平均流速

液体的可压缩性很小，一般情况下，可以认为液压油液不可压缩。因此，液压油液在无分支管路中，通过每一截面的流量都是相等的。

§14-2 液压动力元件

液压传动系统的动力元件一般为液压泵，它将电动机或其他原动机输出的机械能转换为液压能，向液压传动系统提供压力油。

一、液压泵的工作原理

图 14-8 所示是单柱塞泵工作原理图，下面以此为例说明液压泵的工作原理。

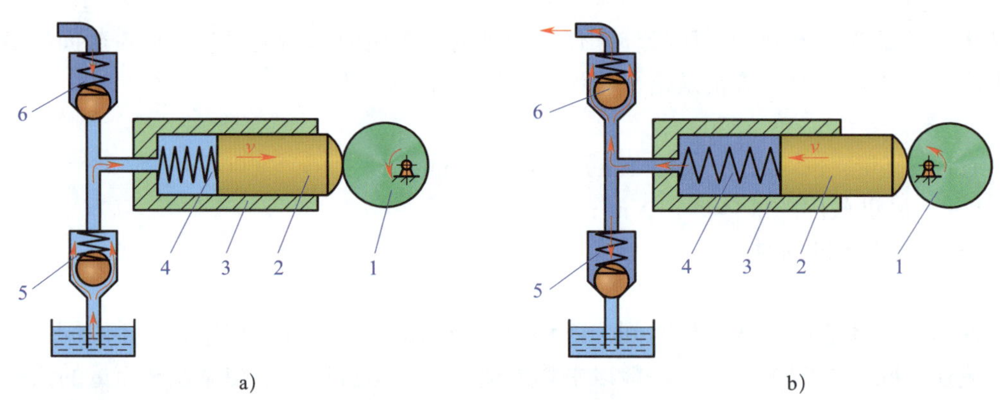

图 14-8 单柱塞泵工作原理图

a）吸油过程 b）压油过程

1—偏心轮 2—柱塞 3—泵体 4—弹簧 5、6—单向阀

柱塞 2 安装在泵体 3 内，它在弹簧 4 的作用下始终与偏心轮 1 接触。当偏心轮转动时，柱塞受偏心轮驱动力和弹簧力的作用做左右往复运动。

1. 吸油过程

如图 14-8a 所示，当偏心轮的向径（轮缘到旋转中心的距离）由最大转向最小时，柱塞向右运动，其左端和泵体间的密封容积增大，形成局部真空，油箱中的油液在大气压力作用下产生压力并作用在单向阀 5 的钢球上，在克服弹簧力后打开单向阀 5，油液进入泵体 3 内。单向阀 6 的钢球在弹簧力和系统压力的作用下封闭油口，单向阀 6 关闭，防止系统中的油液回流，此时液压泵吸油。

2. 压油过程

如图 14-8b 所示，当偏心轮的向径由最小转向最大时，柱塞向左运动，密封容积减小，油液产生压力。单向阀 5 的钢球在弹簧力和油液压力的作用下将吸油口封闭，防止油液流回油箱。泵体内的压力油经单向阀 6 进入系统，液压泵压油。

若偏心轮不停地转动，液压泵就不断地吸油和压油。由此可知，液压泵是通过密封容积的变化来进行吸油和压油的。这种靠密封容腔体积的周期性变化实现吸油和压油的液压泵称为容积泵。目前，液压传动中的液压泵一般都采用容积泵。

二、液压泵的类型及图形符号

1. 液压泵的类型

液压泵的种类很多，按照结构不同，分为齿轮泵、叶片泵和柱塞泵等；按其输油方向能否改变，分为单向泵和双向泵；按其输出的流量能否调节，分为定量泵和变量泵；按其额定压力高低不同，分为低压泵、中压泵和高压泵等。常用液压泵的分类及用途见表 14–1。

表 14–1　常用液压泵的分类及用途

分类		用途
齿轮泵	外啮合齿轮泵	只能作定量泵，可用于低压、中压和高压场合
	内啮合齿轮泵	
叶片泵	单作用叶片泵	既能作定量泵，也能作变量泵，主要用于低压场合
	双作用叶片泵	只能作定量泵，主要用于中压和高压场合
柱塞泵	轴向柱塞泵	既可作定量泵，也可作变量泵，主要用于高压场合
	径向柱塞泵	即可作定量泵，也可作变量泵，主要用于中压场合

2. 液压泵的图形符号

液压泵的图形符号见表 14–2。

表 14–2　液压泵的图形符号

名称	图形符号	说明
单向定量液压泵	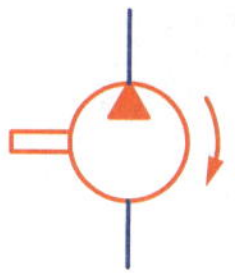	定排量，顺时针单向旋转，单向流动
双向定量液压泵	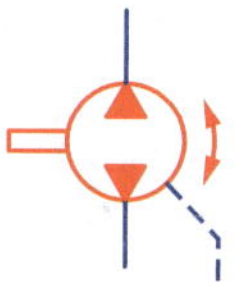	定排量，双向旋转，双向流动
单向变量液压泵	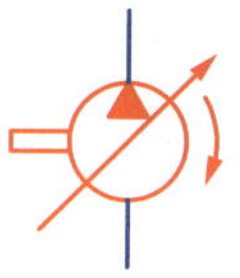	变排量，顺时针单向旋转，单向流动

续表

名称	图形符号	说明
双向变量液压泵		变排量，双向旋转，双向流动

注：1. 大圆表示液压泵。

2. 圆内实心三角形表示液压力作用方向，向外的实心三角形表示液压泵。

3. 右侧的弧线箭头表示泵轴的旋转方向，一个箭头表示单向（表示顺时针旋转，若箭头反向则表示逆时针旋转），两个箭头（）表示双向。

4. 贯穿大圆的长斜箭头（）表示泵的排量可调节。

5. 圆上、下两侧的直线表示油路接口。单向液压泵的图形符号中，与实心三角形相连的那条直线为压力油输出管路，另一条直线为吸油管路。

6. 表示驱动轴的位置。

三、常用液压泵

1. 齿轮泵

齿轮泵有外啮合齿轮泵和内啮合齿轮泵两种结构形式。外啮合齿轮泵结构简单，成本低，抗污及自吸性好，广泛应用于低压系统。

（1）外啮合齿轮泵的工作原理

外啮合齿轮泵的工作原理如图 14–9 所示。当齿轮按图示箭头方向旋转时，右侧吸油腔由于相互啮合的轮齿逐渐脱开，密封工作容积逐渐增大，形成局部真空，因此油箱中的油液在外界大气压力的作用下，经吸油口进入吸油腔，将齿间的槽充满，并随着齿轮旋转把油液带到左侧压油腔。随着齿轮的相互啮合，压油腔的密封工作容积不断减小，油液便被挤出去，从压油口输送到压力管路中去。齿轮啮合时，轮齿的接触线把吸油腔和压油腔分开。

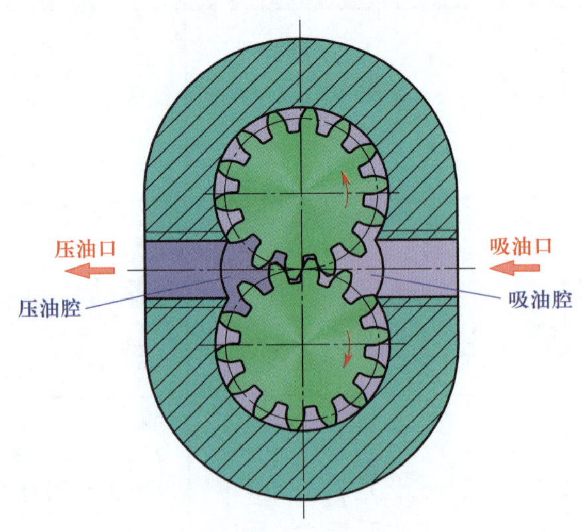

图 14–9　外啮合齿轮泵的工作原理

在齿轮泵的工作过程中，只要两齿轮的旋转方向不变，其吸、压油腔的位置也就确定不变。从外啮合齿轮泵的工作原理可以看出，外啮合齿轮泵在工作时，吸油和压油是依靠吸油腔和压油腔的密封工作容积变化来实现的，所以外啮合齿轮泵是容积泵。

（2）外啮合齿轮泵的结构

外啮合齿轮泵的结构如图 14-10 所示，主要由左泵盖 1、右泵盖 4、泵体 3、主动齿轮轴 5、从动齿轮轴 9 等组成。左泵盖 1、右泵盖 4 和泵体 3 由两个圆柱销定位，用六个内六角圆柱头螺钉连接。为了保证齿轮能灵活转动，同时又保证泄漏量最小，在齿轮端面和泵盖之间、齿顶和泵体内表面之间都应有适当间隙。

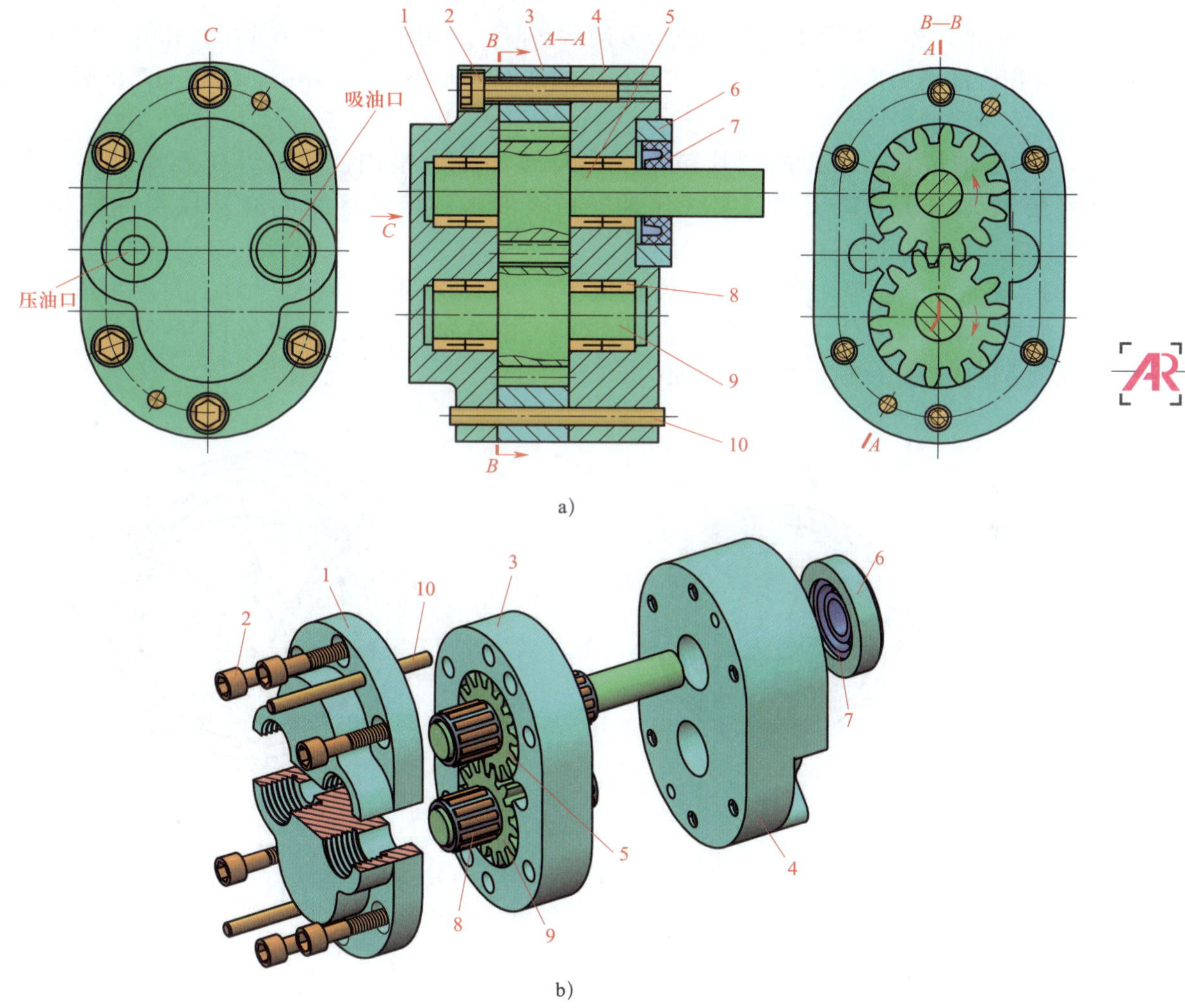

图 14-10 外啮合齿轮泵的结构

1—左泵盖 2—螺钉 3—泵体 4—右泵盖 5—主动齿轮轴 6—压环
7—密封圈 8—滚针轴承 9—从动齿轮轴 10—圆柱销

2. 叶片泵

叶片泵分为单作用叶片泵和双作用叶片泵。单作用叶片泵一般是变量泵，双作用叶片泵只能做成定量泵。两者的主要区别是定子内曲线的形状不同。曲线形状不同导致泵轴旋转一周时吸、压油的次数也不相同，单作用叶片泵每转一周吸、压油各一次，双作用叶片泵每转一周吸、压油各两次。

（1）单作用叶片泵

单作用叶片泵的工作原理如图 14–11 所示。定子的内表面是圆柱面，转子和定子中心之间存在着偏心距 e，叶片在转子的槽内可灵活滑动。转子转动时，在离心力以及叶片根部压力油液的压力作用下，叶片顶部贴紧在定子内表面上，于是两相邻叶片、定子、转子和配油盘等便形成了一个密封的工作腔。当转子旋转时，工作腔的容积发生变化，从而实现吸油和压油。

1）吸油过程。当转子按图示箭头方向旋转时，右边的叶片逐渐伸出，相邻两叶片间的密封容积逐渐增大，形成局部真空，油箱中的油液在大气压力作用下，经配油盘的吸油口被吸入，实现吸油。

2）压油过程。左边的叶片被定子内壁逐渐压入槽内，密封容积逐渐减小，将油液经配油盘的压油口压出，实现压油。在吸油区和压油区之间有一段封油区将它们隔开。

3）流量调节原理。改变偏心距 e 的大小，便可改变工作容腔的大小，这就形成了变量泵。如果偏心距 e 只能在一个直径方向上变化，是单向变量泵；如果偏心距 e 可在相反的两个直径方向上变化，则是双向变量泵。

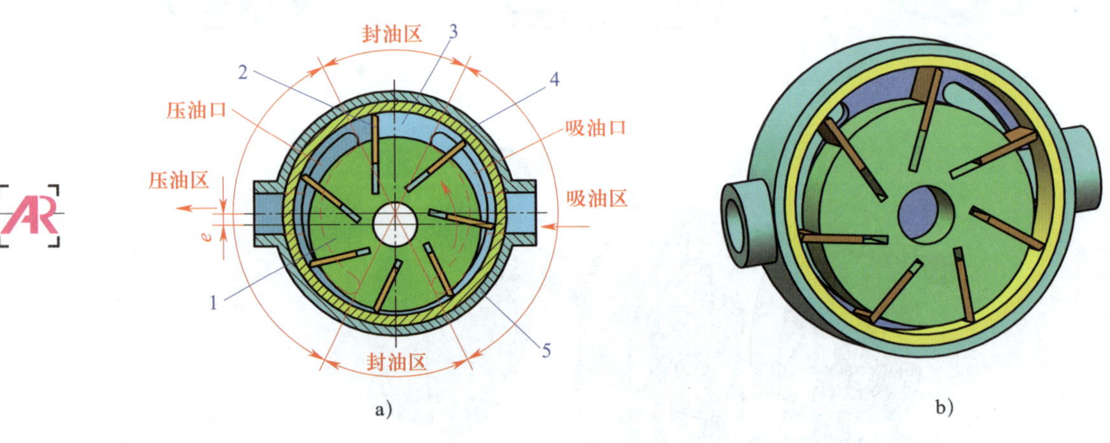

图 14–11　单作用叶片泵的工作原理

1—转子　2—叶片　3—配油盘　4—定子　5—泵体

（2）双作用叶片泵

如图 14–12 所示，双作用叶片泵由泵体、转子、定子、叶片和配油盘等组成，但转子和定子中心重合。定子内表面的轮廓由八段曲线组成，这八段曲线由两段大半径（R）圆弧、两段小半径（r）圆弧及四段过渡曲线组成。在配油盘上，各开有两个配油窗口，分别与泵的吸油槽和压油槽相通。

双作用叶片泵的吸、压油工作原理与单作用叶片泵相同，只是转子每转一周时，每个密封容积完成吸、压油各两次，所以称为双作用叶片泵。

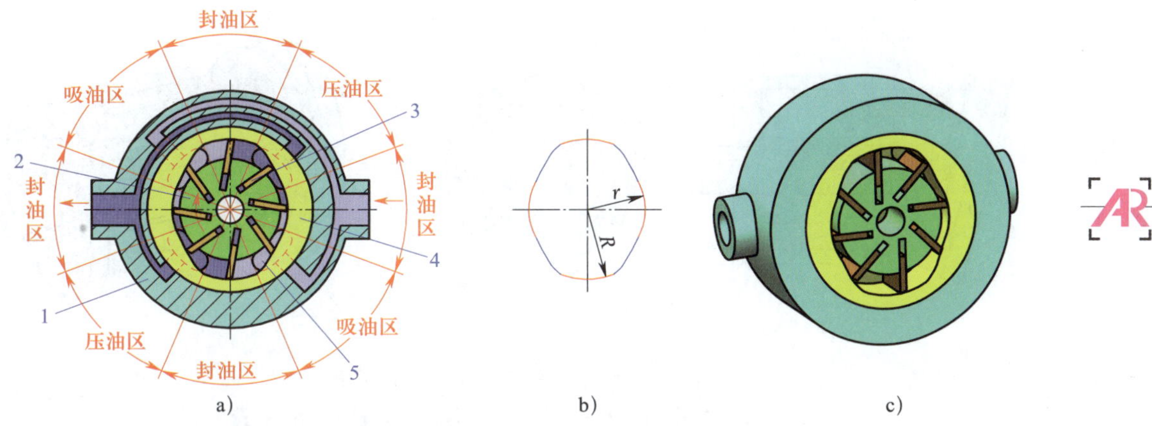

图 14-12　双作用叶片泵的工作原理

a）工作原理　b）定子内表面曲线　c）立体图

1—泵体　2—转子　3—叶片　4—定子　5—配油盘

3. 柱塞泵

柱塞泵是利用柱塞在有柱塞孔的缸体内做往复运动，使密封容积发生变化而实现吸油和压油的。按柱塞排列方向的不同，柱塞泵分为径向柱塞泵和轴向柱塞泵两类，常用的为轴向柱塞泵。轴向柱塞泵按结构特点又分为斜盘式和斜轴式两种。

图 14-13 所示为斜盘式轴向柱塞泵，主要由柱塞 6、缸体 3、斜盘 1、压板 2、传动轴 5 和配油盘 4 等组成。

图 14-13　斜盘式轴向柱塞泵

1—斜盘　2—压板　3—缸体　4—配油盘　5—传动轴　6—柱塞　7—斜盘调节机构

斜盘式轴向柱塞泵的工作原理如图 14-14 所示，斜盘 1 和配油盘 10 固定不动，斜盘法线与缸体轴线有交角 α。缸体 7 由传动轴 9 带动旋转。内套筒 4 在弹簧 6 的作用下，通过压板 3 使柱塞 5 头部的滑履 2 紧靠在斜盘上。外套筒 8 在弹簧 6 的作用下，使缸体 7 与配油盘 10 紧密接触，起密封作用。在配油盘 10 上开有两个腰形吸、压油口。

当传动轴 9 带动缸体 7 按图 14-14 所示方向旋转时，在前半周内，柱塞逐渐向外伸出，柱塞与缸体孔内的密封容积逐渐增大，形成局部真空，通过配油盘的吸油口吸油；缸体在后半周时，柱塞在斜盘斜面作用下，逐渐被压入柱塞孔内，密封容积逐渐减小，通过配油盘的压油口压油；缸体每转一周，每个柱塞往复运动一次，完成吸、压油各一次。

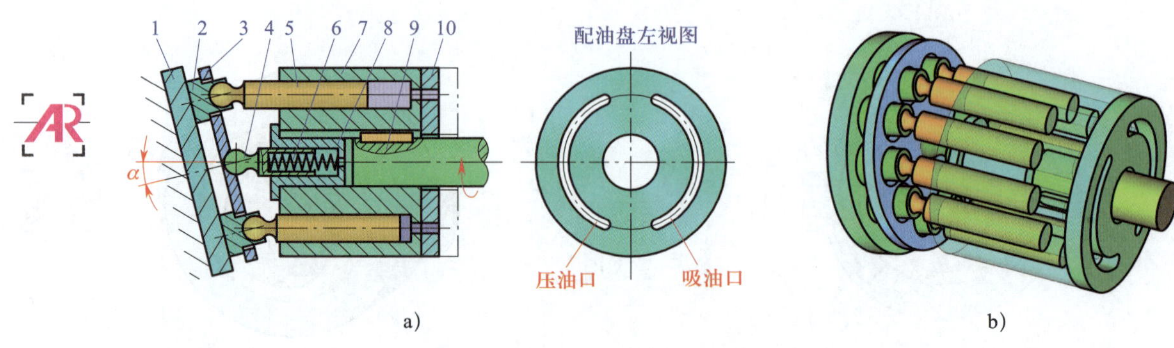

图 14–14 斜盘式轴向柱塞泵的工作原理

1—斜盘 2—滑履 3—压板 4—内套筒 5—柱塞 6—弹簧
7—缸体 8—外套筒 9—传动轴 10—配油盘

如果改变斜盘倾角 α 的大小，即可改变柱塞行程的长度，从而改变泵的输出流量。如果改变斜盘的倾斜方向，则泵的吸、压油口互换，所以斜盘式轴向柱塞泵是双向变量泵。

四、液压泵的比较与选择

1. 液压泵的比较

齿轮泵、叶片泵和柱塞泵在结构上存在很大的差异，因此具有不同的特点，其优缺点比较见表 14–3。

表 14–3 液压泵的种类及其优缺点比较

泵的类型	优点	缺点
齿轮泵	结构简单，不需要配流装置，价格低，工作可靠，维护方便，自吸性好，对油的污染不敏感	易产生振动和噪声，泄漏大，容积效率低，径向液压力不平衡，流量不可调
叶片泵	输油量均匀，压力脉动小，容积效率高	结构复杂，难加工，叶片易被脏物卡死
柱塞泵	结构紧凑，容积效率高	结构复杂，价格较贵

2. 液压泵的选择

（1）根据系统运行工况选择液压泵

1）如果系统是单执行元件，恒速或接近恒速运行，可选用定量泵。

2）如果系统有快、慢速要求，可选用限压式变量叶片泵或双联叶片泵。

3）机床辅助装置，如送料、夹紧等不重要的场合，野外或环境差的场合，可选用价格低廉的外啮合齿轮泵。

4）室内或固定作业，环境好的系统，可用叶片泵、齿轮泵和柱塞泵等。

（2）根据系统工作压力、流量选择液压泵

中低压、中小流量液压系统，可选用齿轮泵或叶片泵；高压、大流量液压系统，可选用柱塞泵。一般工作压力小于 2.5 MPa 时，可选用齿轮泵；工作压力在 2.5 ~ 10 MPa 时，可选用叶片泵；工作压力在 10 MPa 以上时，可选用柱塞泵。

液压系统的压力等级

一般情况下，液压系统的压力等级可分为低压、中压、高压和超高压四类，具体压力等级见表 14–4。

表 14–4　液压系统的压力等级

压力等级	低压	中压	高压	超高压
压力 p/MPa	<7	7 ~ 21	>21 ~ 31.5	>31.5

§ 14–3　液压执行元件

液压执行元件是指将液压能转换为机械能的能量转换装置，有液压缸和液压马达等，液压缸能将液压能转换为往复直线运动形式的机械能，液压马达能将液压能转换为连续旋转的机械能。

一、液压缸的类型及图形符号

液压缸的类型很多，图 14–15 所示为一种液压缸产品。液压缸按油压的作用形式可分为单作用液压缸和双作用液压缸，具体分类方法见表 14–5。

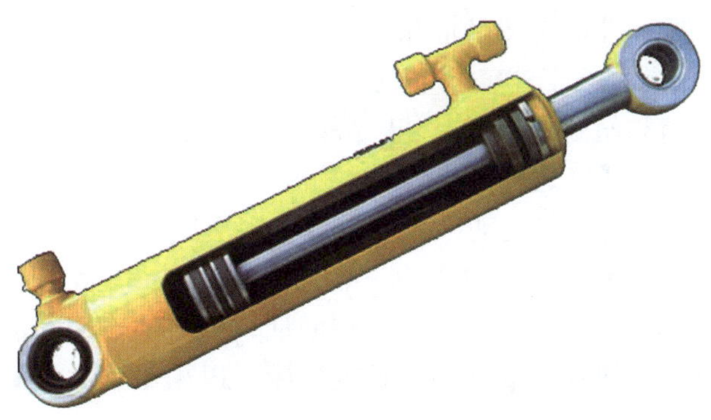

图 14–15　液压缸产品

表 14–5　　液压缸的类型及图形符号

类型	名称	图形符号	说明
单作用液压缸	单作用柱塞缸		柱塞仅单向液压驱动，返回行程是利用自重或其他外力将柱塞推回
	单作用单杆缸		活塞仅单向液压驱动，返回行程利用弹簧力将活塞推回，弹簧腔带连接油口
	单作用伸缩缸		以短缸获得长行程。用油液压力将活塞由大到小逐节推出，靠外力由小到大逐节缩回
双作用液压缸	双作用单杆缸		单边有杆，双向液压驱动，双向推力和速度不等
	双作用双杆缸		双边有杆，双向液压驱动，可实现等速往复运动
	双作用伸缩缸		双向液压驱动，活塞伸出时由大到小逐节推出，复位时由小到大逐节缩回

二、典型液压缸

1. 双作用单杆液压缸

（1）结构和工作原理

双作用单杆液压缸是一种最常用的液压缸，它只有一端带活塞杆，其结构如图 14–16 所示，这种液压缸主要由缸筒 10、活塞 11、活塞杆 6、缸底 12 和缸盖（兼作导向套）3 等组成。无缝钢管制成的缸筒与缸底焊接在一起。为了防止油液内外泄漏，在缸筒与活塞之间、缸筒与缸盖之间、活塞杆与活塞之间、活塞杆与缸盖之间分别安装了密封圈。油口 *A* 和油口 *B* 都可以通液压油液，以实现双向运动，故称为双作用液压缸。

双作用单杆液压缸的结构特点是活塞的一端有杆，而另一端无杆，活塞两端的有效作用面积不相等。在工作过程中，一端进油，另一端回油，压力油作用在活塞上形成一定的推力使得活塞杆前伸或后退。这种液压缸常用于各类机床，以满足较大负载、慢速工作进给和空载时快速退回的工作需要。

双作用单杆液压缸有缸体固定（活塞杆带动工作台移动）和活塞杆固定（缸体带动工作台移动）两种安装方式，如图 14–17 所示。

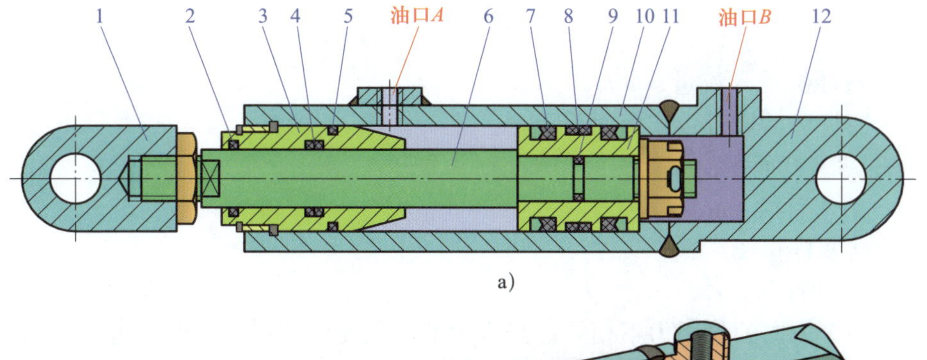

a)

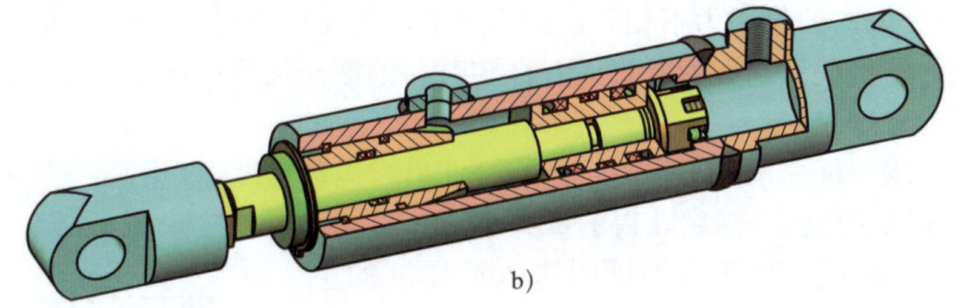
b)

图 14-16 双作用单杆液压缸

1—耳环 2、4、5、7、8、9—密封圈

3—缸盖（兼作导向套） 6—活塞杆 10—缸筒 11—活塞 12—缸底

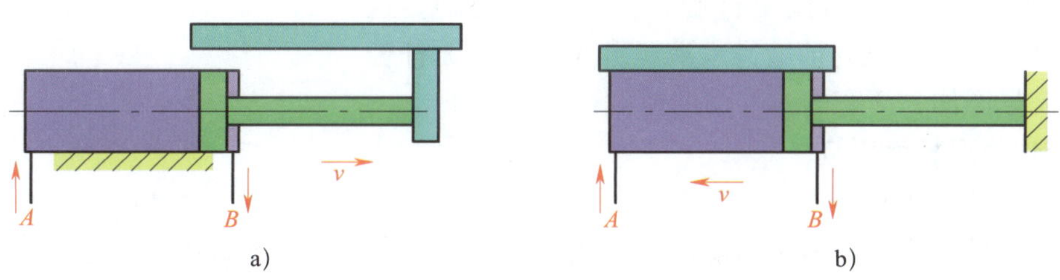

图 14-17 双作用单杆液压缸的安装方式

a）缸体固定 b）活塞杆固定

（2）工作特点

1）工作台往复运动速度不相等。如图 14-18 所示，设活塞与活塞杆的直径分别为 D 和 d。当压力油进入无杆腔，工作台向有杆腔方向（右）运动时，其速度为 v_1（单位为 m/s），则有：

$$v_1=\frac{q_v}{A_1}=\frac{4q_v}{\pi D^2}$$

式中 q_v——液压缸输入流量，m^3/s；

A_1——活塞面积，m^2；

D——活塞直径，m。

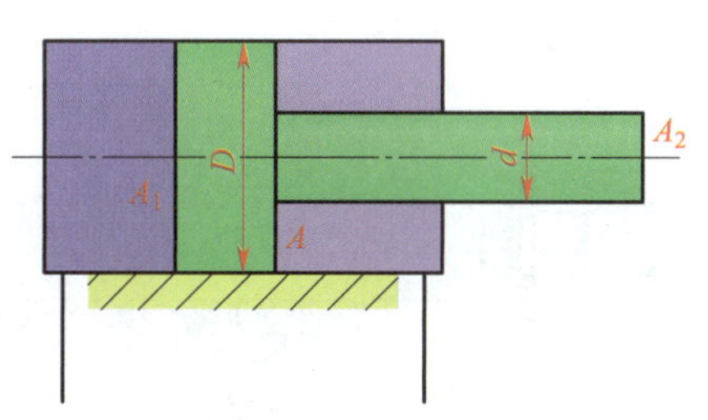

图 14-18 双作用单杆液压缸工作台运动速度

当压力油进入有杆腔，工作台向无杆腔方向（左）运动时，其速度为 v_2（单位为 m/s），则有：

$$v_2=\frac{q_v}{A}=\frac{q_v}{A_1-A_2}=\frac{4q_v}{\pi(D^2-d^2)}$$

式中 q_v——液压缸输入流量，m^3/s；

A——有杆腔活塞有效作用面积，m^2；

A_2——活塞杆面积，m^2；

D——活塞直径，m；

d——活塞杆直径，m。

因为 $A_1>A$，所以 $v_2>v_1$。

2）活塞两个方向的作用力不相等。当压力油进入无杆腔时，油液对活塞的作用力（F_1）用以克服较大的外负载；当压力油进入有杆腔时，油液对活塞的作用力（F_2）仅仅用以克服摩擦力的作用。显然 $F_1>F_2$。

所以，双作用单杆液压缸工作时，活塞杆伸出时运动速度慢，活塞获得的推力大；活塞杆退回时活塞运动速度快，活塞获得的推力小。

3）可作差动连接。当压力油同时进入液压缸的左、右腔时（见图 14–19），由于活塞两端的有效作用面积不等，作用于活塞两端的液压力也不等（左端液压力 F_1 大于右端液压力 F_2），产生的推力等于活塞两侧液压力的差值，即 $F_3=F_1-F_2$。在推力 F_3 的作用下，活塞产生差动运动，获得速度 v_3，工作台向有杆腔方向（右）运动。这时，液压缸有杆腔排出的油液进入液压缸无杆腔，无杆腔得到的总流量增加，活塞向右移动的速度也就加快了。

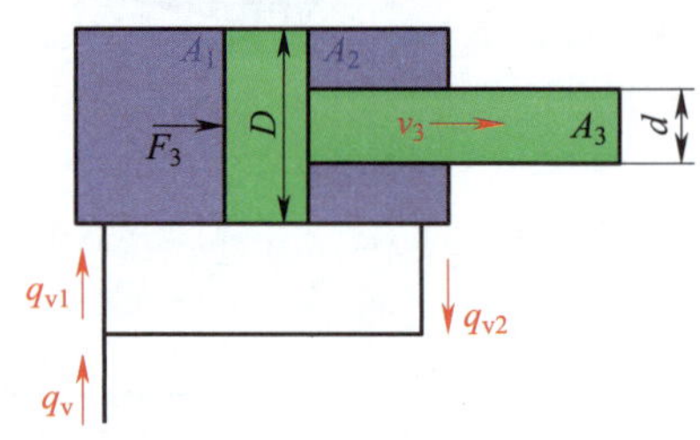

图 14–19 差动连接的工作原理

2. 双作用双杆液压缸

（1）结构和工作原理

双作用双杆液压缸的活塞两端都带有活塞杆。图 14–20 所示为缸体固定式双作用双杆液压缸，主要由缸盖、缸体、活塞杆、活塞等零件组成。两端的缸盖上设有进、出油口。

双作用双杆液压缸的固定安装方式也有缸体固定和活塞杆固定两种形式。图 14–21 所示为缸体固定式双作用双杆液压缸的安装方式，缸体固定在机床的床身上，活塞杆与工作台相连。图 14–22 所示为活塞杆固定式双作用双杆液压缸的固定安装形式，其进、出油口设在活塞杆的两端，液压油液从空心的活塞杆中进出。活塞杆固定的双作用双杆液压缸的进、出油口也可设在缸体两端，但需要用软管连接。

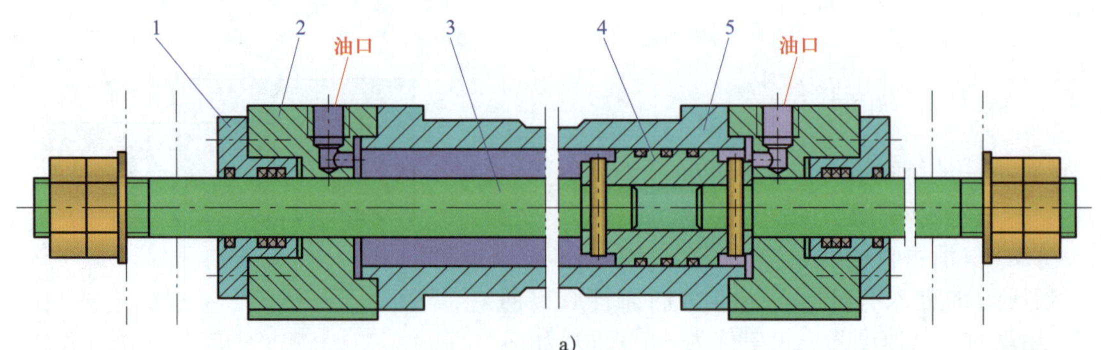

a)

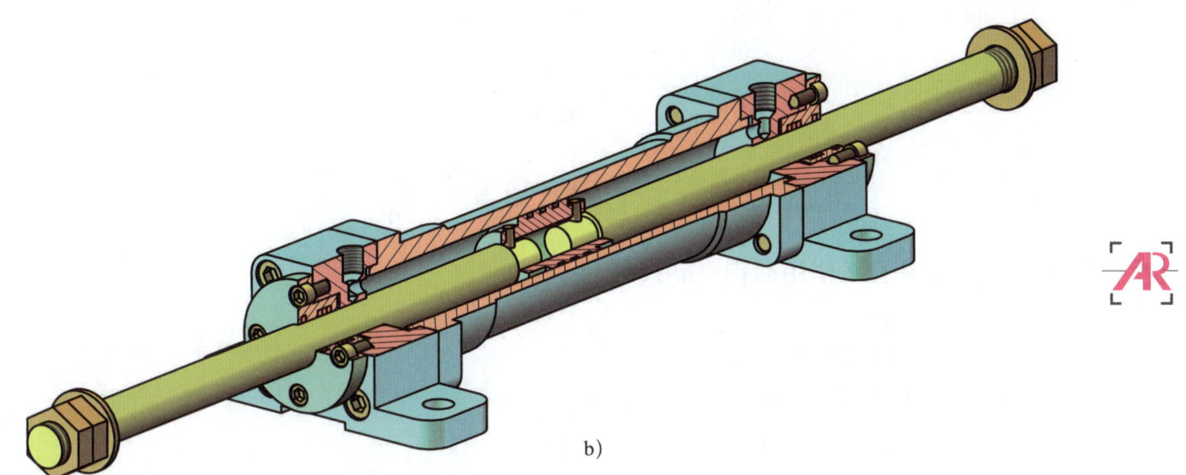

图 14–20　双作用双杆液压缸

1—导向套　2—缸盖　3—活塞杆　4—活塞　5—缸体

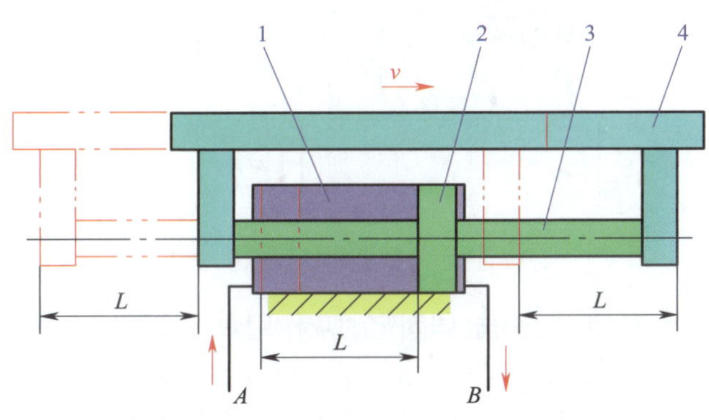

图 14–21　缸体固定式双作用双杆液压缸

1—缸体　2—活塞　3—活塞杆　4—工作台

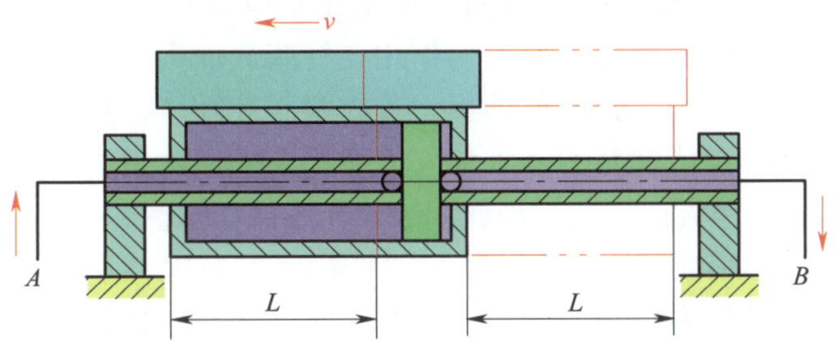

图 14–22　活塞杆固定式双作用双杆液压缸

（2）工作特点

1）工作台往复运动速度和液压推力相等。如图 14–23 所示，双作用双杆液压缸两腔的活塞杆直径 d 和活塞有效作用面积 A 通常是相等的。因此，当左、右两腔分别进入压力油时，若流量 q_v 及压力 p 相等，则活塞（或缸体）往复运动的速度（v_1 与 v_2，单位为 m/s）及两个方向的液压推力（F_1 与 F_2，单位为 N）相等，即：

$$v_1=v_2=\frac{q_v}{A}=\frac{q_v}{A_1-A_2}=\frac{4q_v}{\pi(D^2-d^2)}$$

$$F_1=F_2=pA=p(A_1-A_2)=p\frac{\pi(D^2-d^2)}{4}$$

式中　A——活塞有效作用面积，m^2；

A_1——活塞面积，m^2；

A_2——活塞杆面积，m^2；

D——活塞直径，m；

d——活塞杆直径，m；

p——压力，N/m^2 或 Pa。

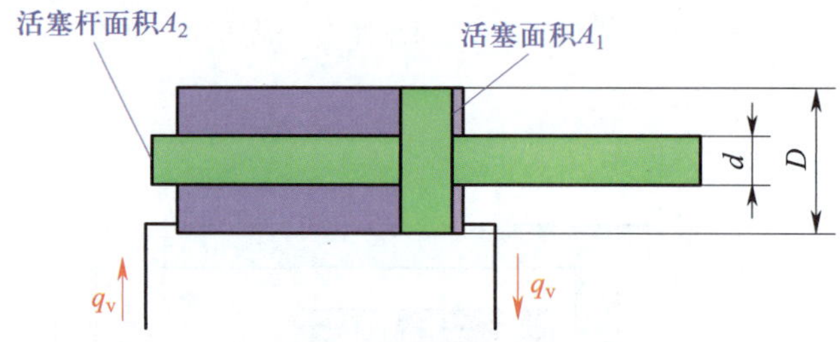

图 14–23　双作用双杆液压缸的运动速度和推力

2）可适应不同的工作环境。采用缸体固定的双作用双杆液压缸，其工作台的往复运动范围为活塞有效行程 L 的 3 倍，占地面积较大，常用于小型设备。采用活塞杆固定的双作用双杆液压缸，其工作台的往复运动范围为活塞有效行程 L 的 2 倍，占地面积较小，常用于大中型设备。

三、其他液压缸简介

1. 单作用柱塞缸

单作用柱塞缸（又称单作用柱塞液压缸）的工作原理如图 14–24 所示。当液压油液由液压缸进油口进入柱塞底腔后，液体压力均匀作用在柱塞底面上，柱塞在油液压力作用下产生推力，并向外伸出。若柱塞底腔卸压，则柱塞在自重（垂直安装时）或弹簧力及其他外力作用下缩回。由于液压力只能推动柱塞朝一个方向运动，因此属于单作用液压缸。

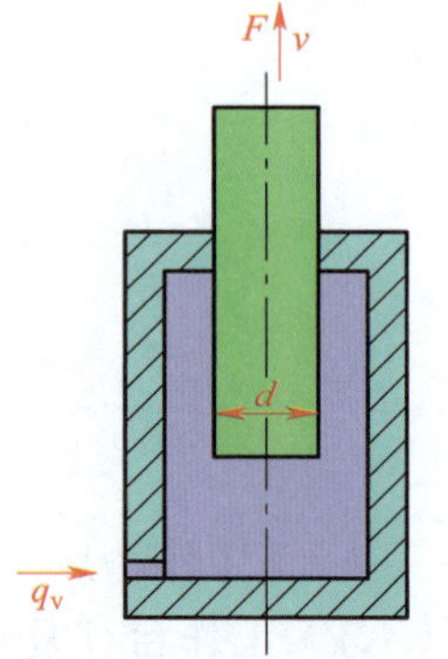

图 14–24　单作用柱塞缸的工作原理

图 14–25 所示为单作用柱塞缸，由缸体 1、柱塞 2、导向套 3 和缸盖 5 等组成。其特点是柱塞较粗，受力条件好。而且柱塞在缸筒内与缸壁不接触，两者无配合要求，因而只需对柱塞表面进行精加工即可，缸筒内孔不必进行精加工，而且表面结构要求也不高。另外，为了减轻重量，柱塞往往做成空心的。行程特别长的柱塞缸，还可以在缸体内设置辅助支承，以提高刚度。

水平放置的单作用柱塞缸可成对使用，以便实现工作台的双向运动，如图 14–26 所示。

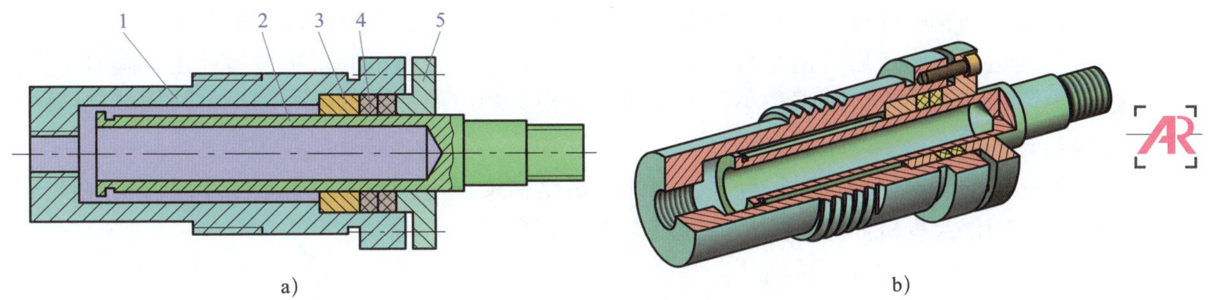

图 14-25　单作用柱塞缸

1—缸体　2—柱塞　3—导向套　4—密封圈　5—缸盖

2. 伸缩缸

伸缩缸又称多级缸，由两个或多个活塞缸套装而成，前一级活塞缸的活塞杆上内孔是后一级活塞缸的缸筒。伸缩缸也分为单作用式和双作用式，前者靠外力回程，后者靠液压回程。图 14-27 所示为双作用伸缩缸，由二级活塞缸组成，前一级的活塞与后一级的缸筒连为一体。

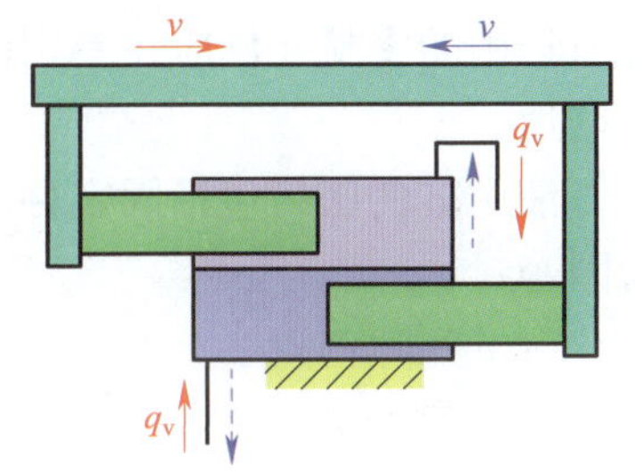

图 14-26　成对使用的单作用柱塞缸

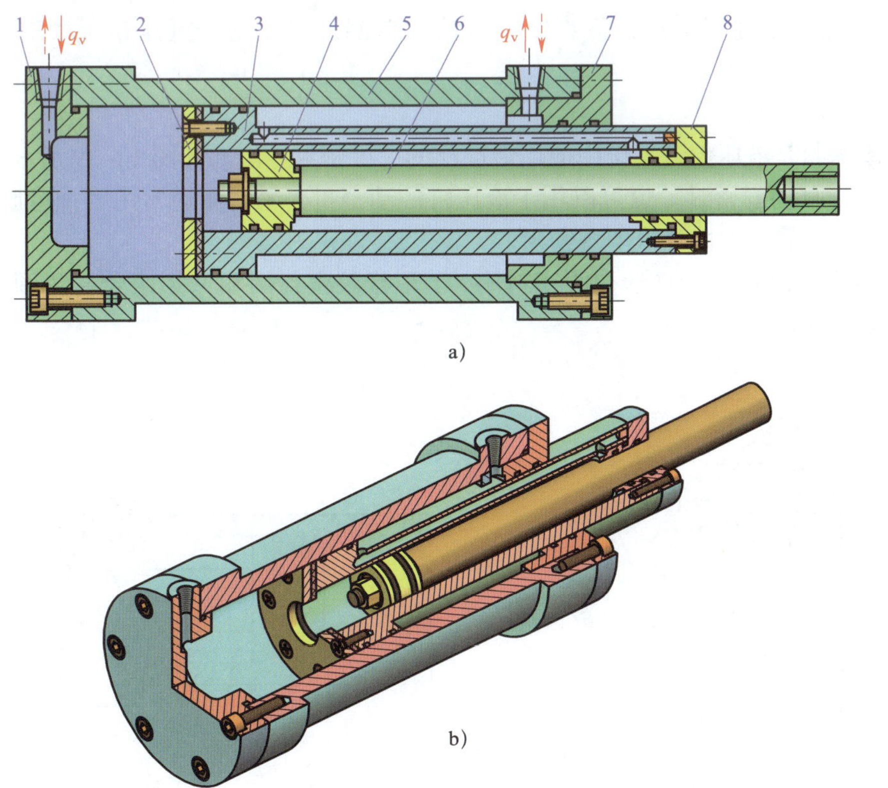

图 14-27　双作用伸缩缸

1—左缸盖　2—压板　3—套筒活塞　4—活塞　5—缸体　6—活塞杆　7—右缸盖　8—套筒活塞端盖

伸缩缸活塞的外伸动作是逐级进行的。首先是最大直径的缸筒以最低的油液压力开始外伸，当到达行程终点后，稍小直径的缸筒开始外伸，直径最小的末级最后伸出。随着工作级数变大，外伸缸筒直径越来越小，工作速度变快，相应的推力也由大到小。活塞缩回的顺序一般是先小后大。

伸缩缸的活塞杆伸出时行程大，而缩回后结构尺寸小，因而所占空间小且可实现长行程工作，可用作起重机伸缩臂缸、自卸汽车举升缸等。

四、液压缸的密封、缓冲及排气

1. 液压缸的密封

无论是液压缸还是其他液压元件，凡是容易泄漏的地方，都应该采取密封措施。作为液压传动系统的执行元件，液压缸密封性能的好坏直接影响其工作性能和效率，因此要求液压缸所选用的密封元件应在一定的压力下具有良好的密封性能，使泄漏不至于因压力升高而显著增加。

液压缸的密封包括固定件的静密封和运动件的动密封。常用的密封方法有间隙密封和密封圈密封。

（1）间隙密封

间隙密封是一种最简单的密封方法，它利用密封两运动件配合面间的微小间隙防止渗漏。为了提高这种结构的密封性能，常在活塞外圆表面上开几道细小的环形槽，以增大油液通过间隙时的阻力，减少泄漏，如图 14–28 所示。这种结构的摩擦力小，经久耐用，但对零件的加工精度要求高，且难以完全消除泄漏，主要用于低压系统中液压缸活塞的密封。

（2）密封圈密封

密封圈密封是液压传动系统中应用最广泛的一种密封方法。如图 14–29 所示，密封圈既可以用于液压缸的静密封，也可以用于液压缸的动密封。密封圈通常用耐油橡胶压制而成，它通过本身受压后的弹性变形实现密封。

常用的橡胶密封圈有 O 形橡胶密封圈、Y 形橡胶密封圈和 V 形组合密封圈等，其形状和应用见表 14–6。

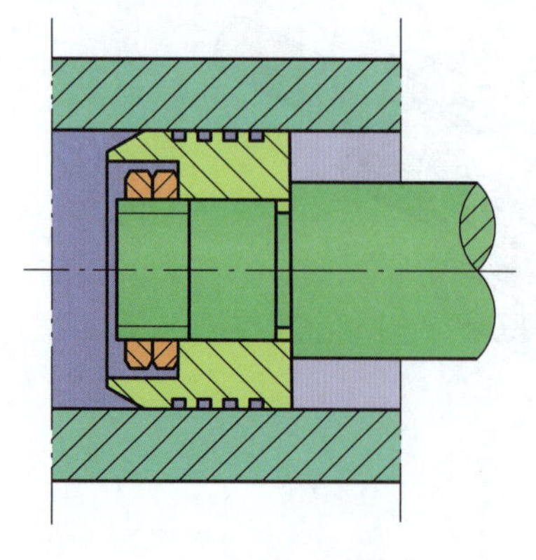

图 14–28　间隙密封

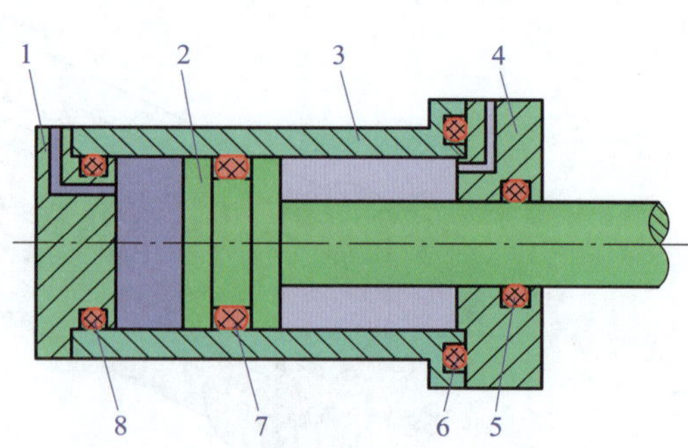

图 14–29　密封圈密封

1—前端盖　2—活塞　3—缸体　4—后端盖

5、7—动密封　6、8—静密封

表 14-6 橡胶密封圈的形状和应用

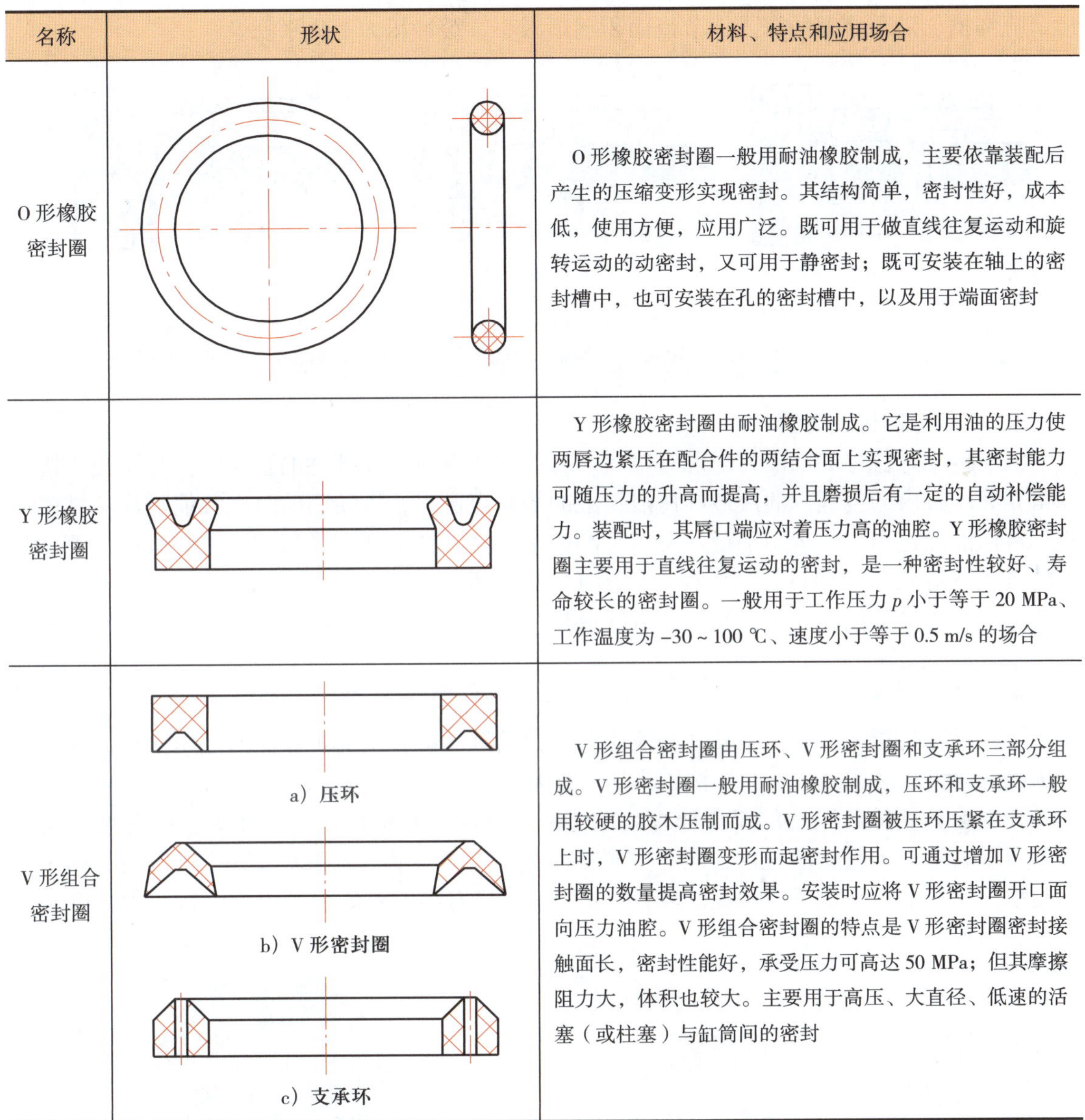

名称	形状	材料、特点和应用场合
O 形橡胶密封圈		O 形橡胶密封圈一般用耐油橡胶制成，主要依靠装配后产生的压缩变形实现密封。其结构简单，密封性好，成本低，使用方便，应用广泛。既可用于做直线往复运动和旋转运动的动密封，又可用于静密封；既可安装在轴上的密封槽中，也可安装在孔的密封槽中，以及用于端面密封
Y 形橡胶密封圈		Y 形橡胶密封圈由耐油橡胶制成。它是利用油的压力使两唇边紧压在配合件的两结合面上实现密封，其密封能力可随压力的升高而提高，并且磨损后有一定的自动补偿能力。装配时，其唇口端应对着压力高的油腔。Y 形橡胶密封圈主要用于直线往复运动的密封，是一种密封性较好、寿命较长的密封圈。一般用于工作压力 p 小于等于 20 MPa、工作温度为 -30～100 ℃、速度小于等于 0.5 m/s 的场合
V 形组合密封圈	a）压环 b）V 形密封圈 c）支承环	V 形组合密封圈由压环、V 形密封圈和支承环三部分组成。V 形密封圈一般用耐油橡胶制成，压环和支承环一般用较硬的胶木压制而成。V 形密封圈被压环压紧在支承环上时，V 形密封圈变形而起密封作用。可通过增加 V 形密封圈的数量提高密封效果。安装时应将 V 形密封圈开口面向压力油腔。V 形组合密封圈的特点是 V 形密封圈密封接触面长，密封性能好，承受压力可高达 50 MPa；但其摩擦阻力大，体积也较大。主要用于高压、大直径、低速的活塞（或柱塞）与缸筒间的密封

2. 液压缸的缓冲装置

液压缸的缓冲装置是为了防止活塞在行程终了时，由于惯性力的作用而与端盖发生撞击，导致液压缸损坏。一般液压缸都有缓冲装置，特别是当液压缸驱动重负荷或运动速度较大时，必须使用缓冲装置。但对于短行程液压缸和低速液压缸，一般不使用缓冲装置。

图 14-30a 所示为圆柱形环隙式缓冲装置。活塞端部有圆柱形缓冲柱塞，当柱塞运行至液压缸端盖上的圆柱孔内时，封闭在缸筒内的油液只能从环形间隙中挤压出去，这样活塞受到一个很大的、由间隙节流而造成的阻力，从而达到缓冲的目的。

图 14-30b 所示为圆锥形环隙式缓冲装置。缓冲柱塞加工成圆锥体，节流面积随着柱塞的深入而减小，缓冲压力变化平缓，缓冲效果优于圆柱形环隙式缓冲装置。

图 14–30c 所示为可变节流槽式缓冲装置。它是在缓冲柱塞上开有几个均布的轴向三角形节流沟槽，随着柱塞的深入，节流面积逐渐减小，缓冲压力变化平稳。

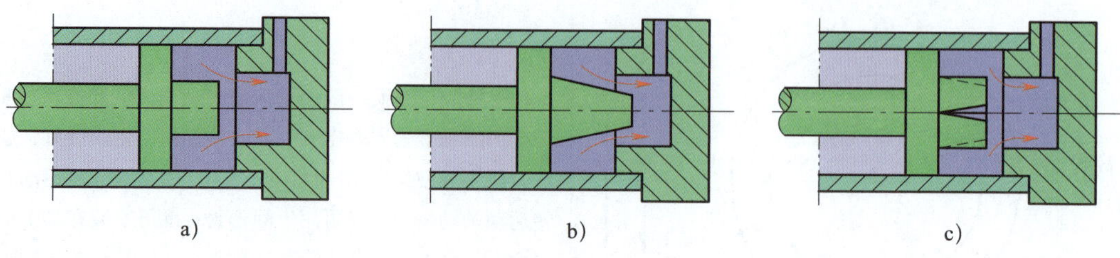

图 14–30 液压缸的缓冲装置

a）圆柱形环隙式 b）圆锥形环隙式 c）可变节流槽式

3. 液压缸的排气装置

液压传动系统中的油液如果混有空气，将会严重影响工作部件的平稳性。为了便于排除积留在液压缸内的空气，油液最好从液压缸的最高点进入，以便回油时空气能随油液排往油箱，再从油面逸出。对运动平稳性要求较高的液压缸，常在两端最高位置处装有排气塞。常用的排气塞有斜孔式和直孔式两种，如图 14–31 所示。在液压系统工作前，先拧开排气塞，使活塞全行程空载往返数次，空气即可通过排气塞排出。空气排净后，需把排气塞拧紧再让液压系统进行工作。

五、液压马达

液压马达是指输出旋转运动并将液压泵提供的液压能转变为机械能的液压执行元件，按结构可分为齿轮液压马达、叶片液压马达、柱塞液压马达等。

外啮合齿轮液压马达的工作原理如图 14–32 所示，其结构形式与外啮合齿轮泵基本相同。当压力油进入马达的进油腔时，完全处于进油腔的轮齿（b 和 b'）所受压力油的作用力相互抵消，进油腔上、下边缘处的轮齿（a 和 a'）只有高压腔侧受到单方向作用力（图中用

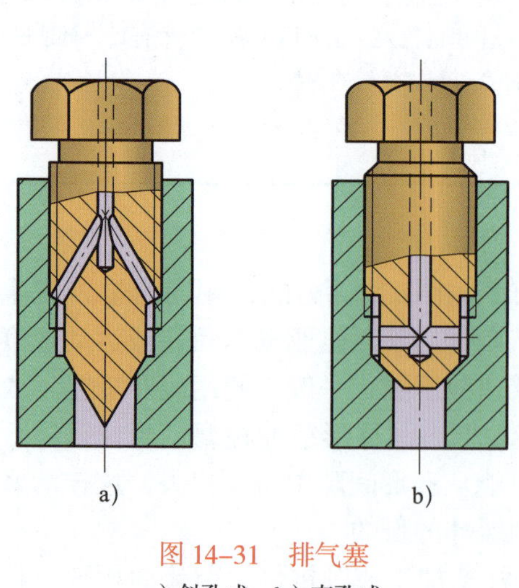

图 14–31 排气塞

a）斜孔式 b）直孔式

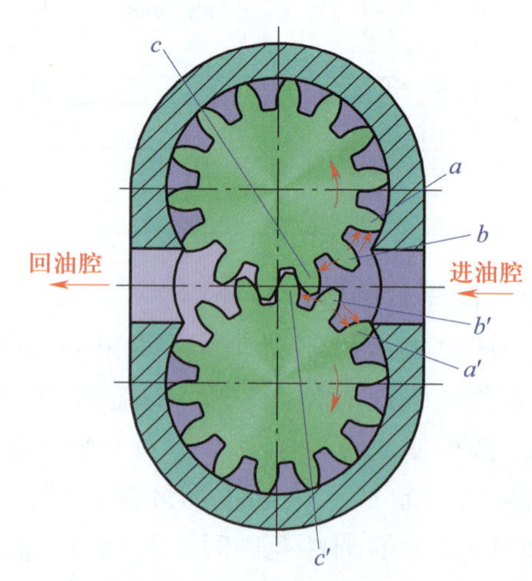

图 14–32 外啮合齿轮液压马达的工作原理

两个箭头表示），相互啮合的一对轮齿（c 和 c'）的齿面只有一部分受压力油的作用（图中用一个箭头表示），这样两个齿轮上就会各有一个让它们产生转矩的作用力，从而使两齿轮旋转，并将油液带到回油腔排出。由于齿轮液压马达一般有正反转的要求，因而采用对称结构，且须设置单独的泄油孔将内部泄漏的油液引入油箱。

液压马达的图形符号见表 14–7。

表 14–7　液压马达的图形符号

名称	图形符号	说明
单向定量液压马达	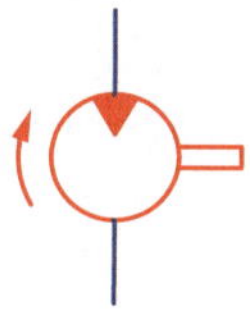	单向输入，顺时针单向旋转，输入流量不可调节
双向定量液压马达	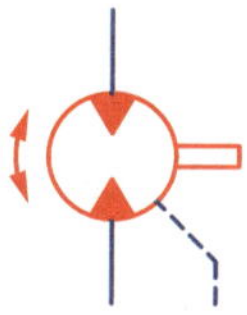	双向输入，双向旋转，输入流量不可调节，带有外泄油路
单向变量液压马达	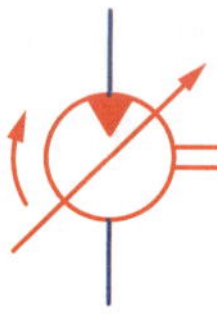	单向输入，顺时针单向旋转，输入流量可调节
双向变量液压马达		双向输入，双向旋转，输入流量可调节，带有外泄油路

注：1. 大圆表示液压马达。

2. 圆内实心三角形表示液压力作用方向，向内的实心三角形表示液压马达。

3. 左侧的弧线箭头表示马达轴的旋转方向，一个箭头表示单向旋转（表示顺时针旋转），两个箭头（）表示双向旋转。

4. 贯穿大圆的长斜箭头（）表示变量马达。

5. 圆上、下两侧的直线表示进油路接口。单向液压马达的图形符号中，与三角符号相连的那条直线为进油路，另一条直线为回油路。

6. 表示输出轴的位置。

7. 虚线表示外泄油路。

§ 14-4　液压控制元件

在液压传动系统中，为了控制和调节液流的方向、压力和流量，以满足工作机械的各种要求，就要用到液压控制元件，即液压控制阀。液压控制阀是液压传动系统中不可缺少的重要元件。

根据用途和工作特点的不同，液压控制阀分为方向控制阀、压力控制阀和流量控制阀三大类。

一、方向控制阀

控制油液流动方向的阀称为方向控制阀，按用途分为单向阀和换向阀。

1. 单向阀

单向阀分为普通单向阀和液控单向阀两种。普通单向阀用于液压系统中防止油液反向流动。液控单向阀除了能实现普通单向阀的功能外，还可按需要输入控制压力油，使油液实现反向流动。

（1）普通单向阀

普通单向阀简称单向阀，根据连接方式可分为管式单向阀和板式单向阀两种。图 14–33 所示为管式单向阀，主要由阀体 1、阀芯 2、弹簧 3、弹簧垫 4 和挡圈 5 组成。其工作原理是：液体从 P 口流入，克服弹簧力而将阀芯顶开，再从 A 口流出。当液压油液反向流入时，由于阀芯被压紧在阀座的密封面上，所以液流被截止。管式单向阀可以直接与油管接头连接。

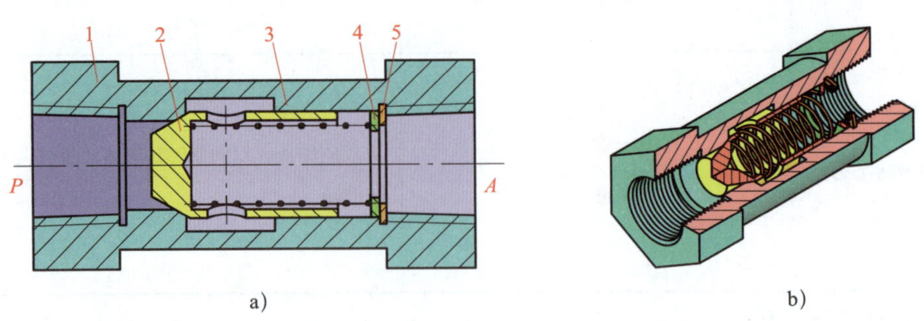

图 14–33　管式单向阀

1—阀体　2—阀芯　3—弹簧　4—弹簧垫　5—挡圈

板式单向阀如图 14–34 所示。它的进、出油口开在同一平面内，安装时，可将阀对着过渡板用螺钉固定，过渡板与阀口之间用 O 形密封圈密封，过渡板与油管接头采用螺纹连接。

（2）液控单向阀

根据液压传动系统的需要，有时要使被单向阀所闭锁的油路重新接通，为此把单向阀做成闭锁油路能够控制的结构，这就是液控单向阀，如图 14–35 所示。与板式单向阀相比较，它增加了一个活塞 1、一根推杆 3 及一个控制油口 *X* 和一个泄油口 *L*。当控制油口 *X* 不通压力油时，其功能与普通单向阀完全相同。当压力油从 *P* 口进入时，压力油顶开阀芯 4 后从 *A* 口流出；当压力油从 *A* 口进入时，由于阀芯 4 的锥面紧贴在阀体 2 的锥孔中，使油液不能通过。如果给控制油口 *X* 接通压力油时，该压力油将从活塞 1 的环形槽上侧的小槽 *a* 进入活塞左侧的空腔中，此时作用在活塞左侧的压力油将活塞向右推。通过推杆 3 使阀芯右移，油路接通。由于活塞与阀体内腔之间有缝隙，会产生泄漏，所以在阀体上增加了泄油口 *L*，泄油口流出的油液通过专设的管路流回油箱。阀体的结构如图 14-35c 所示。

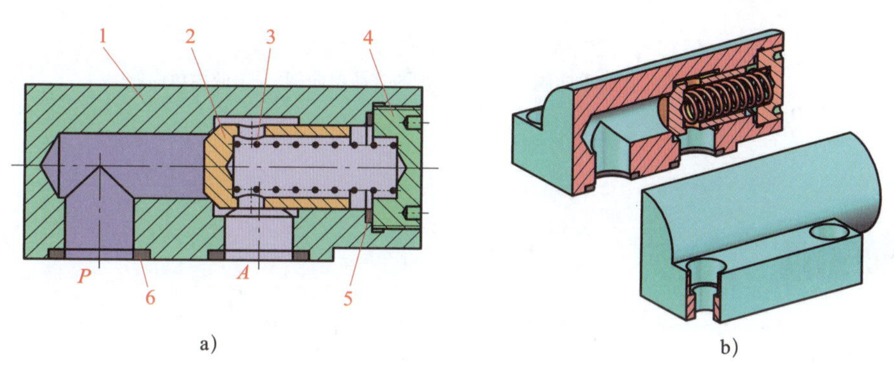

图 14-34　板式单向阀

1—阀体　2—阀芯　3—弹簧　4—螺塞　5、6—密封圈

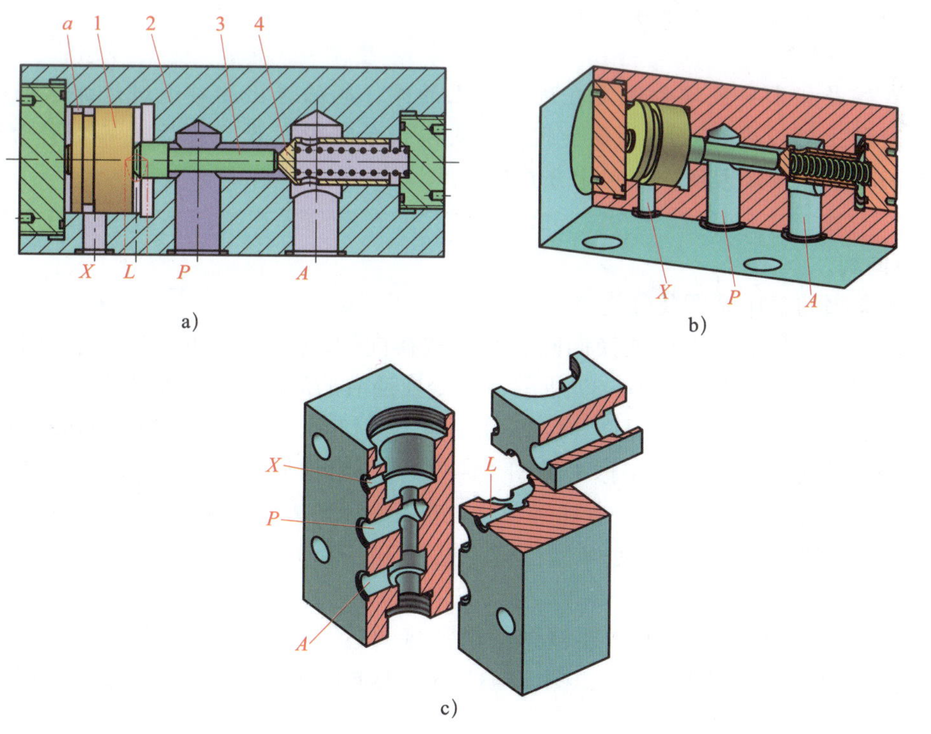

图 14-35　液控单向阀

a）结构原理图　b）立体图　c）阀体

1—活塞　2—阀体　3—推杆　4—阀芯

(3) 单向阀的图形符号

普通单向阀和液控单向阀的图形符号如图 14–36 所示。符号中的小圆表示阀芯，90°开口的 V 形图线表示阀座，两端的实线段表示油路，虚线表示控制油路，⋀⋀⋀ 表示弹簧。

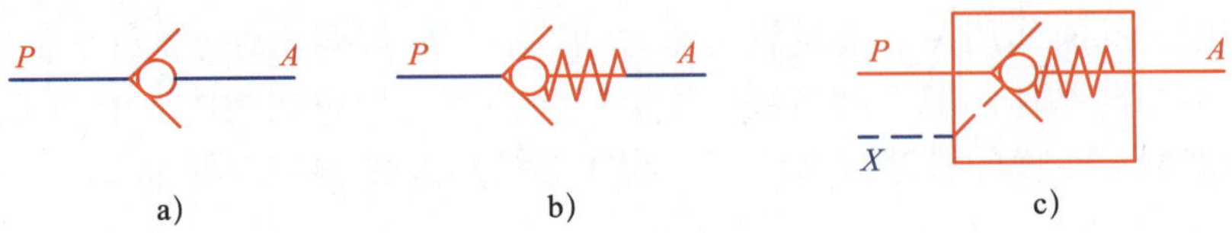

图 14–36 单向阀的图形符号

a）不带弹簧的普通单向阀 b）带弹簧的普通单向阀 c）液控单向阀

1. 管式阀

管式阀是指阀体上的进、出油口通过管接头或法兰与管路直接连接的阀。其连接方式简单，质量小，在移动式设备或流量较小的液压元件中应用较广。其缺点是阀只能沿管路分散布置，装拆维修不方便。

2. 板式阀

板式阀是指由安装螺钉固定在过渡板上的阀，阀的进出油口通过过渡板与管路连接。过渡板上可以安装一个或多个阀。板式阀由于集中布置且装拆时不会影响系统管路，因而操纵、维修方便，应用十分广泛。

2. 换向阀

(1) 换向阀的工作原理及分类

换向阀按结构可分为滑阀式换向阀和转阀式换向阀，其中滑阀式换向阀应用最为普遍。滑阀式换向阀的工作原理如图 14–37 所示，其变换油液的流向是利用阀芯相对阀体的滑动来实现的。阀芯在中间位置时（见图 14–37a），四个油口都被封闭，液压缸两腔不通压力油，活塞处于锁紧状态。若使阀芯左移（见图 14–37b），则阀体的进油口 *P* 和工作油口 *A* 连通、回油口 *T* 和工作油口 *B* 连通，压力油经 *P*、*A* 进入液压缸左腔，液压缸右腔的油液经 *B*、*T* 流回油箱，活塞向右运动；若使阀芯右移（见图 14–37c），则油口 *P* 和 *B* 连通、*A* 和 *T* 连通，活塞向左运动。

“位”和“通”是换向阀的重要概念。通常将阀芯工作位置的数目称为“位”，将阀体与油路连接的油口数目称为“通”，图 14–37 所示换向阀为三位四通换向阀。换向阀的分类方法与类型见表 14–8。

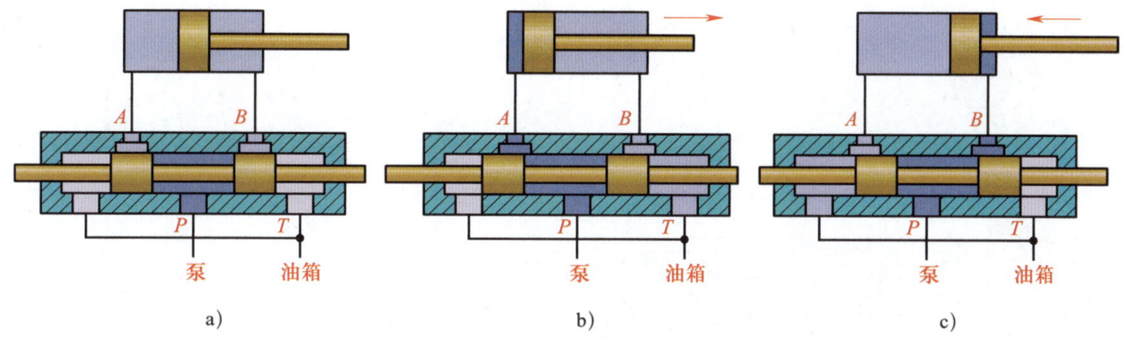

图 14–37　滑阀式换向阀的工作原理

a）阀芯在中间位置　b）阀芯在左位　c）阀芯在右位

表 14–8　换向阀的分类方法与类型

分类方法	类型
按阀芯工作位置数分	二位、三位和多位等
按进、出口通道数分	二通、三通、四通和五通等
按操纵和控制方式分	人力控制、机械控制、电气控制、液压控制、液压先导控制、电液控制等
按安装方式分	管式、板式和法兰式等

（2）典型换向阀

1）二位二通手柄控制式换向阀。手柄控制式换向阀是利用手扳动手柄来改变阀芯和阀体的相对位置实现换向的。图 14–38 所示为二位二通手柄控制式换向阀，属于常闭式，弹簧复位。弹簧 6 安装在左弹簧座 5 和右弹簧座 7 之间。在图示位置，阀芯 4 在弹簧 6 的作用下处于左侧位置，手柄 2 处在右侧位置，此时 *A*、*B* 两个油腔相互封闭。

当把手柄 2 向左拉时，手柄绕装在左阀盖 10 上部孔中的销轴 1 旋转，其下端向右转动，通过销 9 推动阀芯 4 向右移动，此时两油腔处于互通状态；同时阀芯推动左弹簧座 5 向右移动，使弹簧 6 压缩。当操纵手柄的外力去除后，弹簧又将阀芯推回到初始的左侧位置，封闭两个油腔。

由以上分析可知，弹簧自动复位方式的特点是操纵手柄的外力必须始终保持，才能使阀芯维持在工作位置上；外力一旦去除，阀芯立即恢复到初始位置。此外，在使用中可通过操纵手柄使阀芯行程根据需要任意变动，从而使各油腔的开口灵活改变，这样可根据执行机构的需要，通过改变开口量的大小来调节流量，所以它比电磁换向阀、液动换向阀的工作更为简便可靠。但由于需要人力操纵，故只适用于间歇动作且要求人工控制的小流量场合。

阀芯和阀体间从左端渗漏出来的油液流入 *a* 腔、从右端渗漏出来的油液流入 *b* 腔，并通过左、右阀盖与阀体间的空隙流入 *c* 孔，再从泄油口 *L* 引出接回油箱。如不将泄漏油液排出，则将在阀芯两端产生压力，泄漏油液积聚到一定程度时，会自行推动阀芯移动，产生错误动作，甚至发生事故。

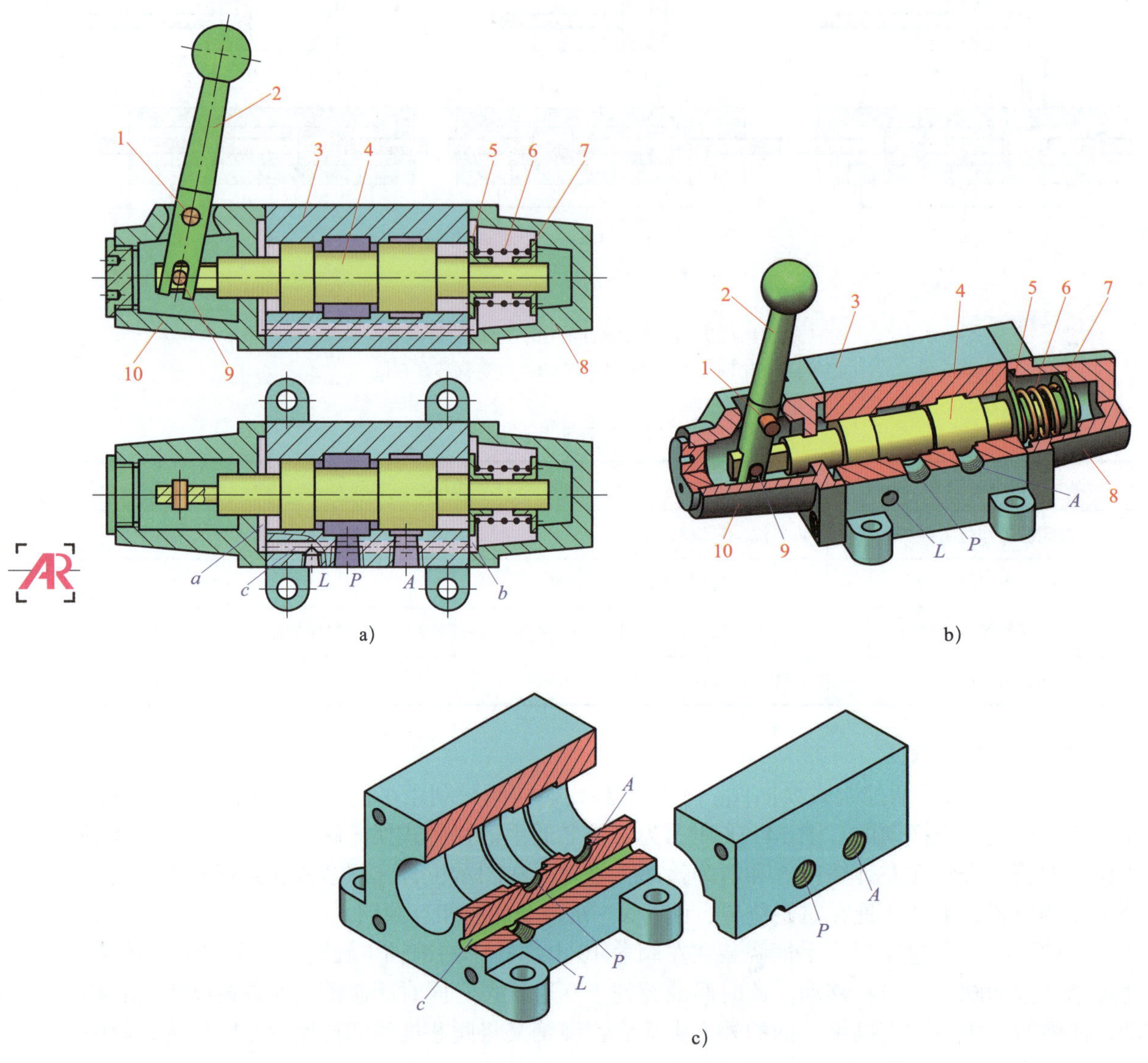

图 14-38　二位二通手柄控制式换向阀

a）结构原理图　b）立体图　c）阀体

1—销轴　2—手柄　3—阀体　4—阀芯　5—左弹簧座　6—弹簧

7—右弹簧座　8—右阀盖　9—销　10—左阀盖

2）三位四通电磁换向阀。三位四通电磁换向阀的结构如图 14-39 所示。该换向阀所控制的通道是四个，即进油口 P、工作油口 A 和 B、回油口 T（T_1），T 和 T_1 通过阀体内部的孔连接（见图 14-39a 中的细虚线）。

说明：图 14-39a 所示为结构原理图，为方便看图，阀体上各油口的位置与实际位置（见图 14-41）有所不同。

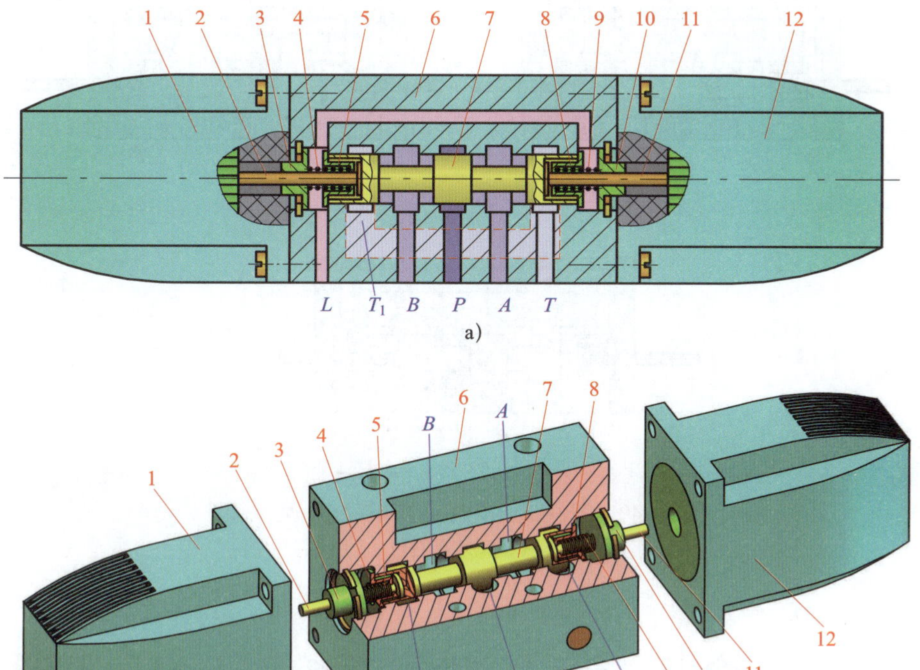

图 14-39 三位四通电磁换向阀

a）结构原理图 b）立体图

1、12—电磁铁 2、11—推杆 3、10—挡板 4、9—弹簧

5、8—弹簧座 6—阀体 7—阀芯

如图 14-39 所示，三位四通电磁换向阀的两端有两块电磁铁，用于控制阀芯 7 在阀体 6 内的位置，从而使阀芯可以在阀体中有三个不同的工作位置。当两边的电磁铁均断电时，在弹簧 4 和弹簧 9 的作用下，阀芯 7 处于中间位置，此时进油口 P 与工作油口 A 和 B 以及两端的回油口 T 和 T_1 都不接通，相互处于封闭状态，其示意图如图 14-40a 所示。当左边的电磁铁 1 通电时（见图 14-39），通过推杆 2 将阀芯 7 推向右端，这时进油口 P 与工作油口 B 接通，另一个工作油口 A 与回油口 T 接通，其示意图如图 14-40b 所示。当右边的电磁铁 12 通电时（见图 14-39），阀芯 7 被推向左端，这时进油口 P 与工作油口 A 接通，另一个工作油口 B 与回油口 T_1 接通，再通过小孔 a、b、c 与回油口 T 相接通（见图 14-41），其示意图如图 14-40c 所示。

如图 14-39 所示，弹簧 9 的两端分别由挡板 10 和弹簧座 8 所支承。当左边的电磁铁 1 通电，推杆 2 推动阀芯 7 向右移时，阀芯推动右端的弹簧座 8 向右移动到弹簧座的右端面与挡板的左端面接触为止，并压缩右侧的弹簧 9。当电磁铁断电时，弹簧力将弹簧座 8 向左推到其凸肩与阀体的阀芯孔右端面接触时，弹簧座 8 就不能再向左移动了，这样可保证阀芯 7 处于中间位置。左边弹簧部分的结构与右边完全相同。

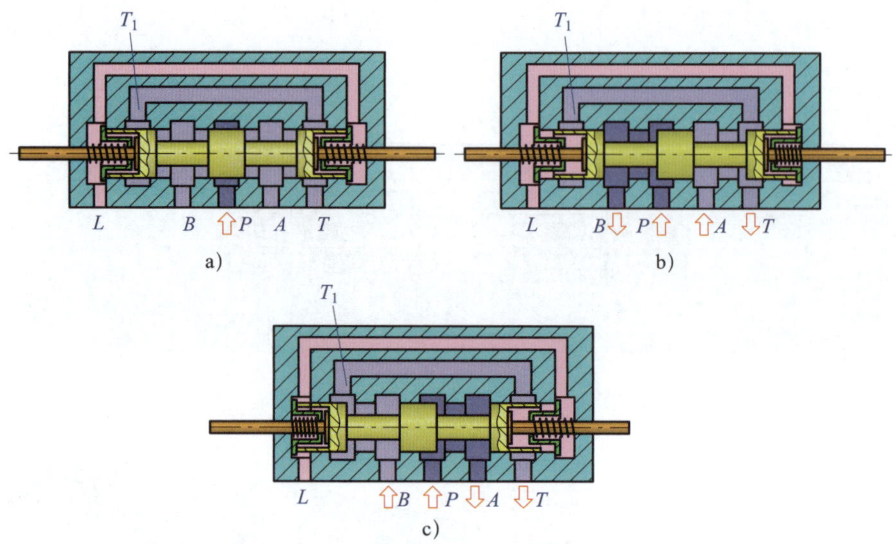

图 14-40　三位四通电磁换向阀工作原理示意图

a）阀芯在中位　b）阀芯在右位　c）阀芯在左位

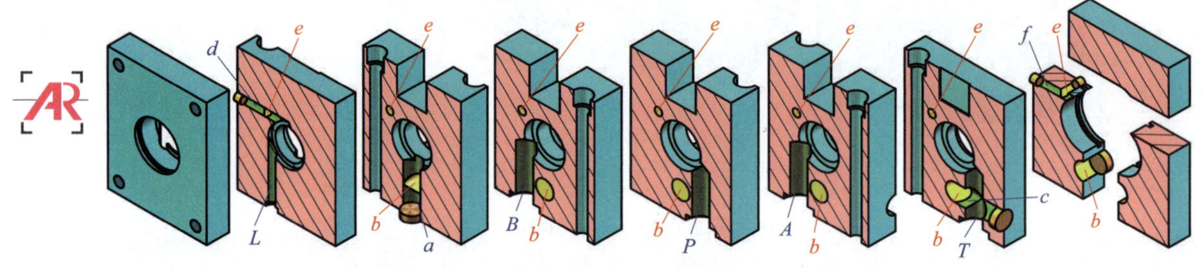

图 14-41　阀体剖切图

液压油液会从阀芯与阀体之间的缝隙流到阀芯左右两端的空腔。如图 14-41 所示，渗入阀芯右端的泄漏油液，通过小孔 f、e、d 和渗入阀芯左端的泄漏油液一起通过泄油腔 L 流入油箱。小孔 a、b、c、d、e、f 的外端用圆柱塞或螺塞堵住。

说明：在液压控制阀上，一般进油口用 P 表示，出油口用 A 或 B 表示（溢流阀的出油口用 T 表示），回油口用 T 表示，控制油口用 X 或 Y 表示，泄油口用 L 表示。

（3）换向阀的图形符号

1）换向阀图形符号的绘制规则。不同的“通”和“位”构成了不同类型的换向阀。通常所说的“二位阀”“三位阀”是指换向阀的阀芯有两个、三个不同的工作位置。所谓“二通阀”“三通阀”“四通阀”是指换向阀的阀体上有两个、三个、四个各不相通且可与系统中不同油路相连的油道接口，不同油道之间只能通过阀芯移位时阀口的开关来实现连接和断开。换向阀的图形符号如图 14-42 所示，它由主体符号和控制符号组成。

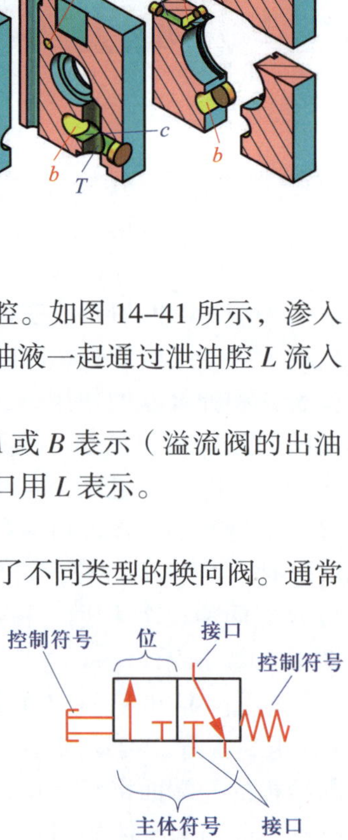

控制符号　位　接口　控制符号

主体符号　接口

图 14-42　换向阀的图形符号

①换向阀的主体符号用来表达换向阀的“位”和“通”。

图 14–42 所示换向阀为二位三通。

②方框中的箭头（如“↑”）表示流体流过阀的通道和方向。方框中的“⊤”表示阀口被封闭。

③换向阀的控制符号表示阀芯移动的控制方式，绘制在主体符号的两端。图 14–42 所示换向阀是按钮控制、弹簧复位。

④液压控制阀在去除任何外加操纵力和控制信号后的阀芯位置称为常位。对于弹簧复位的二位换向阀，靠近弹簧的位置为常位；对于三位换向阀，其常位为中间位置。在液压回路图中，换向阀的图形符号与油路的连接线一般应画在常位上。

2）换向阀的主体结构和图形符号。几种常用的不同“通”和“位”的滑阀式换向阀主体部分的结构形式和图形符号见表 14–9。

3）常用液压（气动）阀的控制方式及图形符号。常用液压（气动）阀的控制方式有人力控制、机械控制、电气控制、液压控制、液压先导控制和电液控制等，其图形符号见表 14–10。

表 14–9　常用滑阀式换向阀主体部分的结构形式和图形符号

名称	结构原理图	图形符号
二位二通	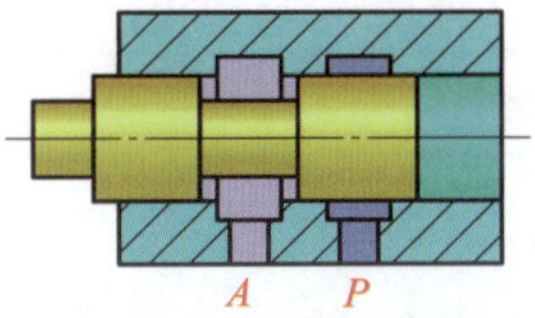 A　P	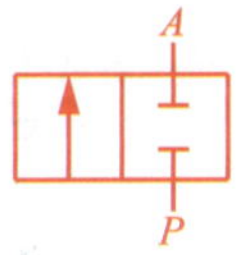 A P
二位三通	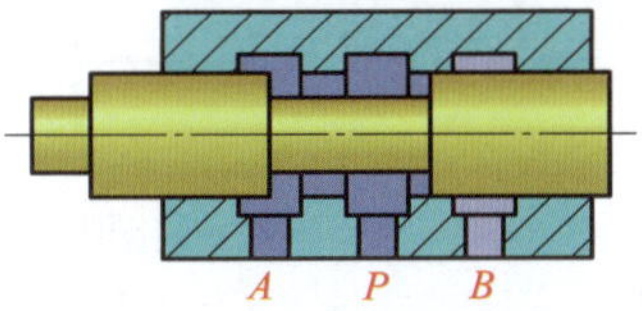 A　P　B	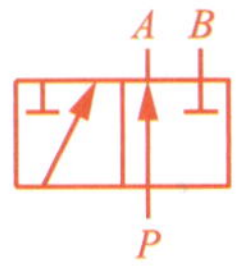 A　B P
二位四通	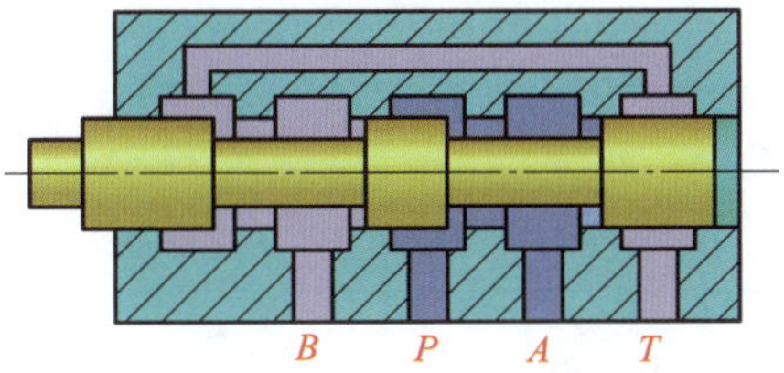 B　P　A　T	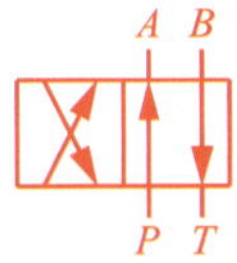 A　B P　T
二位五通	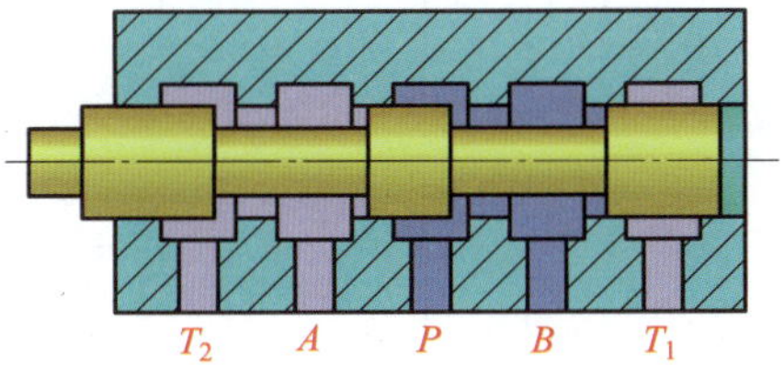 T_2　A　P　B　T_1	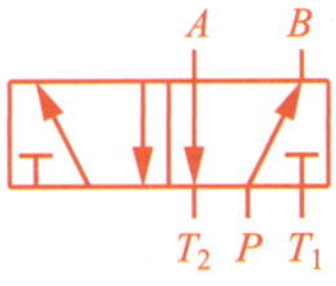 A　B T_2　P　T_1

续表

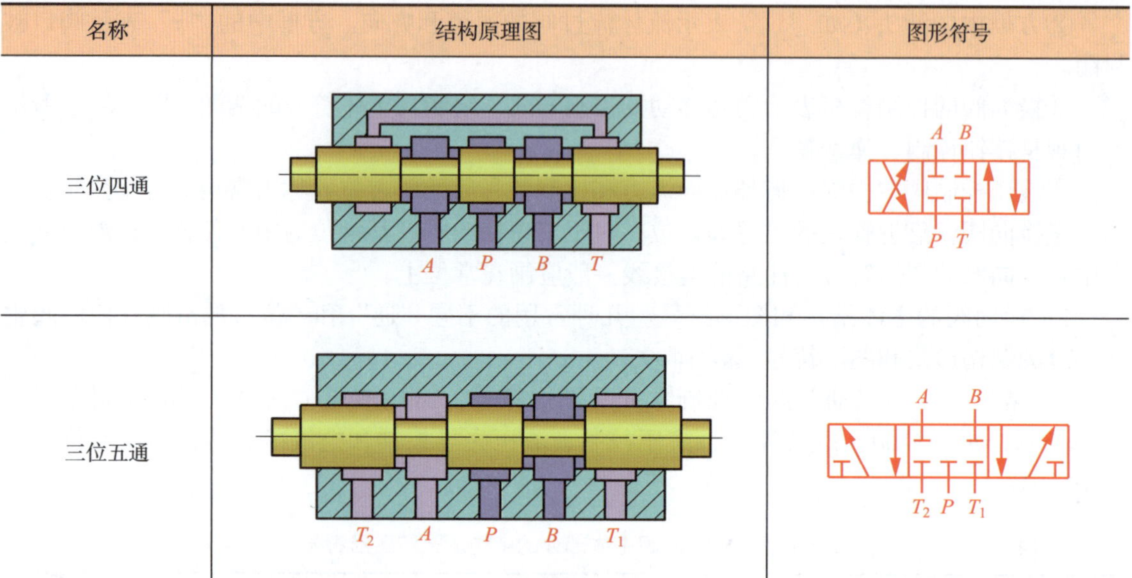

名称	结构原理图	图形符号
三位四通	A P B T	A B P T
三位五通	T_2 A P B T_1	A B T_2 P T_1

表 14–10　　常用液压（气动）阀控制方式的图形符号

操纵方式		图形符号	说明
人力控制	手柄控制式		拉动手柄改变阀芯工作位置
	踏板控制式		通过踏动脚踏板改变阀芯工作位置
	推压控制式		推压手柄改变阀芯工作位置
	推拉控制式		具有定位装置的推拉控制机构
	旋钮控制式		旋转旋钮改变阀芯工作位置

续表

操纵方式		图形符号	说明
机械控制	滚轮控制式		用机械控制方法改变阀芯工作位置
	滚轮杠杆控制式		用作单向行程操纵的滚轮杠杆
	弹簧控制式		用弹簧的作用力改变阀芯工作位置
电气控制	单作用电磁铁控制式		通过电磁铁通、断电改变阀芯工作位置，间断控制，动作指向阀芯
液压控制式			用直接液压力控制方法改变阀芯工作位置
液压先导控制式	内部液压控制		用液压先导控制方法改变阀芯工作位置，内部液压控制 液压先导控制是指通过使先导阀输入压力油实现对液压控制阀工作状态的控制
	带外部液压控制		用液压先导控制方法改变阀芯工作位置，也可外部液压控制
电液控制式			电气操纵、带有外部液压控制的液压先导控制机构

注：⬚表示阀的主体。在图形符号中，用点线表示邻近的基本要素或元件，在液压回路图中则用实线绘制。

（4）三位四通换向阀的中位机能

三位四通换向阀处于中位（常位）时，各油口间有不同的连接方式，以满足不同的使用要求。这种常位时各油口的连通方式，称为三位四通换向阀的中位机能。中位机能不同，中位时对系统的控制性能也就不同。表 14–11 列出了常见的几种三位四通换向阀的中位机能的机能代号、结构、图形符号及特点。从表中看出，不同的中位机能是通过改变阀芯的结构和尺寸得到的。

表 14–11　　三位四通换向阀的中位机能

机能代号	结构原理图	图形符号	特点
O	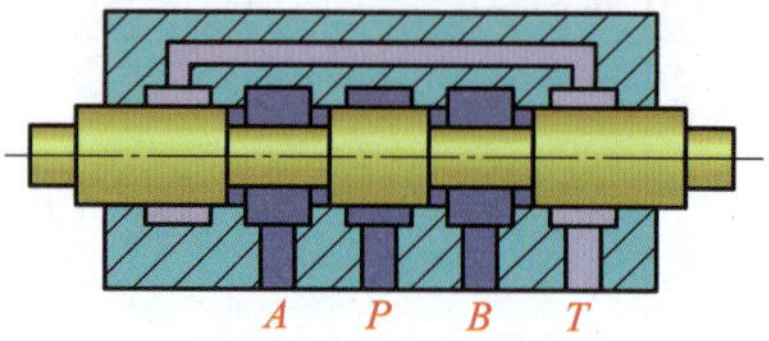 A P B T	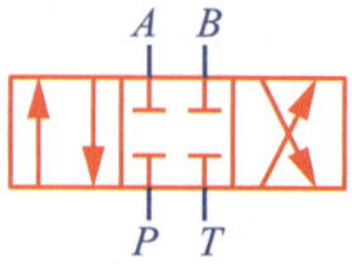 A B P T	各油口全部封闭，系统不卸荷，液压缸呈锁紧状态
H	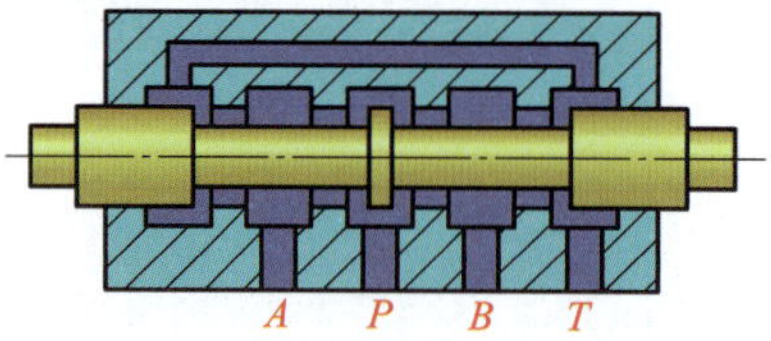 A P B T	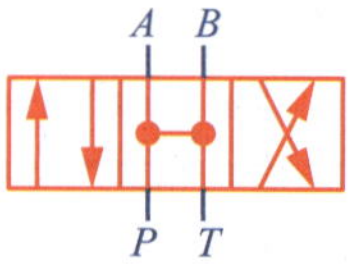 A B P T	各油口全部连通，系统卸荷，液压缸呈浮动状态且两腔接油箱
P	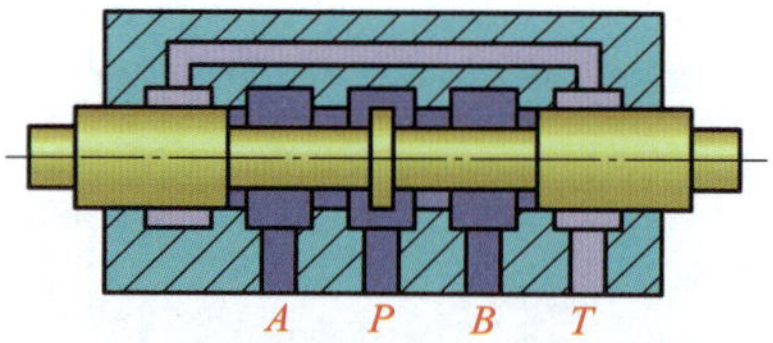 A P B T	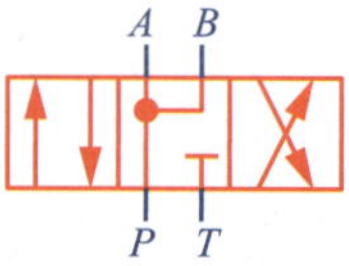 A B P T	压力油口 P 与液压缸两腔连通，回油口封闭，可形成差动回路
Y	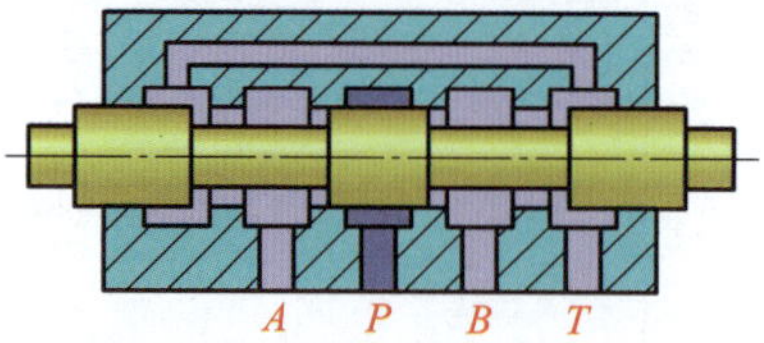 A P B T	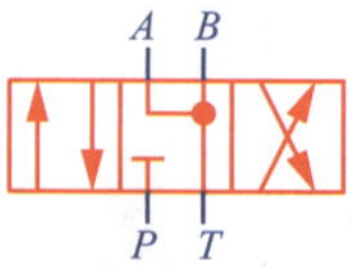 A B P T	液压泵不卸荷，液压缸两腔接回油路，液压缸呈浮动状态
K	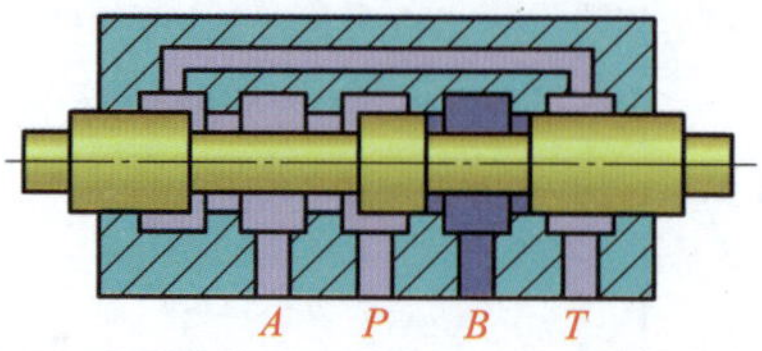 A P B T	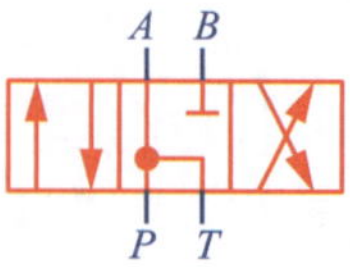 A B P T	液压泵卸荷，液压缸一腔封闭、另一腔接回油路

续表

机能代号	结构原理图	图形符号	特点
M	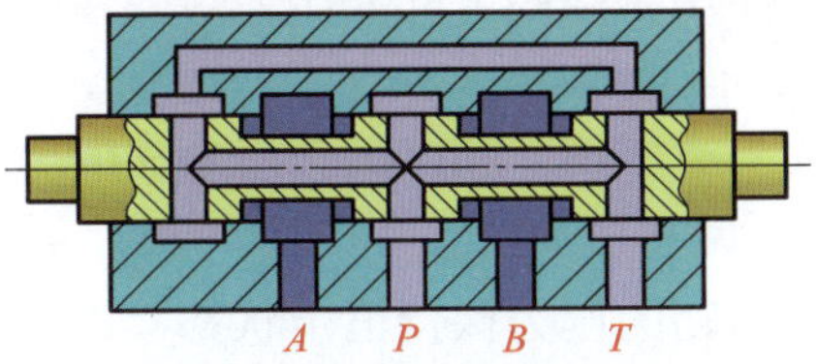 A P B T	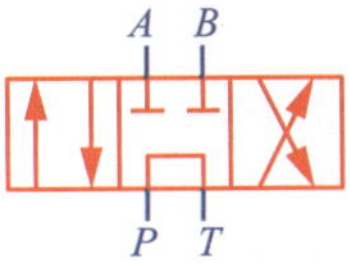 A B P T	液压泵卸荷，液压缸呈锁紧状态
X	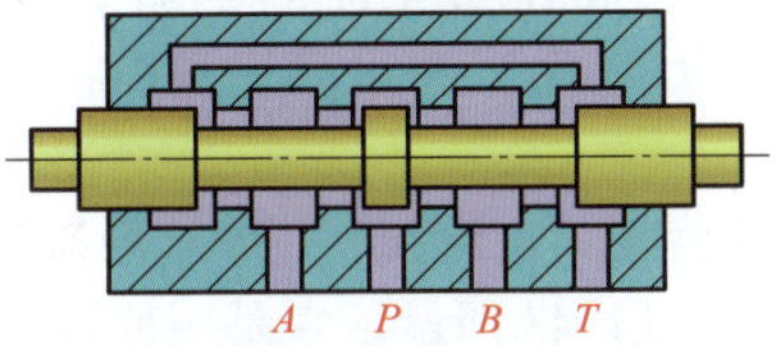 A P B T	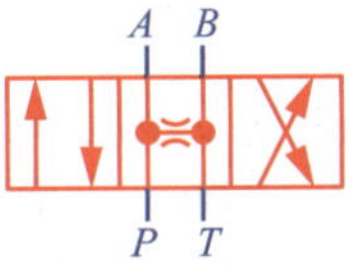 A B P T	各油口半开启接通，P口保持一定的压力

（5）常用换向阀的图形符号

常用换向阀的图形符号见表 14–12。

表 14–12 常用换向阀的图形符号

名称	图形符号	说明
二位二通手动换向阀	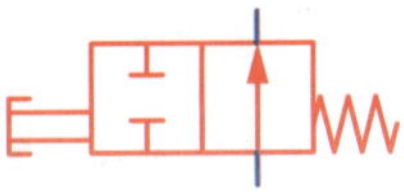	推压控制机构，弹簧复位，常闭
二位二通电磁换向阀	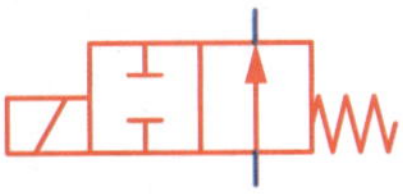	单电磁铁操纵，弹簧复位，常开
二位二通行程换向阀	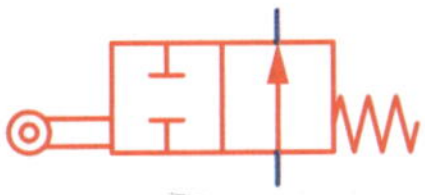	用机械作用力实现油液的通与断，常开
二位三通电磁换向阀	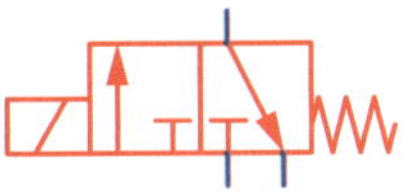	单电磁铁操纵，弹簧复位
二位四通电磁换向阀	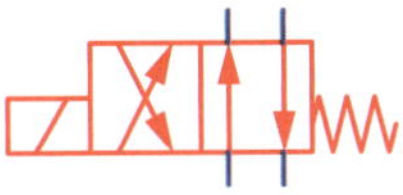	单电磁铁操纵，弹簧复位
三位四通电磁换向阀	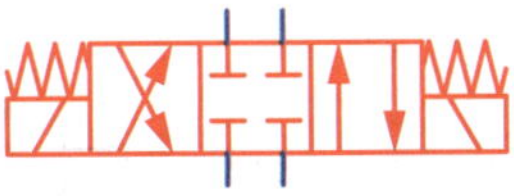	弹簧对中，双电磁铁操纵，可以有不同的中位机能
三位四通手动换向阀	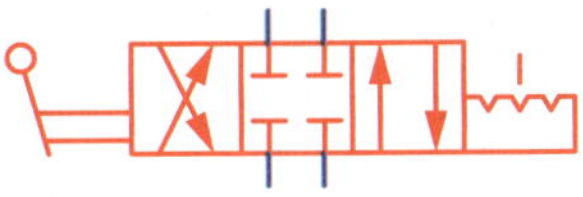	手柄控制，带有定位机构

二、压力控制阀

压力控制阀简称压力阀，其作用是控制液压传动系统中的压力，或利用系统中压力的变化来控制其他液压元件的动作。压力阀是利用作用于阀芯上的液压力与弹簧力相平衡的原理来工作的。

按照用途不同，压力控制阀可分为溢流阀、减压阀、顺序阀和压力继电器等。

1. 溢流阀

溢流阀是通过阀口的溢流使被控制系统或回路的压力保持恒定状态，以实现稳压、调压或限压作用的压力控制阀。当系统的压力达到溢流阀的设定值时，溢流阀通过向油箱返回油液来限制压力。

（1）溢流阀的分类及工作原理

根据结构和工作原理的不同，溢流阀可分为直动式溢流阀和先导式溢流阀两种。

1）直动式溢流阀。直动式溢流阀的结构如图 14–43 所示。它是一种管式阀，由阀体 3、阀芯 5（阀芯可以是锥形、球形或圆柱形）、阀座 6、调压弹簧 4 和调压螺杆 1 等组成。进油口 *P* 与系统相连，出油口 *T* 通油箱。

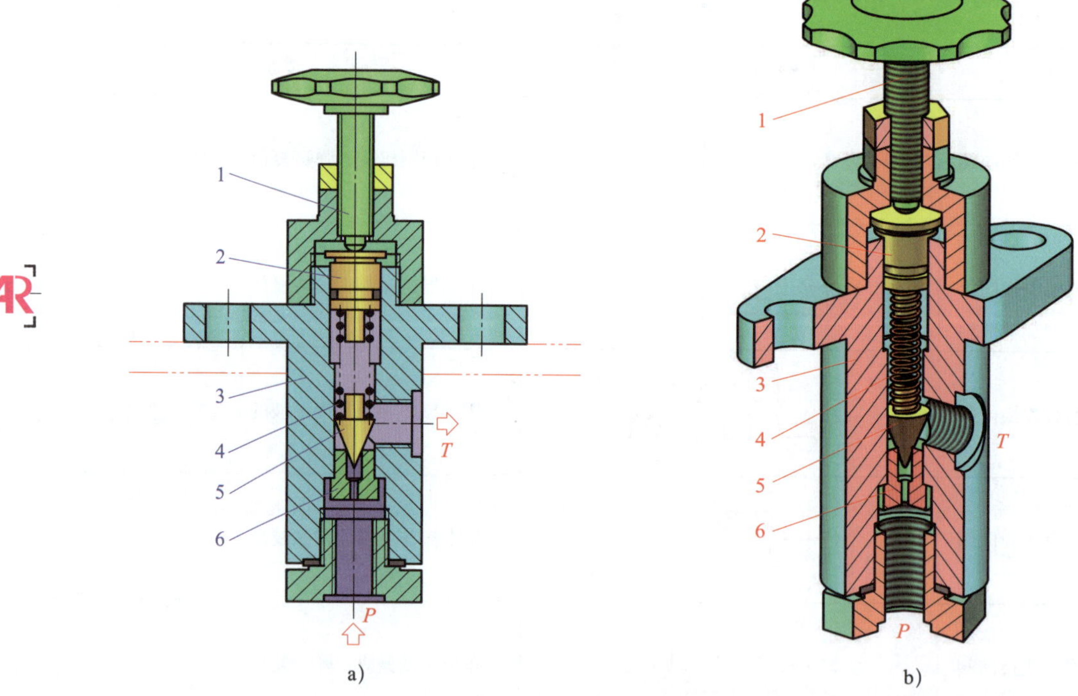

图 14–43　直动式溢流阀

1—调压螺杆　2—滑柱　3—阀体　4—调压弹簧　5—阀芯　6—阀座

当进油口压力 p 小于溢流阀的调定压力 p_k 时，由于阀芯受调压弹簧力作用而使阀口关闭，油液不能溢出。当进油口压力 p 等于溢流阀的调定压力 p_k 时，阀芯所受的液压力与弹簧力相平衡，此时阀口即将打开。当进油口压力 p 超过溢流阀的调定压力 p_k 时，液压力将阀芯向上推起，压力油进入阀口后经出油口 T 流回油箱，使进油口处的压力不再升高。

溢流阀工作时，阀芯随着系统压力的变化而上下移动，以此维持系统压力基本稳定，并对系统起安全保护作用。

旋转调压螺杆可调节调压弹簧的预紧力，进而改变溢流阀的调定压力。

因这种溢流阀的进口压力油直接作用于阀芯，故称其为直动式溢流阀。直动式溢流阀的特点是结构简单、制造容易，一般只适用于低压、流量不大的系统。若液压传动系统压力较高和流量较大时，则需采用先导式溢流阀。

2）先导式溢流阀。图 14–44 所示为先导式溢流阀。它是一种高压板式阀，由主阀和先导阀两部分组成。先导阀为锥阀（阀芯带有锥面并且靠锥面密封的液压控制阀），用于控制压力；主阀为滑阀（依靠圆柱形阀芯在阀体内轴向移动而打开或关闭阀口的液压控制阀），用于控制流量。主阀芯 3 带有大直径的轴肩，压力油从进油腔 P 进入空腔 a，作用在大直径轴肩下部的环形面上，同时又经阻尼孔 e 进入空腔 d，作用在大直径轴肩上部的环形面上。当油液压力达到一定值时，压力油通过阻尼孔 e，经过孔 f、空腔 g、孔 h，顶开先导阀芯 6 进入空腔 i，再通过孔 j、孔 b 流入空腔 c，从出油口 T 流出。由于油液通过阻尼孔 e 时产生压降，使主阀芯 3 大直径轴肩的上、下油液形成一定的压差，因此可克服主阀弹簧 4 的作用力将主阀芯 3 抬起。进油口 P 的油液经过空腔 c、出油口 T 溢流回油箱。

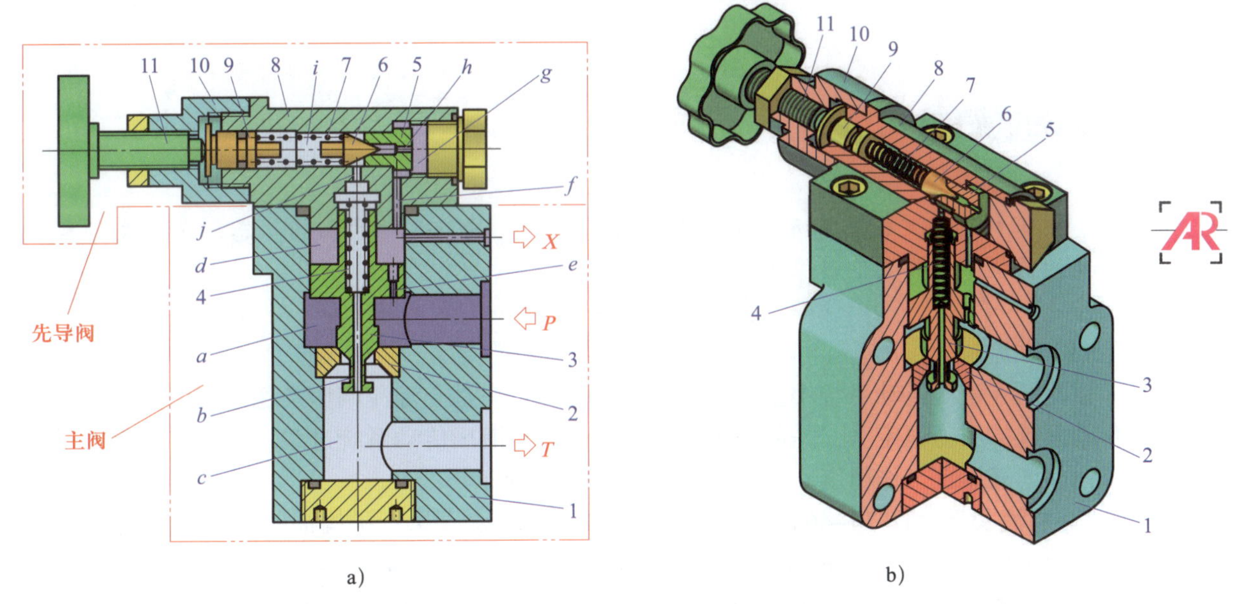

图 14–44　先导式溢流阀

1—主阀体　2—主阀座　3—主阀芯　4—主阀弹簧　5—先导阀座　6—先导阀芯　7—先导阀弹簧　8—先导阀体　9—滑柱　10—先导阀盖　11—调压螺杆

这种溢流阀由于主阀芯上承受油压的面积较大，因此当溢流量变化时，压力的变化较小，稳压效果优于直动式溢流阀。阀芯在溢流口处的密封采用了锥面阀座式结构，在关闭时一般能较好地避免油液的泄漏。另外这种结构由于是锥面接触，当油压升高使阀芯开始抬起时马上就能打开阀口，使 P 腔与 T 腔接通，所以动作比较灵敏。但是这种阀由于主阀芯 3 的上部小圆柱面与先导阀体 8 配合、中部大圆柱面与主阀体 1 配合、下部锥面与主阀座 2 配合，三处同轴度要求很高，所以对加工精度的要求较高。

先导式溢流阀一般可以实现远程调压。将控制油口 X 用油管接到远程控制台上的直动式溢流阀上，则 d 腔的油压就受远程直动式溢流阀控制，从而对先导式溢流阀实行远程控制（故这种先导式溢流阀又称为外控溢流阀）。这时先导阀部分应不起作用，故先导阀的调定压力应高于远程直动式溢流阀可调节的最高压力。如将控制口 X 通过小型二位二通电磁换向阀与油箱连通，则当二位二通电磁换向阀的通路被接通时，d 腔的压力接近于零，阀芯向上抬到最高位置，这时 P 腔的压力油就可在很低的压力下通过溢流阀流回油箱，从而使液压泵卸荷。

旋转调压螺杆 11 可调节先导式溢流阀的调定压力。

（2）溢流阀的图形符号

溢流阀的图形符号如图 14-45 所示。方框表示阀体，方框中的箭头表示阀芯，方框外部的实线段表示外部油路，从进油口引出的虚线表示液控线，表示弹簧，倾斜的长箭头表示开启压力可以调节。方框内部箭头与 P、T 油路不共线，表示常闭。图 14-45b 中的表示液压先导控制，从液压先导符号引出的虚线表示外部油路控制；若为无外部油路控制的先导式溢流阀则不画该线。

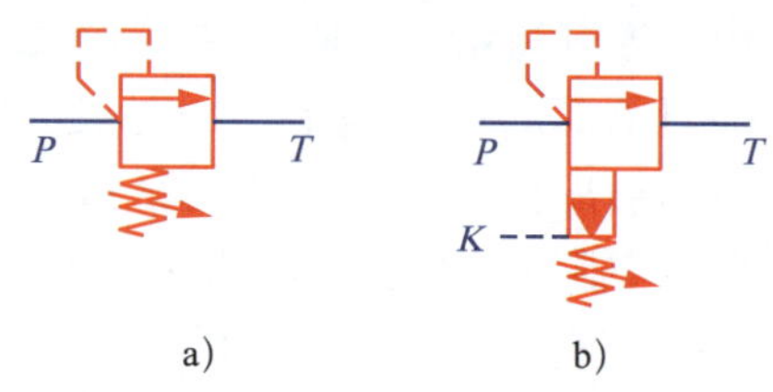

图 14-45　溢流阀的图形符号

a）直动式溢流阀　b）先导式溢流阀

> 国家标准规定，液压元件的图形符号表达的是液压元件的初始状态，在不改变其含义的前提下可将它们镜像或 90° 旋转。

（3）溢流阀的应用

溢流阀在液压传动系统中主要有四方面的作用：一是起溢流调压及稳压作用，可保持液压传动系统的压力恒定。二是起限压保护作用，防止液压传动系统过载。三是作为背压阀使用，以保证液压缸工作稳定。四是实现远程调压或卸荷。

1）溢流稳压。图 14-46a 所示为一定量泵供油系统，执行机构油路上并联了一个溢流阀，起溢流稳压作用。在系统正常工作的情况下，溢流阀阀口是常开的（即一直有溢流存在），进入液压缸的流量由节流阀调节，系统压力由溢流阀调节并保持恒定。

2）过载保护。图 14-46b 所示为一变量泵供油系统，执行机构油路上并联了一个溢流阀，起防止系统过载的安全保护作用，故又称安全阀。此阀阀口在系统正常工作情况下是常闭的。在此系统中，液压缸需要的流量由变量泵本身调节，系统中没有多余的油液，系统的工作压力取决于负载的大小。只有当系统压力超过溢流阀的调定压力时，溢流阀阀口才打开，使油液溢回油箱，保证系统的安全。

3）作为背压阀使用。图 14-46c 所示为在液压缸回油路上串联溢流阀，因为开启溢流阀需要一定的压力，这样就使液压缸右侧油腔中的油液也具有一定的压力。当负载压力为零或较小时，能保证液压缸活塞两侧都有一定的压力，从而保证了系统的稳定性。

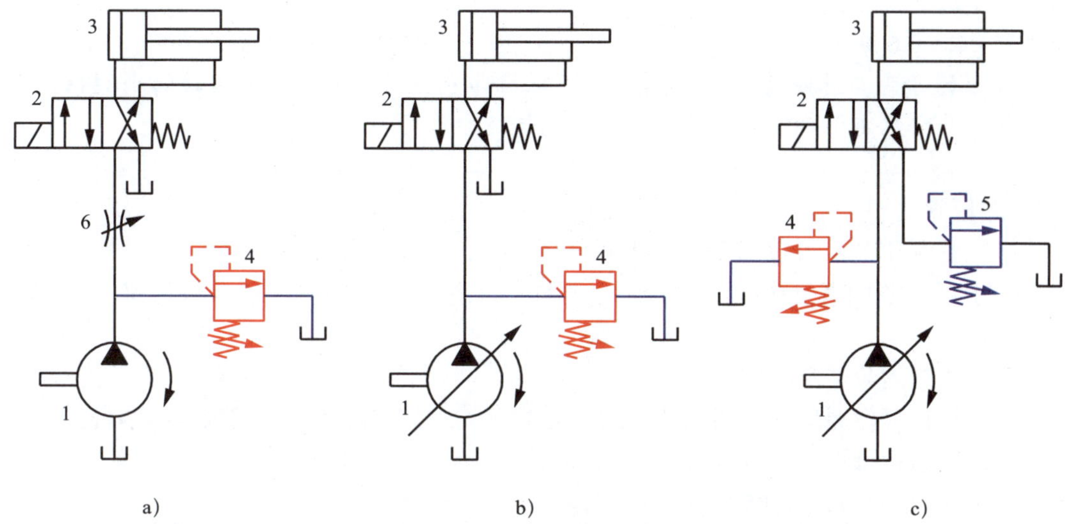

图 14-46　溢流阀的应用

a）溢流稳压　b）过载保护　c）作为背压阀使用

1—液压泵　2—二位四通电磁换向阀　3—双作用单杆液压缸

4、5—直动式溢流阀　6—节流阀

4）远程调压或卸荷。利用先导式溢流阀的远程控制口，可实现液压系统的远程调压或卸荷。

1. 阻尼孔

阻尼孔是小孔或微孔，在无油液流动时，阻尼孔前后压力相等。当液压油液在阻尼孔中流动时，由于小孔对液流的阻尼作用，使液压油液流速减慢，流量减小，并使通过阻尼孔的液压油液产生压降。

2. 直动阀

阀芯被控制机构直接操纵的阀称为直动阀，如直动式溢流阀、直动式减压阀、直动式顺序阀等。

3. 先导阀

被操纵以提供控制信号的阀称为先导阀，如先导式溢流阀、先导式减压阀和先导式顺序阀中的先导阀都起着提供控制信号的作用。

4. 背压与背压阀

在液压传动中，背压是指作用在执行元件（液压缸或液压马达）回油腔的压力，也就是执行元件回油口处油液的压力。在回油路建立背压的液压控制阀称为背压阀，能作背压阀的有节流阀、调速阀、溢流阀、顺序阀和单向阀等。其中，溢流阀作背压阀最好，能保持背压恒定；在用单向阀作背压阀时，应采用较硬的弹簧，使其开启压力达到 0.2 ~ 0.6 MPa。

背压的方向与进油腔液压力相反，消耗了部分功率，但增加了运动的平稳性，尤其在外负载突然变小并减为零时，能对系统起缓冲作用。

2. 减压阀

减压阀是利用油液流过缝隙时产生压降的原理，降低液压系统中某一局部的油液压力，使得用一个液压源的系统中同时得到多个不同的工作压力，同时它还具有稳定工作压力的作用。

（1）减压阀的分类及工作原理

根据结构和工作原理的不同，减压阀可分为直动式减压阀和先导式减压阀两种。

1）直动式减压阀。图 14–47 所示为直动式减压阀，由阀体 1、阀芯 2、下弹簧座 3、调压弹簧 4、上弹簧座 5、调压螺杆 6 等组成。

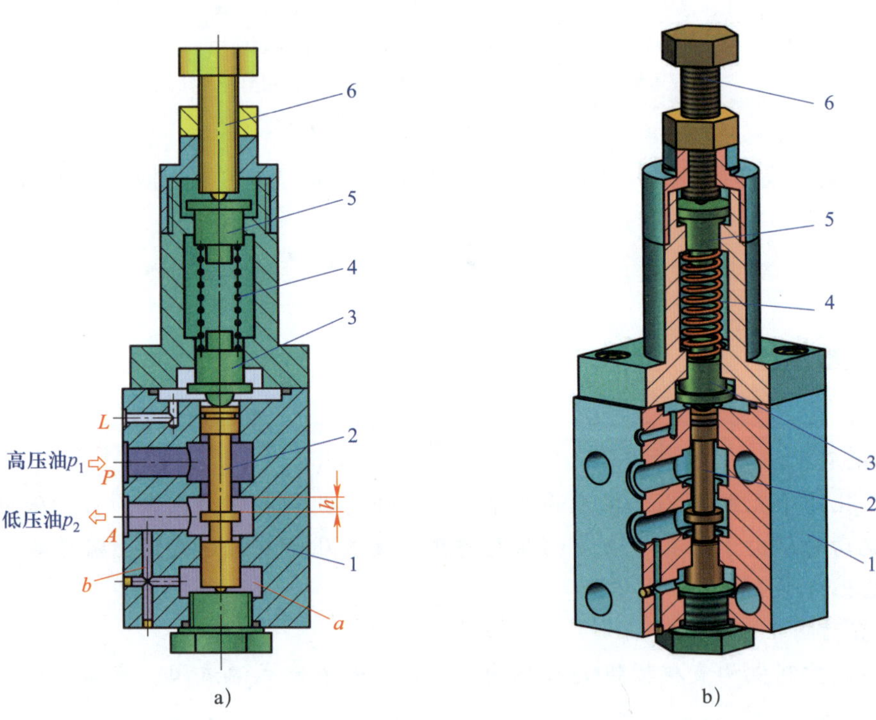

图 14–47　直动式减压阀

1—阀体　2—阀芯　3—下弹簧座　4—调压弹簧　5—上弹簧座　6—调压螺杆

阀体内部通道将高压进油口 P 与低压出油口 A 连通，阀芯 2 底部的油腔 a 与出油口 A 通过孔 b 连通，阀芯 2 的底部受到向上的液压力。

减压阀在常位时是开启的，其进油口 P 与出油口 A 连通，油液经 P 口进入，从 A 口流出，并作用在负载上。

当进油口压力较低，作用在阀芯上的液压力小于弹簧力时，阀芯不动，减压阀进油口压力与出油口压力相等（$p_1=p_2$），其压力值由出口负载决定。当进油口压力升高，使作用在阀芯底部的液压力大于弹簧力时，阀芯上移，使缝隙 h 减小，弹簧压缩，弹力增加，直至作用在阀芯上的液压力等于弹簧力时达到新的平衡。因缝隙 h 减小，产生的压降增加，达到了减压的目的，使 p_2 不再升高并稳定在调定值上，从而起到减压和稳压的作用。因此，系统在工作时，减压阀出油口压力 p_2 的大小取决于出口所接负载的大小，负载增大则 p_2 增大，但其最大值不超过减压阀的调定值。

转动调压螺杆 6，加大或减小调压弹簧压缩量，可增大或减小 p_2 的值。因直动式减压阀出油口接负载，所以泄油口 L 必须单独接油箱。直动式减压阀结构较简单，适用于低压系统。

2）先导式减压阀。图 14–48 所示为先导式减压阀，它由主阀和先导阀两部分组成。压力为 p_1 的高压油液自进油口 P 进入主阀，经减压缝隙 h 后，压力降至 p_2 的低压油液自出油口 A 流出，送往执行元件；同时，出油口处的部分低压油液经主阀芯 2 上的孔 a、b 进入主阀芯的下腔 c，同时经阻尼孔 d 进入主阀芯的上腔 e。进入主阀芯上腔 e 的低压油液再经过孔 f（位于前侧，见图 14–48b。图 14–48a 中用细双点画线绘制）进入先导阀的右腔 g，经过先导阀座 5 上的孔 i 作用在先导阀芯 6 上，并与先导阀弹簧 7 产生的弹簧力相平衡，以此控制出口压力。

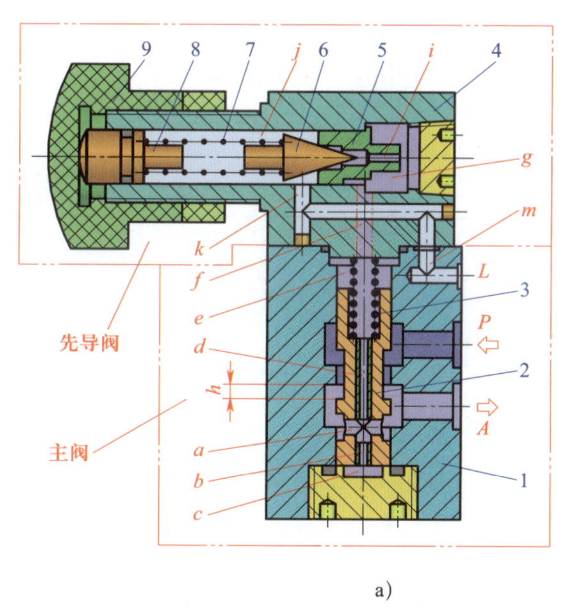

a）

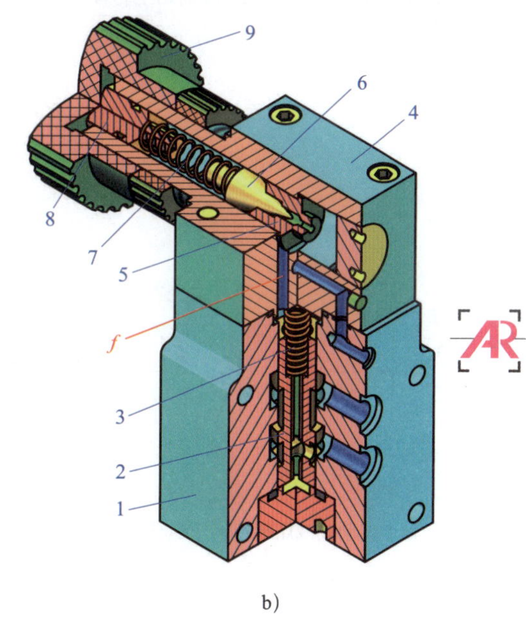

b）

图 14–48　先导式减压阀

1—主阀体　2—主阀芯　3—主阀弹簧　4—先导阀体　5—先导阀座
6—先导阀芯　7—先导阀弹簧　8—滑柱　9—调压螺母

当出口压力未达到先导阀的调定值时，作用于先导阀芯 6 上的液压力小于先导阀弹簧 7 的弹簧力，先导阀的阀口关闭，阻尼孔 d 内的油液不流动，主阀芯 2 上腔 e 和下腔 c 的油液压力相等，主阀芯被主阀弹簧 3 推至最下端，减压缝隙 h 开至最大，进、出口的油液压力基本相同，减压阀处于非调节状态。

当出口压力升高到超过先导阀的调定值时，作用在先导阀芯 6 上的液压力大于先导阀弹簧 7 的弹簧力，先导阀芯被顶开，先导阀芯右腔 g 中的低压油液通过孔 i 流入先导阀芯的左腔 j，经孔 k、孔 m、泄油口 L 流回油箱。此时，阻尼孔 d 中有油液流过，并产生压降，使主阀芯 2 下腔中的油液压力大于上腔的油液压力。当此压差足以克服主阀弹簧 3 的弹簧力而推动主阀芯上移时，减压缝隙 h 减小，流阻增大，油液流过缝隙的压力损失也增大，从而使出口压力降低，直到出口压力达到调定压力。减压阀出口压力的大小可通过调压螺母进行调节。

上述减压阀可以保证在不同工况（不同的进口压力或不同流量）时保持出口压力基本不变，故称为定值减压阀。在机床的定位、夹紧装置的液压传动系统中要求得到一个比主油路压力（一次压力）低的恒定压力（二次压力）时，采用定值减压阀可以节省设备费用。

（2）减压阀的图形符号

减压阀的图形符号如图 14–49 所示。方框内部箭头与 P、T 油路共线，表示常开。⫶...⫶ 表示油箱，通向油箱的虚线表示泄油路。

（3）减压阀的应用

1）降低系统压力。在使用定量泵的机床油路系统中，至主系统（即液压缸）的工作压力 p_A 较高，而至润滑系统（或控制油路）的工作压力 p_B 较低。这时润滑油路的压力可用减压阀来调节，如图 14–50 所示。

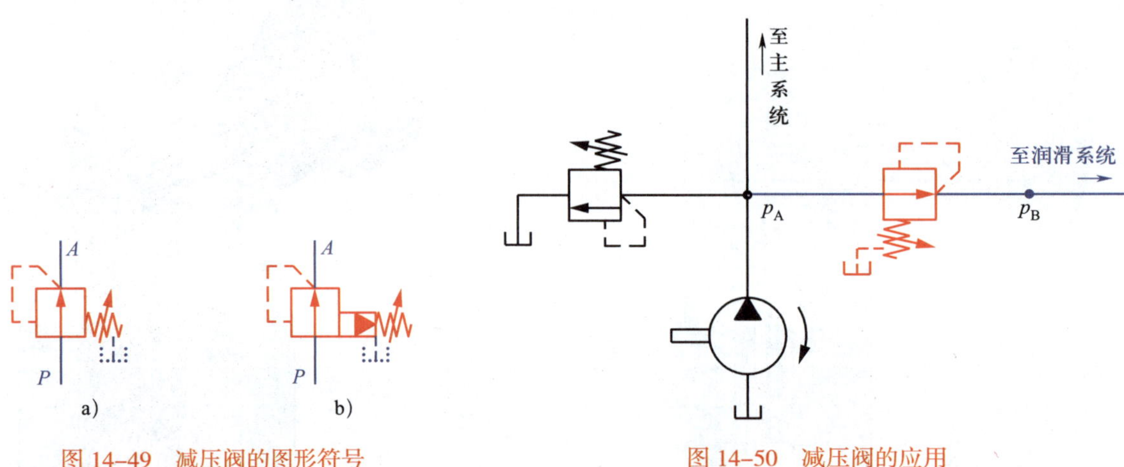

图 14–49　减压阀的图形符号

a）直动式减压阀　b）先导式减压阀

图 14–50　减压阀的应用

2）稳定压力。减压阀输出的二次压力比较稳定，可避免液压泵输出压力波动对支路系统的影响。

3. 顺序阀

顺序阀是用来控制液压系统中各执行元件先后动作顺序的液压元件，可利用液压传动系统中的压力变化来控制油路的通断，从而使某些液压元件按一定的顺序动作。

（1）顺序阀的分类及工作原理

根据结构和工作原理的不同，顺序阀可分为直动式顺序阀和先导式顺序阀两种。

1）直动式顺序阀。图 14–51 所示为直动式顺序阀。压力油自进油口 P 经阀芯 4 内部的小孔作用于阀芯底部，对阀芯产生一个向上的作用力。当油液压力较低时，阀芯 4 在弹簧力的作用下处于下端位置，此时进油口 P 与出油口 A 不相通。在进油口油压增大到预调的数值后，阀芯 4 底部受到的向上推力大于调压弹簧 3 的弹力，阀芯上移，此时进油口 P 与出

油口 A 相通，压力油从顺序阀流过。泄漏到阀芯上腔的油液可通过泄油口 L 流回油箱。顺序阀的调定压力可以用调压螺母 1 来调节。该直动式顺序阀的启闭由内部油液压力控制，故又称为直动式内控顺序阀。

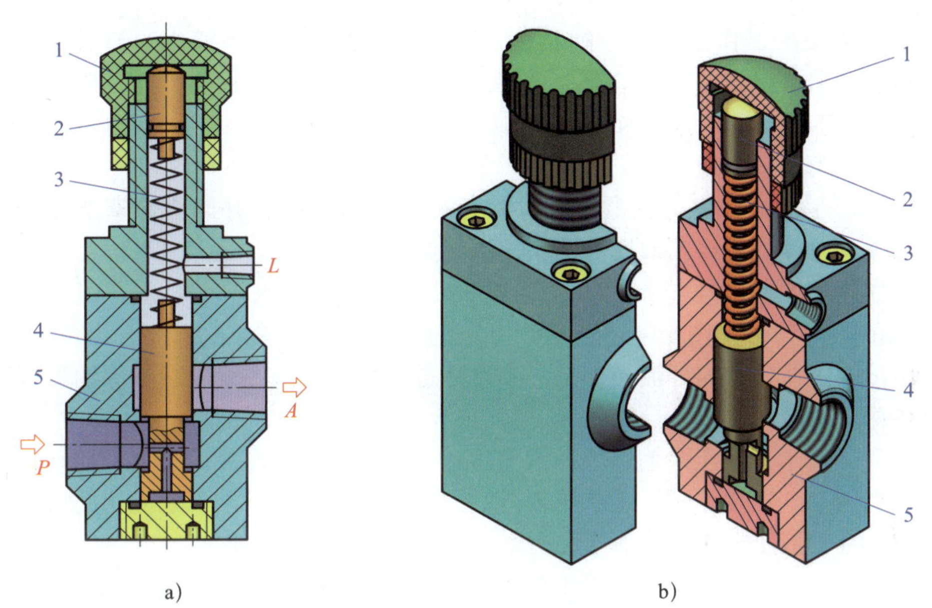

图 14-51　直动式顺序阀

1—调压螺母　2—滑柱　3—调压弹簧　4—阀芯　5—阀体

2）先导式顺序阀。图 14-52 所示为先导式顺序阀，其工作原理与先导式溢流阀相似，所不同的是先导式顺序阀的出油口 A 通常与另一工作油路连接，该处油液为具有一定压力的工作油液，因此需设置专门的泄油口 L，将先导阀溢流出的油液输到阀外。

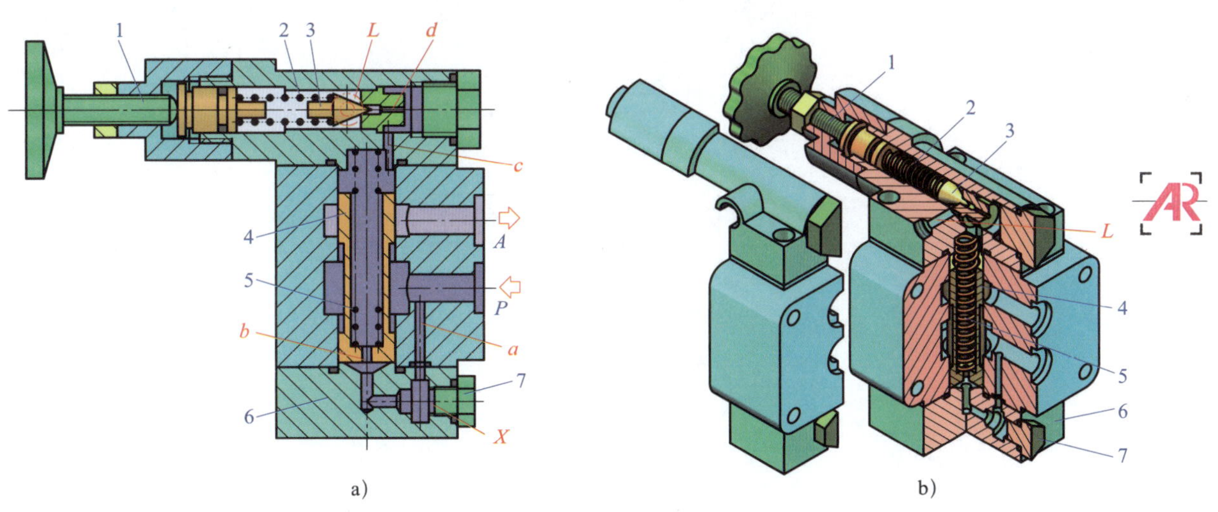

图 14-52　先导式顺序阀

1—调压螺杆　2—调压弹簧　3—先导阀芯　4—主阀芯　5—主阀弹簧　6—盖板　7—螺塞

如图 14–52 所示，压力油自进油口 P 进入，通过孔 a 进入主阀芯 4 的下腔，同时通过阻尼孔 b 进入主阀芯 4 的内部，并通过孔 c、d 作用在先导阀芯 3 上。当作用力小于弹簧压力时，先导阀关闭，无油液流过阻尼孔 b，主阀芯 4 在主阀弹簧 5 的作用下处于最下端，将阀口堵死。

当油液压力增大，作用在先导阀芯 3 上的液压力大于调压弹簧 2 的弹力时，先导阀开启，油液从泄油口 L 排出，流回油箱。这时压力油经过阻尼孔 b 时会产生压降，从而使主阀芯上端的压力小于下部的压力。当压差足以克服主阀弹簧 5 的弹力和主阀芯自重时，主阀芯 4 上移，进油口与出油口接通。

图 14–52 所示为内控先导式顺序阀，将盖板 6 转动 180°，并卸去螺塞 7 便成为外控先导式顺序阀。这时，如果将出油口与油箱连通，则可用作卸荷。

（2）顺序阀的图形符号

顺序阀的图形符号如图 14–53 所示。方框内部的箭头与 P、A 油路不共线，表示常闭。从进油口引出的虚线表示内部油液控制，不是从进油口引出的虚线表示外部油液控制。

（3）顺序阀的应用

如图 14–54 所示，液压泵输出的油液直接进入液压缸 4 的左腔，推动液压缸 4 中的活塞向右运动。当运动到达终点时，系统压力升高，顺序阀 2 打开，液压泵输出的油液进入液压缸 3 的左腔，推动液压缸 3 中的活塞向右运动，从而实现顺序动作。

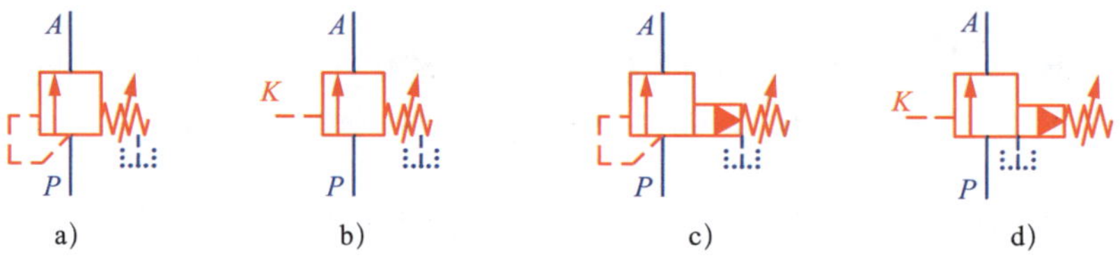

图 14–53 顺序阀的图形符号

a）直动式顺序阀（内控） b）直动式顺序阀（外控）

c）先导式顺序阀（内控） d）先导式顺序阀（外控）

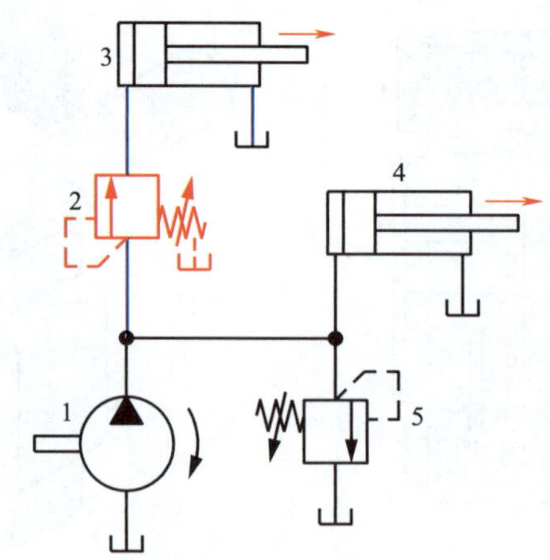

图 14–54 顺序阀的应用

1—液压泵 2—顺序阀 3、4—液压缸 5—溢流阀

溢流阀、减压阀和顺序阀的工作特点比较

溢流阀、减压阀和顺序阀都属于压力控制阀，其工作特点比较见表 14–13。

表 14–13 溢流阀、减压阀和顺序阀的工作特点比较

类型	溢流阀	减压阀	顺序阀
控制油路的特点	通过调整弹簧压力控制进油口的压力，从而保证进油口压力稳定	通过调整弹簧压力控制出油口的压力，从而保证出油口压力稳定	内控式顺序阀通过调整弹簧压力控制顺序阀的开启压力，外控式顺序阀由单独油路控制顺序阀的开启压力
出油口情况	出油口与油箱相连	出油口与减压回路相连	出油口与工作回路相连
泄漏形式	内泄式	外泄式	外泄式
初始状态	常闭	常开	常闭
工作状态	进油口压力为调定压力，出油口压力为零	出油口压力低于进油口压力，出油口压力稳定在调定值上	阀开启后，进、出油口压力基本相同，并取决于外负载压力
连接方式	一般为并联，用作背压阀时串联	串联	实现顺序动作时串联，用作卸荷阀时并联

4. 压力继电器

压力继电器又称为压力开关，是一种将液压信号转变为电信号的转换元件。当控制流体压力达到调定值时，它能自动接通或断开有关电路，使相应的电气元件（如电磁铁、中间继电器等）动作，以实现系统按预定程序动作及安全保护。

一般的压力继电器都是通过压力和位移的转换使微动开关动作，以实现其控制功能。压力继电器主要有柱塞式、膜片式、弹簧管式和波纹管式等结构形式，其中以柱塞式最为常用。

图 14–55 所示为柱塞式压力继电器。其下部的油口 P 与系统相通，当系统压力达到预先调定的压力值时，液压力推动柱塞 5 上移，并推动顶杆 4 克服复位弹簧 3 的作用力上移，使微动开关 1 动作，常开触头闭合，接通电路；当油口 P 处的油液压力下降至小于调定压力时，顶杆 4 在复位弹簧 3 的作用下复位，微动开关 1 动作，常开触头回到断开状态，电路断开。顶杆 4 下侧的凸台可限制顶杆的移动距离，以保护微动开关 1 的触销。转动调压螺套 2 可调整继电器动作压力，锁紧螺钉 7 用于锁紧调压螺套 2。从柱塞 5 与阀体 6 的缝隙中泄漏的油液从泄油口 L 流回油箱。压力继电器的图形符号如图 14–56 所示。

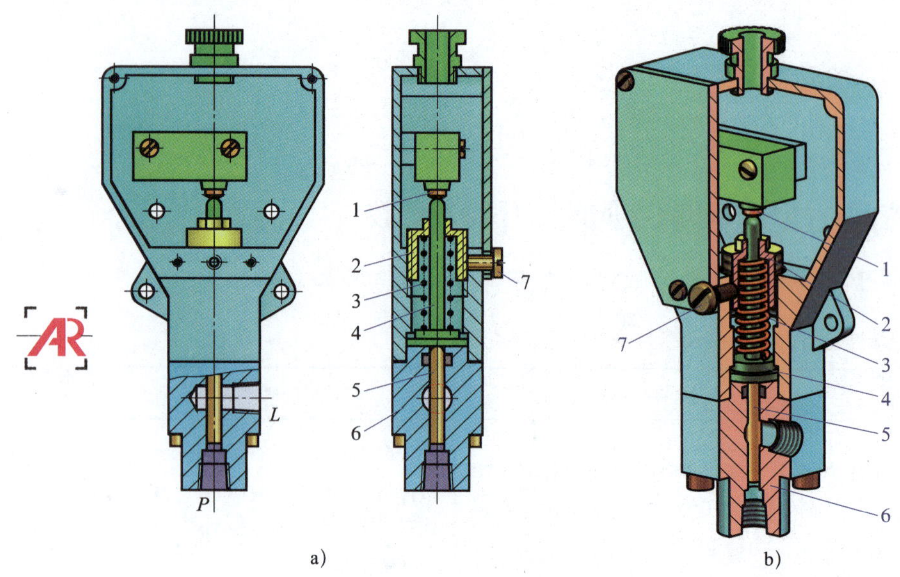

图 14-55　柱塞式压力继电器

1—微动开关　2—调压螺套　3—复位弹簧　4—顶杆　5—柱塞　6—阀体　7—锁紧螺钉

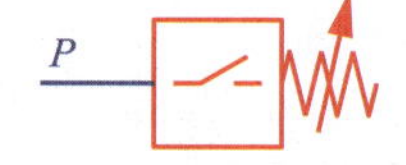

图 14-56　压力继电器的图形符号

图 14-57 所示回路中，压力继电器 4 可以控制三位四通电磁换向阀 3 工作，实现由“进”转为“退”的顺序动作。当 MB1 通电时，三位四通电磁换向阀 3 左位工作，压力油经三位四通电磁换向阀 3 进入液压缸 5 左腔，活塞杆伸出，即“进”。当活塞行至终点停止时，液压缸左腔油压升高。当油压达到压力继电器 4 的开启压力时，压力继电器动作，使 MB2 通电，MB1 断电，三位四通电磁换向阀 3 右位工作。这时压力油进入缸右腔，活塞杆缩回，即“退”。在这个回路中，一般压力继电器的调定压力（开启压力）应比液压缸的最高工作压力约高 0.5 MPa，应比溢流阀的调定压力约低 0.5 MPa。

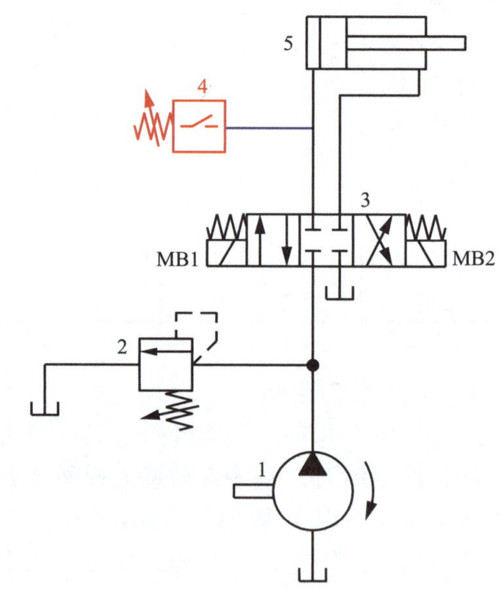

图 14-57　压力继电器的应用

1—单向定量液压泵　2—溢流阀　3—三位四通电磁换向阀　4—压力继电器　5—液压缸

三、流量控制阀

流量控制阀（简称流量阀）在液压传动系统中的作用是控制系统中油液的流量。

1. 常用的流量控制阀

流量控制阀是通过改变节流口的通流截面积来调节通过阀口的流量，从而控制执行元件运动速度的控制阀。常用的流量控制阀有节流阀和调速阀等。

（1）节流阀

节流阀是结构最简单、应用较普遍的一种流量控制阀。如图 14-58 所示，它是通过旋转流量调节螺杆 1 使阀芯 4 相对于阀体 3 移动，以改变阀口的通流面积，从而调节输出流量。

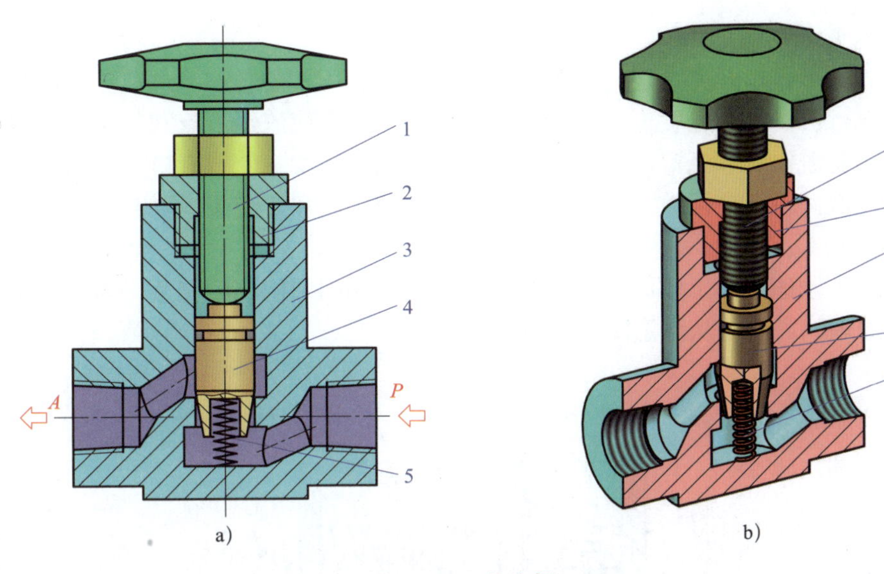

图 14-58　节流阀

1—流量调节螺杆　2—螺套　3—阀体　4—阀芯　5—弹簧

油液在经过节流口时会产生较大的液阻，而且通流截面积越小，油液受到的液阻就越大，通过阀口的流量就越小。所以，改变节流口的通流截面积，使液阻发生变化，就可以调节流量的大小，这就是节流阀的工作原理。拧动节流阀上方的流量调节螺杆 1，可以使阀芯 4 沿轴向移动，从而改变阀口的通流截面积，使通过节流口的流量得到调节。

节流口的常用形式有锥形（针阀）式、偏心式、三角槽式和周向缝隙式等，如图 14-59 所示。

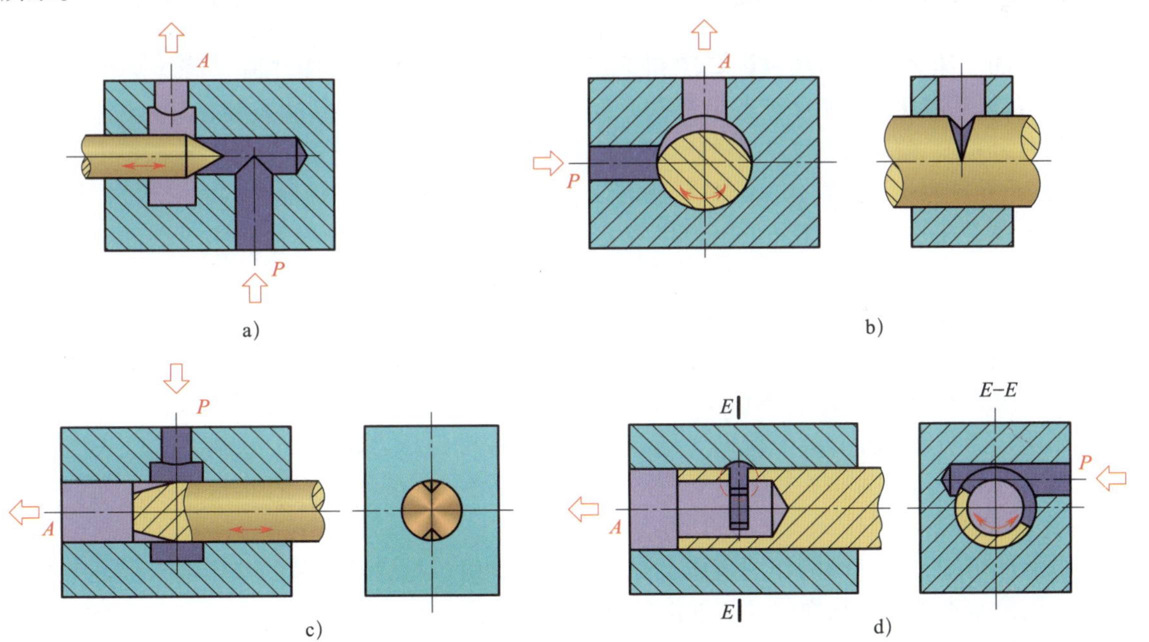

图 14-59　节流阀常用节流口形式

a）锥形（针阀）式　b）偏心式　c）三角槽式　d）周向缝隙式

（2）调速阀

当节流阀的节流口开度一定时，节流口前后油液的压差是影响流过节流阀流量大小的重要因素。在执行机构运动速度稳定性要求高的场合，为了使流经节流阀的流量不致随负载的变化而变化，就需要对节流口前后的油液压差进行压力补偿，使节流口前后的油液压差在负载改变时能近似保持一个常数。根据这一要求，将减压阀和节流阀串联起来，这样组成的阀称为调速阀。

图 14–60 为调速阀的工作原理示意图。由于调速阀的结构比较复杂，为了能深入理解调速阀的工作原理，需要先从示意图上进行分析。

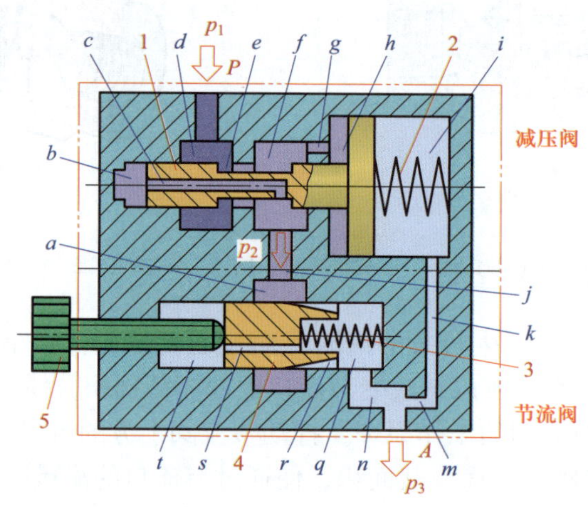

图 14–60　调速阀的工作原理

1—减压阀芯　2—减压弹簧　3—节流弹簧　4—节流阀芯　5—流量调节螺杆

高压油（压力为 p_1）从进油口 P 进入减压阀，经过阀口 e 产生压降，降压后的压力油（压力为 p_2）从减压阀右腔 f 流入节流阀，经过节流口 r 流入节流阀的右腔 q，从出油口 A 流出（压力为 p_3）。减压阀芯 1 右端的空腔 i（压力为 p_3）通过孔 k、m、n 与节流阀的右腔 q 相通。f 腔（压力为 p_2）通过孔 g 与减压阀芯 1 大台阶左端的空腔 h 接通，同时又通过阻尼孔 c 接通减压阀芯 1 左端的空腔 b（压力也为 p_2）。减压阀芯 1 在减压弹簧 2 和两端油液压力作用下处于平衡状态。

当调速阀出油口的压力 p_3 由于负载增大而上升时，通过孔 k 作用在减压阀芯 1 右端的油液压力增大，使减压阀芯 1 左移，减压阀的阀口 e 加大，压降减小，因此 p_2 增大，使节流阀芯 4 前后的压差 p_2–p_3 基本保持原来的数值，从而使流过节流阀的流量保持不变。

相反，当负载减小，p_3 下降时，减压阀芯 1 右端油液压力减小，于是减压阀芯在空腔 h 和 b 的压力油（压力为 p_2）的作用下右移，阀口 e 减小，压降增大，因此 p_2 减小，所以仍然使 p_2–p_3 保持不变。

由上述可知，调速阀的作用实质上是利用一个能够进行自动调节的减压阀来保证节流阀的前后压差基本不变，从而保证了油液的流量基本恒定。

调速阀的结构如图 14–61 所示，有关的空腔和孔所标注的字母、零件的序号和示意图完全一致。高压油（压力为 p_1）从进油口 P 进入减压阀座 7 与阀体 6 之间的空腔 d；经减压

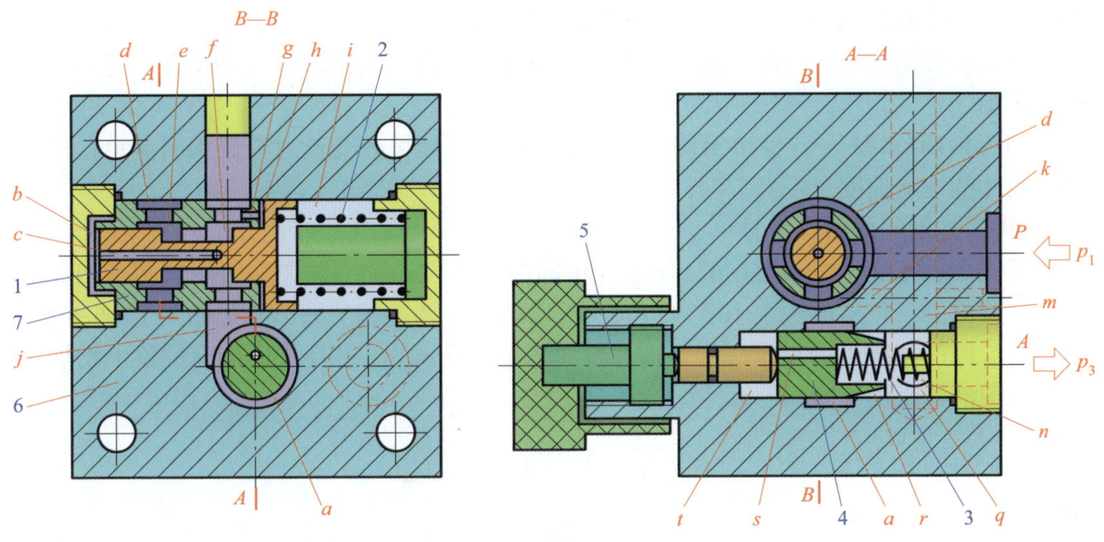

a)

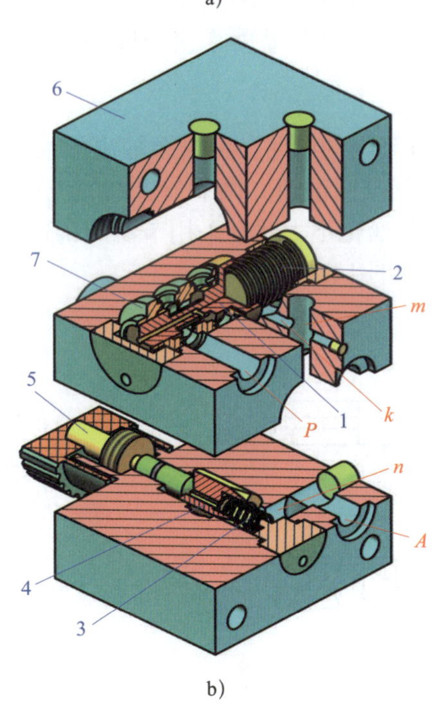

b)

图 14-61　调速阀

1—减压阀芯　2—减压弹簧　3—节流弹簧　4—节流阀芯

5—流量调节螺杆　6—阀体　7—减压阀座

阀的阀口 e 减压后流到空腔 f（压力为 p_2），空腔 f 中的压力油从孔 j 垂直向下流入节流阀的空腔 a，通过节流口 r 流入空腔 q（压力为 p_3），经过孔 n 从出油口 A 流出。空腔 f 中的压力油同时又经减压阀座 7 右端的孔 g 流入减压阀座与减压阀芯大台肩左侧面之间的空腔 h。该压力为 p_2 的压力油同时又经减压阀芯 1 上的阻尼孔 c 流入减压阀芯左端的空腔 b。从空腔 q 中流出的压力油（压力为 p_3）同时又经过孔 n、m、k 流入减压阀芯 1 右端的空腔 i。于是减压阀芯 1 右端受到减压弹簧 2 的作用力和来自孔 k 的压力油（压力为 p_3）的液压力，而左端受到来自孔 g 和阻尼孔 c 的压力油（压力为 p_2）的液压力，整个减压阀芯 1 在上述力的作用下取得平衡。

转动流量调节螺杆 5，使节流阀芯 4 沿轴向移动，即可改变流过节流阀的流量，从而调节执行元件的运动速度。

2. 流量控制阀的图形符号

节流阀的图形符号如图 14–62a 所示，中间的直线段表示油路，油路两侧两条相背的弧线段表示节流口，长斜箭头表示节流口大小可以调节。调速阀的图形符号如图 14–62b 所示，它是在节流阀的基础上增加了一个矩形边框（表示整个阀），并在中间的直线段上增加了箭头（表示油液的流动方向）。

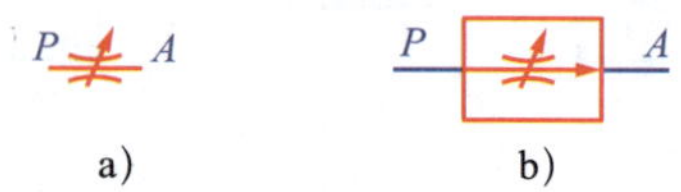

图 14–62　流量控制阀的图形符号

a）节流阀的图形符号　b）调速阀的图形符号

3. 流量控制阀的应用

图 14–63a 所示为采用节流阀的回路。液压泵输出的油液一部分经节流阀进入液压缸的工作腔，多余的油液经溢流阀流回油箱。调节节流阀的流量，即可调节液压缸的运动速度。在负载较轻、速度不高或负载变化不大时常采用节流阀调速。在负载较重、速度较高或负载变化较大时则采用调速阀，如图 14–63b 所示。

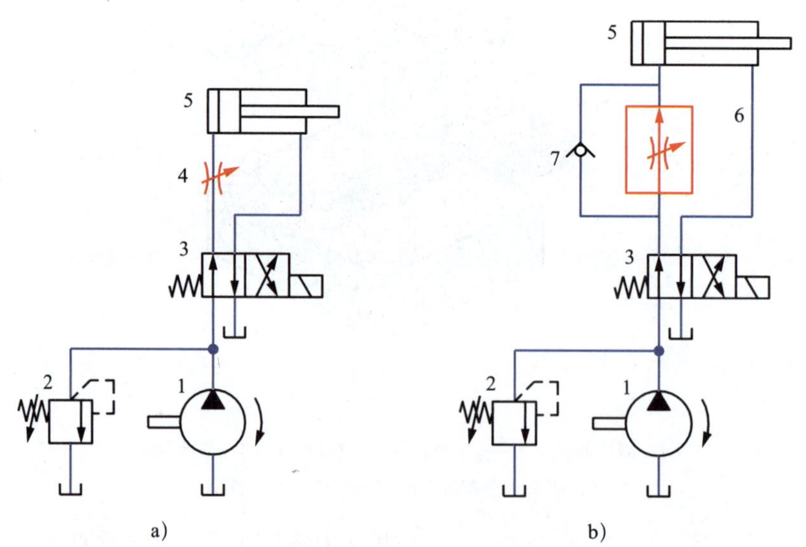

图 14–63　流量控制阀的应用

a）采用节流阀的回路　b）采用调速阀的回路

1—液压泵　2—溢流阀　3—二位四通电磁换向阀　4—节流阀

5—液压缸　6—调速阀　7—单向阀

一般情况下，节流阀的进油口和出油口可以互换，调速阀的进油口和出油口不能互换，因此在图 14-63b 所示回路中增加了一个单向阀，在液压缸活塞杆缩回时，油液由单向阀流回油箱。

§14-5 液压辅助元件

液压辅助元件也是液压传动系统的基本组成之一。本节主要介绍一些常用的辅助元件，包括过滤器、蓄能器、油管、管接头和油箱等。

一、过滤器

在液压传动系统中，保持油的清洁是十分重要的。油中的杂质会造成运动零件划伤、磨损甚至卡死，还会堵塞阀和管道上的小孔，影响系统的工作性能甚至产生故障，因此需用过滤器对油液进行过滤。

过滤器按滤芯材质和过滤方式，分为表面型过滤器（如网式过滤器、线隙式过滤器等）、深度型过滤器（如烧结式过滤器、纸芯式过滤器等）和吸附型过滤器（如磁性过滤器）等，其结构、特点和应用见表 14-14。

表 14-14　过滤器的结构、特点和应用

类型		结构图	滤芯结构	特点和应用
表面型	网式过滤器	支撑筒 滤网	由金属或塑料圆筒制成，外包一层或两层铜丝网	结构简单，通油能力大，但过滤精度低，一般作粗过滤器用。通常安装在液压泵的吸油口处，用于过滤进入液压泵油液中的杂质

续表

<table>
<tr><th colspan="2">类型</th><th>结构图</th><th>滤芯结构</th><th>特点和应用</th></tr>
<tr><td>表面型</td><td>线隙式过滤器</td><td> 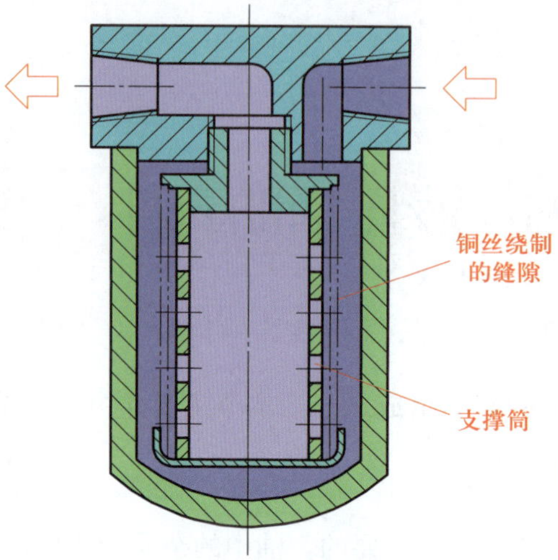铜丝绕制的缝隙
支撑筒</td><td>滤芯是用铜线或铝线在滤架上绕制而成，它依靠线之间的微小间隙来过滤杂质</td><td>结构简单，过滤效果较好，但不易清洗，一般用于中、低压系统。大多安装在液压泵后面，以保证液压控制元件和执行元件的用油清洁</td></tr>
<tr><td rowspan="2">深度型</td><td>烧结式过滤器</td><td> 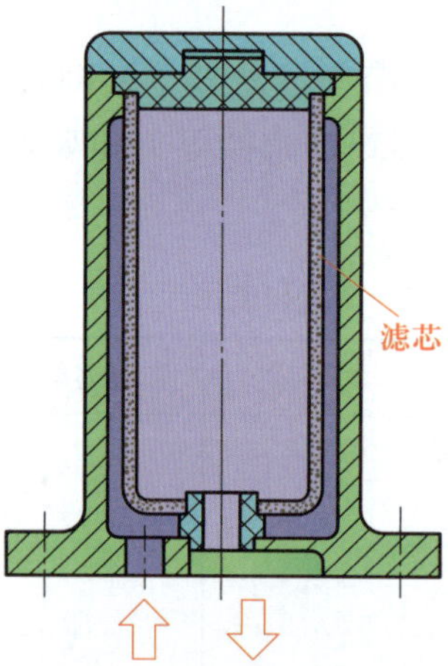滤芯</td><td>滤芯用青铜粉末烧结成一定的形状（如杯状、管状等），依靠颗粒间的间隙滤油</td><td>过滤精度高，耐高温、抗腐蚀、制造简单。滤芯强度大，是一种使用较广的精过滤器。其缺点是通油能力较低、压力损失较大、易堵塞、难以清洗。用于过滤质量要求较高的系统中</td></tr>
<tr><td>纸芯式过滤器</td><td> 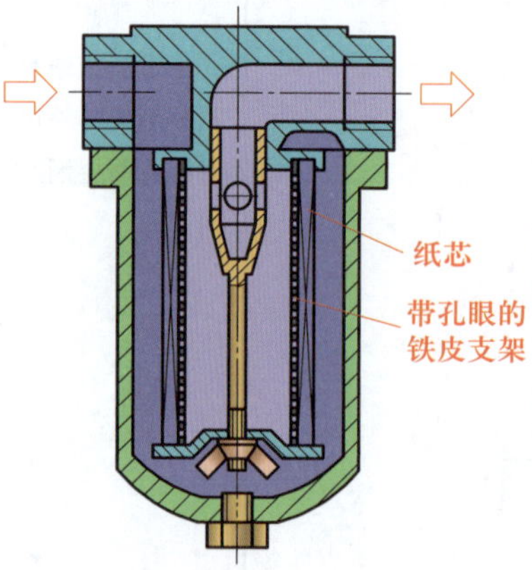纸芯
带孔眼的铁皮支架</td><td>滤芯用微孔滤纸做成，装在壳体内。为增大过滤面积，纸芯常做成折叠形</td><td>过滤精度高，但易堵塞，无法清洗，需要经常更换纸芯。可作精过滤器使用。一般和其他过滤器配合使用</td></tr>
</table>

续表

类型		结构图	滤芯结构	特点和应用
吸附型	磁性过滤器	永久磁铁 铁圈 非磁性罩子	能吸住油液中的铁屑、铁粉和带磁性的磨料	常与其他型式的滤芯合起来制成复合型过滤器，对加工钢铁件的机床液压传动系统特别适用

过滤器的图形符号如图 14–64 所示，菱形框表示过滤器，菱形框中的虚线表示过滤器元件（滤芯）。

图 14–64　过滤器的图形符号

泵的吸油管路上一般都安装有表面型过滤器，目的是滤去较大的杂质微粒，以保护液压泵；在泵的出油口安装过滤器可防止污染物侵入阀类元件；在系统的回油管路上安装过滤器，可以防止油液中的污物进入油箱。此外，在一些重要的支路上往往还需要安装专用的精过滤器来确保它们的正常工作。大型液压传动系统还可专设由液压泵和过滤器组成的独立过滤回路。

二、蓄能器

蓄能器是液压传动系统中一种重要的辅助元件，可以在短时间内供应大量压力油，起补偿泄漏以保持系统压力，消除压力脉动、缓和液压冲击等作用。

气囊式蓄能器的结构如图 14–65 所示，主要由充气阀、壳体、气囊和提升阀组成。气囊用耐油橡胶制成，并与充气阀座压制在一起，固定在壳体 2 的上半部。充气阀仅在蓄能器工作前对其充气用，在蓄能器工作时始终关闭。一般气囊的充气压力可为系统油液最低工作压力的 60%～70%。气囊外部为压力油，气囊内部的气体体积随蓄能器内液压油液压力的降低而膨胀，并将油液排出。提升阀 4 的作用是防止油液全部排出时气囊膨出容器之外。

气囊式蓄能器的图形符号如图 14–66 所示，⬭表示外壳，其中的圆弧表示气囊，空心等边三角形表示气压力作用方向。

气囊式蓄能器的优点是气囊惯性小，反应灵敏，尺寸小，容易维护，易于安装；缺点是气囊和壳体制造困难，容量较小。

图 14–67 所示为蓄能器的一种应用实例。在液压缸停止工作时，泵输出的压力油进入蓄能器，将压力油储存起来。当液压缸动作时，蓄能器与泵同时供油，使液压缸得到快速运动。

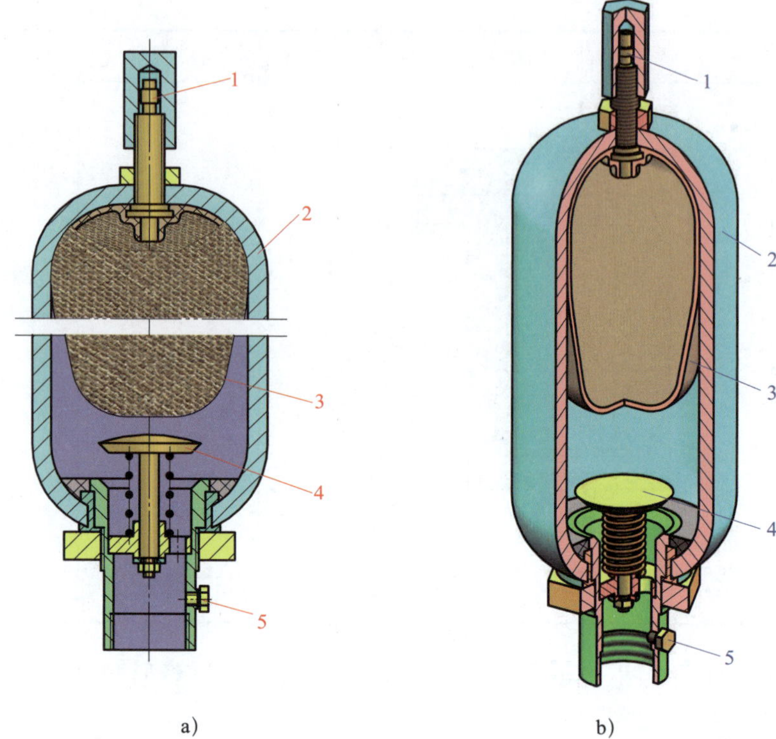

图 14-65　气囊式蓄能器

1—充气阀　2—壳体　3—气囊　4—提升阀　5—排气螺塞

图 14-66　气囊式蓄能器的图形符号

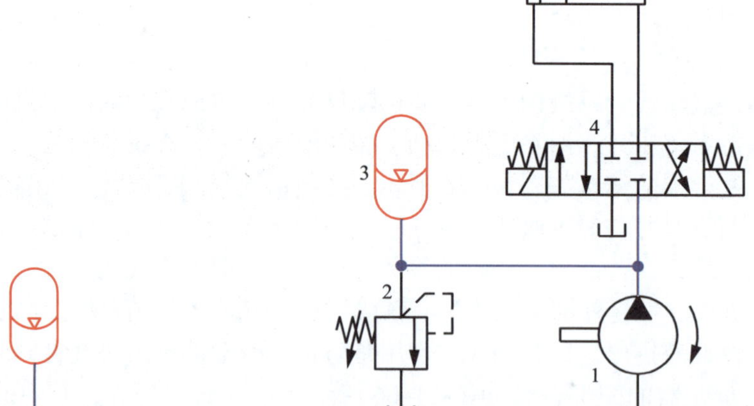

图 14-67　蓄能器应用实例

1—单向定量液压泵　2—溢流阀　3—蓄能器
4—三位四通电磁换向阀　5—液压缸

三、油管

液压传动系统中常用的油管有硬管（如钢管、纯铜管等）和软管（如橡胶软管、尼龙管和塑料管等）。固定液压元件之间常用钢管和铜管连接，有相对运动的液压元件之间一般采用软管连接。图 14–68 所示为几种不同接头形式的软管。液压系统中常用油管的种类和适用场合见表 14–15。

图 14–68 软管

表 14–15 常用油管的种类和适用场合

<table>
<tr><th colspan="2">种类</th><th>特点和适用场合</th></tr>
<tr><td rowspan="2">硬管</td><td>钢管</td><td>耐油、耐高压、强度高、工作可靠，但装配时不便弯曲，常在装拆方便处用作压力管道。中压以上用无缝钢管，低压用焊接钢管</td></tr>
<tr><td>纯铜管</td><td>价格高，承压能力低（6.5 ~ 10 MPa），抗冲击和振动能力差，易使油液氧化，但易弯成各种形状，常用在仪表和液压传动系统不便装配处</td></tr>
<tr><td rowspan="3">软管</td><td>塑料管</td><td>耐油、价格低、装配方便，长期使用易老化，只适用于压力低于 0.5 MPa 的回油管或泄油管</td></tr>
<tr><td>尼龙管</td><td>乳白色，透明，可观察油液流动情况，价格低，加热后可随意弯曲、扩口，冷却后定形，安装方便，承压能力因材料而异（2.5 ~ 8 MPa）</td></tr>
<tr><td>橡胶管</td><td>用于相对运动间的连接，分高压和低压两种。高压橡胶软管由耐油橡胶夹几层钢丝编织网（层数越多耐压越高）制成，价格高，用于压力管路。低压橡胶软管由耐油橡胶夹帆布制成，用于回油管路</td></tr>
</table>

在液压回路图中，供油管路用实线绘制，控制管路和泄油管路用虚线绘制。流体管路连接点的画法如图 14–69 所示，供油管路的连接点有“T”型连接和“十”型连接，其连接点都必须加实心圆点，没有实心圆点的交线表示管路不连接（跨越）。软管需要在线路中间画一段圆弧，并在圆弧的两端加实心圆点。

四、管接头

管接头用于油管与油管、油管与液压元件之间的连接。管接头的形式很多，图 14–70 所示为几种常用的管接头。管路的连接螺纹采用管螺纹或普通细牙螺纹。常用管接头的类型及特点见表 14–16。

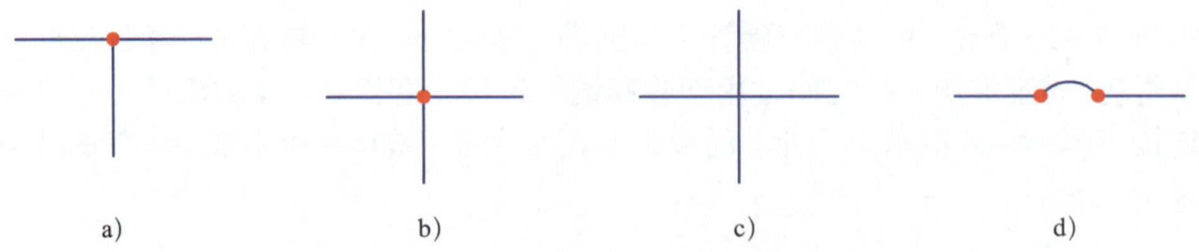

图 14-69　流体管路连接点的画法

a）“T”型连接　b）“十”型连接　c）不连接（跨越）　d）软管

图 14-70　管接头

表 14-16　　常用管接头的类型及特点

类型	示意图	应用特点
锥端密封焊接式管接头	1　2　3　4 1—接管　2—螺母　3—O 形密封圈　4—接头体	接管与管子焊接。旋转螺母使接管外锥表面和其上的 O 形密封圈与接头体的内锥表面紧密配合。其特点是密封可靠、抗振能力强，但装卸接头不方便。可用于油、气介质
卡套式管接头	1　2　3　4 1—钢管　2—卡套　3—螺母　4—接头体	旋紧螺母前，将卡套和螺母套在钢管上，并将钢管插入接头体的孔内，由于接头体和螺母的内锥表面作用，使卡套卡在钢管壁上。其特点是重量轻，体积小，装拆方便，但对管子的尺寸精度要求较高。适用于油、气等管路系统

续表

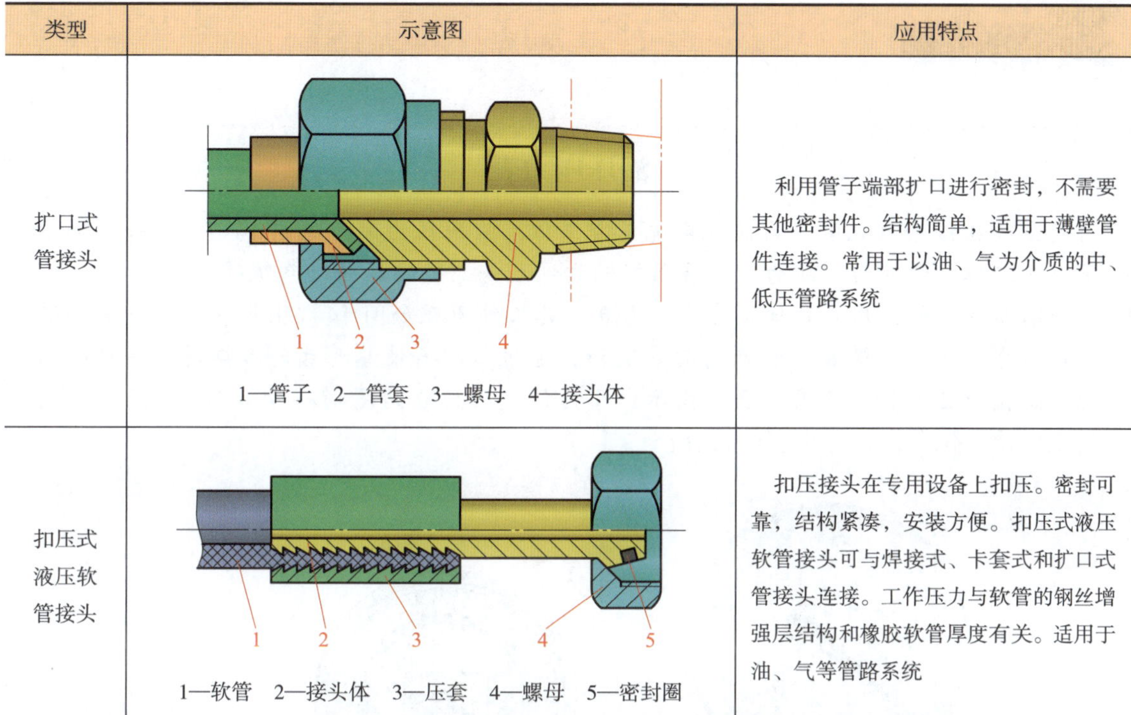

类型	示意图	应用特点
扩口式管接头	1—管子　2—管套　3—螺母　4—接头体	利用管子端部扩口进行密封，不需要其他密封件。结构简单，适用于薄壁管件连接。常用于以油、气为介质的中、低压管路系统
扣压式液压软管接头	1—软管　2—接头体　3—压套　4—螺母　5—密封圈	扣压接头在专用设备上扣压。密封可靠，结构紧凑，安装方便。扣压式液压软管接头可与焊接式、卡套式和扩口式管接头连接。工作压力与软管的钢丝增强层结构和橡胶软管厚度有关。适用于油、气等管路系统

五、油箱

油箱除用于储存油液外，还起散热及分离油液中杂质和空气的作用。在机床液压系统中，可以利用床身或底座内的空间作为油箱，使机床结构紧凑，并容易回收机床漏油。但油温变化时容易引起床身的热变形，液压泵的振动也会影响机床的工作性能，所以精密机床多采用独立油箱。油箱的典型结构如图 14–71 所示。油箱内部用隔板 7、9 将吸油管 1 与回油管 4 隔开，吸油口装有液压油液过滤器 2，油箱侧面装有液位计 6，油箱底部装有排放污油的放油阀 8，顶盖 5 上有一个通气孔（所以这种油箱称为开式油箱），在通气孔上装有空气过滤器 3，液压泵及其驱动电动机安装在顶盖 5 上。油箱的图形符号为 ⊔。

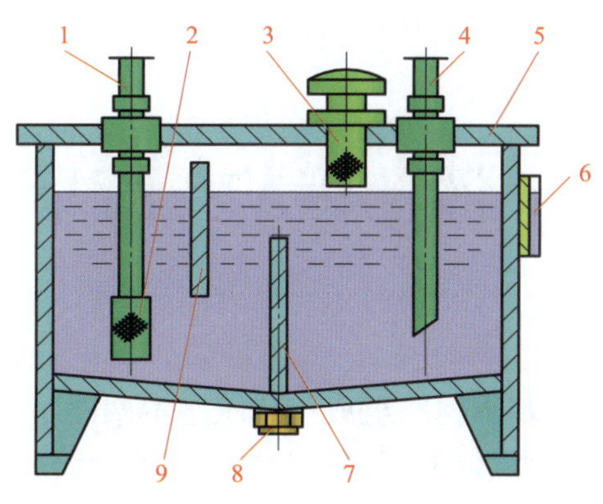

图 14–71　液压泵卧式安置的油箱

1—吸油管　2—液压油液过滤器　3—空气过滤器　4—回油管　5—顶盖　6—液位计　7、9—隔板　8—放油阀

液压压力表

在液压传动系统中，为保证系统正常工作，常用压力表（见图 14–72a）来观测系统中各工作点的压力。压力表是液压辅助元件之一，是液压传动系统的“眼睛”。在液压传动系统中最常用的是弹簧管式压力表，其工作原理如图 14–72b 所示。当压力油进入弹簧弯管 1 时，弹簧弯管产生管端变形，通过杠杆 6 使扇形齿轮 5 摆动，带动小齿轮 4 使指针 2 偏转，在表盘 3 上指示出压力值。压力表的图形符号如图 14–72c 所示，圆表示监测仪表，斜箭头表示指针。

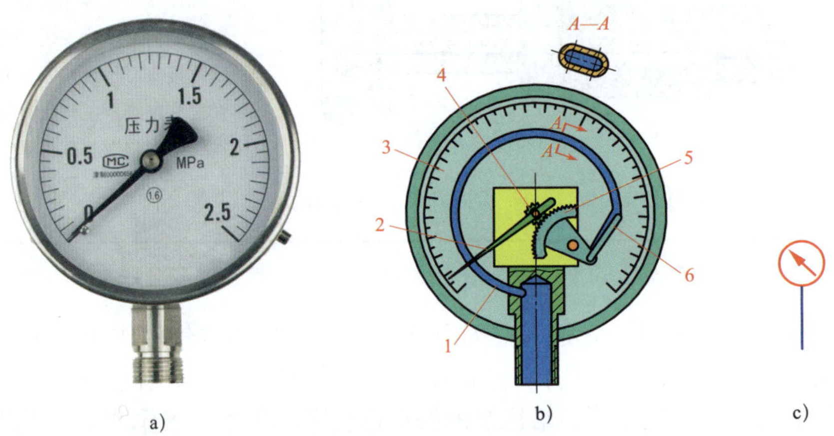

图 14–72　弹簧管式压力表

a）实物图　b）工作原理　c）图形符号

1—弹簧弯管　2—指针　3—表盘　4—小齿轮　5—扇形齿轮　6—杠杆

§ 14–6　液压传动系统基本回路

液压传动系统由许多液压基本回路组成。液压基本回路是指由某些液压元件和附件所构成，能完成某种特定功能的回路。对于同一功能的基本回路，可用多种方法实现。液压基本回路按功能可分为方向控制回路、压力控制回路、速度控制回路和顺序动作控制回路四大类。熟悉这些基本回路，对分析整个液压传动系统，维护、检修及设计新的液压传动系统，都是十分重要的。本节主要介绍最基本、最典型的几种回路。

一、方向控制回路

在液压系统中，控制执行元件的启动、停止（包括锁紧）及换向的回路称为方向控制回路。方向控制回路有换向回路和锁紧回路等。

1. 换向回路

执行元件的换向，一般可采用各种换向阀来实现。根据执行元件换向的要求不同，可以采用二位四通或五通、三位四通或五通等不同控制类型的换向阀进行换向。电磁换向阀的换向回路应用最为广泛，尤其是在自动化程度要求较高的组合机床液压系统中被广泛采用。

（1）采用二位四通电磁换向阀的换向回路

采用二位四通电磁换向阀实现双作用单杆缸换向的回路如图 14–73 所示。当二位四通电磁换向阀 3 电磁铁通电时，换向阀 3 左位工作，压力油进入液压缸 4 的左腔，推动活塞杆向右移动；电磁铁断电时，换向阀 3 右位工作，压力油进入液压缸右腔，推动活塞杆向左移动。

（2）采用 H 型三位四通手动换向阀的换向回路

图 14–74 所示为采用 H 型三位四通手动换向阀的换向回路，它实现了双作用单杆缸的换向。当 H 型三位四通手动换向阀 3 左位工作时，液压缸 4 的活塞杆伸出；当换向阀 3 右位工作时，活塞杆缩回；当换向阀处于中位时，液压泵输出的油液经换向阀流回油箱，活塞呈浮动状态。

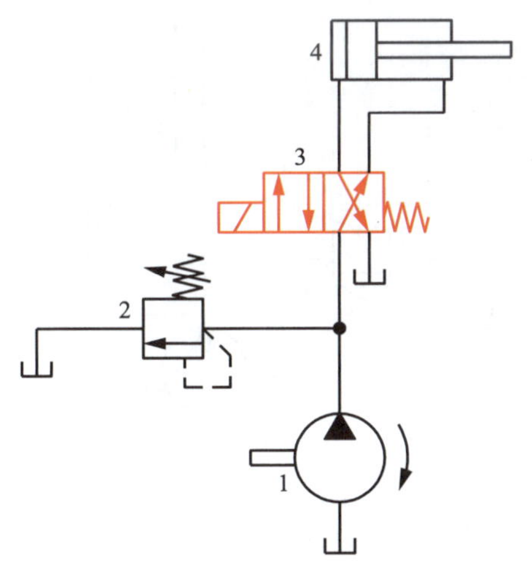

图 14–73　采用二位四通电磁换向阀的换向回路

1—液压泵　2—溢流阀

3—二位四通电磁换向阀　4—液压缸

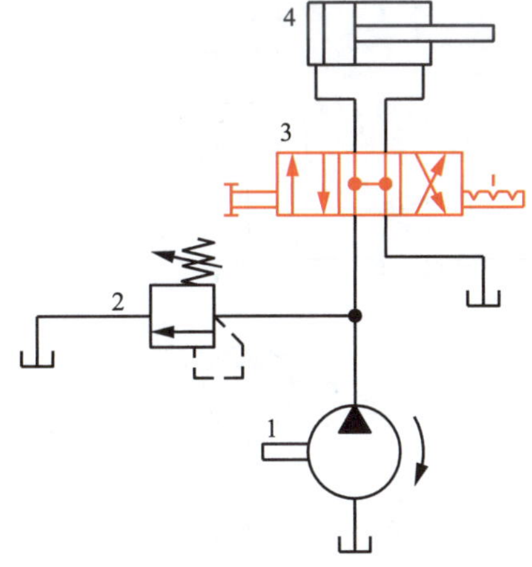

图 14–74　采用 H 型三位四通手动换向阀的换向回路

1—液压泵　2—溢流阀

3—H 型三位四通手动换向阀　4—液压缸

2. 锁紧回路

为了使执行元件能在任意位置停留以及在停止工作时防止在受力的情况下发生移动，可以采用锁紧回路。

（1）采用 M 型三位四通电磁换向阀的锁紧回路

图 14–75 所示为采用 M 型三位四通电磁换向阀的锁紧回路，该换向阀采用电磁铁通电换向，弹簧复位。当阀芯处于中位时，液压缸的进、出口都被封闭，可以将液压缸锁紧。这种锁紧回路由于受到换向阀泄漏的影响，锁紧效果较差。

（2）采用液控单向阀的锁紧回路

图 14–76 所示为采用液控单向阀的锁紧回路。在液压缸的进、回油路中分别串接液控单向阀 4 和液控单向阀 5，活塞可以在行程的任何位置锁紧。当 H 型三位四通电磁换向阀 3 处于中位时，液压泵 1 输出的油液经换向阀 3 的中位流回油箱。因无控制油液作用，液控单向阀 4 和液控单向阀 5 关闭，液压缸 6 的两腔均不能进、排油，于是活塞被双向锁紧。要使活塞向右运动，则需使电磁铁 MB1 通电，换向阀左位接入系统，压力油经液控单向阀 4 进入液压缸左腔，同时也进入液控单向阀 5 的控制油口，打开液控单向阀 5，使液压缸右腔回油经液控单向阀 5 和换向阀 3 流回油箱，此时活塞向右运动。当换向阀 3 处于右位时，液控单向阀 5 开启，压力油进入液压缸右腔，并同时进入液控单向阀 4 的控制油口，打开液控单向阀 4，活塞向左运动，回油经液控单向阀 4 和换向阀 3 流回油箱。

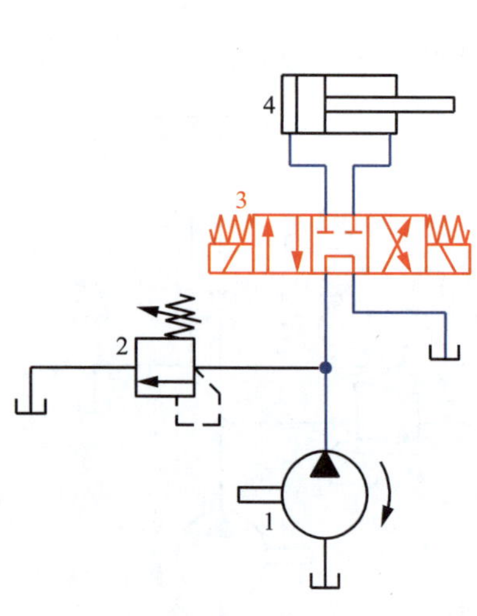

图 14–75　采用 M 型三位四通电磁换向阀的锁紧回路

1—液压泵　2—溢流阀

3—M 型三位四通电磁换向阀　4—液压缸

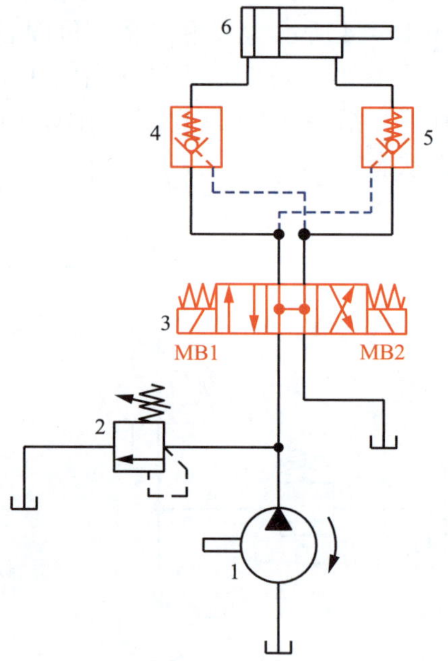

图 14–76　采用液控单向阀的锁紧回路

1—液压泵　2—溢流阀

3—H 型三位四通电磁换向阀

4、5—液控单向阀　6—液压缸

液压缸的锁紧与浮动工作状态

1. 锁紧

液压缸锁紧工作状态是指液压缸活塞两侧的油液被封闭，从而使活塞即使受到外力的作用也不会产生运动的状态。

2. 浮动

液压缸浮动工作状态是指液压缸活塞的两侧油腔里没有压力，可用外力使活塞向两侧运动，活塞就像是船浮在水面上一样。

二、压力控制回路

利用压力控制阀来调整或控制液压系统或其中某一部分的压力的回路称为压力控制回路。压力控制回路可以实现调压、减压、增压及卸荷等功能。

1. 调压回路

很多液压传动机械在工作时，要求系统的压力能够调节，以便与负载相适应，同时降低动力损耗，减少系统发热。调压回路的功用是使液压系统或某一部分的压力保持恒定或不超过某一个数值。调压功能主要由溢流阀完成。

图 14–77 所示为双级调压回路。该回路可实现两种不同的系统压力控制，即由先导式溢流阀 4 和直动式溢流阀 2 各调一级。当电磁换向阀 3 断电时，先导式溢流阀 4 工作，系统压力较高。当电磁换向阀 3 通电时，直动式溢流阀 2 工作，系统压力较低。此时，先导式溢流阀 4 控制油口流出的液压油液从直动式溢流阀 2 流出，系统的溢流从先导式溢流阀 4 流出。

注意：先导式溢流阀 4 的调定压力一定要高于直动式溢流阀 2 的调定压力，否则不能实现双级调压。

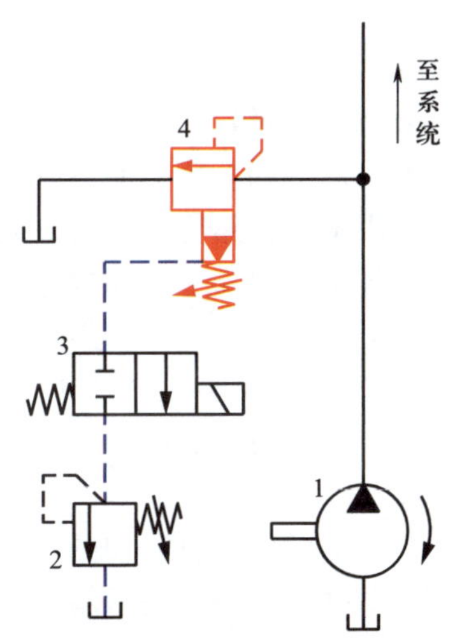

图 14–77　双级调压回路

1—液压泵　2—直动式溢流阀

3—二位二通电磁换向阀　4—先导式溢流阀

2. 支路减压回路

在定量泵供油的液压系统中，溢流阀按主系统的工作压力调定。若系统中某个执行元件或某条支路所需要的工作压力低于溢流阀所调定的主系统压力时，就要采用支路减压回路。

支路减压回路的功用是使系统中某一部分油路具有较低的稳定压力。减压功能主要由减压阀实现。

在图 14–78 所示支路减压回路中，整个系统的工作压力由溢流阀 2 调定，回路中有液压缸 6 和液压缸 7 两个执行元件，当液压缸 6 所需要的压力低于溢流阀 2 的调定压力时，在液压缸 6 的进油路上串联了一个单向减压阀 5。单向减压阀是由一个单向阀和一个减压阀组成的复合阀，从功能上相当于两者并联，实物结构是一个阀。单向减压阀的图形符号由减压阀的图形符号和单向阀的图形符号组合而成，在其外围绘制了一个矩形实线框，表示单向减压阀是一个有单向阀和减压阀两种功能的元件，并且这两种功能之间有相互联系。

如图 14–78 所示，当油液从下向上流时，单向减压阀相当于一个减压阀；当油液从上向下流时相当于一个单向阀。所以，当液压缸 6 的活塞向右运动时，阀 5 的减压阀工作；当液压缸活塞向左运动时，阀 5 的单向阀工作。

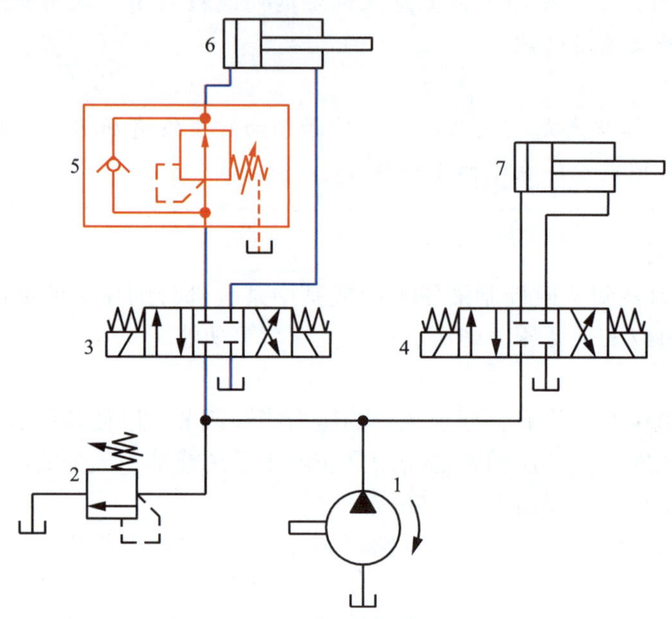

图 14–78　支路减压回路

1—液压泵　2—溢流阀　3、4—O 型三位四通电磁换向阀

5—直动式单向减压阀　6、7—液压缸

3. 增压回路

增压回路的功用是使系统中的局部油路或某一个执行元件得到比主系统压力高得多的压力。采用增压回路比选用高压大流量泵要经济得多。

增压器由活塞缸和柱塞缸串联而成，其结构如图 14–79 所示，主要由左端盖 1、活塞 2、缸体 3、柱塞 4 和右端盖 5 等组成。由于活塞的面积大于柱塞的面积，所以，从 *P* 口向活塞缸无杆腔输入低压油时，可以在柱塞缸得到高压油并从 *A* 口输出，增压的倍数等于活塞与柱塞的工作面积之比。*B* 口在增压（活塞右移）时泄油，在活塞左移时接通压力油。

增压器的图形符号如图 14–80 所示，两个外部连在一起的矩形框表示缸体，缸体内部沿宽度方向的四条线段表示两个活塞，两个活塞之间沿缸体长度方向的两条横线表示两个活塞刚性连在一起，向内的实心三角形表示进油，向外的实心三角形表示出油，缸体外部的三条竖线分别接不同的油路。

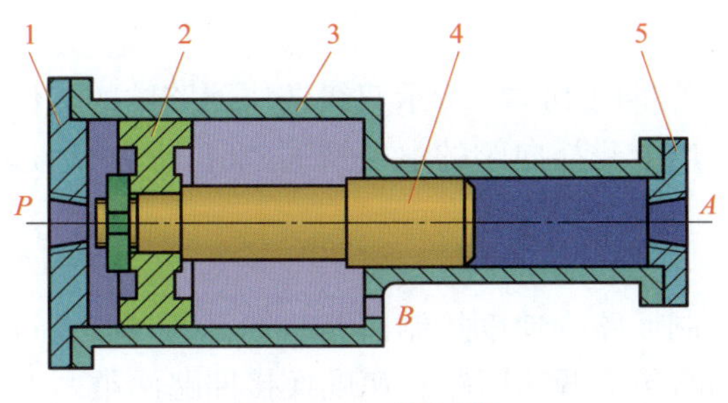

图 14–79　增压器

1—左端盖　2—活塞　3—缸体　4—柱塞　5—右端盖

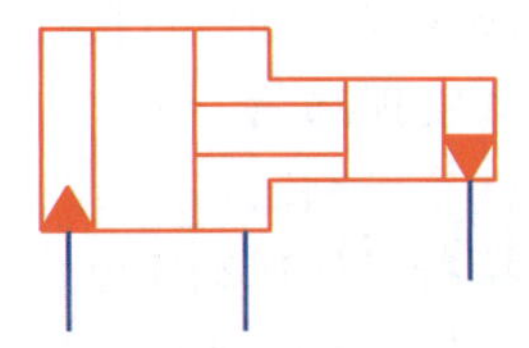

图 14–80　增压器的图形符号

图 14–81 所示为采用增压器的增压回路。当系统处于图示位置时，压力为 p_1 的油液进入增压器的大活塞腔，此时在小活塞腔即可得到压力为 p_2 的高压油液。当二位四通电磁换向阀右位接入系统时，增压器的活塞返回，补充油箱中的油液经单向阀补入小活塞腔。

4. 卸荷回路

在液压设备短时间停止工作期间，一般不宜停止电动机，因为频繁启停对电动机和液压泵的使用寿命有严重影响，但在溢流阀调定的压力下回油，又会造成很大的能量浪费，并使油温升高、系统性能下降，为此设置卸荷回路以解决上述矛盾。

卸荷是指液压泵在功率损耗接近零的情况下运转，以减少功率损耗，降低系统发热，延长液压泵和电动机的使用寿命。卸荷回路可以使液压泵在压力接近零的情况下运转。卸荷回路有多种形式。图 14–82 所示为采用二位二通电磁换向阀的卸荷回路，使二位二通电磁换向阀的电磁铁通电，阀处于右位时，就可以实现卸荷，该回路的特点是结构简单。

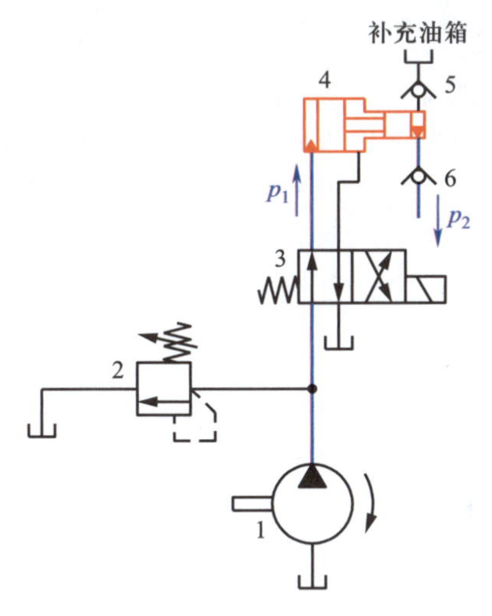

图 14–81　采用增压器的增压回路

1—液压泵　2—溢流阀　3—二位四通电磁换向阀

4—增压器　5、6—单向阀

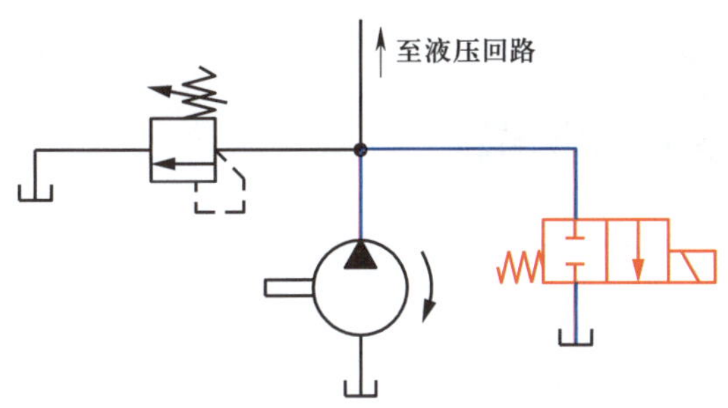

图 14–82　采用二位二通电磁换向阀的卸荷回路

利用三位四通换向阀的 H 型（或 M 型）中位机能也可使液压泵卸荷。图 14–74 所示为采用 H 型三位四通换向阀的卸荷回路，当换向阀处于中位时，液压泵卸荷，液压缸处于浮动状态。图 14–75 所示为采用 M 型三位四通换向阀的卸荷回路，当换向阀处于中位时，液压泵卸荷，液压缸处于锁紧状态。

利用先导式溢流阀也可实现液压泵卸荷。若将图 14–77 所示双级调压回路中的二位二通电磁换向阀 3 的出油口直接接油箱，当二位二通电磁换向阀的电磁铁通电时，即可通过先导式溢流阀 4 实现卸荷。

三、速度控制回路

控制执行元件运动速度的回路称为速度控制回路。速度控制回路一般是通过改变进入执行元件的流量来实现速度控制的。速度控制回路包括调速回路和速度换接回路两类。

1. 调速回路

调速回路是指调节执行元件工作速度的回路。常用类型有进油节流调速回路、回油节流调速回路和变量泵容积调速回路等。

（1）进油节流调速回路

图 14–83 所示为进油节流调速回路。在液压缸 5 的进油路上串联了一个单向节流阀 4，它是由单向阀和节流阀并联而成的组合阀。二位四通电磁换向阀 3 用于液压缸 5 的换向。当电磁换向阀 3 处于左位时，压力油通过单向节流阀 4 的节流阀进入液压缸 5 的左腔，活塞向右运动。通过调节节流阀的通流面积，就可以调节油路中压力油的流量，从而调节液压缸 5 的活塞向右运动的速度。由于液压缸 5 的活塞向右运动时回油腔直通油箱，所以这种进油节流调速回路不能承受超越负载。当电磁换向阀 3 的电磁铁断电时，电磁换向阀在弹簧力的作用下处于右位，压力油通过电磁换向阀进入液压缸右腔，活塞向左运动，左腔的回油经过单向节流阀 4 的单向阀及电磁换向阀 3 流回油箱，此时节流阀不起作用。溢流阀 2 用于调定系统压力，使系统压力基本保持恒定。

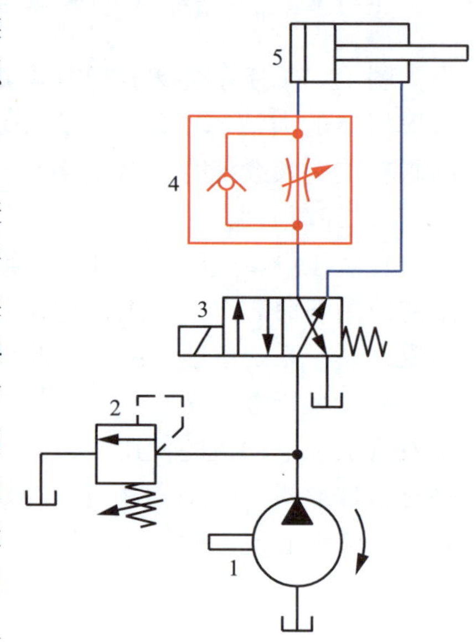

图 14–83　进油节流调速回路

1—液压泵　2—溢流阀　3—电磁换向阀　4—单向节流阀　5—液压缸

液压缸负载的分类

液压缸的负载可分为阻力负载和超越负载两种。阻力负载是指阻止液压缸运动的负载（又称为正值负载），超越负载是指助长液压缸运动的负载（也叫负值负载）。例如：液压缸在提升重物时，重物的重力为阻力负载；重物下降时，重物的重力为超越负载。

（2）回油节流调速回路

如图 14–84 所示，将单向节流阀串联在液压缸右腔的油路中，即构成回油节流调速回路。当电磁换向阀 3 处于左位时，压力油通过电磁换向阀 3 进入液压缸左腔，右腔的油液通过单向节流阀 4 的节流阀进入电磁换向阀 3 后流回油箱。此时节流阀工作，起到节流调速的作用。与进油节流调速相比，回油节流调速能承受超越负载，且通过节流阀升温后的热油直接排回油箱，有利于散热。另外，节流阀在回油路上也能起到提供背压的作用，对液压缸运行过程中的稳定性更有利。该系统广泛用于功率不大、承受负值负载能力强和运动平稳性要求较高的液压系统中。

（3）变量泵容积调速回路

图 14–85 所示为变量泵容积调速回路。改变变量泵 1 的排量即可调节液压缸 5 的运动速度。单向阀 2 可防止在液压泵停止工作时液压缸中的油液流回液压泵。溢流阀 3 限制回路的最大压力，起过载保护作用。溢流阀 6 起背压作用，以使活塞运动平稳。

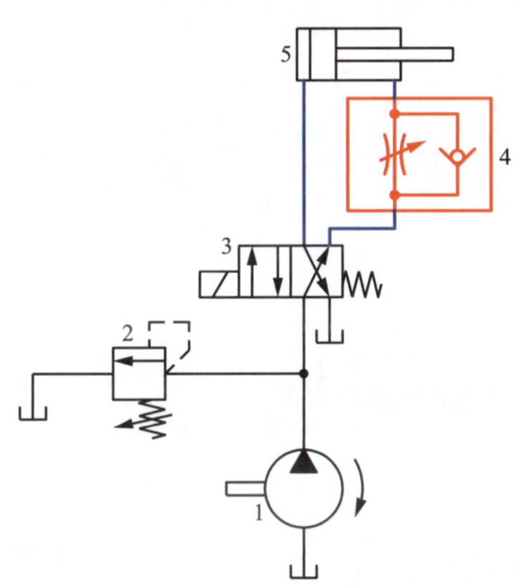

图 14–84　回油节流调速回路

1—液压泵　2—溢流阀　3—二位四通电磁换向阀　4—单向节流阀　5—液压缸

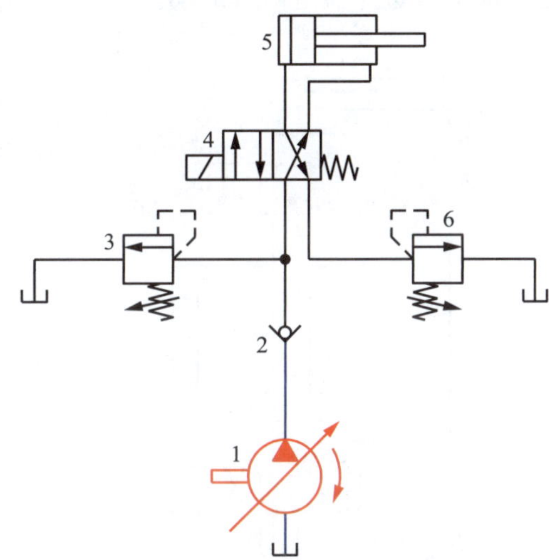

图 14–85　变量泵容积调速回路

1—变量泵　2—单向阀　3、6—溢流阀　4—电磁换向阀　5—液压缸

2. 速度换接回路

速度换接回路是使执行元件不同运动速度相互转换的回路，常用的有液压缸差动连接速度换接回路、短接流量阀速度换接回路、串联调速阀速度换接回路和并联调速阀速度换接回路等。

（1）液压缸差动连接速度换接回路

图 14–86 所示为利用二位三通换向阀实现液压缸差动连接的速度换接回路。该回路的液压缸活塞杆有快进、工进和快退三个运动。在该回路中使用了由调速阀和单向阀组合而成的单向调速阀 4，当油液从上向下流时相当于一个调速阀，当油液从下向上流时相当于一个单向阀。

1）快进。当电磁铁 MB1 通电，MB2、MB3 断电时，二位三通电磁换向阀 5 连通液压缸左、右腔，使液压缸形成差动连接而做快速运动。这种连接方式可以在不增加液压泵流量的情况下提高液压缸的运动速度。但是要注意，在快进时泵输出的油液和有杆腔排出的油液汇合在一起进入无杆腔，因此应按差动时的流量选择相关阀和油管的规格，否则会使液体流动的阻力过大。

2）工进。当 MB3 通电（MB1 仍通电）时，差动连接被断开，液压缸 6 的回油经过二位三通电磁换向阀 5、单向调速阀 4 的调速阀、三位四通电磁换向阀 3 流回油箱，从而实现工进。调速阀用于调节活塞杆工进的速度。

3）快退。当 MB2、MB3 通电，MB1 断电时，压力油经三位四通电磁换向阀 3、单向调速阀 4 的单向阀、二位三通电磁换向阀 5 进入液压缸 6 的右腔，液压缸左腔的油液经过三位四通电磁换向阀 3 流回油箱，从而实现快退。

（2）短接流量阀速度换接回路

图 14–87 所示为采用短接流量阀获得快、慢速运动的回路，该回路可以获得向左快进、慢进，向右快进、慢进四种运动。

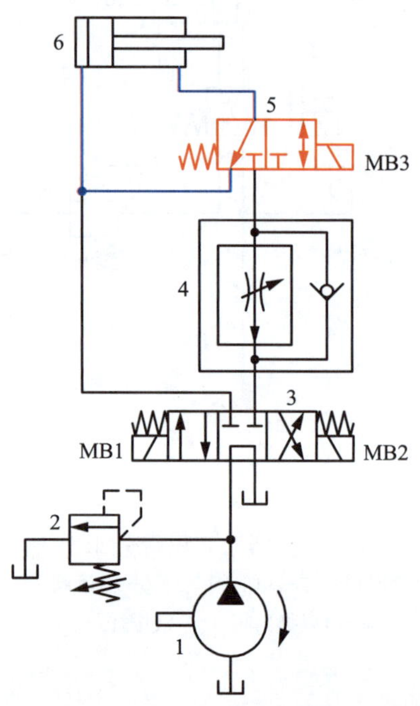

图 14–86　液压缸差动连接速度换接回路

1—液压泵　2—溢流阀　3—三位四通电磁换向阀
4—单向调速阀　5—二位三通电磁换向阀　6—液压缸

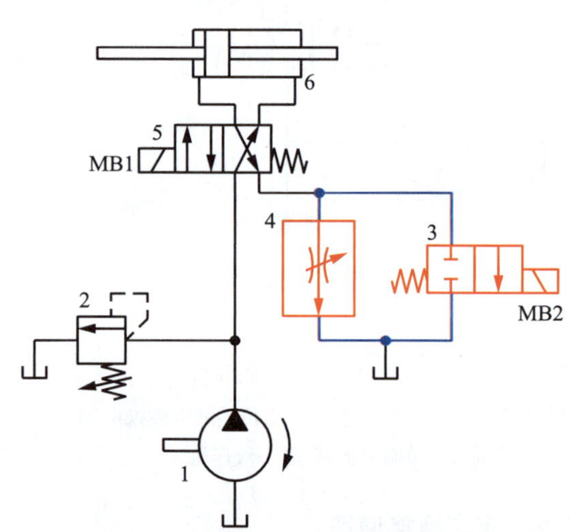

图 14–87　短接流量阀速度换接回路

1—液压泵　2—溢流阀　3—二位二通电磁换向阀
4—调速阀　5—二位四通电磁换向阀　6—液压缸

1）活塞杆向右运动。当 MB1 通电时，二位四通电磁换向阀 5 左位接入系统，压力油通过换向阀 5 进入液压缸 6 的左腔，活塞杆向右运动。如果 MB2 断电，则液压缸 6 右腔的油液通过调速阀 4 流回油箱，活塞杆慢速向右运动，通过调速阀实现减速的目的；如果 MB2 通电，则调速阀被短接，油液通过二位二通电磁换向阀 3 流回油箱，实现活塞杆向右的快速运动。通过控制电磁铁 MB2 的通、断电即可实现速度的换接。

2）活塞杆向左运动。当 MB1 断电时，二位四通电磁换向阀 5 右位接入系统，压力油进入液压缸 6 的右腔，活塞杆向左运动。通过二位二通电磁换向阀 3 同样可以实现活塞杆的快、慢速运动的换接。

该系统结构简单，应用广泛。二位二通电磁换向阀和二位四通电磁换向阀的相互配合，可以实现快速进给→工作进给→工作退回→快速退回的工作循环。

（3）串联调速阀速度换接回路

采用串联调速阀的速度换接回路如图 14–88 所示，该回路中串接了两个调速阀，以实现速度换接。

当二位二通电磁换向阀左位工作，液压泵输出的压力油流经调速阀 3，通过二位二通电磁换向阀 5 进入液压系统，液压执行元件的工作速度由调速阀 3 调节。当二位二通电磁换向阀右位工作时（电磁铁通电），液压泵输出的压力油通过调速阀 3 后，还须再经调速阀 4 后进入液压系统，液压缸的工作速度由调速阀 4 调节。调速阀 4 调节的工作进给速度只能比调速阀 3 调节的工作进给速度低。这种速度换接回路用于液压缸的低速进给。

（4）并联调速阀速度换接回路

采用并联调速阀获得的速度换接回路如图 14–89 所示，两种工作进给速度分别由调速阀 3 和调速阀 4 调节，速度转换由二位三通电磁换向阀 5 控制。这种速度换接回路的两种进给速度可分别调节，但回路换接时会出现前冲现象，适用场合受到限制。

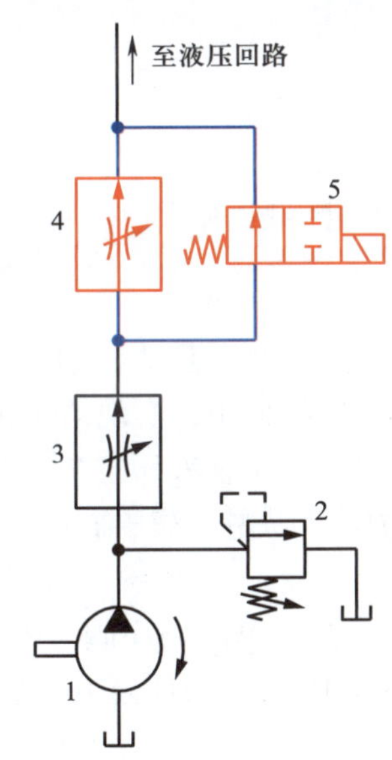

图 14–88　串联调速阀速度换接回路

1—液压泵　2—溢流阀　3、4—调速阀

5—二位二通电磁换向阀

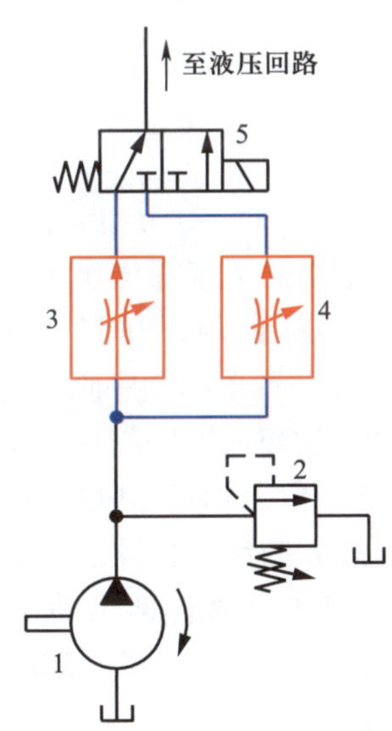

图 14–89　并联调速阀速度换接回路

1—液压泵　2—溢流阀　3、4—调速阀

5—二位三通电磁换向阀

四、顺序动作控制回路

在利用液压传动供给动力的机械设备中，有些执行元件的运动需要按预定的顺序依次实现。例如，采用液压传动的机床要求先夹紧工件，然后使工作台移动进行切削加工。实现这种动作需要采用顺序动作控制回路。控制系统中多个执行元件按预定顺序依次动作的回路称为顺序动作控制回路。

图 14–90 所示为采用两个单向顺序阀的压力控制顺序动作控制回路。在该回路中，单向顺序阀 4、5 为由单向阀与顺序阀通过并联构成的组合阀。该回路可以实现液压缸 6 和液压缸 7 按照“A_1—B_1—B_0—A_0”的顺序动作。

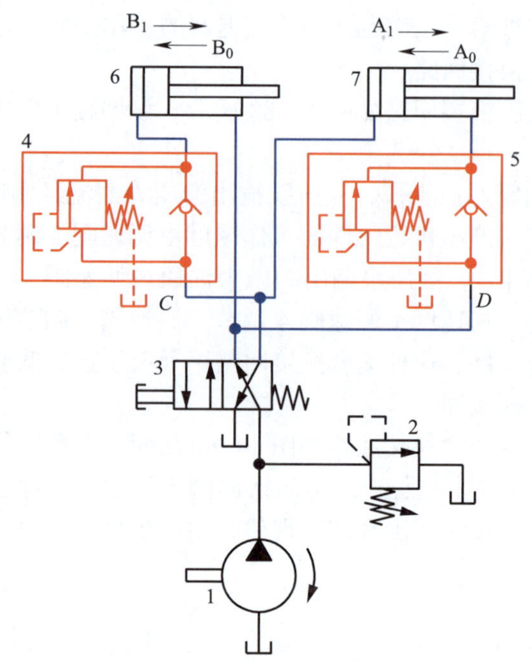

图 14-90 采用两个单向顺序阀的压力控制顺序动作控制回路

1—液压泵 2—溢流阀 3—二位四通手动换向阀 4、5—单向顺序阀 6、7—液压缸

1. 液压缸 7 的活塞杆伸出（动作 A_1）

按下二位四通手动换向阀 3 的手柄并保持，使换向阀 3 左位工作，压力油通过换向阀 3 到达液压缸 7 的左腔和单向顺序阀 4 的 *C* 端，推动液压缸 7 的活塞杆伸出，实现动作 A_1。液压缸 7 右腔的回油经过单向顺序阀 5 的单向阀、换向阀 3 流回油箱。由于在液压缸 7 的活塞杆运动时，液压系统的压力没有达到单向顺序阀 4 的开启压力，压力油无法进入液压缸 6 的左腔。

2. 液压缸 6 的活塞杆伸出（动作 B_1）

当液压缸 7 的活塞杆伸出动作完成后，系统压力升高，打开单向顺序阀 4 中的顺序阀，压力油进入液压缸 6 的左腔，推动活塞杆向右运动，实现动作 B_1。液压缸 6 右腔的回油通过换向阀 3 流回油箱。

3. 液压缸 6 的活塞杆缩回（动作 B_0）

松开换向阀 3 的手柄，使换向阀 3 右位工作，压力油进入液压缸 6 的右腔和单向顺序阀 5 的 *D* 端，液压缸 6 的活塞杆缩回，实现动作 B_0。液压缸 6 左腔的回油经过单向顺序阀 4 的单向阀、换向阀 3 流回油箱。因单向顺序阀 5 的作用，此时的压力油无法进入液压缸 7 的右腔。

4. 液压缸 7 的活塞杆缩回（动作 A_0）

液压缸 6 的活塞杆向左运动到达终点后，系统压力升高，打开单向顺序阀 5 中的顺序阀，压力油进入液压缸 7 的右腔，活塞杆缩回，实现动作 A_0，液压缸 7 左腔的回油通过换向阀 3 流回油箱。至此完成一个工作循环。

这种顺序动作控制回路的可靠性在很大程度上取决于顺序阀的性能及其压力调整值。顺序阀的调整压力应比先动作的液压缸的工作压力高 0.8 ~ 1 MPa，以免在系统压力波动时发生误动作。

§ 14-7 液压传动系统应用实例

一、汽车升降平台液压传动系统

1. 汽车升降平台的结构

地下车库汽车升降平台的结构如图 14-91 所示。单作用伸缩液压缸 1 的活塞杆上安装了链轮 2，链条 3 与平台 4 的 *A* 点相连，链条 6 与平台 4 的 *B* 点相连。当单作用伸缩液压缸 1 的活塞向上运动时，平台 4 向上升起。当单作用伸缩液压缸 1 的活塞缩回时，平台 4 下降。

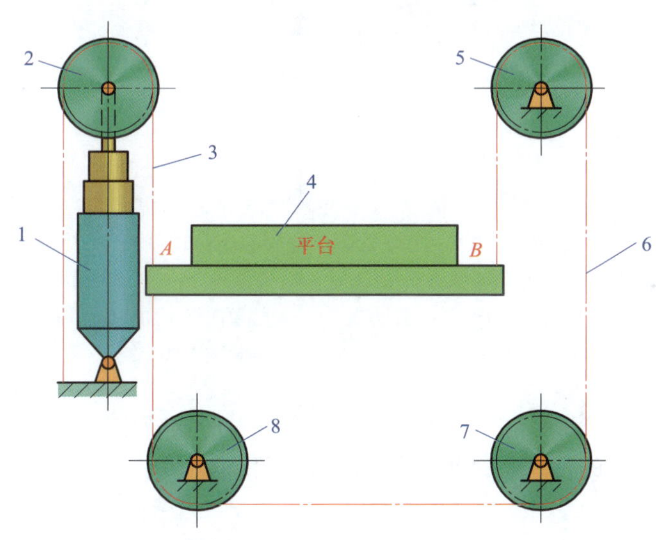

图 14-91　地下车库汽车升降平台的结构

1—单作用伸缩液压缸　2、5、7、8—链轮　3、6—链条　4—平台

2. 液压传动系统及其工作原理

汽车升降平台的液压传动系统如图 14-92 所示。系统的执行元件为驱动平台升降的单作用伸缩液压缸 10 和平台的台面锁紧液压缸 12。系统采用高压齿轮泵 2 供油，系统压力由溢流阀 3 设定并由压力表 8 显示。单作用伸缩液压缸 10 的升降由三位四通电磁换向阀 5、二位四通电磁换向阀 6 和液控单向阀 9 控制。单作用伸缩液压缸 10 的下降速度通过调节节流阀 4 实现。台面锁紧液压缸 12 的伸缩由二位四通电磁换向阀 7 控制。行程开关 11 用作平台台面锁定时的发信器。

（1）平台上升

启动高压齿轮泵 2，让电磁铁 MB2、MB4 通电，使换向阀 5 和 7 均切换至右位。高压齿轮泵 2 输出的压力油经换向阀 7 进入台面锁紧液压缸 12 的有杆腔，同时经换向阀 5 和液控

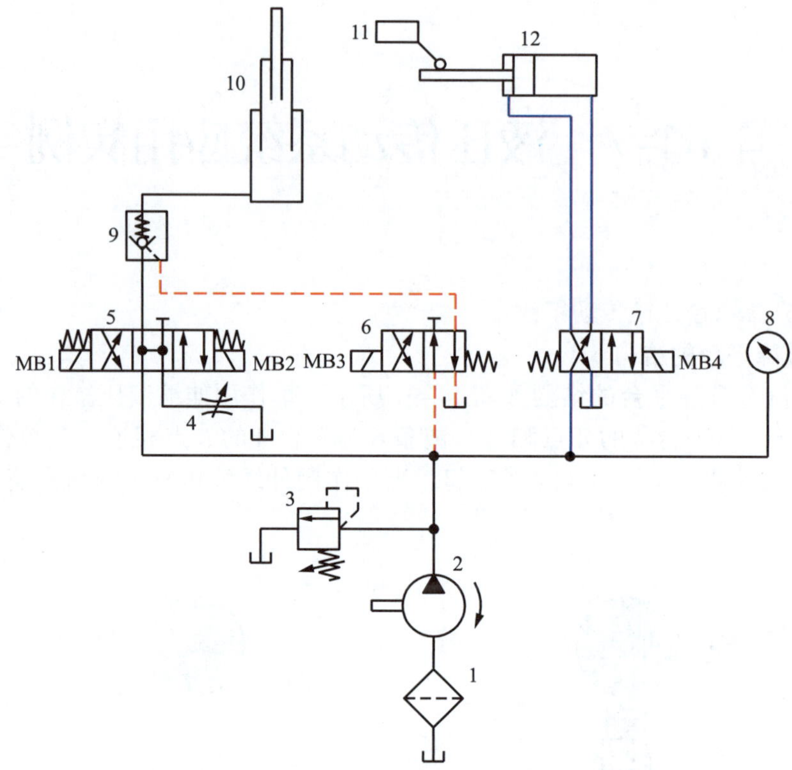

图 14-92　汽车升降平台的液压传动系统

1—过滤器　2—高压齿轮泵　3—溢流阀　4—节流阀　5—三位四通电磁换向阀
6、7—二位四通电磁换向阀　8—压力表　9—液控单向阀　10—单作用伸缩液压缸
11—行程开关　12—台面锁紧液压缸

单向阀 9 进入单作用伸缩液压缸 10 的工作腔。单作用伸缩液压缸 10 的活塞杆上升至顶端，同时台面锁紧液压缸 12 的活塞杆缩回，平台上升至高位。

（2）平台停在高位

让电磁铁 MB4 断电，换向阀 7 回到左位，压力油经换向阀 7 进入台面锁紧液压缸 12的无杆腔，台面锁紧液压缸 12 的活塞杆伸出锁紧台面，同时触动行程开关 11 发出电信号，使电磁铁 MB2 断电，换向阀 5 回到中位，高压齿轮泵通过换向阀 5 的 H 型中位卸荷。然后关闭高压齿轮泵，平台停在高位。

（3）平台下降

首先启动高压齿轮泵 2，然后让电磁铁 MB2 通电，使换向阀 5 切换至右位，压力油经换向阀 5 和液控单向阀 9 进入单作用伸缩液压缸 10，使平台先上升。

让电磁铁 MB4 通电，换向阀 7 切换至右位，压力油经换向阀 7 进入台面锁紧液压缸 12 的有杆腔，使台面锁紧液压缸 12 的活塞杆缩回，台面解锁。

让电磁铁 MB2 断电、MB1 通电，使换向阀 5 切换至左位。让电磁铁 MB3 通电，使二位四通电磁换向阀 6 切换至左位，压力油打开液控单向阀 9。单作用伸缩液压缸 10 的液压油液经液控单向阀 9、换向阀 5 和节流阀 4 向油箱排油，平台靠自重和汽车重力下降。

平台到达低位后，所有电磁铁断电，关闭齿轮泵，回路恢复到初始状态。

二、MJ–50 型数控车床液压传动系统

目前，数控车床上大多应用了液压传动技术。下面介绍 MJ–50 型数控车床的液压传动系统。

1. MJ–50 型数控车床液压系统的工作原理

如图 14–93 所示，MJ–50 型数控车床中由液压传动系统实现的动作有卡盘的夹紧与松开、刀架的转位与夹紧、尾座套筒的伸出与缩回。液压传动系统中各电磁阀的电磁铁动作由数控系统的计算机控制实现。液压传动系统采用变量泵 2 供油，系统压力调至 4 MPa，压力由压力表 4 显示，泵输出的压力油经单向阀 3 进入系统，该液压传动系统的工作原理如下。

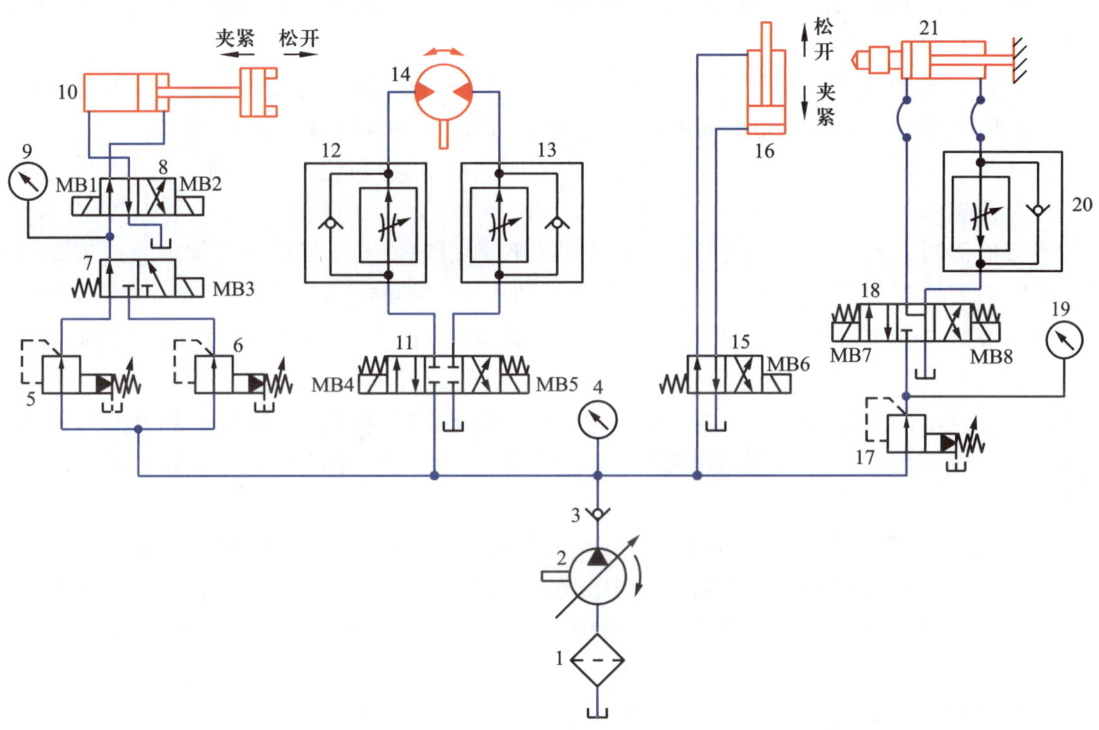

图 14–93 MJ–50 型数控车床的液压传动系统

1—过滤器 2—变量泵 3—单向阀 4、9、19—压力表 5、6、17—先导式减压阀 7—二位三通电磁换向阀（弹簧复位） 8—二位四通电磁换向阀 10—卡盘液压缸 11—O 型三位四通电磁换向阀 12、13、20—单向调速阀 14—刀架转位双向液压马达 15—二位四通电磁换向阀（弹簧复位） 16—刀架夹紧液压缸 18—Y 型三位四通电磁换向阀 21—尾座套筒液压缸

（1）卡盘的夹紧与松开

卡盘系统的执行元件是卡盘液压缸 10，控制油路由二位三通电磁换向阀 7 和二位四通电磁换向阀 8、先导式减压阀 5 和 6 等组成。为了适应不同壁厚的工件，卡盘夹紧回路有高、低压两种夹紧状态，分别通过调整先导式减压阀 5、6 的输出压力实现。

1）卡盘高压夹紧。卡盘高压夹紧时，MB2、MB3 断电，MB1 通电，换向阀 7 和 8 均在左位工作，其油路如下。

进油路：过滤器 1→变量泵 2→单向阀 3→先导式减压阀 5→二位三通电磁换向阀 7（左位）→二位四通电磁换向阀 8（左位）→卡盘液压缸 10 右腔。

回油路：卡盘液压缸 10 左腔→二位四通电磁换向阀 8（左位）→油箱。

这时液压缸活塞左移使卡盘夹紧工件，夹紧力的大小由先导式减压阀 5 调节。由于减压阀 5 的调定值高于减压阀 6，所以卡盘处于高压夹紧状态。

2）卡盘低压夹紧。当夹紧薄壁工件时，需要低夹紧力。这时 MB3 通电，二位三通电磁换向阀 7 切换至右位工作。液压泵输出的压力油只能经先导式减压阀 6 进入卡盘液压缸 10 右腔，实现低夹紧力夹紧工件。其回路与高压夹紧回路基本相同。

3）卡盘松开。卡盘需要松开时，让 MB1 断电、MB2 通电，二位四通电磁换向阀 8 切换至右位工作，液压泵输出的压力油经换向阀 8 后，进入卡盘液压缸 10 的左腔，活塞右移，卡盘松开，其油路如下。

进油路：过滤器 1 →变量泵 2 →单向阀 3 →先导式减压阀 5（或 6）→二位二通电磁换向阀 7 左位（或右位）→二位四通电磁换向阀 8（右位）→卡盘液压缸 10 左腔。

回油路：卡盘液压缸 10 右腔→二位四通电磁换向阀 8（右位）→油箱。

（2）刀架的转位与夹紧

刀架换刀时，首先是刀架松开，然后刀架转位到指定位置，最后是刀架夹紧。刀架的松开与夹紧由刀架夹紧液压缸 16 执行，刀架的转位则由刀架转位双向液压马达 14 完成。该系统有两条支路。一条支路由 O 型三位四通电磁换向阀 11、单向调速阀 12 和单向调速阀 13 组成，通过换向阀 11 的切换使液压马达 14 正、反转，即实现刀架正、反转。单向调速阀 12 和单向调速阀 13 使液压马达 14 在正、反转时都能通过进油节流调速来调节刀架的旋转速度。另一条支路通过二位四通电磁换向阀 15 的切换控制刀架的松开与夹紧，该油路比较简单。

刀架的完整工作循环是：刀架松开→刀架逆时针（或顺时针）旋转就近到达指定刀位→刀架夹紧。电磁铁的动作顺序为：MB6 通电（刀架松开）→ MB4 通电（马达逆时针旋转）或 MB5 通电（马达顺时针旋转）→ MB4 或 MB5 断电（刀架停转）→ MB6 断电（刀架夹紧）。

回转刀架系统的油路如下。

1）刀架松开。进油路：过滤器 1 →变量泵 2 →单向阀 3 →二位四通电磁换向阀 15（右位）→刀架夹紧液压缸 16 下腔。

回油路：刀架夹紧液压缸 16 上腔→二位四通电磁换向阀 15（右位）→油箱。

2）刀架旋转。刀架顺时针旋转与逆时针旋转的进、回油路相反，下面分析刀架逆时针旋转时的进油路和回油路。

进油路：过滤器 1 →变量泵 2 →单向阀 3 → O 型三位四通电磁换向阀 11 左位→单向调速阀 12 的调速阀→刀架转位双向液压马达 14。

回油路：刀架转位双向液压马达 14 →单向调速阀 13 的单向阀→三位四通电磁换向阀 11 左位→油箱。

3）刀架夹紧。进油路：过滤器 1 →变量泵 2 →单向阀 3 →二位四通电磁换向阀 15（左位）→刀架夹紧液压缸 16 上腔。

回油路：刀架夹紧液压缸 16 下腔→二位四通电磁换向阀 15（左位）→油箱。

（3）尾座套筒的伸出与缩回

尾座套筒液压缸 21 的活塞杆固定，缸体带动尾座套筒顶出与缩回。油路由先导式减压阀 17、Y 型三位四通电磁换向阀 18 和单向调速阀 20 组成。液压泵输出的压力油通过先导式减压阀 17 将压力降为尾座套筒顶紧所需的压力。单向调速阀 20 用于尾座套筒伸出时实现回油路节流调速，以控制尾座套筒的伸出速度。

1）尾座套筒伸出。尾座套筒伸出时，电磁铁 MB7 通电，其油路如下。

进油路：过滤器 1→变量泵 2→单向阀 3→减压阀 17→Y 型三位四通电磁换向阀 18（左位）→尾座套筒液压缸 21 左腔。

回油路：尾座套筒液压缸 21 右腔→单向调速阀 20 的调速阀→Y 型三位四通电磁换向阀 18（左位）→油箱。

2）尾座套筒缩回。尾架套筒缩回时，MB7 断电、MB8 通电，其油路如下。

进油路：过滤器 1→变量泵 2→单向阀 3→减压阀 17→Y 型三位四通电磁换向阀 18（右位）→单向调速阀 20 的单向阀→尾座套筒液压缸 21 右腔。

回油路：尾座套筒液压缸 21 左腔→三位四通电磁换向阀 18（右位）→油箱。

2. MJ–50 数控车床液压系统的特点

该液压传动系统具有以下特点：

（1）采用限压式单向变量叶片泵向系统供油，能量损失小。

（2）用换向阀控制卡盘夹紧回路的变换，实现高压夹紧和低压夹紧的换接，并且可以分别调节高压夹紧力或低压夹紧力的大小。这样可根据工作情况调节夹紧力，操作方便简单。

（3）用液压马达实现刀架转位，可实现无级调速，并能控制刀架正、反转。

（4）用换向阀控制尾座套筒液压缸的换向，以实现套筒的伸出或缩回，并能调节尾座套筒伸出工作时的预紧力大小，以适应不同工件的需要。

（5）压力表 4、9、19 可分别显示系统相应位置的压力，以便调整压力大小和进行故障诊断。

§14–8 实训——搭建液压回路

一、实训目的

了解液压传动动力元件、执行元件、控制元件、油管及管件的结构，掌握液压回路搭建的基本方法和步骤，培养动手操作能力。

二、任务描述

图 14–94 所示为用三位四通手动换向阀控制的双作用单杆液压缸换向回路。任务要求如下：

1. 看懂液压回路图。
2. 根据图形符号选择相应的液压元件。
3. 搭建液压回路。

4．运行液压回路。
5．关闭液压回路，拆卸液压元件。
6．反思与总结。

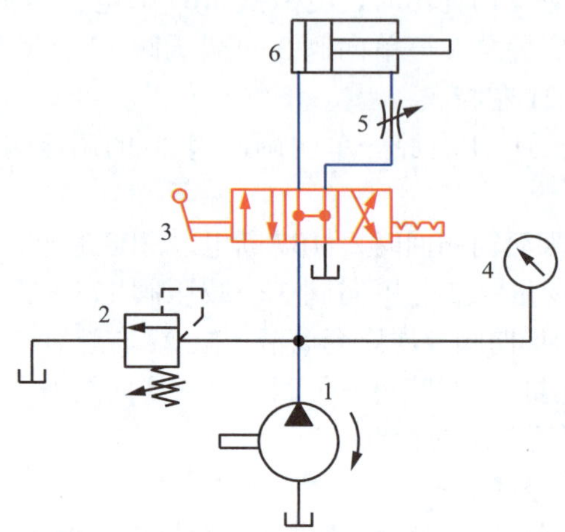

图 14–94　手动换向回路

1—液压泵　2—溢流阀　3—三位四通手动换向阀　4—压力表　5—节流阀　6—液压缸

三、实训设备及工具

搭建图 14–94 所示手动换向回路所需的设备、工具及液压元件清单见表 14–17。

表 14–17　搭建液压回路所需的设备、工具及液压元件清单

序号	名称	数量	规格和性能参数
1	液压操作试验台（包括油箱、过滤器、液压油液、液压泵及电动机等）	1	额定压力 2.5 MPa
2	活扳手	1	300 mm
3	内六角扳手	1 套	各种规格
4	液压压力表	1	测量范围 0 ~ 10 MPa
5	液压缸	1	额定压力 16 MPa
6	溢流阀	1	0.6 ~ 8 MPa
7	H 型三位四通手动换向阀	1	最大工作压力 21 MPa，最大流量 40 L/min
8	节流阀	1	额定压力 16 MPa
9	油管（软管）	若干	软管公称内径 5 mm，接头螺母规格 M12 × 1.5，最大工作压力 21 MPa
10	三通管接头	2	最大工作压力 25 MPa，接头螺纹规格 M12 × 1.5
11	密封件	若干	

注：以上液压元件的规格和性能参数仅供参考。

四、任务实施

1. 分析液压回路

在安装液压系统前，首先要看懂回路图，弄明白所需要的液压元件及其安装位置；对于复杂的液压系统安装，还需要绘制液压系统安装平面图。

2. 准备设备及元件

根据所需工具和液压元件清单领取工具和液压元件，检查液压试验台（重点检查液压试验台上的油箱、过滤器等是否完好，液压油液是否符合要求，电动机、液压泵是否可靠连接，电气设备是否完好），检查领取的液压元件是否完好，填写设备及元件检查清单（见表14–18），对不清洁的设备和元件进行擦拭、清洗。

表 14–18　　搭建液压回路设备及元件检查清单

序号	名称	检查项目	检查情况
1	液压操作试验台（包括油箱、过滤器、液压油液、液压泵及电动机等）	液压源的参数规格是否符合要求，设备运转是否正常	
2	液压压力表	参数规格是否符合要求，是否完好	
3	液压缸	参数规格是否符合要求，设备外观是否完好，活塞移动是否灵敏	
4	溢流阀	参数规格是否符合要求，调节旋钮是否完好	
5	H 型三位四通手动换向阀	参数规格是否符合要求，调节手柄是否完好	
6	节流阀	参数规格是否符合要求，调节旋钮是否完好	
7	油管（软管总成）	参数规格是否符合要求，管壁是否有锈蚀、破损、裂痕或表皮剥落	
8	三通管接头	参数规格是否符合要求，是否完好	
9	密封件	是否老化	

3. 安装液压元件

按照液压回路图（见图 14–94）在液压试验台工作面板上安装液压元件，注意各油口的位置要与液压回路图一致，要便于管路的连接。安装完毕后检查各元件安装是否牢固。

4. 连接各液压元件

按照液压回路图连接管路，连接完毕后检查各管接头连接是否牢固。

5. 检查回路

对照液压回路图检查液压元件安装和管路连接情况，确保无误。

6. 运行系统

（1）首先将溢流阀压力调至最低，将三位四通手动换向阀调至中位，然后接通电动机电源，启动液压泵给系统供油。

（2）将溢流阀压力由低到高进行调节，观察压力表上的油压指示，最后把压力调到

2 MPa。注意压力不要调得太高。

（3）扳动三位四通手动换向阀手柄，观察液压缸左右移动情况和中位锁紧情况。

（4）调整节流阀的开口，观察液压缸运动速度的变化情况。

7. 关闭回路，拆卸液压元件

（1）试验完成后，关闭电动机电源，待液压泵停止工作、回路释压后，拆卸管路和液压元件。

（2）保养并封装液压元件，清洁试验台。

8. 反思与总结

反思试验过程中出现的问题，总结此次试验的经验。

五、液压试验注意事项

1．试验前要了解液压试验准则，了解本试验系统的操作规程，在教师的指导下进行试验，切勿盲目进行。

2．试验前必须熟悉元件的工作原理和动作条件。禁止强行拆卸，禁止强行旋扭各元件的手柄，以免造成人为损坏。

3．试验过程中，液压元件要稳拿轻放，防止碰撞。

4．当安全阀（溢流阀）调节好后不可再随意进行调节，在试验过程中严禁调节安全阀。

5．禁止带负载启动，以免造成安全事故。

6．当试验停歇时间较长时，应使液压泵处于卸荷位置，以免油温过分上升。

7．试验时要随时注意液压泵等液压元件的工作情况，如有异常声音及不正常泄漏时应立即停机检查。

8．试验时不要将压力调得太高（一般为 0.3 ~ 2 MPa）。

9．试验完毕后要清理好液压元件。注意液压元件的保养和试验台的整洁。

第十五章 气压传动

气压传动（简称气动）是以空气压缩机为动力源，以压缩空气为工作介质，利用压缩空气的压力和流动进行能量传送或信号传递的传动方式，是实现各种传动与控制的重要手段之一。气动技术广泛应用于机械制造业、石油化工业、轻工食品包装业、电子产品生产等行业，在机器人及汽车刹车、车门开闭等设备中也得到广泛应用。图 15-1 所示为气动冲床，它将空气压缩机产生的高压气体通过管路输送至气缸，通过双手同时按压两侧的开关控制气缸工作，使活塞杆伸出和返回，从而达到冲压的目的。

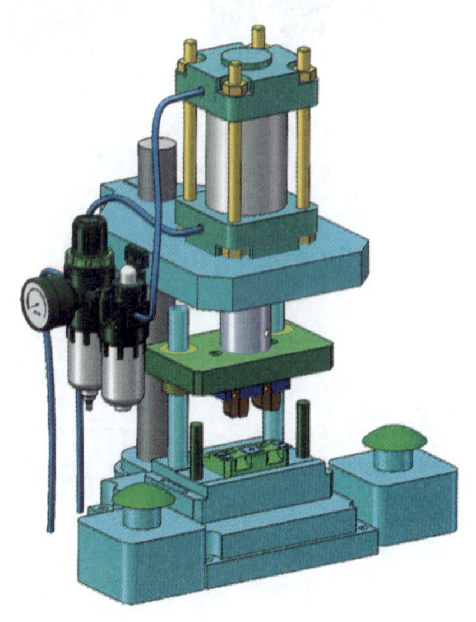

图 15-1　气动冲床

§ 15-1　气压传动概述

一、气压传动的工作原理及组成

气压传动技术在机械加工设备上应用非常广泛，气动夹具在各种切削机床上被广泛应用。图 15–2 所示为数控铣床上使用的气动平口钳传动系统，气缸的活塞杆伸出时气动平口钳夹紧工件，活塞杆缩回时松开工件。该系统由空气压缩机、气动三联件（包括手动排水过滤器、带压力表的减压阀和油雾器）、旋钮式二位三通换向阀、单气控二位五通换向阀和气缸等组成。

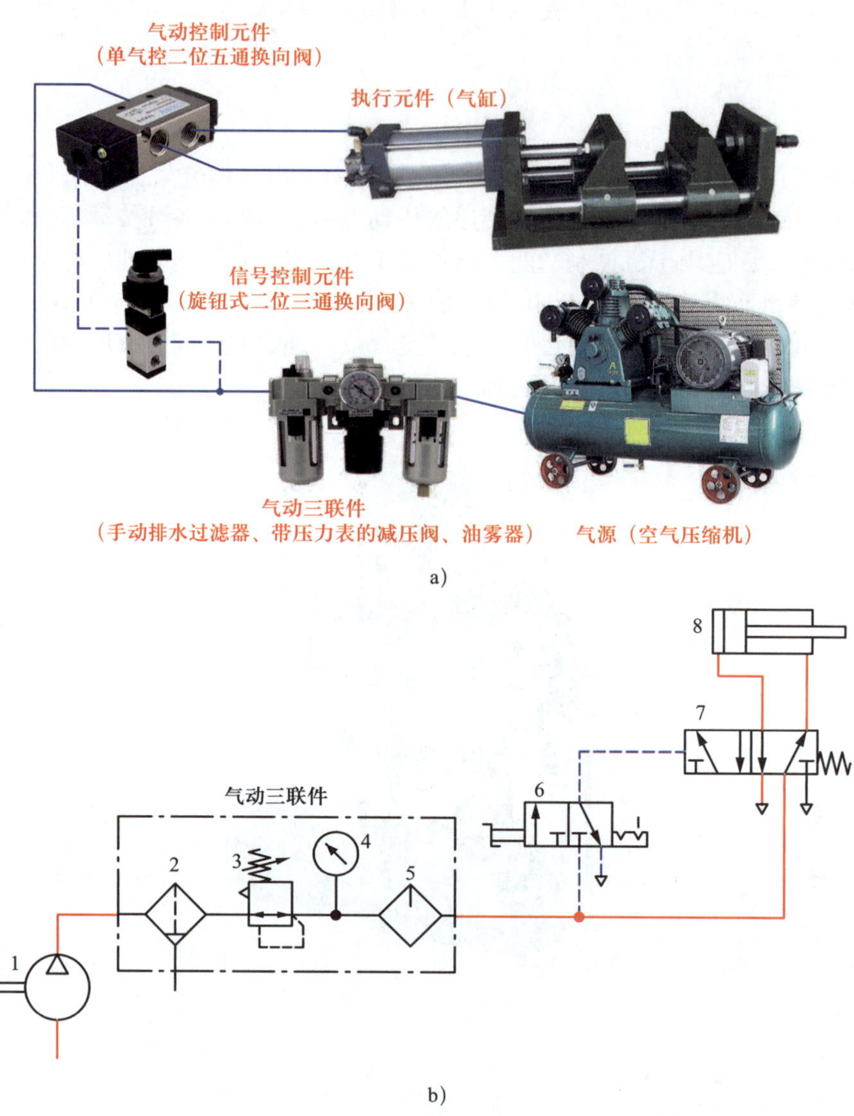

图 15–2　气动平口钳传动系统

a）设备组成图　b）气动回路图

1—空气压缩机　2—手动排水过滤器　3—减压阀　4—压力表　5—油雾器

6—旋钮式二位三通换向阀　7—单气控二位五通换向阀　8—气缸

1. 气动平口钳工作过程

分析图 15–2 可知，空气压缩机产生的压缩空气，先进入手动排水过滤器滤除水分、油分及其他杂质，然后经减压阀降压后进入油雾器，与油雾器产生的雾状润滑油混合后，分别输送给信号控制元件（旋钮式二位三通换向阀 6）和气缸控制元件（单气控二位五通换向阀 7）。信号控制元件通过气压控制气缸控制元件动作，气缸控制元件通过分别接通气缸两侧内腔实现气动平口钳活动钳口的左右移动。

（1）气动平口钳的夹紧动作

当旋转旋钮式二位三通换向阀 6 的旋钮使其左位工作时，压缩空气通过换向阀 6 使单气控二位五通换向阀 7 左位工作，换向阀 7 接通气缸左侧气路，使气缸左腔进入压缩空气，活塞向右移动，夹紧工件。

（2）气动平口钳的松开动作

当再次旋转换向阀 6 的旋钮使其右位工作时，压缩空气被截断，同时使控制管路与大气相连，排出压缩空气。此时换向阀 7 右位工作，接通气缸右侧气路，使气缸右腔进入压缩空气。气缸左腔的空气通过换向阀 7 的排气孔排出。活塞向左移动，松开工件。

2. 气压传动的工作原理

通过分析气动平口钳的工作过程，可总结出气压传动的工作原理：气压传动是以压缩空气为工作介质，靠压缩空气的压力传递动力或信息的流体传动；传递动力的系统将压缩空气经由管路和控制阀输送给气动执行元件，把压缩空气的压力能转换为机械能，以驱动负载运动。

3. 气动系统的组成及各部分的作用

通过分析气动平口钳气动系统可知，气压传动系统一般由下列五部分组成。

（1）气源装置

气源装置是指产生、处理和储存压缩空气的装置，其主要设备是空气压缩机，复杂的气源装置（空气压缩站）还包括压缩空气的净化和储存装置。空气压缩机（简称空压机）将原动机（如电动机）的机械能转换为空气的压力能。空气净化装置用于去除空气中的水分、油分和其他杂质，为各类气压传动设备提供洁净的压缩空气。空气储存装置（气罐）用于储存压缩空气。图 15–2 所示气动系统的气源装置为空气压缩机。

（2）执行元件

执行元件是把压缩空气的压力能转换成机械能，以驱动工作机构运动的元件，一般为做直线运动的气缸或做旋转运动的气马达。图 15–2 所示气动系统的执行元件为气缸。

（3）控制调节元件

控制调节元件是对气动系统中气体的压力、流量和流动方向进行控制和调节的元件，如减压阀、节流阀、换向阀等，这些元件的不同组合构成了不同功能的气动系统。图 15–2 所示气动系统的控制调节元件为减压阀和换向阀。

（4）辅助元件

辅助元件是指除以上三种元件以外的其他元件，如过滤器、油雾器、消声器等。它们对保持系统正常、可靠、稳定和持久地工作起着重要的作用。图 15–2 所示气动系统的辅助元件为手动排水过滤器和油雾器。此外，连接气动系统还需要气管、管接头等辅助元件。

（5）工作介质

气压传动系统中所使用的工作介质是清洁的空气。

二、气压传动的特点

1. 气压传动的优点

（1）工作介质为空气，来源经济方便，用过之后可直接排入大气，不污染环境。

（2）由于空气流动损失小，压缩空气可集中供气、远距离输送，且对工作环境的适应性强，可应用于易燃、易爆场所。

（3）气压传动具有动作迅速、反应快、管路不易堵塞等优点，且不存在介质变质、补充和更换等问题。

（4）气压传动装置结构简单，质量小，安装维护简单。

（5）由于空气的可压缩性，气压传动系统能够实现过载自动保护。

2. 气压传动的缺点

（1）由于空气具有可压缩性，所以气缸或气马达的动作速度受负载的影响较大。

（2）气压传动系统工作压力较低（一般为 0.3 ~ 1.0 MPa），因此气压传动系统输出的动力较小。

（3）工作介质没有自润滑性，需要另设润滑装置。

（4）噪声大。

三、气压传动和液压传动的性能比较

气压传动系统和液压传动系统均由若干元件组成，都有动力元件、控制元件、执行元件及辅助元件，都是利用介质传递动力和控制信号的。两者工作原理相同，基本回路也差异不大，但介质不同，气压传动采用的介质是空气，液压传动采用的介质是液压油液。因此，气压传动和液压传动在性能上存在一定差别，见表 15–1。

表 15–1　　气压传动和液压传动的性能比较

比较项目	气压传动	液压传动
负载变化对传动的影响	影响较大	影响较小
润滑方式	需设润滑装置	介质为液压油液，可直接用于润滑，无须设润滑装置
速度反应	速度反应较快	速度反应较慢
系统构造	结构简单，制造方便	结构复杂，制造相对较难
信号传递	信号传递较易，且易实现中距离控制	信号传递较难，常用于短距离控制
环境要求	适用于易燃、易爆、冲击场合，不受温度、污染的影响，存在泄漏现象，但不污染环境	对温度、污染敏感，存在泄漏现象，且污染环境，易燃
产生的总推力	具有中等推力	能产生较大推力
介质成本	所用介质为空气，成本低	所用介质为液压油液，使用寿命相对较短，成本较高
维护	维护简单	维护复杂，排除故障困难
噪声	噪声较大	噪声较小

§ 15-2 气源装置、辅助元件和执行元件

一、气源装置

气源是气压传动系统的动力源。通常情况下，排气量≥ 6 m^3/min 时，应独立设置空气压缩站；若排气量 <6 m^3/min，则可将空气压缩机安装在系统旁直接为系统供气。

1. 空气压缩站

空气压缩站简称空压站，由空气压缩机、气罐和空气处理净化设备等组成。图 15-3 所示为空气压缩站的组成。自然环境下的空气经空气过滤器 1 后进入空气压缩机 2。从空气压缩机中输出的压缩空气，其温度一般为 140 ~ 170 ℃，并含有一定量的水分、油分和其他杂质。高温并含有杂质的压缩空气首先进入后冷却器 3 中进行冷却，使压缩空气的温度下降至 40 ~ 50 ℃，此时压缩空气中大部分的水汽和油雾凝结成水滴和油滴；然后压缩空气进入排水分离器 4，使大部分水分、油分和其他杂质从气体中分离出来，得到初步净化后的压缩空气被送入气罐 5 中。这个过程称为一次净化。对于要求不高的气动系统，可以从气罐 5 中直接供气。

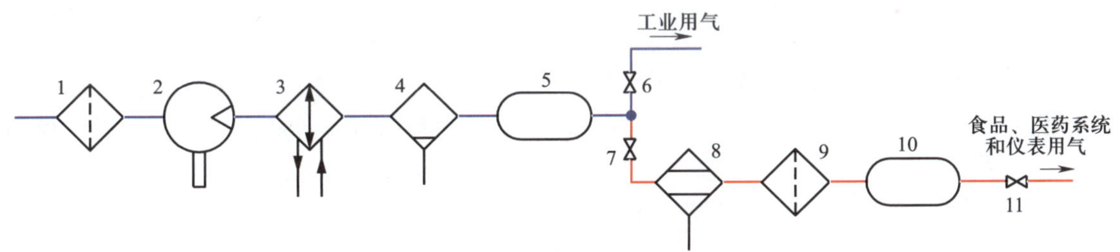

图 15-3 空气压缩站的组成

1—空气过滤器 2—空气压缩机 3—后冷却器 4—排水分离器

5、10—气罐 6、7、11—截止阀 8—空气干燥器 9—空气精过滤器

对于食品、医药、仪表等用气质量要求较高的气动系统，则需要进行二次净化。一次净化处理后的压缩空气送入空气干燥器 8 中进一步去除残留的水分，然后经过空气精过滤器 9 进一步清除压缩空气中的颗粒和油气后进入气罐 10。经过二次净化的压缩空气给用气质量要求较高的仪表和气动设备供气。

2. 空气压缩机

空气压缩机是产生压缩空气的设备，它将机械能（通常由电动机产生）转换成气体压力能。在气动系统中，活塞式空气压缩机最为常用。如图 15-4 所示，活塞式空气压缩机由电动机、空气压缩机构、气罐、排水器、压力开关、压力表及各种阀等组成。

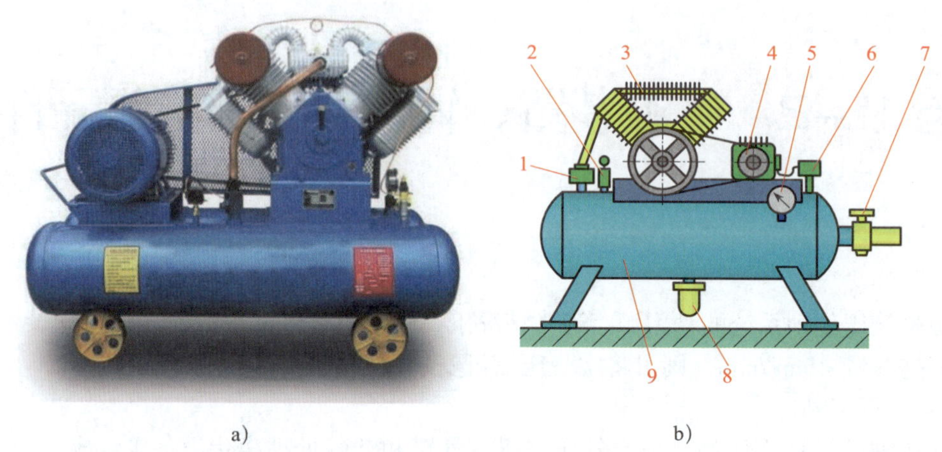

图 15-4　活塞式空气压缩机

a）实物图　b）结构图

1—单向阀　2—安全阀　3—空气压缩机构　4—电动机　5—压力表

6—压力开关　7—截止阀　8—排水器　9—气罐

如图 15-5 所示，两级活塞式空气压缩机的空气压缩机构由两级气缸组成，并在两级气缸之间增加了冷凝器。电动机带动曲轴 12 旋转，通过曲柄滑块机构带动两个气缸的活塞做往复运动。当第一级气缸的活塞 3 按箭头所示方向运动时，进气阀 4 打开，排气阀 5 关闭，空气在大气压力作用下进入第一级气缸 2 内，这个过程称为吸气；当曲轴带动活塞 3 向箭头所示的反方向运动时，进气阀 4 在压缩空气的作用下关闭，气缸 2 内的空气被压缩。当气缸 2 内的空气压力增加到高于冷却管 6 内的压力时，排气阀 5 被打开，压缩空气进入冷却管，这个过程称为排气。在第一级气缸 2 排气时，第二级气缸 9 进行吸气；在第一级气缸吸气时，第二级气缸进行排气。第一级气缸排出的压缩空气经第二级气缸压缩后得到了更高的输出压力。

为了得到更高的压力，有些活塞式空气压缩机采用了三级气缸。

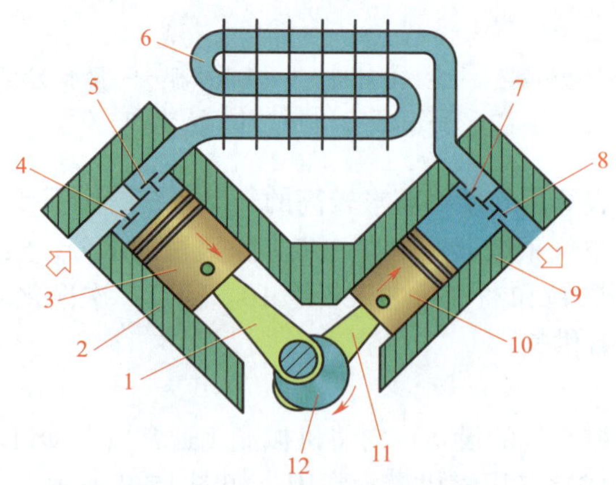

图 15-5　两级活塞式空气压缩机的工作原理

1、11—连杆　2、9—气缸　3、10—活塞　4、7—进气阀

5、8—排气阀　6—冷却管　12—曲轴

活塞式空压机的优点是结构简单，使用寿命长，并且容易实现大容量和高压输出；缺点是振动大，噪声大，且因为排气为断续进行，输出有脉动，需要气罐。

二、气动辅助元件

气动辅助元件用于对空气压缩机产生的压缩空气进行净化、减压、降温或稳压等处理，以保证气压传动系统正常工作。常用气动辅助元件有手动排水分离器、气罐、手动排水过滤器、油雾器、消声器、气管与气动管接头等。

1. 手动排水分离器

手动排水分离器的作用是分离压缩空气中的水分、油分及其他杂质，使压缩空气得到初步净化。图 15–6 所示为撞击折回式手动排水分离器。当压缩空气从进气口 4 进入分离器壳体以后，气流先受到隔板 2 的阻挡，被撞击而折回向下，之后又上升产生环形回转，最后从出气口 3 排出；与此同时，在压缩空气中凝结的水滴、油滴等杂质受惯性力的作用而分离析出，沉降在壳体底部，由放油水截止阀 6 定期排出。手动排水分离器一般用于空气压缩站，安装在冷却器和气罐之间，用于对压缩空气的初步净化。

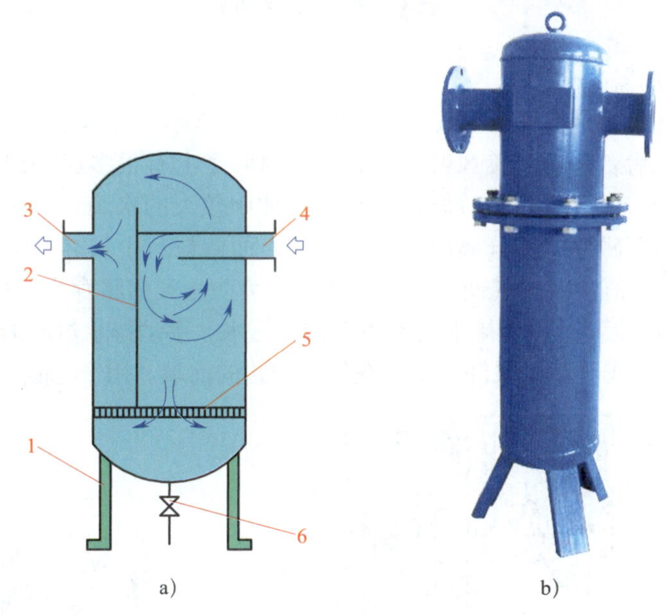

图 15–6　撞击折回式手动排水分离器

a）结构原理图　b）实物图

1—支架　2—隔板　3—出气口　4—进气口　5—栅板　6—放油水截止阀

2. 气罐

在气动系统中，往往使用气罐储存一定量的压缩空气，以解决空气压缩机的输出气量和气动设备耗气量之间的不平衡问题，减小气源输出气流的波动，保证输出气流的连续性和平稳性，减弱空气压缩机排气压力脉动引起的管道振动，进一步分离压缩空气中的水分和油分等；同时储备一定的压缩空气，以备空气压缩机发生故障时临时应急使用。气罐一般采用立式焊接结构，如图 15–7 所示。气罐的高度一般为其直径的 2 ~ 3 倍，进气口在下，出气口在上。气罐上设有安全阀、压力表及排放油水的阀门等。

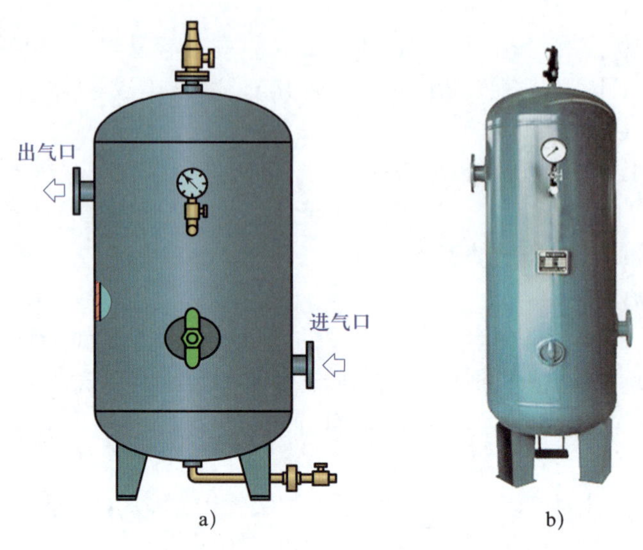

图 15-7　气罐

a）结构原理图　b）实物图

3. 手动排水过滤器

手动排水过滤器用于分离夹杂在气体中的水滴、油滴等杂质，其结构如图 15-8 所示。压缩空气从进气口进入后，被引到旋风叶子 1 处，旋风叶子上有很多成一定角度的缺口，迫使空气沿切线方向运动并产生强烈的旋转。夹杂在气体中较大的水滴、油滴等，在惯性力的作用下与存水杯 3 的内壁碰撞，并分离出来沉到杯底；而微粒灰尘和雾状水汽则在气体通过滤芯 2 时被拦截而滤除，清洁的空气便从出气口输出。为防止气体将存水杯中积存的污水卷起，在滤芯下方安装了挡水板 4。手动排水阀 5 用于排出污水。手动排水过滤器一般与减压阀、油雾器等组成气动三联件或气动二联件，安装在气动回路的前端，用于滤除压缩空气中的杂质。

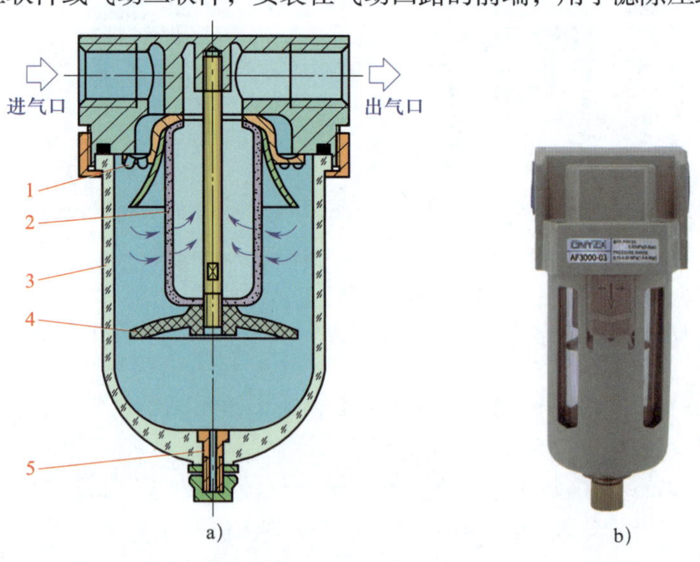

图 15-8　手动排水过滤器

a）结构原理图　b）实物图

1—旋风叶子　2—滤芯　3—存水杯　4—挡水板　5—手动排水阀

4. 油雾器

油雾器的作用是将润滑油雾化，并随压缩空气一起进入被润滑部位，其结构如图 15–9 所示。当压缩空气从进气口进入后，通过喷嘴 5 下端的小孔进入阀座 7 的腔室内，推动钢球 6 向下运动。压缩空气进入存油杯 10 的上腔，油面受压，压力油经吸油管 9 将钢球 8 顶起。钢球上部管道有一个方形小孔，因此钢球不会把上方的管道封死。压力油不断地流入储油室 3 内，再流入喷嘴 5 中，被主管气流从喷嘴的小孔中引射出来，雾化后从出气口输出。

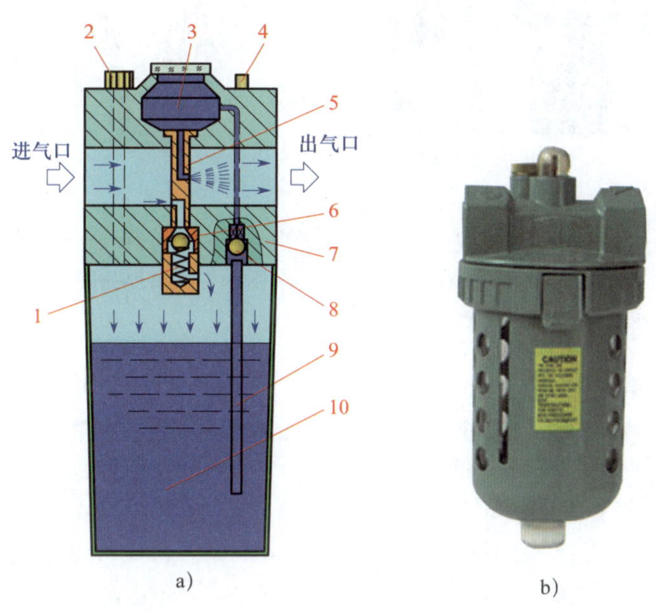

图 15–9 油雾器

a）结构原理图 b）实物图

1—弹簧 2—加油孔 3—储油室 4—流量调节阀 5—喷嘴

6、8—钢球 7—阀座 9—吸油管 10—存油杯

5. 气动三联件及气动二联件

气动三联件是指由手动排水过滤器、带压力表的减压阀和油雾器组成的气源处理装置，其构成如图 15–10 所示。其中减压阀可对气源进行减压和稳压，使气源处于恒压状态，以减小气源气压突变对控制元件和执行元件的损伤。手动排水过滤器用于对气源进行清洁，可过滤压缩空气中的水分、油分及其他杂质，避免水分、油分及其他杂质随气体进入气动系统。油雾器可使压缩空气中含有雾状润滑油，以对气动元件的运动部位进行润滑，延长气动元件的使用寿命。

有些电磁阀和气缸采用脂润滑，便不需要使用油雾器。手动排水过滤器和带压力表的减压阀组合在一起形成气动二联件。

6. 消声器

噪声对人身心健康产生不利影响。在气压传动系统中，气缸、气动控制阀等在工作时排气速度较快，气体体积急剧膨胀，会产生刺耳的噪声，气动系统的噪声可达 100 ~ 120 dB。

为了降低噪声，可以在排气口安装消声器。图 15–11 所示为吸收型消声器，这种消声器主要依靠吸音材料消声。消声罩为多孔的吸音材料，一般用聚苯乙烯颗粒或铜珠制成。其消声原理是当有压气体通过消声罩时，声能量被部分吸收而转化为热能，从而降低了噪声强度。

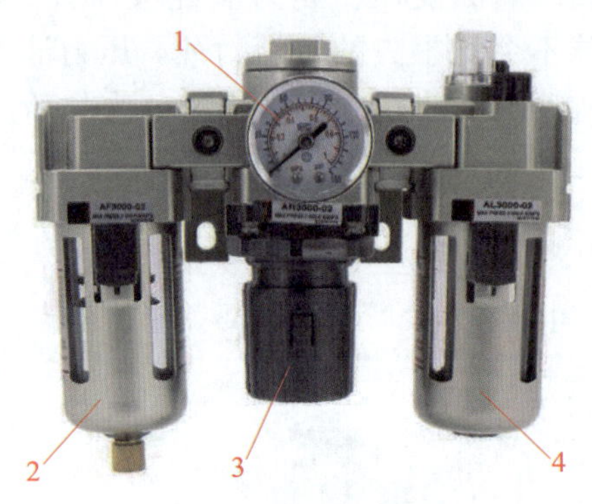

图 15–10　气动三联件

1—压力表　2—手动排水过滤器
3—减压阀　4—油雾器

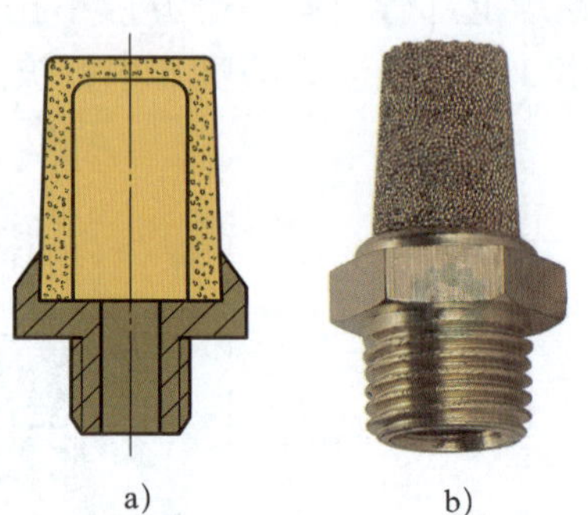

图 15–11　吸收型消声器

a）结构原理图　b）实物图

7. 气管与气动管接头

气管可分为硬管和软管两种。硬管用于固定不动且不需要经常装拆的部位（如总气管和支气管等）；连接运动部件和临时使用、希望装拆方便的管路应使用软管。硬管有铁管、铜管和硬塑料管等，软管有塑料管、尼龙管、橡胶管和带加固编织层的塑料管。

气动系统中使用的管接头的种类很多，图 15–12 所示为几种常用的气动管接头的产品。气动管接头按其结构及工作原理分为插入式、卡套式、锁母式、卡箍式、快换式等类型。图 15–13 所示为插入式气动管接头，由接头 1、密封圈 2、弹性片 3、固定套 4 和按钮 5 组成。使用时，插入接管 6，靠弹性片 3 卡住接管的外表面，使接管在受到向外的拉力时不会被拉出来。拆卸时，向内按压按钮 5，使弹性片和接管外表面分离，即可将接管从接头中抽出。

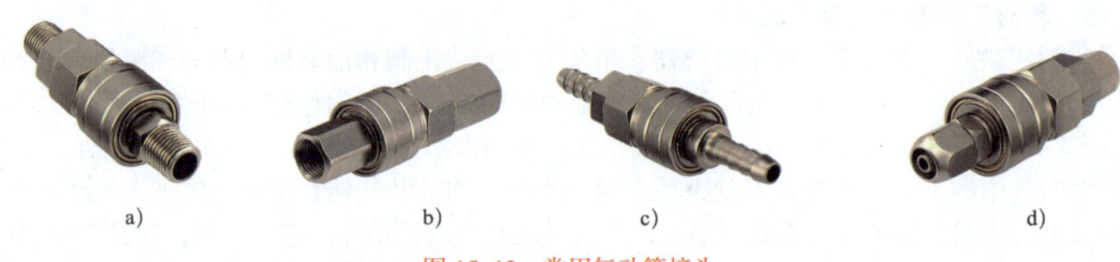

图 15–12　常用气动管接头

a）外螺纹接头　b）内螺纹接头　c）卡箍式接头　d）快插接头

三、气动执行元件

气动执行元件是指以压缩空气为动力源，将气体的压力能转换为机械能的装置，主要有气缸和气马达，前者做直线运动，后者做旋转运动。

1. 气缸

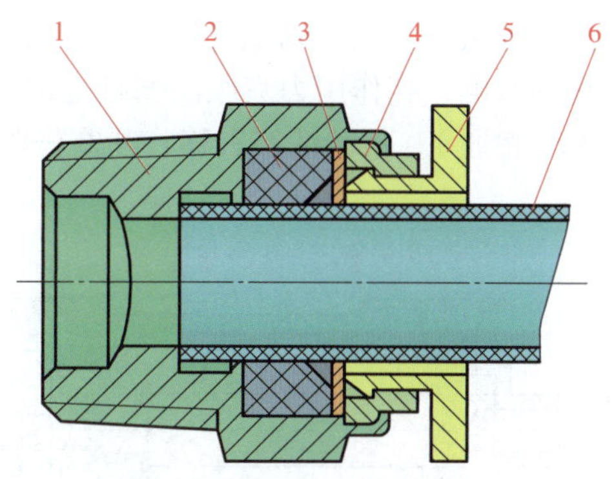

图 15-13　插入式气动管接头的结构

1—接头　2—密封圈　3—弹性片　4—固定套　5—按钮　6—接管

气缸的种类很多，常用的有单作用气缸和双作用气缸。单作用气缸只有一个方向的运动依靠压缩空气，活塞的复位靠弹簧力或重力；双作用气缸的活塞往返全都依靠压缩空气来完成。

（1）单作用单杆气缸

靠弹簧复位的单作用单杆气缸的结构如图 15-14 所示。它主要由活塞杆 5、活塞 9、导向环 10、前缸盖 4、后缸盖 13、缸筒 8、缓冲垫圈 6 和 12 等组成，在前缸盖上有一个呼吸口，在后缸盖上有一个进气口。单作用气缸只有在活塞的一侧可以输入压缩空气，在活塞的另一侧通过呼吸口与大气接通。这种气缸的压缩空气只能在一个方向上做功，活塞的反方向动作则依靠复位弹簧实现。由于压缩空气只能在一个方向上控制气缸活塞的运动，因此称为单作用气缸。

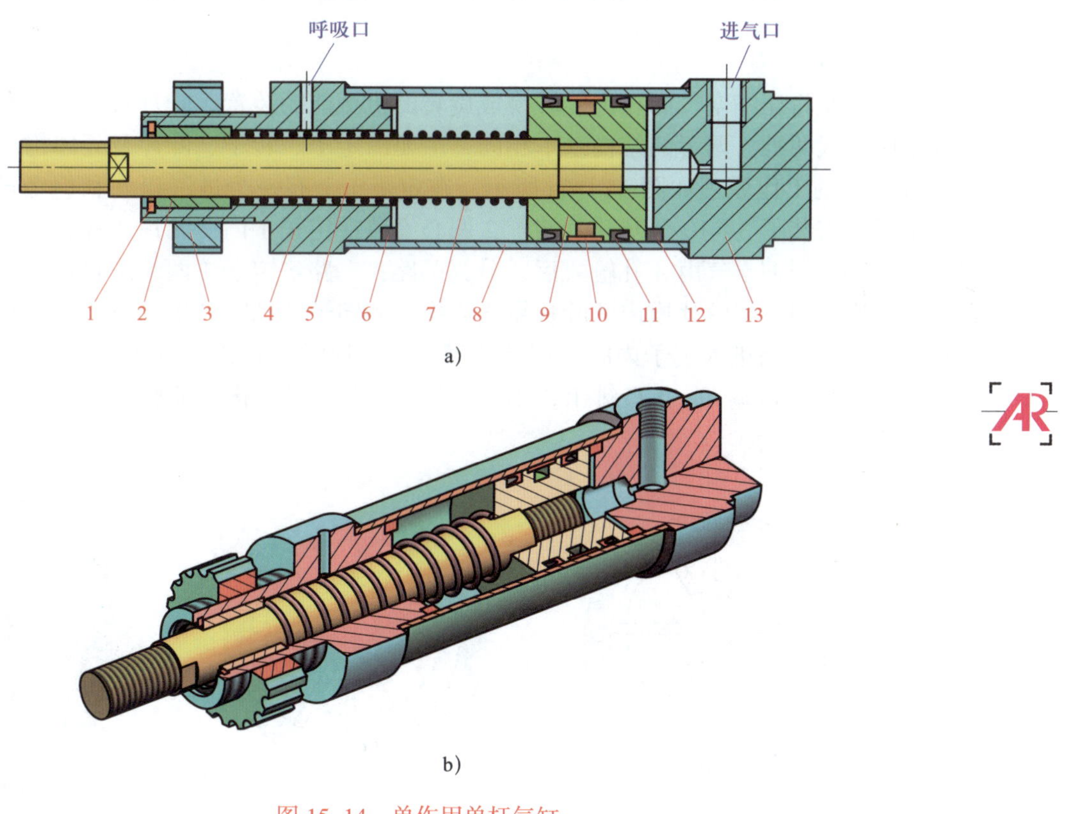

图 15-14　单作用单杆气缸

1—卡环　2—导向套　3—螺母　4—前缸盖　5—活塞杆　6、12—缓冲垫圈　7—弹簧　8—缸筒　9—活塞　10—导向环　11—活塞密封圈　13—后缸盖

（2）双作用单杆气缸

图 15-15 所示为双作用单杆气缸，它主要由活塞杆 4、活塞 7、左缸盖 1、右缸盖 9、缸

筒 5 等组成。当压缩空气进入气缸的右腔时（左腔与大气相通），压缩空气的压力作用在活塞的右侧，当作用力克服活塞杆上的负载时，活塞杆伸出；当压缩空气进入左腔时（右腔与大气相通），推动活塞右移，活塞杆收回。

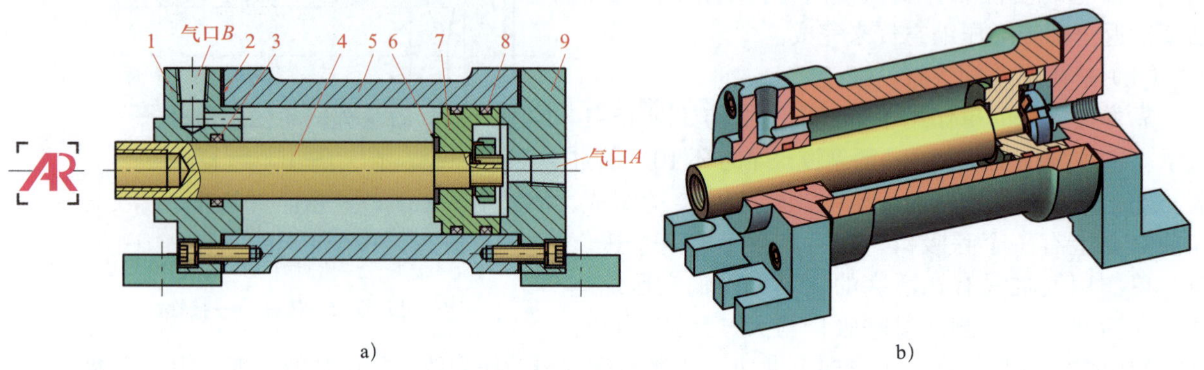

图 15-15　双作用单杆气缸

1—左缸盖　2、6—密封垫　3、8—密封圈　4—活塞杆　5—缸筒　7—活塞　9—右缸盖

2. 气马达

气马达是将压缩空气的压力能转换成旋转的机械能的装置。叶片式气马达有非膨胀式和不完全膨胀式两种，两者的结构基本相同，主要由定子、转子、叶片及壳体构成。非膨胀叶片式气马达的工作原理如图 15-16a 所示。在定子 1 上有一个进气口 *A* 和一个排气口 *B*，转子 2 上径向安装了 3～10 个叶片，转子 2 偏心安装在定子 1 内，叶片 3 在转子 2 的槽内可以沿径向滑动。压缩空气由 *A* 孔输入后，分为两路：一路经定子 1 两端密封盖的槽进入叶片底部（图中未画出）将叶片推出，叶片靠气体推力和转子转动时产生的离心力紧密地贴在定子的内壁上；另一路进入定子内腔，使叶片带动转子逆时针旋转，做功后的废气由 *B* 口排出。若压缩空气从 *B* 口输入、*A* 口排出，则改变气马达的旋转方向。非膨胀叶片式气马达产品外形如图 15-16c 所示。

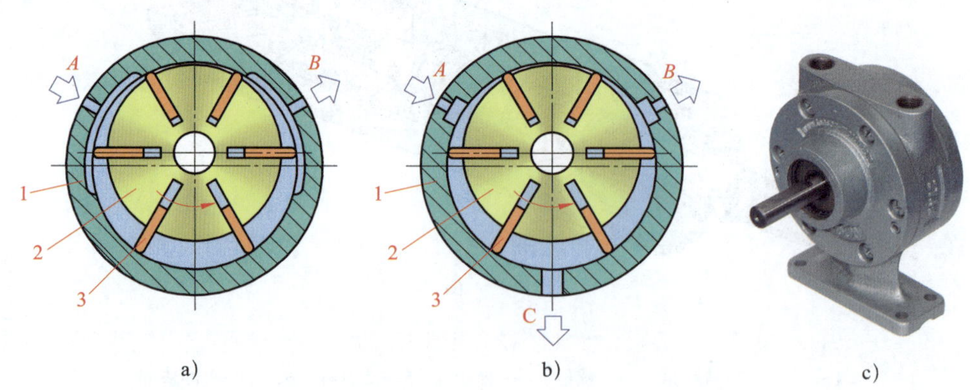

图 15-16　气马达

a）非膨胀叶片式气马达工作原理图　b）不完全膨胀叶片式气马达工作原理图

c）非膨胀叶片式气马达产品

1—定子　2—转子　3—叶片

不完全膨胀叶片式气马达的工作原理如图 15-16b 所示。它有一个进气口 A、一个一次排气口 C 和一个二次排气口 B。压缩空气在一次排气口 C 进行第一次排气，其余压缩空气膨胀后在二次排气口 B 进行第二次排气。气马达采用这种结构能有效地利用部分压缩空气膨胀时的能量，提高了输出功率。不完全膨胀式气马达与非膨胀式气马达相比，其耗气量小，效率高。若压缩空气从 B 口输入，同样可以改变气马达的旋转方向。

四、常用气源、气动执行元件及辅助元件的图形符号

气源、气动执行元件及辅助元件的图形符号见表 15-2。

表 15-2　　气源、气动执行元件及辅助元件的图形符号

元件名称	空气压缩机	气罐	单作用单杆缸（弹簧复位，弹簧腔带连接气口）	双作用单杆缸
图形符号				
元件名称	气马达	手动排水分离器	压力表	手动排水过滤器
图形符号				
元件名称	油雾器	消声器	气动三联件（包括手动排水过滤器、手动调节式溢流减压阀、压力表和油雾器）	
图形符号			详细示意图	简化图

§ 15-3　气动控制元件与基本回路

气动控制元件用来控制和调节压缩空气的压力、流量和流向，可分为方向控制阀、压力控制阀和流量控制阀。气动控制基本回路包括方向控制回路、压力控制回路和速度控制回路。

一、方向控制阀与方向控制回路

1. 方向控制阀

气压传动系统中的方向控制阀是气压传动中通过改变压缩空气的流动方向和气流的通断，来控制执行元件启动、停止及运动方向的气动元件，常见的有单向阀、换向阀、梭阀、双压阀和快速排气阀等，下面主要介绍单向阀和换向阀。

（1）单向阀

气动系统的单向阀是指气流只能向一个方向流动而不能反向流动的阀。单向阀的结构如图 15–17 所示。压缩空气从进气口进入，克服弹簧力和摩擦力使阀芯 3 左移（阀口开启），从出气口流出；当进气口无压缩空气时，在弹簧力和出气口余气压力作用下，阀口关闭，则从出气口进入的压缩空气无法通过单向阀。单向阀应用于不允许气流反向流动的场合。如在空压机与气罐之间设置一个单向阀，当空压机停止工作时，可防止气罐中的压缩空气回流到空压机。单向阀还常与节流阀、顺序阀等组合成单向节流阀、单向顺序阀使用。气动单向阀的图形符号与液压单向阀相同，如图 15–17c 所示。

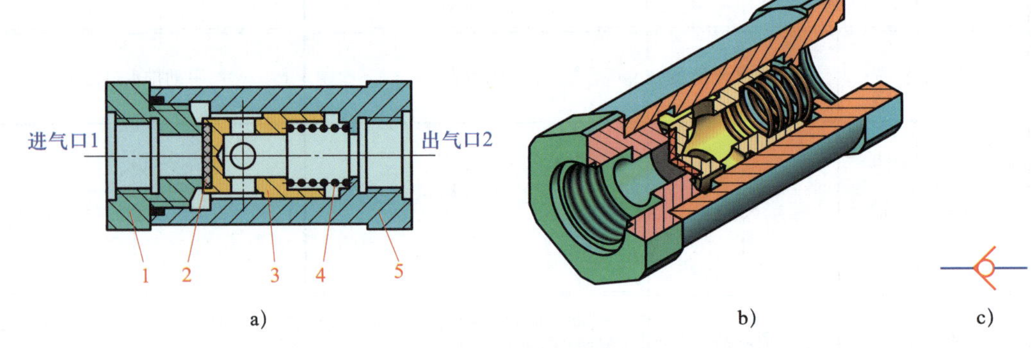

图 15–17　单向阀

a）结构原理图　b）立体图　c）图形符号

1—阀盖　2—密封垫　3—阀芯　4—弹簧　5—阀体

（2）换向阀

利用换向阀阀芯相对于阀体的运动，可使气路接通或断开，从而使气动执行元件实现启动、停止或变换运动方向。

二位三通机动换向阀是一种最常见的方向控制阀，其结构如图 15–18 所示。它是一种常闭式控制阀，当压下推杆 1 时接通气路；当松开推杆 1 时断开气路，同时工作回路与大气接通，排出压缩空气。在常位（见图 15–18a），阀芯将进气口与出气口之间的通道关闭，两气口不相通，而出气口与排气口相通，压缩空气可以通过排气口排入大气中。当压下阀芯 2（见图 15–18b）时，进气口与出气口相通，同时排气口被阀芯封闭，压缩空气通过进气口进入，从出气口输出。

气动换向阀的图形符号与液压换向阀基本相同，常用气动换向阀的图形符号见表 15–3。

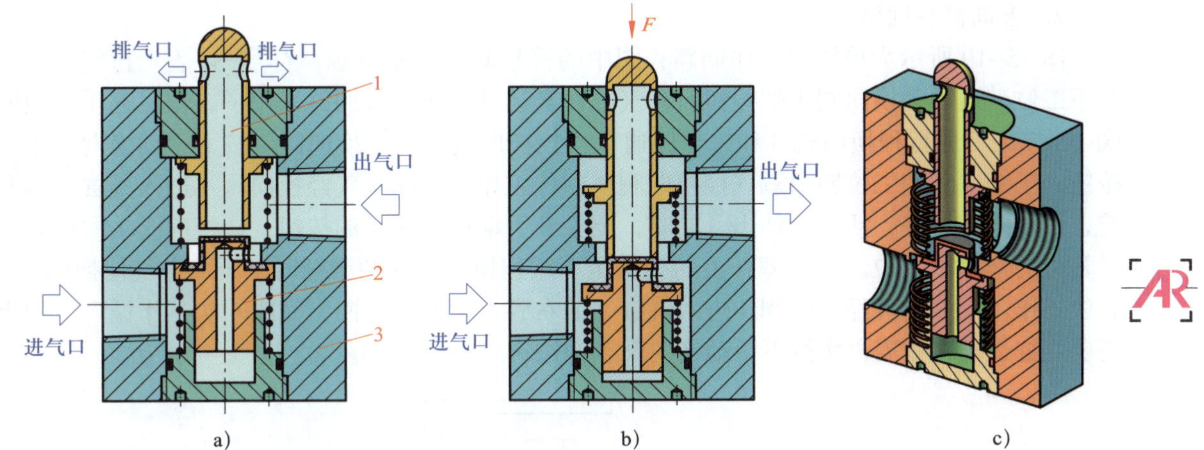

图 15-18　二位三通机动换向阀

a）常位　b）压下阀芯　c）立体图（常位）

1—推杆　2—阀芯　3—阀体

表 15-3　　常用气动换向阀的图形符号

名称	图形符号	说明
二位三通换向阀		推压控制机构，弹簧复位
		滚轮杠杆控制，弹簧复位
		单作用电磁铁操纵，弹簧复位，定位销手动定位
二位四通换向阀		单作用电磁铁操纵，弹簧复位
二位五通换向阀		推压控制机构，弹簧复位
		单气控制，弹簧复位
		双气控制
三位四通换向阀		弹簧对中，双电磁铁直接操纵，中位各气口全部关闭，系统保持压力

2. 方向控制回路

图 15-19 所示为单往复动作回路，图中的符号 ▷— 表示气源，符号 ⊸ 表示排气口。当按下二位三通手动换向阀 1 的按钮后，气缸往复运动一次。该回路采用了二位三通手动换向阀 1、二位三通行程换向阀 3 和二位四通双气控换向阀 4 三个换向阀。按下手动换向阀 1 的按钮，压缩空气使二位四通双气控换向阀 4 左位工作，压缩空气经换向阀 4 进入气缸 2 的左腔，活塞向右行进，活塞杆伸出。同时，要松开手动换向阀 1 的按钮，让换向阀 1 的阀芯在弹簧力的作用下复位。当活塞杆上的挡块压下行程换向阀 3 的推杆时，压缩空气使换向阀 4 右位工作。压缩空气经换向阀 4 进入气缸 2 的右腔，活塞杆返回，完成一次工作循环。如果还要气缸运动，则需再次按下手动换向阀 1 的按钮。

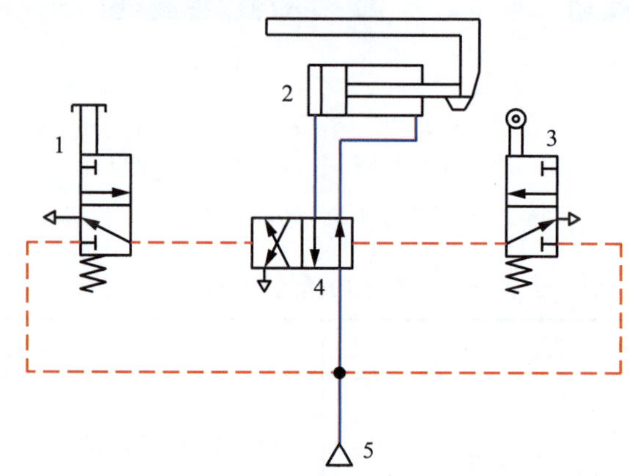

图 15-19　单往复动作回路

1—二位三通手动换向阀　2—气缸　3—二位三通行程换向阀
4—二位四通双气控换向阀　5—气源

二、压力控制阀与压力控制回路

1. 压力控制阀

压力控制阀用于调节和控制气动系统的压力，常见的有溢流阀和减压阀等。

（1）溢流阀

当气罐或回路中气压上升到调定压力后，系统需要减压，溢流阀可通过排出气体的方法降低系统压力，起到保护系统的作用。气动溢流阀也分为直动式和先导式两种。

图 15-20 所示为直动式溢流阀。当进气口的压力超过调定值时，阀芯（钢球）上移，从阀右侧的排气口排气；当进气口的压力低于调定压力时，阀芯（钢球）下移，阀口关闭。旋转调压螺套 1 可调节调压弹簧的预紧力，进而改变溢流阀的调定压力。这种溢流阀主要在气动系统中起过载保护作用，故又称为安全阀。直动式溢流阀的图形符号如图 15-20c 所示，右侧的符号“>”表示排气口。

溢流阀常用于控制气罐内的压力。如图 15-21 所示，溢流阀 4 可以同时控制气罐 5 和气源 1 的压力。当气罐 5 或气源 1 的压力超过规定压力值时，溢流阀 4 接通，气罐 5 或气源 1 输出的压缩空气由溢流阀 4 排入大气，使气罐 5 内的压力保持在规定的范围内。

（2）减压阀

在气动系统中，往往气源输出的压缩空气的压力比设备实际需要的压力要高些，同时其波动值也较大，给系统带来不稳定性，因此需要用减压阀进行减压和稳压。

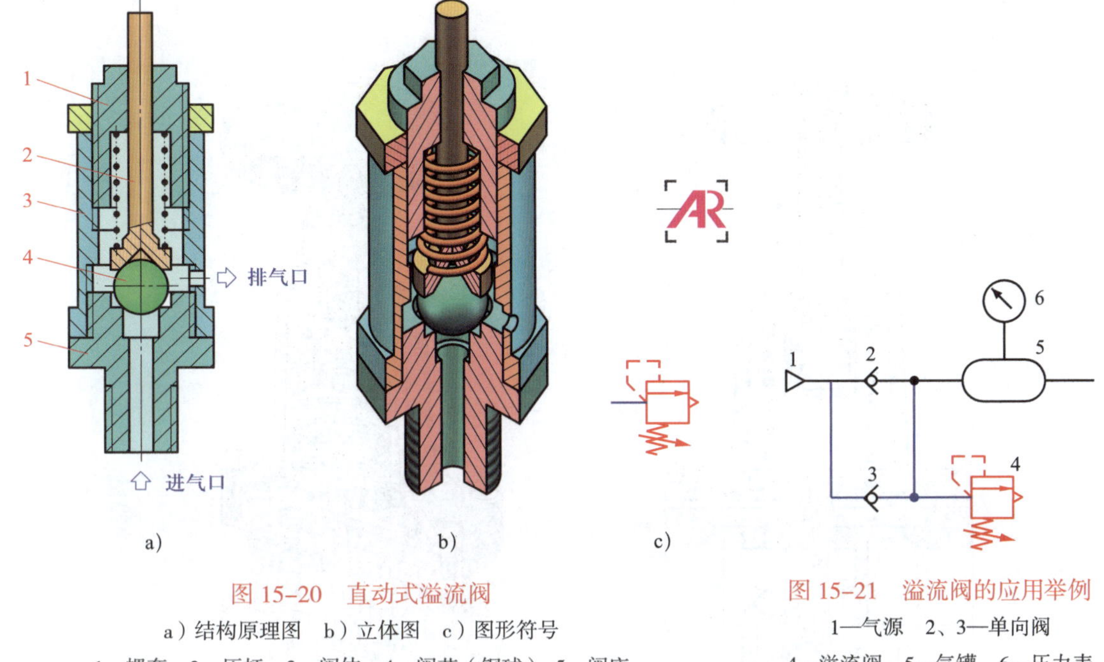

图 15-20　直动式溢流阀

a）结构原理图　b）立体图　c）图形符号

1—螺套　2—压杆　3—阀体　4—阀芯（钢球）　5—阀座

图 15-21　溢流阀的应用举例

1—气源　2、3—单向阀

4—溢流阀　5—气罐　6—压力表

减压阀按压力调节方式分为直动式和先导式，图 15-22 所示为直动式减压阀，其工作原理如下。

1）减压原理。压缩空气从进气口输入，经进气阀口节流减压后从出气口输出。输出气流的一部分由阻尼孔进入膜片气室，在膜片 5 的下方产生一个向上的推力，这个推力使膜片 5 向上移动凸起，阀芯 7 上移，把阀口开度减小，使减压阀的输出压力下降。当作用于膜片 5 上的推力与弹簧力相平衡后，减压阀的输出压力便保持一定。

2）稳压原理。当输入压力发生波动时，如输入压力瞬时升高，输出压力也随之升高，作用于膜片 5 上的气体推力也随之增大，破坏了原来的力的平衡，使膜片 5 向上的凸起增加（此时有少量气体经溢流口排出）；同时，因复位弹簧 8 的作用，阀杆 6 和阀芯 7 上移，使节流口减小，输出压力下降，直到达到新的平衡为止。重新平衡后的输出压力又基本上恢复至原值。反之，若输入压力瞬时下降，输出压力也随之下降，膜片 5 回缩，进气阀口开度增大，节流作用减小，输出压力又基本上回升至原值。

3）调压原理。旋转旋钮 1，通过调压弹簧 2、3 和膜片 5 等使阀芯 7 移动，改变进气阀口的大小，达到调压的目的。

气动减压阀的图形符号（见图 15-22c）与液压减压阀类似，不同之处是取消了泄油路和油箱的符号，增加了排气口的符号“<”。

2. 压力控制回路

图 15-23 所示为铣床气动夹具，主要用来夹紧轴类工件和套类工件。在工作过程中，夹紧轴类工件需要较大的夹紧力，而夹紧薄壁套类工件则需要较小的夹紧力。为了解决这个问题，需要气路能供给两种压力的气体，这就需要用到高、低压转换回路。

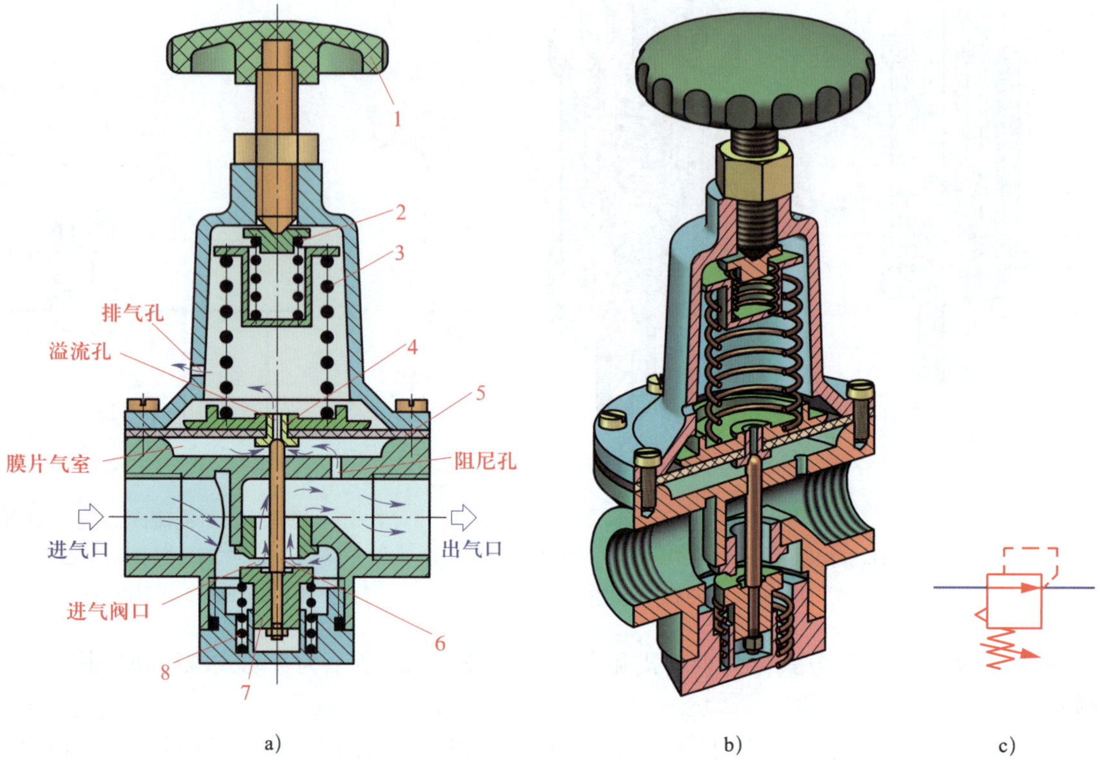

a） b） c）

图 15-22 直动式减压阀

a）工作原理图 b）立体图 c）图形符号

1—旋钮 2、3—调压弹簧 4—溢流阀座 5—膜片

6—阀杆 7—阀芯 8—复位弹簧

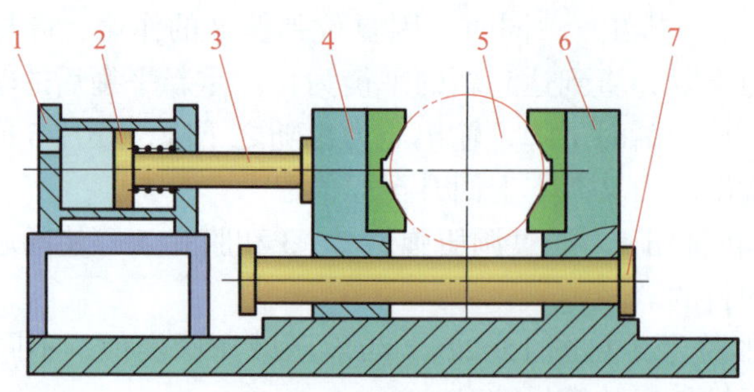

图 15-23 铣床气动夹具

1—缸体 2—活塞 3—活塞杆 4—活动钳身 5—工件 6—固定钳身 7—导杆

图 15-24 所示为高、低压转换回路，它利用两个减压阀 3、4 得到不同的压力，并通过二位三通手动换向阀 9 进行压力转换，使输送到气缸中的压力有高、低两种，以适应不同工作状况的需要。

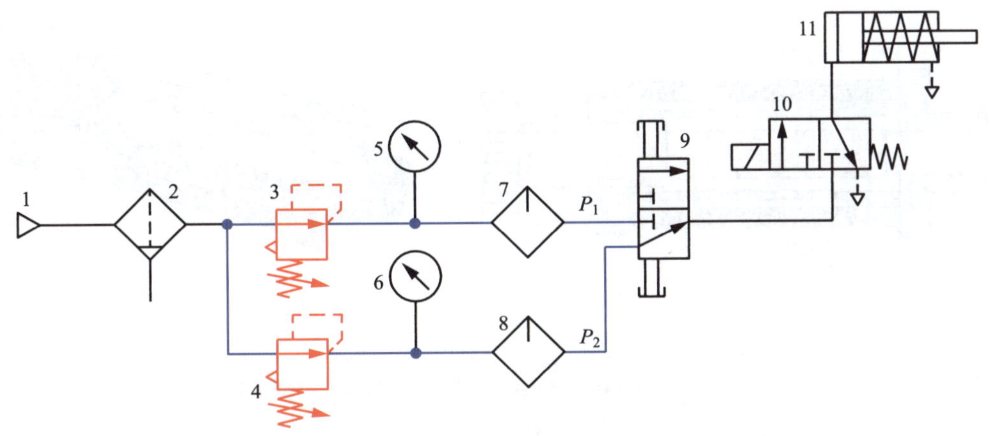

图 15-24　高、低压转换回路

1—气源　2—手动排水过滤器　3、4—减压阀　5、6—压力表　7、8—油雾器
9—二位三通手动换向阀　10—二位三通电磁换向阀　11—单作用弹簧复位气缸

三、流量控制阀与速度控制回路

1. 流量控制阀

（1）节流阀

图 15-25 所示为圆柱斜切型节流阀，压缩空气由进气口进入，经节流后，由出气口流出。旋转阀芯螺杆 3，就可以改变节流口的开度，从而调节压缩空气的流量。这种节流阀结构简单，体积小，应用广泛。

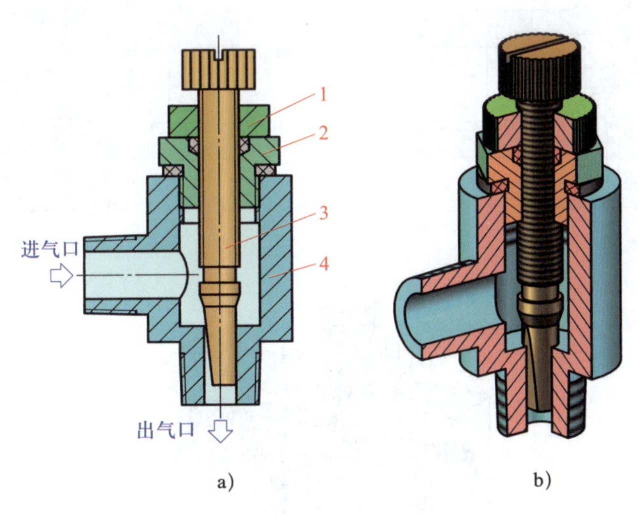

图 15-25　节流阀

1—螺母　2—压盖　3—阀芯螺杆　4—阀体

（2）带消声器的排气节流阀

图 15-26 所示为带消声器的排气节流阀，它是在节流阀的基础上增加了消声装置。带消声器的排气节流阀安装在执行元件的排气口处，调节排入大气中的气体流量。它不仅能调节执行元件的运动速度，还能消声，起到降低排气噪声的作用。

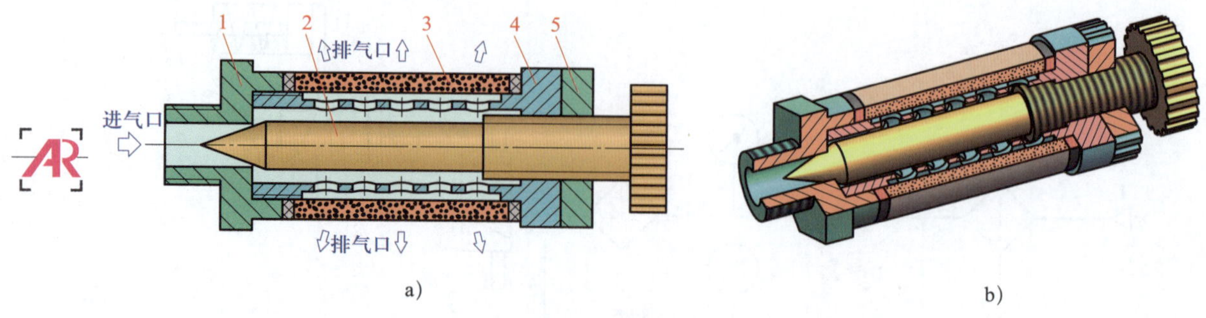

图 15-26　带消声器的排气节流阀

1—阀盖　2—阀芯螺杆　3—消声装置　4—阀体　5—锁紧螺母

（3）单向节流阀

单向节流阀如图 15-27 所示，它是由单向阀和节流阀并联组成的组合式流量控制阀，一般安装在主控阀和执行元件之间进行速度控制。图 15-27a 所示为节流进气，当压缩空气从左侧接口流向右侧接口时，单向阀关闭，压缩空气经节流阀流出，节流口的大小可以通过旋转流量调节螺杆 2 进行调节；图 15-27b 所示为快速排气，当压缩空气从右侧接口反向流入时，单向阀打开，压缩空气经单向阀快速从左侧接口排出。

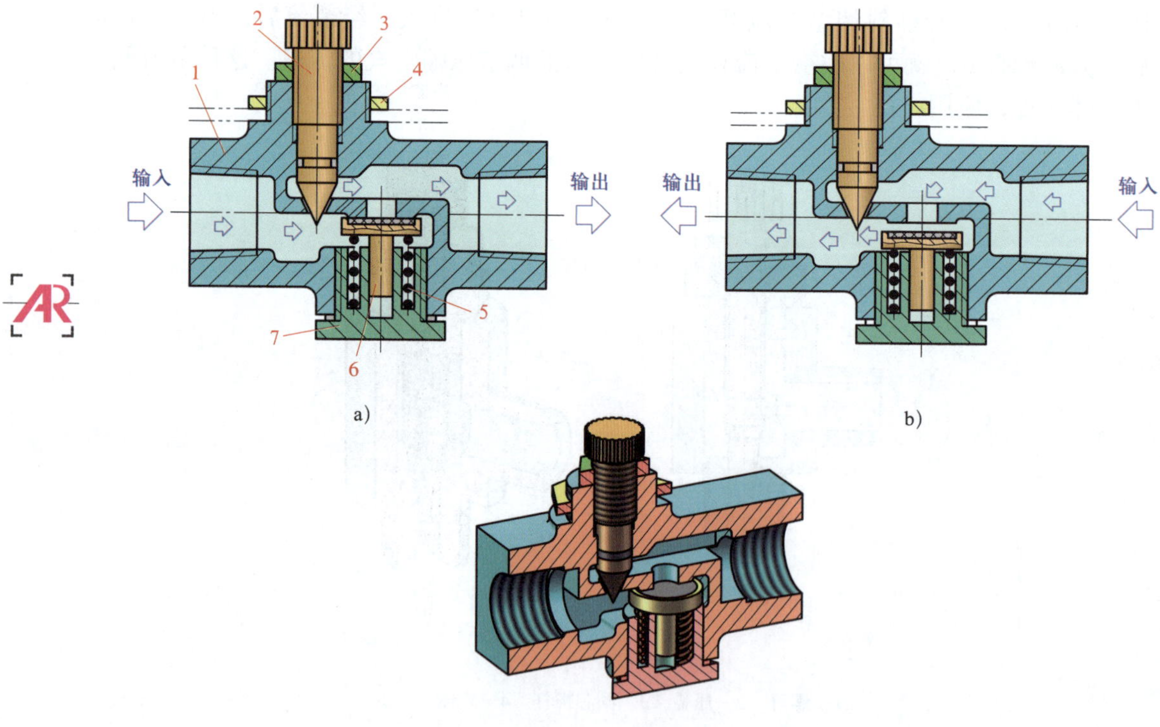

a)　b)　c)

图 15-27　单向节流阀

a）节流进气　b）快速排气　c）立体图

1—阀体　2—流量调节螺杆　3—锁紧螺母　4—固定螺母

5—弹簧　6—单向阀阀芯　7—螺盖

(4) 流量控制阀的图形符号

气动回路图中的节流阀、带消声器的排气节流阀和单向节流阀等流量控制阀的图形符号如图 15–28 所示。气动节流阀的图形符号与液压节流阀相同。带消声器的排气节流阀的图形符号由节流阀的图形符号和消声器的图形符号（▭）串联而成，消声器右侧绘制了排气口的图形符号。单向节流阀的图形符号由节流阀的图形符号和单向阀的图形符号并联而成。

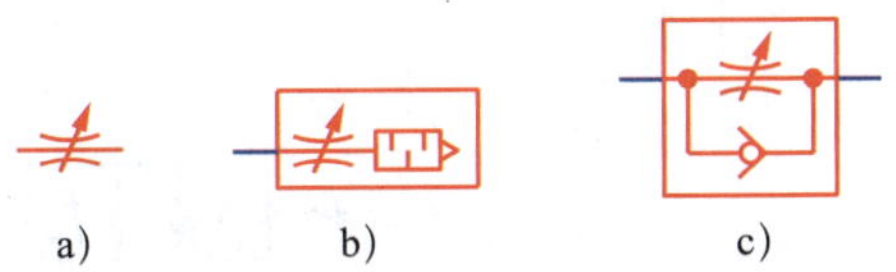

图 15–28　流量控制阀的图形符号

a）节流阀　b）带消声器的排气节流阀　c）单向节流阀

2. 速度控制回路

(1) 采用排气节流阀的气马达速度控制回路

如图 15–29 所示，在气马达的出气口安装排气节流阀，即可达到节流调速的目的。这种调速方法的优点是气马达运转速度受负载变化的影响较小，运动较平稳。在实际中，带消声器的排气节流阀应用非常广泛。

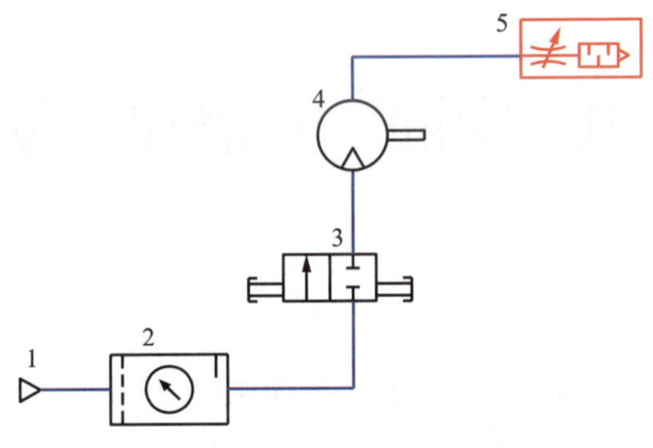

图 15–29　排气节流调速回路

1—气源　2—气动三联件　3—二位二通手动换向阀

4—气马达　5—排气节流阀

(2) 采用单向节流阀的速度控制回路

如图 15–30 所示，采用单向节流阀的气缸节流调速回路有进气节流和排气节流两种。图 15–30a 所示为进气节流调速，单向节流阀对气缸进行进气节流，气缸排出的气流则可以通过单向节流阀内的单向阀从换向阀的排气口排出。这种控制方法可以防止气缸启动时的“冲出”现象，调速效果也较好，但是当负载变化时气缸运行不够稳定，一般用于要求启动平稳的小容量气缸的气动系统。

图 15–30b 所示为排气节流调速，它对气缸排气进行节流控制。在这种情况下，气缸活塞的两端都受到气压的作用，能获得较好的运动平稳性，因此在实际中应用广泛。

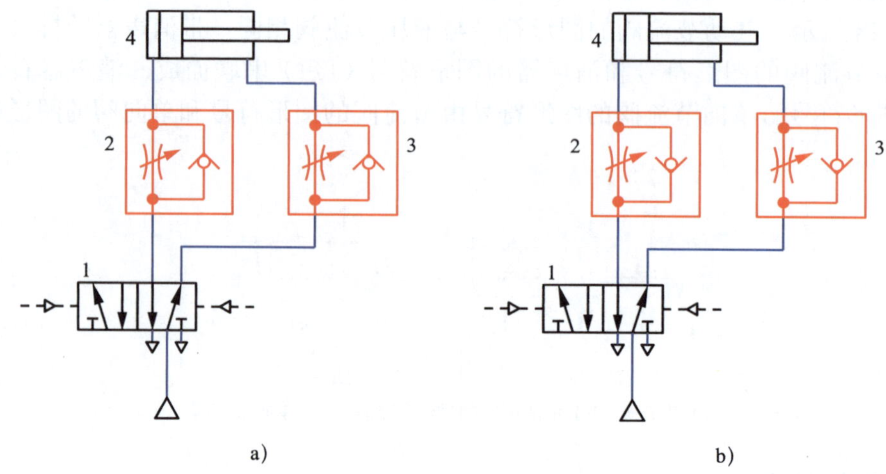

图 15–30　节流调速回路

a）进气节流　b）排气节流

1—二位五通双气控换向阀　2、3—单向节流阀　4—气缸

§15–4　实训——搭建气动回路

一、实训目的

了解空气压缩机、气源辅助元件、气缸、气动控制元件、气管及管接头的结构，掌握气动回路搭建的基本方法和步骤，培养动手操作能力。

二、任务描述

图 15–31 所示为连续往复气动回路，任务要求如下：

1. 看懂气动回路图。
2. 根据图形符号选择相应的气动元件。
3. 搭建气动回路。
4. 运行气动回路。
5. 关闭回路，拆卸气动元件。
6. 反思与总结。

三、实训设备及工具

图 15–31 所示连续往复气动回路所需设备及气动元件清单见表 15–4。

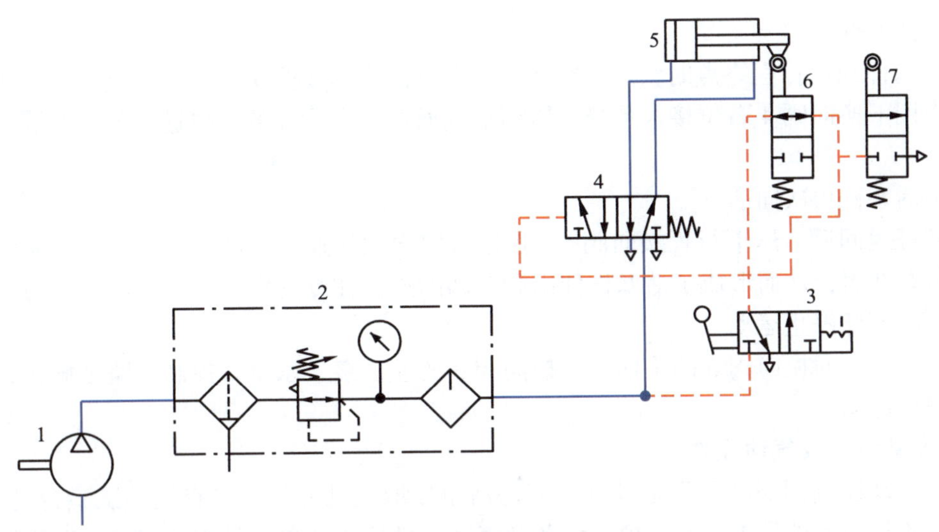

图 15-31 连续往复气动回路

1—空气压缩机 2—气动三联件 3—二位三通换向阀（手柄控制，带有定位机构）
4—单气控二位五通换向阀 5—双作用单杆气缸 6、7—二位二通行程换向阀

表 15-4 搭建气动回路所需设备及气动元件清单

序号	名称	数量
1	气动试验台（包括空气压缩机、气动三联件等）	1
2	双作用单杆气缸	1
3	单气控二位五通换向阀	1
4	二位二通行程换向阀	2
5	二位三通手动换向阀	1
6	气管及管接头	若干

四、任务实施

1. 分析气动回路

在安装气动系统前，首先要看懂气动系统原理图，弄明白所需要的气动元件的结构及工作原理，确定气动元件的安装位置。连续往复动作回路的工作原理如下。

（1）启动系统，活塞杆开始运动

如图 15-31 所示，操纵二位三通换向阀 3 的手柄，使换向阀 3 的右位接入系统，压缩空气经二位二通行程换向阀 6 的上位进入单气控换向阀 4 左侧，使单气控换向阀 4 的左位接入系统，压缩空气通过换向阀 4 的左位进入双作用单杆气缸 5 的左腔，活塞杆向右伸出。因为二位三通换向阀带有定位机构，即使手柄失去外力，阀芯也不会随便移动。

（2）活塞杆继续前进

活塞杆向右伸出时，行程换向阀 6 在弹簧力的作用下复位，使其下位接入系统，行程换向阀 6 将气路封闭。单气控换向阀 4 不能复位，活塞杆继续前进。

（3）活塞杆返程

当活塞杆到达行程终点时，压下行程换向阀 7，使单气控换向阀 4 的控制气路排气。在弹簧的作用下换向阀 4 右位接入系统，压缩空气通过换向阀 4 的右位进入气缸右腔，活塞杆返回。

（4）活塞杆再次向前

活塞杆返回后，压下行程换向阀 6，控制气路再次接通，换向阀 4 左位接入系统，活塞杆再次向右伸出，从而形成了活塞杆伸出和缩回的连续往复动作。

（5）活塞杆停止运动

操纵二位三通换向阀 3 的手柄，使换向阀 3 的左位接入系统，控制气路被截止，活塞杆返回并停止运动。

2. 准备设备及气动元件

根据气动控制回路图和设备及气动元件清单领取气动元件，检查气动试验台是否完好，检查领取的气动元件是否完好，填写设备及气动元件检查清单（见表 15–5），对不清洁的设备和气动元件进行擦拭、清洗。

表 15–5 搭建气动回路设备及气动元件检查清单

序号	名称	检查项目	检查情况
1	气动试验台（包括空气压缩机、气动三联件等）	设备是否完好	
2	双作用单杆气缸	外观是否完好，活塞移动是否灵敏	
3	单气控二位五通换向阀	外观是否完好，气口是否干净整洁	
4	二位二通行程换向阀	外观是否完好，滚轮杠杆操纵机构是否灵敏，气口是否干净整洁	
5	二位三通手动换向阀	操纵手柄是否可靠，气口是否干净整洁	
6	气管及管接头	尺寸是否相配，气管接口是否平整、干净整洁	

3. 安装气动元件

按照气动回路图（见图 15–31）在气动试验台工作面板上安装气动元件，注意各气口的位置要与气动回路一致，要便于管路的连接。安装完毕后检查各气动元件安装是否牢固。

4. 连接各气动元件

按照气动回路图连接管路，连接完毕后检查各管接头连接是否牢固。

5. 检查回路

对照气动回路图检查气动元件安装和管路连接情况，确保无误。

6. 运行气动回路

（1）确认回路安装、连接正确可靠，将手动换向阀调至断开气路状态。

（2）将气动三联件的调压旋钮放松，使减压阀处于关闭状态。通电，开启空气压缩机。待空气压缩机工作正常后，再次调节气动三联件的调压旋钮，将回路的工作压力调整至 0.3 MPa。

（3）拉动手动换向阀，接通气路，观察气缸运行情况。

（4）拉动手动换向阀，切断气路，观察气缸是否运行。

7. 关闭回路，拆卸气动元件

（1）试验完毕后，关闭空气压缩机，切断电源。待气动回路压力降为零时，拆卸回路，清理气动元件并放回规定的位置。

（2）清洁试验台。

8. 反思与总结

反思试验过程中出现的问题，总结此次试验的经验。

五、气动试验注意事项

1. 试验前要了解气动试验准则，了解本试验系统的操作规程，在教师的指导下进行试验，切勿盲目进行。

2. 试验前必须熟悉气动元件的工作原理和动作条件；禁止强行拆卸，禁止强行旋扭各元件的手柄，以免造成人为损坏。

3. 试验的过程中，气动元件要稳拿轻放，防止碰撞。

4. 禁止带负载启动，以免造成安全事故。

5. 试验时不要将压力调得太高，一般把系统压力（气动三联件的输出压力）调整为 0.3 ~ 0.6 MPa，气源压力（空气压缩机的输出压力）调整为 0.7 MPa。

6. 试验过程中，如发现回路中任何一处有问题，应立即关闭空气压缩机。排除故障后，要等到回路释放压力后才能重新进行试验。

7. 试验完毕后要整理好气动元件，做好气动元件的保养和试验台的清洁。